Kurt Mehlhorn
Datenstrukturen und
effiziente Algorithmen
Band 1 Sortieren und Suchen

Leitfäden und Monographien der Informatik

Die Leitfäden und Monographien behandeln Themen aus der Theoretischen, Praktischen und Technischen Informatik entsprechend dem aktuellen Stand der Wissenschaft. Besonderer Wert wird auf eine systematische und fundierte Darstellung des jeweiligen Gebietes gelegt. Die Bücher dieser Reihe sind einerseits als Grundlage und Ergänzung zu Vorlesungen der Informatik und andererseits als Standardwerke für die selbständige Einarbeitung in umfassende Themenbereiche der Informatik konzipiert. Sie sprechen vorwiegend Studierende und Lehrende in Informatik-Studiengängen an Hochschulen an, dienen aber auch den in Wirtschaft, Industrie und Verwaltung tätigen Informatikern zur Fortbildung im Zuge der fortschreitenden Wissenschaft.

Datenstrukturen und effiziente Algorithmen

Band 1 Sortieren und Suchen

Von Kurt Mehlhorn Ph. D.
Professor an der Universität des Saarlandes,
Saarbrücken

Nach der englischen Fassung durchgesehen
und ins Deutsche übertragen von Hans Rohnert

2. Auflage

Mit 108 Abbildungen

B. G. Teubner Stuttgart 1988

Prof. Kurt Mehlhorn, Ph. D.

Geboren 1949 in Ingolstadt (Bayern). Studium der Informatik und Mathematik an der TU München (1968 bis 1971) und an der Cornell University, Ithaca, USA (1971 bis 1974), Promotion 1974 bei R. L. Constable mit einer Arbeit in der Komplexitätstheorie. Seit 1975 Professor für Informatik an der Universität des Saarlandes in Saarbrücken.

CIP-Titelaufnahme der Deutschen Bibliothek

Mehlhorn, Kurt:
Datenstrukturen und effiziente Algorithmen / von Kurt Mehlhorn. Nach d. engl. Fassung durchges. u. ins Dt. übertr. von Hans Rohnert. - Stuttgart : Teubner.
(Leitfäden und Monographien der Informatik)

Bd. 1. Sortieren und Suchen. - 2. Aufl. - 1988
ISBN-13: 978-3-322-86787-2 e-ISBN-13: 978-3-322-86786-5
DOI: 10.1007/978-3-322-86786-5

Softcover reprint of the hardcover 1st edition 1986

Gesamtherstellung: Zechnersche Buchdruckerei GmbH, Speyer
Umschlaggestaltung: M. Koch, Reutlingen

Vorwort

Der Entwurf und die Analyse von Datenstrukturen und effizienten Algorithmen hat in den letzten Jahren große Bedeutung erlangt: Algorithmus ist der zentrale Begriff der Informatik und Effizienz bedeutet Geld. Ich habe den Stoff in drei Bände und neun Kapitel gegliedert.

Band 1: Sortieren und Suchen (Kapitel I bis III)

Band 2: Graphenalgorithmen und NP-Vollständigkeit (Kapitel IV bis VI)

Band 3: Mehrdimensionales Suchen und Algorithmische Geometrie (Kapitel VII und VIII), Algorithmische Paradigmen (Kapitel IX)

Die Bände 2 und 3 haben Band 1 als gemeinsame Basis, sind aber voneinander unabhängig. Große Teile dieser Bände können ohne detaillierte Kenntnis von Band 1 gelesen werden; eine Kenntnis der algorithmischen Grundprinzipien, wie sie etwa in Kapitel I oder in vielen anderen Büchern über Datenstrukturen und Algorithmen vermittelt werden, genügt. Die spezifischen Voraussetzungen für die Bände 2 und 3 sind in den jeweiligen Vorworten angegeben. In allen drei Bänden stellen wir wichtige effiziente Algorithmen für die grundlegenden Probleme in dem jeweiligen Gebiet vor und analysieren sie. Wir messen dabei Effizienz durch die Laufzeit auf einem realistischen Modell einer Rechenanlage, das wir in Kapitel I einführen. Die meisten der vorgestellten Algorithmen wurden erst in den letzten Jahren gefunden; die Informatik ist ja schließlich eine sehr junge Wissenschaft. Es gibt kaum Sätze in diesem Buch, die älter als 20 Jahre sind, und mindestens die Hälfte des Stoffes ist jünger als 10 Jahre. Ich habe stets versucht, den Leser bis an den Stand der Forschung heranzuführen.

Dem Leser sollten jedoch nicht nur fertige Lösungen für eine Vielzahl von Problemen angeboten werden, sondern auch die Grundprinzipien schneller Algorithmen vermittelt werden. Daher zeigen wir die Algorithmen nicht als detaillierte Programme, sondern entwickeln sie ausgehend von der zugrundeliegenden Idee. An einigen Stellen gebe ich verschiedene Lösungen für das gleiche Problem an und vergleiche deren Vorzüge (s. II.1.5, III.7 und V.4). Ferner habe ich in Kapitel IX die wichtigsten algorithmischen Paradigmen zusammengestellt und den Stoff nach diesen Paradigmen gegliedert. Dies gibt dem Leser eine orthogonale Sicht des Inhalts der ersten acht Kapitel.

Bei der Entwicklung effizienter Algorithmen muß man auch immer nach dem Optimum fragen. Daher behandeln wir in den Abschnitten II.1.6, II.3, V.7, VII.1.1 und VII.2.3 Methoden zum Beweis von unteren Schranken; auch große Teile von Kapitel VI über NP-Vollständigkeit beschäftigen sich in einem gewissen Sinn mit unteren Schranken.

Der Aufbau des Buches ist ganz einfach. Die neun Kapitel sind mit römischen Zahlen numeriert, die Abschnitte und Unterabschnitte von Kapiteln sind dann arabisch numeriert. Innerhalb jedes Abschnitts sind die Sätze und Lemmata fortlaufend numeriert. Querverweise sind durch Angabe der Kapitel-, Abschnitts- und Satznummer gekennzeichnet.

In jedem Kapitel gibt es eine ausführliche Sammlung von Aufgaben und einen Abschnitt mit bibliographischen Anmerkungen. Die Aufgaben sind dabei von durchaus verschiedenem Schwierigkeitsgrad; für die schwierigeren Aufgaben habe ich aber stets eine Literaturstelle mit der Lösung angegeben.

Viele Teile des Buches wurden entweder von mir oder von einem meiner Kollegen N. Blum, Th. Lengauer und A. Tsakalidis als Vorlesungsskript benutzt. Ihre Bemerkungen haben mir sehr geholfen. Ich möchte auch H. Alt, O. Fries, St. Hertel, B. Schmidt und K. Simon danken, mit denen ich an einigen Abschnitten zusammengearbeitet habe, und ich möchte den vielen Studenten danken, die durch ihre Kritik geholfen haben, die Darstellung zu verbessern. Diskussionen mit vielen Kollegen halfen mir, den Stoff besser zu verstehen: B. Becker, J. Berstel, B. Commentz-Walter, H. Edelsbrunner, B. Eisenbarth, Ph. Flajolet, M. Fontet, G. Gonnet, R. Güttler, G. Hotz, S. Huddleston, I. Munro, J. Nievergelt, Th. Ottmann, M. Overmars, M. Paterson, F. Preparata, A. Rozenberg, M. Stadel, R.E. Tarjan, J. van Leeuwen, D. Wood und N. Ziviani.

Saarbrücken, im Sommer 1986 — Kurt Mehlhorn

Vorwort zu Band 1

Band 1 behandelt Sortieren und Suchen. Ferner gibt es ein Kapitel über algorithmische Grundlagen. Sortieren und Suchen sind die beiden ältesten Problemgruppen im Bereich Datenstrukturen und effiziente Algorithmen. Sie sind aber immer noch sehr lebendig und daher hat es auch in den letzten 10 Jahren eine Vielzahl neuer Ergebnisse gegeben. Ich möchte hier nur einige erwähnen; sie und viele mehr werden in diesem Buch ausführlich behandelt: Zufallsalgorithmen, neue Beweismethoden für untere Schranken, neue Methoden für Hashing, neue Datenstrukturen, amortisierte Analyse von Datenstrukturen, etc. Viele dieser Techniken wurden bisher nicht in Buchform dargestellt. Ich habe versucht, sie mit dem klassischen Wissen über Sortieren und Suchen zu kombinieren, um so den Leser von den Anfängen bis zur aktuellen Forschung zu führen.

In Kapitel I (Grundlagen) definieren wir zunächst ein realistisches Modell einer Rechenanlage (deterministische oder randomisierte Registermaschine) und die Begriffe Laufzeit und Speicherplatz. Dann diskutieren wir eine höhere Programmiersprache und ihre Verbindung zur Rechenanlage. Schließlich führen wir die grundlegenden Datenstrukturen Schlange, Stapel, verkettete Liste und statische Bäume und einige ihrer Eigenschaften ein. Dieser Stoff ist die Basis für alle anderen Kapitel; er wird mit Ausnahme des Abschnitts über randomisierte Algorithmen üblicherweise durch die ersten Informatikvorlesungen abgedeckt.

In Kapitel II (Sortieren) behandeln wir Sortieren, das Auswahlproblem und untere Schranken. Wir diskutieren zunächst ausführlich allgemeine Sortierverfahren, insbesondere Heapsort, Quicksort und Sortieren durch Mischen. Der Abschnitt über Quicksort schließt auch Rekursionsgleichungen ein, wie sie bei der Analyse von Algorithmen immer wieder auftreten. In Abschnitt II.2 behandeln wir dann Sortieren durch Verteilen (Bucketsort), das wir zum Sortieren von Worten und reellen Zahlen benutzen. Der letzte Abschnitt befaßt sich dann mit dem Auswahlproblem. Den Abschnitten über effiziente Algorithmen steht ein Abschnitt über untere Schranken gegenüber. Ich behandele zunächst untere Schranken in verschiedenen Entscheidungsbaummodellen und zeige dann, wie man einige der unteren Schranken auch für (eingeschränkte) Registermaschinen beweist.

In Kapitel III (Mengen) wird das eindimensionale Suchproblem ausführlich behandelt; mehrdimensionales Suchen bleibt dem Kapitel VII vorbehalten. Wir befassen uns mit digitalen Suchbäumen, Hashing, gewichteten Bäumen, balancierten Bäumen und dynamischen gewichteten Bäumen als Methoden zur Darstellung von Teilmengen eines unendlichen oder zumindest sehr großen Universums. Die in den ersten sechs Abschnitten vorgestellten Datenstrukturen werden dann in Abschnitt III.7 verglichen. In Abschnitt III.8 diskutieren wir Datenstrukturen für Teilmengen eines kleinen Universums, bei denen der direkte Zugriff über Felder tragbar ist. Im Laufe von Kapitel III führen wir auch wichtige algorithmische Paradigmen ein, z.B. dynamisches Programmieren, Balancieren und Amortisation.

Für Band 1 gibt es keine speziellen Voraussetzungen. Der Leser braucht jedoch eine gewisse mathematische Reife und einige Informatikkenntnisse; das Vordiplom in Informatik genügt sicher.

Gegenüber der beim Springer-Verlag Berlin Heidelberg New York Tokyo erschienenen englischen Ausgabe haben wir folgende Änderungen vorgenommen: Abschnitt III.8.2 wurde neu geschrieben und Abschnitt III.2.3 wurde modifiziert. Weiterhin wurden einige neuere Literaturverweise aufgenommen.

Für die Zukunft hoffen wir, auch die beiden anderen Bände bald in Deutsch vorlegen zu können. Kapitel IX wird dann nur in Band 3 aufgenommen werden, da in diesem Kapitel der Stoff aller drei Bände nochmals von einem anderen Standpunkt aus betrachtet wird.

Die Abbildungen wurden von Michael Müller und Klaus-Dieter Rottmann unter Benutzung eines von Torben Hagerup geschriebenen Graphikpaketes erstellt. Unterstützung bei Bedienung der Ausgabegeräte leisteten Martin Diversy und Thomas Schilz. Mein besonderer Dank gilt Hans Rohnert für seine geschickte und sachkundige Übersetzung, die Erstellung des TEX-Manuskriptes und die Koodination der übrigen Arbeiten. Bei der Übersetzung hat er mit Hilfe von Stefan Mechsner und Stefan Schirra eine Vielzahl von Versehen und Druckfehlern der englischen Ausgabe korrigiert und Verbesserungen vorgeschlagen. Meine Mitarbeit beschränkte sich auf das Durchsprechen der Änderungsvorschläge und das Durchsehen der endgültigen Fassung. Durch die vielen Korrekturen hat das Buch gewonnen.

Saarbrücken, im Sommer 1987 Kurt Mehlhorn

Inhaltsverzeichnis

Kapitel I. Grundlagen

Computeralgorithmen dienen zur Lösung von Problemen. Ein Problem ist etwa die Berechnung des Maximums einer endlichen Menge von reellen Zahlen oder die Berechnung des Produktes zweier ganzer Zahlen. Ein Problem P besteht aus unendlich vielen Fragestellungen (Problemstellungen). Eine Fragestellung des Maximumproblems ist: Bestimme die größte der 5 Zahlen $2, 7, 3, 9, 8$. Eine Fragestellung des Multiplikationsproblems ist: Berechne das Produkt der Zahlen 257 und 123. Jeder Fragestellung $p \in P$ ordnen wir eine natürliche Zahl $g(p)$ als Größe zu, manchmal auch ein Tupel von natürlichen Zahlen. Die Größe von $257 \cdot 123$ können wir als 6, also als Summe der Längen der Dezimaldarstellungen definieren. Die Definition der Größe einer Fragestellung ergibt sich meist in natürlicher Weise.

Die Ausführung eines Programms in einer Rechenanlage benötigt Ressourcen, z.B. Rechenzeit und Speicherplatz. Der Verbrauch an Ressourcen hängt von der Fragestellung ab. Für einen Algorithmus A zur Lösung des Problems P sei $T_A(p)$ der Rechenzeitverbrauch an der Fragestellung $p \in P$. Wir können $T_A(p)$ z.B. in Millisekunden messen. Die Laufzeit $T_A(p)$ kann durch ein Experiment bestimmt werden.

Interessanter als der Rechenzeitverbrauch für jede einzelne Fragestellung ist eine globale Aussage über den Rechenzeitverbrauch an einer beliebigen Eingabe der Größe n, die nun nicht mehr durch ein Experiment bestimmt werden kann. Zwei Abstraktionen bieten sich an: Verhalten im schlechtesten Fall und Verhalten im Mittel.

Das **Verhalten im schlechtesten Fall** (engl. worst case) definieren wir als die maximale Laufzeit an einer Fragestellung der Größe n. Wir benutzen dafür die Bezeichnung

$$T_A(n) = \sup\{T_A(p);\ p \in P \text{ und } g(p) = n\}.$$

Das Verhalten im schlechtesten Fall greift für jede Größe n diejenige Fragestellung heraus, die den Algorithmus A am schlechtesten aussehen läßt.

Manchmal ist auf der Menge der Fragestellungen eine Wahrscheinlichkeitsverteilung gegeben. Es ist dann auch sinnvoll vom **Verhalten im Mittel** (engl. average case) zu reden; wir definieren die mittlere Zeitkomplexität als den Erwartungswert der Laufzeit:

$$T_A^{av}(n) = E\big(\{T_A(p);\ p \in P \text{ und } g(p) = n\}\big).$$

In den von uns betrachteten Beispielen (Kapitel II und III) ist die Verteilung stets endlich und der Erwartungswert kann durch einfache gewichtete Mittelbildung bestimmt werden. Natürlich ist die mittlere Zeitkomplexität nie größer als das Verhalten im schlechtesten Fall, oft ist sie sogar viel kleiner. Jedoch wirft die Analyse des Verhaltens im mittleren Fall immer das folgende Problem auf: Gilt für die vorliegende Anwendung des Algorithmus die Wahrscheinlichkeitsverteilung, auf die sich unsere Analyse stützt?

Wir können nun ein Ziel dieses Buches formulieren: Bestimme $T_A(n)$ für wichtige Algorithmen A. Allgemeiner lautet es: Entwickle Methoden zur Bestimmung von $T_A(n)$. Leider ist dieses Ziel beim augenblicklichen Stand der Wissenschaft für viele Algorithmen zu hoch angesetzt. Wir müssen uns damit zufrieden geben, obere und untere Schranken für $T_A(n)$ zu bestimmen — und auch diese nur größenordnungsmäßig. Wir werden Aussagen von der folgenden Form treffen: $T(n)$ ist nach oben durch eine quadratische Funktion beschränkt, wir schreiben dafür $T(n) = O(n^2)$ und meinen damit, daß es eine Konstante c und eine natürliche Zahl n_0 gibt mit $T(n) \leq c \cdot n^2$ für alle $n \geq n_0$. Wir sagen auch: $T(n)$ wächst größenordnungsmäßig mindestens so schnell wie $n \log n$. (Mit log meinen wir immer den Logarithmus zur Basis 2.) Wir schreiben dafür $T(n) = \Omega(n \log n)$ und meinen damit: Es gibt eine Konstante $c > 0$ und eine natürliche Zahl n_0 mit $T(n) \geq c \cdot n \log n$ für alle $n \geq n_0$. Wir kommen auf diese Schreibweise in I.6 zurück.

Wir können auch zwei Algorithmen A_1 und A_2 zur Lösung eines Problems vergleichen. Offensichtlich ist A_1 **schneller** als A_2, wenn $T_{A_1}(n) \leq T_{A_2}(n)$ für alle n gilt. Aussagen dieser Art können wir nur selten machen, meist müssen wir uns mit asymptotischen Aussagen zufrieden geben; d.h., wir nennen A_1 **asymptotisch schneller** als A_2, wenn $\lim_{n\to\infty} T_{A_1}(n)/T_{A_2}(n) = 0$ ist. Man sollte sich aber vor Augen halten, daß dann A_2 trotzdem für kleine Problemgrößen durchaus schneller sein kann als A_1. Wir illustrieren diesen Sachverhalt durch ein Beispiel.

Nehmen wir an, wir hätten 4 Algorithmen A, B, C, D zur Lösung eines Problems P mit Laufzeiten $T_A(n) = 1000n$, $T_B(n) = 200n \log n$, $T_C(n) = 10n^2$ und $T_D(n) = 2^n$ Millisekunden. Dann ist Algorithmus D am schnellsten für $1 \leq n \leq 9$, Algorithmus C am schnellsten für $10 \leq n \leq 100$ und Algorithmus A am schnellsten für $n \geq 101$. Algorithmus B ist nie am schnellsten. Nehmen wir nun an, wir könnten es uns leisten, 1 Stunde Rechenzeit zur Lösung einer Problemstellung aufzuwenden. Dann könnten wir unter Verwendung von Algorithmus A (B, C, D) alle Probleme bis zur Größe 3600 (1600, 600, 21) lösen. Falls diese maximale Problemgröße zu gering ist, gibt es zwei Auswege: Kauf einer schnelleren Maschine oder Benutzung eines schnelleren Algorithmus. Wenn wir zu einer 10mal so schnellen Maschine wechseln, verringert sich $T_D(n)$ auf $0.1 \cdot 2^n$ Millisekunden. Dann können wir in einer Stunde mit Algorithmus D alle Probleme der Größe ≤ 25 lösen — also kaum ein Fortschritt. Die entsprechenden Zahlen für die Algorithmen A, B und C sind 36000, 13500 und 1900.

Wir folgern, daß die Geschwindigkeit der Maschine bei sehr ineffizienten Algorithmen (s. Algorithmus D) nur einen geringen Einfluß auf die Größe der maximal lösbaren Aufgabe hat, und daß der Effekt des Übergangs zu einem asymptotisch schnelleren Algorithmus (von D zu C oder etwa von C zu A) sehr viel größer ist als der Effekt beim Kauf einer schnelleren Maschine. Diese Überlegungen zeigen, daß asymptotische Analysen durchaus sinnvoll sind — aber auch, daß bei kleinen Problemgrößen andere Überlegungen hinzutreten müssen (vgl. dazu II.1.5 und V.4).

Bis jetzt sprachen wir über die Komplexität von Algorithmen, wir werden aber auch über die **Komplexität von Problemen** reden. Dabei benutzen wir folgende Sprechweisen. Das Problem P hat Zeitkomplexität $O(n^2)$ und meinen damit: Es gibt einen Algorithmus A zur Lösung des Problems P, dessen Laufzeit durch eine quadratische Funktion beschränkt ist. Eine obere Schranke für die Komplexität eines Problems zeigt man durch Angabe und Analyse eines Algorithmus. Seltener werden wir behaupten können: Das Problem P hat Zeitkomplexität $\Omega(n^2)$, d.h., die Zeitkomplexität eines *jeden* Algorithmus zur Lösung des Problems P wächst mindestens quadratisch. Der Beweis einer unteren Schranke ist meist sehr schwierig, da über die Klasse aller möglichen Algorithmen argumentiert werden muß, und ist bisher nur in wenigen Fällen gelungen (vgl. II.1.6, II.3, III.4 und V.7).

Es ist nun an der Zeit, die Begriffe Rechenzeit und Speicherplatz zu präzisieren. Zwei Überlegungen leiten uns dabei: Unsere Aussagen sollen möglichst direkt auf existierende Rechenmaschinen anwendbar sein, und wir möchten uns nicht in den technischen Details einer existierenden Anlage verlieren. Wir definieren daher einen abstrakten Maschinentyp, die Random Access Machine (RAM), die die wesentlichen Eigenschaften der Zentraleinheiten existierender Rechenanlagen widerspiegelt und dennoch einfach zu beschreiben ist.

I.1. Maschinenmodelle: RAM und RASP

Eine **RAM** (Random Access Machine) besteht aus 4 Registern — dem Akkumulator α und den Indexregistern γ_1, γ_2, γ_3 (die Zahl 3 ist willkürlich gewählt) — und einer unendlichen Zahl von Speicherzellen, die von 0 an durchnumeriert sind (s. Abb. 1).

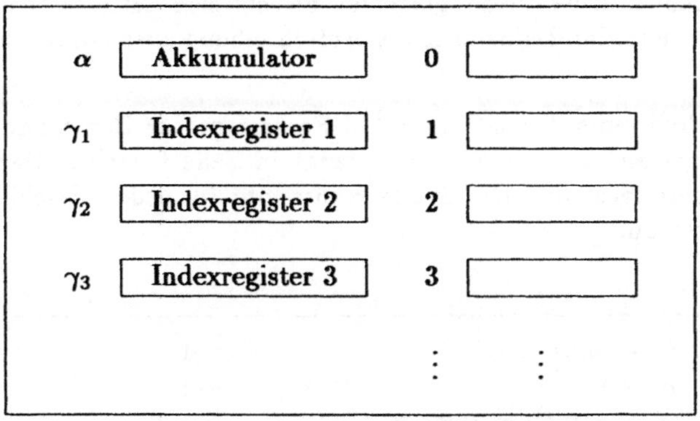

Abb. 1. Eine RAM

Der Befehlsvorrat einer RAM besteht aus folgenden Einadreßbefehlen. Dabei steht *reg* für ein beliebiges der Register α, γ_1, γ_2, γ_3, die Bezeichnung i für eine beliebige natürliche Zahl (einschließlich 0), *op* für einen Operanden der Form i, $\rho(i)$ oder *reg*, und *mop* für einen modifizierten Operanden $\rho(i+\gamma_j)$. Es bedeutet der Operand i die Zahl i, der Operand $\rho(i)$ den Inhalt der Zelle mit der Nummer i, der Operand *reg* den Inhalt des Registers *reg* und der modifizierte Operand $\rho(i+\gamma_j)$ den Inhalt der Zelle mit der Nummer (i + Inhalt von γ_j). Die Verwendung von modifizierten Operanden ist die einzige Möglichkeit zur Adressenrechnung in RAM's.

Wir diskutieren andere Möglichkeiten am Ende des Abschnitts. Die Befehlsliste besteht aus 4 Gruppen:

Transportbefehle:

reg	$\leftarrow$	*op*	, z.B.	γ_1	$\leftarrow$	$\rho(2)$,
α	$\leftarrow$	*mop*	, z.B.	α	$\leftarrow$	$\rho(\gamma_2 + 3)$,
op	$\leftarrow$	*reg*	, z.B.	$\rho(3)$	$\leftarrow$	α,
mop	$\leftarrow$	α	, z.B.	$\rho(\gamma_2 + 3)$	$\leftarrow$	α.

Sprungbefehle:

goto k , $k \in \mathbb{N}_0$,
if *reg* π 0 **then goto** k , $k \in \mathbb{N}_0$,
wobei $\pi \in \{=,\neq,<,\leq,>,\geq\}$ ein Vergleichs-Operator ist.

Arithmetische Befehle:

$\alpha \leftarrow \alpha\ \tau\ op$, $\alpha \leftarrow \alpha\ \tau\ mop$,
wobei $\tau \in \{+,-,\times,\text{div},\text{mod}\}$ eine arithmetische Operation ist.

Indexbefehle:

$\gamma_j \leftarrow \gamma_j \pm i$, $1 \leq j \leq 3$, $i \in \mathbb{N}_0$.

Ein Programm besteht aus einer Folge von Befehlen, die von 0 an durchnumeriert sind. Die Zahl k in den Sprungbefehlen bezieht sich auf diese Numerierung. Die Befehle werden in der Reihenfolge der Aufschreibung ausgeführt, außer bei Sprungbefehlen.

Beispiel: Programm 1 zeigt ein RAM-Programm zur Berechnung von 2^n. Wir nehmen dabei an, daß die Zahl n anfangs in Zelle 0 steht. Das Ergebnis wird in Zelle 1 bereitgestellt. Die Spalte rechts gibt für jeden Befehl die Anzahl der Ausführungen an. ∎

0:	$\gamma_1 \leftarrow \rho(0)$	1
1:	$\alpha \leftarrow 1$	1
2:	**if** $\gamma_1 = 0$ **then goto** 6	$n+1$
3:	$\alpha \leftarrow \alpha \times 2$	n
4:	$\gamma_1 \leftarrow \gamma_1 - 1$	n
5:	**goto** 2	n
6:	$\rho(1) \leftarrow \alpha$	1

Prog. 1

Wir haben uns bei der Angabe der Befehlsliste auf den Datentyp "ganze Zahl" beschränkt. Die Einbeziehung weiterer Datentypen — etwa Wahrheitswerte und reelle Zahlen — ist möglich, kompliziert aber nur die Darstellung. Wir erlauben als

Inhalte der Register und Zellen *beliebige* ganze Zahlen. Dieser unrealistischen Annahme tragen wir durch die Definition der Ausführungszeiten der Befehle Rechnung. Die Ausführungszeiten der Befehle setzen sich zusammen aus der Speicherzugriffszeit und der Zeit für die Ausführung des Kernbefehls. Wir unterscheiden zwei Kostenkriterien: das Einheitskostenmaß und das logarithmische Kostenmaß.

Beim **Einheitskostenmaß** abstrahieren wir von der Größe der Zahlen, mit denen operiert wird, und berechnen für jeden Rechenspeicherzugriff und jede Ausführung eines Kernbefehls *eine* Zeiteinheit. Dieses Maß ist realistisch, wenn der betrachtete Algorithmus nur Zahlen benutzt, die in *eine* Speicherzelle eines realen Computers passen. Alle angeführten Algorithmen (abgesehen von Kapitel VI) gehören für alle praktisch vorkommenden Problemgrößen in diese Kategorie. Deshalb benutzen wir überall außer in Kapitel VI das Einheitskostenmaß. Wir weisen aber ausdrücklich darauf hin, daß man sich bei der Analyse eines jeden Algorithmus darüber Rechenschaft ablegen muß, ob die Verwendung des Einheitskostenmaßes vernünftig ist.

Beim **logarithmischen Kostenmaß** berücksichtigen wir die Größe der Operanden und berechnen die Kosten proportional zur Länge L der Darstellung der Zahlen. Bei Verwendung der Binärdarstellung ist etwa

$$L(n) = \begin{cases} 1 & \text{falls } n = 0; \\ \lfloor \log n \rfloor + 1 & \text{sonst.} \end{cases}$$

Dies erklärt den Namen logarithmisches Kostenmaß. Das logarithmische Kostenmaß *muß* verwendet werden, wenn die zu bearbeitenden Zahlen nicht mehr in eine Speicherzelle passen.

In der folgenden Tabelle bedeutet m bei Transportbefehlen den Wert der rechten Seite, m_1 und m_2 geben bei arithmetischen Befehlen die Werte der beiden Operanden an. Die übrigen Größen gehen aus dem Befehlsformat hervor.

Kosten für die Bereitstellung des Operanden:

Operand	Einheitskosten	Logarithmische Kosten
i	0	0
reg	0	0
$\rho(i)$	1	$L(i)$
$\rho(i+\gamma_j)$	1	$L(i) + L(\gamma_j)$

Kosten für die Ausführung des Kernbefehls:

	Einheitskosten	Logarithmische Kosten
Transportbefehl	1	$1 + L(m)$
Sprungbefehl	1	$1 + L(k)$
Arithmetischer Befehl	1	$1 + L(m_1) + L(m_2)$
Indexbefehl	1	$1 + L(\gamma_j) + L(i)$

Wir setzten die Kosten des bedingten Sprungbefehls **if** *reg* π 0 **then goto** k unabhängig vom Inhalt von *reg* fest, da die erlaubten Vergleichs-Operationen durch

Inspektion einiger weniger Bits der Binärdarstellung von *reg* ausgeführt werden können.

Unter dem Einheitskostenmaß sind die Kosten eines Befehls 1 + # der Speicherzugriffe (wir benutzen das Zeichen "#" mit der Bedeutung "Anzahl"); unter dem logarithmischen Maß sind die Kosten 1 + Summe der Längen der betroffenen Adressen und Zahlen. Während demnach die Ausführungszeit eines Befehls unter dem Einheitskostenmaß unabhängig von den Daten ist, hängt sie beim logarithmischen Maß von ihnen ab.

Fortführung des Beispiels: Die Befehle des Programms 1 haben folgende Kosten:

Befehl	Einheitskosten	Logarithmische Kosten
0	2	$L(0) + 1 + L(\rho(0))$
1	1	$1 + L(1)$
2	1	$1 + L(6)$
3	1	$1 + L(\alpha) + L(2)$
4	1	$1 + L(\gamma_1) + L(1)$
5	1	$1 + L(2)$
6	2	$L(1) + 1 + L(\alpha)$

Dies ergibt die Gesamtkosten $4n + 6$ nach dem Einheitskostenmaß und $\Theta(n^2)$ nach dem logarithmischen Maß (s. Abschnitt I.6 zur Definition der Θ-Notation). In Zeile 3 entstehen die Kosten $\sum_{i=0}^{n-1}(1 + L(2^i) + L(2)) = \Theta(n^2)$. Die Berechnung von 2^n kann jedoch auf Kosten $\Theta(\log n)$ im Einheitskostenmaß und $\Theta(n)$ im logarithmischen Kostenmaß gedrückt werden (s. Übung 1). ∎

Man sieht an diesem Beispiel, daß die Kosten unter beiden Maßen stark differieren können. Man muß für jeden Einzelfall entscheiden, ob das Einheitskostenmaß vernünftig ist. Dies wird der Fall sein für die Kapitel II, III, IV, V, VII und VIII.

Analog unterscheiden wir bei der Speicherplatzkomplexität das Einheitsmaß und das logarithmische Maß. Beim Einheitsmaß zählen wir die Anzahl der verschiedenen Register und Speicherplätze, die während der Rechnung benutzt werden, und vernachlässigen darüber die tatsächlichen Inhalte. Beim logarithmischen Maß summieren wir die Längen der Binärdarstellungen der Register- und Zelleninhalte und maximieren über die Zeit.

Beispiel (Fortführung): Das Programm 1 zur Berechnung von 2^n benutzt die Register α und γ_1 und die Zellen 0 und 1. Demnach ist die Speicherplatzkomplexität unter dem Einheitsmaß 4. Die Inhalte der 4 benutzten Zellen sind sämtlich durch 2^n beschränkt, zwei davon nehmen diesen Wert tatsächlich an. Daher ist die Speicherplatzkomplexität unter dem logarithmischen Maß $\Theta(L(2^n)) = \Theta(n)$. ∎

Wir erlaubten bei der Definition von RAM's nur die Adreßmodifikation durch Register. Oft findet man in Rechenanlagen zwei weitere Arten der Adreßmodifikation: die allgemeine Adressensubstitution und die direkte Adreßrechnung. Bei der **allgemeinen Adressensubstitution** kann jede beliebige Zelle die Rolle eines Indexregisters übernehmen, d.h., modifizierte Operanden dürfen von der Form $\rho(i + \rho(j))$

sein. Bereitstellung dieses Operanden kostet 2 Zeiteinheiten unter dem Einheitsmaß und $L(i)+L(j)+L(\rho(j))$ Zeiteinheiten unter dem logarithmischen Maß. Wir können den vergrößerten Befehlsvorrat durch unseren ursprünglichen Befehlsvorrat mit konstantem Mehraufwand an Zeit simulieren. Der Befehl $\alpha \leftarrow \rho(i + \rho(j))$ z.B. wird simuliert durch

$$\begin{aligned} \gamma_1 &\leftarrow \rho(j) \\ \alpha &\leftarrow \rho(i + \gamma_1) \end{aligned}$$

Aber der Inhalt von γ_1 geht durch dieses Programmstück verloren. Deshalb muß er gerettet werden. Wir nehmen an, daß Zelle 0 im zu simulierenden Programm nicht benutzt wird. (Übung 2 diskutiert diese Annahme.) Dann müssen wir nur obiges Programmstück durch die beiden Anweisungen $\rho(0) \leftarrow \gamma_1$ und $\gamma_1 \leftarrow \rho(0)$ einschließen. Wir erhalten somit

Neuer Befehl	Einheitskosten	Logarithmische Kosten
$\alpha \leftarrow \rho(i + \rho(j))$	3	$1 + L(i) + L(j) + L(\rho(j)) +$ $L(\rho(i + \rho(j)))$
Simulationsprogramm		
$\rho(0) \leftarrow \gamma_1$ $\gamma_1 \leftarrow \rho(j)$ $\alpha \leftarrow \rho(i + \gamma_1)$ $\gamma_1 \leftarrow \rho(0)$	8	$6 + L(i) + L(j) + 2L(\rho(j)) +$ $L(\rho(i + \rho(j))) + 2L(\gamma_1)$

Die Kosten des Simulationsprogramms sind unter dem Einheitskostenmaß nur um einen konstanten Faktor höher. Also gilt

Lemma 1. *Benutzung allgemeiner Adressensubstitution reduziert die Kosten eines RAM-Programms unter dem Einheitskostenmaß höchstens um einen konstanten Faktor.* ∎

Unter dem logarithmischen Kostenmaß kann der Faktor $L(\gamma_1)$ nicht so einfach abgeschätzt werden. Wir ändern die Simulation und erhalten eine einfache Beziehung zwischen den Kosten des ursprünglichen Programms und denen des Simulationsprogramms. Zelle 0 soll immer den Inhalt von γ_1 enthalten. Dazu fügen wir $\rho(0) \leftarrow \gamma_1$ nach jedem Befehl, der γ_1 modifiziert, ein. Vor jedem Befehl, der γ_1 benutzt, fügen wir $\gamma_1 \leftarrow \rho(0)$ ein; z.B. ersetzen wir $\alpha \leftarrow \rho(i + \gamma_1)$ durch $\gamma_1 \leftarrow \rho(0)$; $\alpha \leftarrow \rho(i + \gamma_1)$ und $\gamma_1 \leftarrow \rho(i)$ durch $\gamma_1 \leftarrow \rho(i)$; $\rho(0) \leftarrow \gamma_1$. Diese Modifikation erhöht die Kosten unter *beiden* Kostenmaßen um höchstens einen konstanten Faktor. Dann ersetzen wir die Befehle, die allgemeine Adressensubstitution benutzen, wie oben beschrieben. Wir ersetzen z.B. $\alpha \leftarrow \rho(i + \rho(j))$ durch $\gamma_1 \leftarrow \rho(j)$; $\alpha \leftarrow \rho(i + \gamma_1)$. Wir brauchen dieses Programmstück nicht durch $\rho(0) \leftarrow \gamma_1$ und $\gamma_1 \leftarrow \rho(0)$ zu klammern, da wir γ_1 schon anderweitig gerettet und wiederbesetzt haben. (Die Einzelheiten sind Gegenstand von Übung 2.) Also gilt

Satz 1. *Benutzung allgemeiner Adressensubstitution kann die Zeitkomplexität von RAM-Programmen unter beiden Kostenmaßen um höchstens einen konstanten Faktor senken.* ∎

Nun zur direkten Adreßrechnung. Wir erweitern das RAM-Modell um einen Programmspeicher **PS** und nennen das erweiterte Modell **RASP** (Random Access Stored Program Machine). Der PS besteht aus unendlich vielen Zellen, die von 0 an durchnumeriert sind. Jede Zelle besteht aus zwei Teilen. Der erste Teil enthält die Befehlsbezeichnung, der zweite Teil den Operanden, d.h. eine Adresse oder ein Sprungziel.

Beispiel: In Abbildung 2 geben wir die RASP-Version unseres Beispielprogramms zur Berechnung von 2^n an. Als Befehlsbezeichnung benutzen wir dabei den RAM-Befehl, Adressen von Daten werden durch das Symbol a und Sprungziele durch k ersetzt. ∎

	Befehlsbezeichnung	Adresse
0	$\gamma_1 \leftarrow \rho(a)$	0
1	$\alpha \leftarrow a$	1
2	**if** $\gamma_1 = 0$ **then goto** k	6
3	$\alpha \leftarrow \alpha \times a$	2
4	$\gamma_1 \leftarrow \gamma_1 - a$	1
5	**goto** k	2
6	$\rho(a) \leftarrow \alpha$	1

Abb. 2. RASP-Programm, das 2^n berechnet

Die Anzahl der Befehlsbezeichnungen ist endlich, da wir nur 4 Register und eine endliche Anzahl von Befehlstypen haben. Wir setzen im folgenden eine feste Bijektion zwischen der Menge der Befehlsbezeichnungen und einem Anfangsabschnitt der natürlichen Zahlen voraus. Wir bezeichnen diese Bijektion mit *Num*.

Eine RASP-Maschine verfügt zusätzlich zu den RAM-Befehlen noch über sogenannte π-Befehle, die auf den PS wirken. Diese sind von der Form

$$\left.\begin{array}{r} \alpha \leftarrow \pi_h(i) \\ \alpha \leftarrow \pi_h(i+\gamma_j) \\ \pi_h(i) \leftarrow \alpha \\ \pi_h(i+\gamma_j) \leftarrow \alpha \end{array}\right\} \qquad \begin{array}{l} i \in \mathbb{N}_0, \\ h \in \{1,2\}, \\ j \in \{1,2,3\}. \end{array}$$

Der Befehl $\alpha \leftarrow \pi_h(i)$ etwa transportiert die h-te Komponente der Zelle i des PS in den Akkumulator α. Im Fall $h = 1$ wird die Abbildung *Num* angewandt. Analog ist die Semantik der übrigen Befehle definiert.

Die Ausführungszeiten der RASP-Befehle setzt man analog zu den Ausführungszeiten der RAM-Befehle fest. Jedoch ist eine Änderung notwendig: Da RASP-Programme während der Rechnung beliebig groß werden können, kann man den

Zeitaufwand für die Neueinstellung des Befehlszählers nicht mehr vernachlässigen. Für einen in Zelle k abgespeicherten Befehl addieren wir daher zu seinen Kosten unter dem logarithmischen Maß noch $L(k)$. Folgende Sätze gelten unter beiden Kostenmaßen:

Satz 2. *Die Ausführung eines RAM-Programms der Zeitkomplexität $T(n)$ auf einer RASP benötigt $\leq c \cdot T(n)$ Zeiteinheiten, wobei $c \in \mathbb{R}$ eine Konstante ist.* ∎

Satz 3. *Jedes RASP-Programm der Zeitkomplexität $T(n)$ kann auf einer RAM in $\leq c \cdot T(n)$ Zeiteinheiten simuliert werden, wobei $c \in \mathbb{R}$ eine Konstante ist.* ∎

Satz 2 folgt unmittelbar aus der Beobachtung, daß ein RAM-Programm nur eine feste Anzahl von Zellen des Programmspeichers benutzt und daher der additive Faktor $L(k)$ (k ist der Inhalt des Befehlszählers) durch eine Konstante abgeschätzt werden kann, die unabhängig von der Eingabe ist. Deshalb sind die "RASP-Kosten" eines RAM-Befehls höchstens c-mal die "RAM-Kosten", wobei wir setzen $c = 1 + L$(Länge des RAM-Programms, das auf einer RASP ausgeführt werden soll).

Satz 3 ist schwieriger zu beweisen. Man muß ein RAM-Programm schreiben, das RASP-Programme interpretiert. Datenspeicher, Programmspeicher und Register der RASP werden im Datenspeicher der RAM abgelegt, d.h., wir benutzen Zelle 1 für den Akkumulator, die Zellen 2, 3 und 4 für die Indexregister, die Zellen 5, 8, 11, 14, ... für den Datenspeicher und die Zellen 6, 7, 9, 10, 12, 13, 15, 16, ... für den Programmspeicher. Zwei benachbarte Zellen dienen der Aufnahme der beiden Komponenten einer Zelle des Programmspeichers der RASP. Zelle 0 dient als Befehlszähler; sie enthält die laufende Nummer des zur Ausführung anstehenden RASP-Befehles. Der Interpreter hat folgende Grobstruktur:

(1) Schleife: lade die Befehlsbezeichnung des nächsten RASP-Befehls in den Akkumulator;
(2) dekodiere die Befehlsbezeichnung und springe zu einem Modul, das diesen Befehl realisiert;
(3) simuliere den Befehl und ändere den Befehlszähler;
(4) **goto** Schleife.

Die Details werden dem Leser überlassen (Übung 3). Nach den Sätzen 2 und 3 unterscheiden sich RAM- und RASP-Zeitkomplexität nur um einen konstanten Faktor. Da wir im folgenden konstante Faktoren fast immer vernachlässigen, ist die Wahl des Maschinenmodells unwesentlich. Wir ziehen allerdings die RAM wegen ihrer Einfachheit vor.

Unsere RAM's und RASP's können nicht mit ihrer Umgebung kommunizieren, d.h., sie haben keine Ein-/Ausgabevorrichtungen. Die Einzelheiten der Ein-/Ausgabevorrichtungen sind abgesehen von Kapitel VI über NP-Vollständigkeit unwichtig, und deshalb werden wir mit der Annahme leben, daß die Eingabe und die Ausgabe im Speicher auf natürliche Weise abgelegt werden. In Kapitel VI müssen wir vorsichtiger sein. Unsere Maschinen erhalten dort zwei halb-unendliche Bänder:

ein Eingabeband, das nur gelesen werden kann, und ein Ausgabeband, das nur beschrieben werden kann. Das Eingabeband enthält eine Folge von ganzen Zahlen. Ein Lesekopf wird anfangs über das erste Element der Eingabefolge gesetzt. Die Ausführung des Befehls $\alpha \leftarrow$ Input bringt die Zahl unter dem Lesekopf in den Akkumulator und bewegt den Lesekopf eine Position vorwärts. Die Kosten des Befehls $\alpha \leftarrow$ Input sind 1 unter dem Einheitskostenmaß und $1 + L(n)$ unter dem logarithmischen Kostenmaß, wobei n die einzulesende Zahl ist. Analog schreibt der Befehl Output $\leftarrow \alpha$ den Inhalt von α auf das Ausgabeband. Wenn eine RAM vom Eingabeband lesen will und dieses keine Zahl mehr enthält, blockiert die Rechnung. Wir sagen dann, daß die Ausgabe undefiniert ist, und die Zeitkomplexität dieser Rechnung ist die Anzahl der Zeiteinheiten, die bis zur Blockierung verbraucht wurden.

I.2. Berechnungen mit Zufallszahlen

Wir behandeln zwei Erweiterungen von RAM's: RRAM's und nichtdeterministische RAM's. Hier diskutieren wir RRAM's und verschieben die Diskussion nichtdeterministischer RAM's auf Kapitel VI.

Eine **RRAM** (randomisierte RAM oder RAM mit Zufallszahlengenerator) kann eine perfekte Münze werfen und ihre weiteren Rechenschritte vom Resultat des Münzwurfs abhängig machen, d.h., sie hat einen zusätzlichen Befehl

$\alpha \leftarrow$ random,

der α entweder 0 oder 1 zuweist, jeweils mit Wahrscheinlichkeit 1/2. Die Kosten dieses Befehls sind 1 unter beiden Kostenmaßen. Wir veranschaulichen dieses neue Konzept an einem einfachen Beispiel, einer RRAM, die die Konstante 0 berechnet.

1: $\alpha \leftarrow$ random
2: **if** $\alpha \neq 0$ **then goto** 1

Offensichtlich hat α den Inhalt 0, wenn das Programm hält. Jedoch hängt die Laufzeit des Algorithmus von den Münzwürfen ab. Wenn der k-te Münzwurf, $k \geq 1$, der erste ist, der 0 ergibt, dann ist die Laufzeit $2k$ unter dem Einheitskostenmaß. Da die Münze nach Annahme perfekt ist, tritt dies mit Wahrscheinlichkeit 2^{-k} auf, und die mittlere Laufzeit ist $\sum_{k\geq 1} 2^{-k} \cdot 2k = 4$ (vgl. Anhang, Formel S1). Die mittlere Laufzeit ist also klein, obwohl die Möglichkeit besteht, daß das Programm nie hält.

Der Begriff einer RRAM wird am ehesten klar, wenn man sie auf herkömmliche RAM's mit zwei Eingabevorrichtungen zurückführt. Die erste Eingabevorrichtung nimmt die eigentliche Eingabe p für die Berechnung auf. (Wie oben spezifizieren wir die Eingabevorrichtung nicht genau.) Die zweite Eingabevorrichtung ist ein Eingabeband, das eine Folge von Nullen und Einsen enthält. Die Ausführung von $\alpha \leftarrow$ random liest das nächste Element (falls es existiert) vom zweiten Eingabeband und bringt es in den Akkumulator α.

Sei A ein RAM-Programm. Für eine Folge s von Nullen und Einsen definieren wir $A(p,s)$ als die Ausgabe von A an der Eingabe p und der Münzwurffolge s und $T_A(p,s)$ als die Laufzeit von A an Eingabe p und Münzwurffolge s. Wieder lassen wir offen, ob die Ausgabe in den Speicher oder auf ein Ausgabeband geschrieben wird. Die mittlere Laufzeit des randomisierten Algorithmus A an Eingabe p ist definiert als

$$T_A(p) = \lim_{k\to\infty} 2^{-k} \sum_{s\in\{0,1\}^k} T_A(p,s).$$

$T_A(p)$ ist wohldefiniert wegen

Lemma 1. *Für alle k und p gilt:*

$$2^{-k} \sum_{s\in\{0,1\}^k} T_A(p,s) \quad \leq \quad 2^{-k-1} \sum_{t\in\{0,1\}^{k+1}} T_A(p,t).$$

Beweis: Sei $s \in \{0,1\}^k$ und $t = s0$ oder $t = s1$. Wenn die Berechnung von A an Eingabe p und Münzwurffolge s regulär hält, d.h., nicht blockiert wegen Erschöpfung der Folge s, dann ist $T_A(p,s) = T_A(p,t)$. Wenn sie nicht blockiert, aber nie hält, dann ist $T_A(p,s) = \infty = T_A(p,t)$. Wenn sie dagegen blockiert, dann ist $T_A(p,s) \leq T_A(p,t)$. ∎

Wir können jetzt $T_A(n)$ und $T_A^{av}(n)$ wie oben definieren. Natürlich ist $T_A^{av}(n)$ nur bezüglich einer Wahrscheinlichkeitsverteilung der Eingaben definiert.

Was bedeutet es nun, daß ein randomisierter Algorithmus A eine Funktion $f : P \mapsto Y$ berechnet? Das ist nicht von vornherein klar, da die Ausgabe von A von der Münzwurffolge s, die in der Berechnung benutzt wird, abhängen kann.

Definition: Gegeben seien die Funktionen $f : P \mapsto Y$ und $\varepsilon : \mathbb{N} \mapsto \mathbb{R}$. Der randomisierte Algorithmus A berechnet f mit **Fehlerwahrscheinlichkeit** ε, wenn für alle $p \in P$ gilt:

$$\lim_{k\to\infty} \frac{|\{s \in \{0,1\}^k;\ f(p) = A(p,s)\}|}{2^k} \geq 1 - \varepsilon(g(p)),$$

wobei $g(p)$ die Größe der Eingabe p ist. ∎

Ähnlich wie in Lemma 1 zeigt man, daß der Grenzwert in der obigen Definition immer existiert. Nur der Fall $\varepsilon(n) < 1/2$ ist interessant. Dann liefert A die gewünschte Ausgabe mit Wahrscheinlichkeit größer als 1/2. Ein randomisierter Algorithmus heißt **Las Vegas-Algorithmus** für die Funktion f, wenn er f mit Fehlerwahrscheinlichkeit 0 berechnet, d.h., wenn $\varepsilon(n) = 0$ ist in obiger Definition. Insbesondere gilt dann: Wenn A an den Eingaben p und s regulär hält, dann ist $A(p,s) = f(p)$. Las Vegas-Algorithmen sind eine besonders angenehme Klasse von randomisierten Algorithmen, weil die Ausgabe immer korrekt ist. In II.1.3 und III.1.2 lernen wir Beispiele von Las Vegas-Algorithmen kennen.

Die Fehlerwahrscheinlichkeit soll natürlich so klein wie möglich sein. Sei also A ein randomisierter Algorithmus zur Berechnung von $f : P \mapsto Y$ mit Fehlerwahrscheinlichkeit $\varepsilon(n)$. Wenn $\varepsilon(n)$ zu groß ist, könnten wir A mehrere Male auf der gleichen Eingabe starten und dann diejenige Ausgabe wählen, die am häufigsten produziert wurde. Diese Vorgehensweise sollte unser Vertrauen in die Richtigkeit der Ausgabe erhöhen. Das folgende Lemma zeigt, daß diese Überlegungen tatsächlich korrekt sind.

Lemma 2. *Sei $\delta > 0$ beliebig. Wenn der randomisierte Algorithmus A die Funktion $f : P \mapsto Y$ mit Fehlerwahrscheinlichkeit $\varepsilon(n) = \epsilon < \frac{1}{2}$ in Zeit $T_A(n)$ berechnet und $T_A \circ g$ in Zeit $O(T_A)$ berechenbar ist, dann gibt es einen Algorithmus B, der f in Zeit $c \cdot m \cdot (\frac{1}{2} - \epsilon)^{-1} \cdot T_A(n)$ mit Fehlerwahrscheinlichkeit höchstens δ berechnet. Dabei ist $m = 2\lceil (\log \delta)/\log(1 - (\frac{1}{2} - \epsilon)^2)\rceil$ und c eine Konstante. Weiterhin hält B immer innerhalb von $c \cdot m \cdot (\frac{1}{2} - \epsilon)^{-1} \cdot T_A(n)$ Zeiteinheiten.*

Beweis: Betrachte ein beliebiges $p \in P$. Seien $n = g(p)$, $T = \lceil (4/(1-2\epsilon))T_A(n)\rceil$ und $m = 2\lceil(\log\delta)/\log(1-(\frac{1}{2}-\epsilon)^2)\rceil$. Der Algorithmus B tut an der Eingabe p folgendes: Er berechnet T, wählt m zufällige Folgen $s_1, s_2, \ldots, s_m$ (jede von der Länge T) und simuliert A an den Eingaben $(p, s_1), \ldots, (p, s_m)$ bis zu T Zeiteinheiten lang. Dann gibt er das Ergebnis aus, das bei den Simulationsläufen am häufigsten produziert wurde. Offensichtlich läuft B höchstens $O((1+m)\cdot T) = O(m\cdot(\frac{1}{2}-\epsilon)^{-1}\cdot T_A(n))$ Zeiteinheiten. Weiterhin folgt aus $f(p) \neq B(p, s_1, \ldots, s_m)$, daß $A(p, s_i) \neq f(p)$ für mindestens $m/2$ verschiedene i. Es gilt

$$\begin{aligned}
&\frac{|\{s \in \{0,1\}^T;\ f(p) \neq A(p,s)\}|}{2^T} \\
&\leq \lim_{k\to\infty} \frac{|\{s \in \{0,1\}^k;\ f(p) \neq A(p,s)\}|}{2^k} + \frac{|\{s \in \{0,1\}^T;\ T_A(p,s) > T\}|}{2^T} \\
&\leq \epsilon + (\tfrac{1}{2} - \epsilon)/2 \\
&= \tfrac{1}{2} - \tfrac{1}{2}(\tfrac{1}{2} - \epsilon),
\end{aligned}$$

da A die Funktion f mit Fehlerwahrscheinlichkeit ϵ berechnet (deshalb wird der erste Term durch ϵ abgeschätzt) und für jedes $p \in P$ mit $g(p) = n$ gilt:

$$\begin{aligned}
T_A(n) &\geq T_A(p) \\
&\geq \sum \frac{|\{T_A(p,s);\ s \in \{0,1\}^T\}|}{2^T} \\
&\geq \sum \frac{|\{T_A(p,s);\ s \in \{0,1\}^T \text{ und } T_A(p,s) > T\}|}{2^T} \\
&> T \cdot \frac{|\{s \in \{0,1\}^T;\ T_A(p,s) > T\}|}{2^T},
\end{aligned}$$

und deshalb wird der zweite Term der ersten Ungleichungskette durch $T_A(n)/T \leq (1-2\epsilon)/4$ abgeschätzt. Sei $\gamma = \frac{1}{2} - \frac{1}{2}(\frac{1}{2} - \epsilon)$. Dann gilt

$$\begin{aligned}
&\frac{\left|\{s_1 \cdots s_m \in \{0,1\}^{T\cdot m};\ B(p, s_1, \ldots, s_m) \neq f(p)\}\right|}{2^{T\cdot m}} \\
&\leq \sum_{i=m/2}^{m} \binom{m}{i} \gamma^i (1-\gamma)^{m-i} \\
&\leq \sum_{i=m/2}^{m} \binom{m}{i} \gamma^{m/2} (1-\gamma)^{m/2} && \text{(weil } \gamma < 1/2\text{)} \\
&\leq 2^m \gamma^{m/2} (1-\gamma)^{m/2} \\
&= (4\gamma(1-\gamma))^{m/2} \\
&\leq \delta. && \text{(nach Definition von } m\text{)} \quad \blacksquare
\end{aligned}$$

Wir veranschaulichen Lemma 2 durch ein Beispiel. Sei $\epsilon = 0.49$ und $\delta = 0.03$. Dann ergibt sich $m = 2\lceil(\log \delta)/\log(1 - (\frac{1}{2} - \epsilon)^2)\rceil = 2\lceil \log 0.03/\log 0.9999 \rceil = 70128$. Also müssen wir eine Berechnung, die mit Wahrscheinlichkeit 0.51 die richtige Antwort gibt, ungefähr 70000-mal wiederholen, um die gewünschte Wahrscheinlichkeit 0.97 für die Korrektheit der Antwort zu erreichen. Wenn wir mit einem vertrauenswürdigeren Algorithmus mit etwa $\epsilon = 0.25$ beginnen, dann sinkt m auf $2\lceil \log 0.03/\log 0.9375 \rceil = 110$. Es ist also aufwendig, den Fehler von 0.49 auf 0.25 zu drücken, aber eine weitere Verbesserung ist schnell zu erreichen.

Randomisierte Algorithmen haben im Gegensatz zu deterministischen Algorithmen eine perfekte Münze zur Verfügung. Deshalb wollen wir wissen, wie gut randomisierte Algorithmen durch deterministische Algorithmen simuliert werden können. Wir gehen diese Frage auf zwei Arten an: Zuerst zeigen wir, daß man für feste Problemgrößen die ideale Münze immer durch eine *feste* Folge von Nullen und Einsen ersetzen kann. Auch ist die Länge der Folge nicht zu groß (s. Satz 1). Danach zeigen wir, wie man gute Zufallszahlengeneratoren in randomisierten Berechnungen benutzen kann.

Satz 1. *Seien $n \in \mathbb{N}$, $N = |\{p \in P;\ g(p) \leq n\}|$ und $\delta = 1/(N+1)$. A, B, ϵ und f seien definiert wie in Lemma 2. Dann gibt es eine Folge $s_0 \in \{0,1\}^{T\cdot m}$, wobei m und T ebenfalls wie in obigem Lemma definiert seien (unter der zusätzlichen Annahme, daß T_A nichtfallend ist), so daß $f(p) = B(p, s_0)$ für alle $p \in P$ mit $g(p) \leq n$.*

Beweis: B berechnet f mit Fehlerwahrscheinlichkeit δ nach Lemma 2. Wir definieren $P_n = \{p \in P;\ g(p) \leq n\}$. Dann gilt für alle $p \in P_n$:

$$\left|\{s \in \{0,1\}^{T\cdot m};\ B(p,s) \neq f(p)\}\right| \quad \leq \quad \delta \cdot 2^{T\cdot m} \quad = \quad 2^{T\cdot m}/(N+1),$$

und daher gilt weiter

$$\begin{aligned}
&\sum_{s\in\{0,1\}^{T\cdot m}} \sum_{p\in P_n} \textbf{if } B(p,s) \neq f(p) \textbf{ then } 1 \textbf{ else } 0 \\
&= \sum_{p\in P_n} \sum_{s\in\{0,1\}^{T\cdot m}} \textbf{if } B(p,s) \neq f(p) \textbf{ then } 1 \textbf{ else } 0 \\
&\leq N \cdot 2^{T\cdot m}/(N+1) \\
&< 2^{T\cdot m}.
\end{aligned}$$

Also gibt es mindestens ein $s_0 \in \{0,1\}^{T\cdot m}$, so daß

$$\sum_{p\in P_n} \textbf{if } B(p,s_0) \neq f(p) \textbf{ then } 1 \textbf{ else } 0 \quad < \quad 2^{T\cdot m}/2^{T\cdot m} \; = \; 1.$$

Also ist $B(p,s_0) = f(p)$ für alle $p \in P_n$. ∎

Wir veranschaulichen Satz 1 durch ein Beispiel. Sei $P = \{0,1\}^*$ und $g(p) = |p|$ die Länge eines Bitstrings p. Dann ist $|P_n| \leq 2^{n+1}$. Weiterhin wollen wir mit einer randomisierten Maschine A starten, die $\epsilon = 1/4$ und Laufzeit $T_A(n) = n^k$ für festes k hat. Wenn wir $\delta = 1/(2^{n+1}+1)$ nehmen, gibt Lemma 2 uns eine Maschine B, die im schlechtesten Fall Laufzeit $T_B(n) = O((-\log\delta)T_A(n)) = O(n^{k+1})$ und Fehlerwahrscheinlichkeit δ hat. Satz 1 sagt uns, daß eine feste Folge s_0 von Nullen und Einsen der Länge $O(n^{k+1})$ existiert, die von B anstatt eines richtigen Zufallszahlengenerators benutzt werden kann. Leider zeigt Satz 1 keine effiziente Methode, um ein geeignetes s_0 zu finden.

Können wir aber nicht einen Pseudo-Zufallszahlengenerator, wie er in vielen realen Computern existiert, benutzen, um Münzwürfe für randomisierte Algorithmen zu erzeugen? Ein typischer Pseudo-Zufallszahlengenerator arbeitet folgendermaßen: Er besteht aus einer Funktion $T : \{0,1\}^m \mapsto \{0,1\}^m$, die keine leicht zu erkennende Verbindung von Argument und Funktionswert aufweist. Meistens wählt man T als

$$T(x) = (a \cdot x + c) \bmod 2^m,$$

wobei das Argument x interpretiert wird als Zahl zwischen 0 und $2^m - 1$ und die Zahlen a und c ebenfalls aus diesem Bereich stammen. Das Ergebnis wird wieder in Binärdarstellung gebracht. Der Benutzer eines Pseudo-Zufallszahlengenerator legt eine "Saat" $x_0 \in \{0,1\}^m$ und benutzt dann die Funktion T, um eine Folge $x_1, x_2, \ldots, x_k$ mit $x_{i+1} = T(x_i)$ zu erzeugen. Der Pseudo-Zufallszahlengenerator bekommt also eine Bitfolge x_0 der Länge m und erzeugt eine Bitfolge der Länge $k \cdot m$ für ein k.

Wir definieren somit einen Pseudo-Zufallszahlengenerator als eine Abbildung $\rho : \{0,1\}^m \mapsto \{0,1\}^{E(m)}$ mit $E(m) \geq m$. Er bekommt eine Saat $x \in \{0,1\}^m$ und erzeugt eine Folge $\rho(x)$ der Länge $E(m)$.

Die Wahl der Saat wird hier nicht diskutiert. Man kann etwa ein physikalisches Gerät benutzen oder tatsächlich eine Münze werfen. Jedoch erörtern wir die wünschenswerten Eigenschaften der Abbildung ρ genauer. Die Abbildung ρ bekommt einen Bitstring der Länge m und erzeugt einen Bitstring der Länge $E(m)$. Wenn $E(m) > m$, dann ist $\rho(x)$ sicherlich kein zufälliger Bitstring (in dem Sinne, daß alle Strings der Länge $E(m)$ gleichwahrscheinlich sind), selbst wenn x ein zufälliger String der Länge m ist. Denn nur 2^m der $2^{E(m)}$ möglichen Strings der Länge $E(m)$ liegen im Bild von ρ.

Nehmen wir an, daß wir einen zufälligen String der Länge m erzeugen können. Ist dann die Benutzung der pseudo-zufälligen Strings $\rho(x)$ der Länge $E(m)$ in einem randomisierten Algorithmus ratsam? Zunächst scheint die Antwort "Nein" zu sein, da die pseudo-zufälligen Strings *keine* zufälligen Strings sind. Jedoch könnten sie "zufällig genug" sein, um anstatt einer wirklich zufälligen Folge verwendet zu werden. Zur genaueren Untersuchung benötigen wir ein Gütemaß für Pseudo-Zufallszahlengeneratoren. Dazu führen wir das Konzept des statistischen Testes ein.

Betrachten wir z.B. die Funktion $h : \{0,1\}^* \mapsto \{0,1\}$, die 1 ergibt, wenn sich die Anzahlen der Nullen und Einsen im Argument um höchstens 10% unterscheiden. Wenn h dann auf einen zufälligen Bitstring angewandt wird, ist der Funktionswert mit sehr hoher Wahrscheinlichkeit 1. Das Gleiche könnten wir für ein zufälliges Element im Bild von ρ verlangen. Wenn dies erfüllt ist, dann kann der statistische Test h nicht zwischen wirklich zufälligen Folgen und Folgen, die durch Anwendung von ρ auf kürzere, zufällige Folgen entstanden sind, unterscheiden. Wenn das für alle statistischen Tests stimmt (die Bedeutung dieser Bedingung muß noch genau festgelegt werden), dann werden die durch ρ erzeugten Folgen zu Recht pseudozufällig genannt.

Allgemein definieren wir einen statistischen Test als eine beliebige Funktion $h : \{0,1\}^* \mapsto \{0,1\}$, die eine 1 ergibt für mindestens die Hälfte der Argumente von jeder beliebigen festen Länge.

Ein randomisierter Algorithmus A kann auf einfache Art in einen statistischen Test h_A umgewandelt werden: Der Test h_A bezeichnet eine Folge $s \in \{0,1\}^*$ als "gut" (d.h., gibt eine 1 aus), wenn die Laufzeit des Algorithmus A bei Benutzung der Münzwurffolge s seine mittlere Laufzeit um höchstens einen konstanten Faktor — etwa 2 — überschreitet. Dann bezeichnet h_A mindestens die Hälfte der Argumente jeder beliebigen festen Länge als gut und ist somit ein statistischer Test im obigen Sinn. Mit A hat auch h_A polynomielle Zeitkomplexität.

Wir sagen, daß ein Pseudo-Zufallszahlengenerator ρ einen Test h besteht, wenn "viele" (die genaue Definition steht unten) Folgen in Bild(ρ) von Test h als gut bezeichnet werden.

Nehmen wir nun an, daß ρ alle Tests h polynomieller Zeitkomplexität besteht. Dann besteht er insbesondere den Test h_A, wenn A ein polynomiell beschränkter Algorithmus ist. Also kann der Algorithmus A nicht zwischen wirklich zufälligen Folgen und den durch Pseudo-Zufallszahlengenerator ρ erzeugten Folgen "unterscheiden". (Dies muß ebenfalls noch präzisiert werden.) Also können wir die durch ρ erzeugten Folgen anstatt wirklich zufällig erzeugter Folgen benutzen, wenn wir Algorithmus A starten.

Wir wollen nun die angesprochenen Konzepte präzisieren. Teil c) der folgenden Definition präzisiert den Sachverhalt, daß eine Abbildung ρ einen statistischen Test h besteht. Wir geben zwei Varianten der Definition, die auf zwei Anwendungen von Pseudo-Zufallszahlengeneratoren zielen, die später beschrieben werden: schnelle Simulation von randomisierten Algorithmen durch deterministische Algorithmen und Reduktion der Anzahl von Münzwürfen in randomisierten Berechnungen.

Definition:

a) Eine Funktion $h : \{0,1\}^* \mapsto \{0,1\}$ ist **berechenbar in polynomieller Zeit**, wenn es einen deterministischen Algorithmus gibt, der h berechnet und dessen Laufzeit durch ein Polynom beschränkt ist.

b) Ein **statistischer Test** ist eine Funktion $h : \{0,1\}^* \mapsto \{0,1\}$ mit

$$|\{x \in \{0,1\}^k;\ h(x) = 1\}| \ \geq\ 2^{k-1} \quad \text{für alle } k.$$

c) Seien $E : \mathbb{N} \mapsto \mathbb{N}$ und $\rho : \{0,1\}^* \mapsto \{0,1\}^*$ Funktionen mit $|\rho(x)| = E(m)$ für $|x| = m$. Sei $m_0 : \mathbb{N} \mapsto \mathbb{N}$ eine weitere Funktion. Sei h ein statistischer Test, der in Zeit $t \cdot n^t$ für ein festes t berechenbar ist, wobei n die Größe der Eingabe ist. Dann **besteht** ρ den Test h, wenn für alle $m \geq m_0(t)$ gilt:

$$\{x \in \{0,1\}^{E(m)};\ x \in \text{Bild}(\rho) \text{ und } h(x) = 1\} \ \neq\ \emptyset.$$

ρ besteht Test h **gut**, wenn für alle $m \geq m_0(t)$ gilt:

$$\left|\{x \in \{0,1\}^{E(m)};\ x \in \text{Bild}(\rho) \text{ und } h(x) = 1\}\right| \ \geq\ 2^m/8.$$

Bemerkung: Wenn ρ den Test h gut besteht, dann ergibt h angewandt auf ein beliebiges Element im Bild von ρ eine 1 mit Wahrscheinlichkeit größer als 1/8, während h angewandt auf ein wirklich zufälliges Element aus $\{0,1\}^{E(m)}$ eine 1 ergibt mit Wahrscheinlichkeit größer als 1/2. Die Wahl der Schranken $a_1 = 1/2$ und $a_2 = 1/8$ ist willkürlich. Jedoch ist es wichtig, daß $0 < a_2 \leq a_1$ erfüllt ist.

d) Eine Abbildung ρ ist ein guter (sehr guter) **Pseudo-Zufallszahlengenerator**, wenn sie alle in polynomieller Zeit berechenbaren statistischen Tests (gut) besteht. ∎

Der Leser sollte sich genau klarmachen, was die Definition ausdrückt. Wir haben einen statistischen Test als ein Prädikat über Bitstrings definiert, das von mindestens der Hälfte der Bitstrings einer festen Länge erfüllt wird (Teil b)). Weiterhin beschränken wir uns auf einfache, d.h. in polynomieller Zeit berechenbare Prädikate (Teile a) und c)). Ein Pseudo-Zufallszahlengenerator besteht alle statistischen Tests, wenn das Bild von ρ keine einfache Struktur hat, d.h., wenn es keine große und leicht zu berechnende Teilmenge von $\{0,1\}^{E(m)}$ gibt, nämlich eine Menge $\{x \in \{0,1\}^{E(m)};\ h(x) = 1\}$ für einen Test h, die ρ entweder überhaupt nicht oder nicht mit genügend hoher Wahrscheinlichkeit trifft. Anders formuliert: Die Eigenschaften eines zufälligen Elementes im Bild von ρ sind schwierig vorauszusagen, und deshalb dürfen wir die von ρ produzierten Elemente zu Recht pseudo-zufällig nennen. Beachten Sie, daß die Eigenschaft "zufällig" gleichbedeutend mit "schwierig vorauszusagen" ist.

Es ist nicht bekannt, ob es (sehr) gute Zufallszahlengeneratoren im Sinne der obigen Definition gibt. Jedoch kann man zeigen, daß sehr gute, in polynomieller Zeit berechenbare Zufallszahlengeneratoren mit $E(m) = m^k$ für beliebige k existieren, wenn eines der folgenden zahlentheoretischen Probleme hart ist: das diskrete Logarithmus-Problem oder das Faktorisierungs-Problem für ganze Zahlen. Wir verweisen den Leser auf die Literatur, wo diese Resultate erörtert werden (s. A.C. Yao: "Theory and Applications of Trapdoor Functions", *IEEE FOCS* 1982, S. 80–91).

Wir fahren fort unter der *Annahme*, daß ein (sehr) guter, in polynomieller Zeit berechenbarer Pseudo-Zufallszahlengenerator ρ mit $E(m) = m^2$ existiert. Wir zeigen, daß gute Pseudo-Zufallszahlengeneratoren benutzt werden können, um die Simulation von randomisierten Algorithmen durch deterministische Algorithmen schneller zu machen, und daß sehr gute Generatoren benutzt werden können, um die notwendige Anzahl von wirklich zufälligen Auswahlen zu senken. Das zweite Ergebnis erlangt zu dem Zeitpunkt Bedeutung, wenn es einmal möglich sein sollte, wirklich zufällige Bits zu erzeugen, dies allerdings kostspielig wäre.

Um dies präzise und dennoch anschaulich darzustellen, betrachten wir einen Las Vegas-Algorithmus A mit polynomieller Laufzeit, d.h., $T_A(n) \leq t \cdot n^t$ für ein $t \in \mathbb{N}$, und einen guten Pseudo-Zufallszahlengenerator ρ mit $E(m) = m^2$. Sei $p \in P$, $n = g(p)$, so daß $\sqrt{2t \cdot n^t} \geq m_0(t)$. Dann ist $h_p : \{0,1\}^* \mapsto \{0,1\}$ mit

$$h_p(s) = \begin{cases} 1 & \text{wenn } T_A(p,s) \leq 2t \cdot n^t; \\ 0 & \text{andernfalls} \end{cases}$$

berechenbar in Zeit $O(t \cdot n^t)$ und es ist $h_p(s) = 1$ für mindestens die Hälfte der Bitstrings der Länge $2t \cdot n^t$. Dies folgt, weil die Laufzeit von T_A an p und s das Doppelte der mittleren Laufzeit für höchstens die Hälfte der Münzwurffolgen überschreiten kann. Deshalb gilt für alle $m \geq \sqrt{2t \cdot n^t}$

$$\{s \in \{0,1\}^{E(m)};\ s \in \text{Bild}(\rho) \text{ und } h_p(s) = 1\} \neq \emptyset$$

oder

$$\{s \in \{0,1\}^{E(m)};\ s \in \text{Bild}\,(\rho) \text{ und } T_A(p,s) \leq 2t \cdot n^t\} \neq \emptyset.$$

Diese Tatsache führt unmittelbar zu einer deterministischen Simulation probabilistischer Maschinen, die effizienter ist als die naive. Sei $p \in P$, $g(p) = n$ und sei $m = \sqrt{2t \cdot n^t}$. Wir betrachten Programm 2.

Weil A ein Las Vegas-Algorithmus ist und ein $s \in \rho(\{0,1\}^m)$ mit $T_A(p,s) \leq 2t \cdot n^t$ existiert, erzeugt die Simulation immer die richtige Antwort. Die Laufzeit der Simulation ist $O(2^{\sqrt{2t \cdot n^t}}(t \cdot n^t + q(m)))$, wobei q die polynomielle Laufzeitschranke für die Berechnung von ρ ist. Also führt die Existenz guter Pseudo-Zufallszahlengeneratoren zu effizienteren Simulationen probabilistischer Maschinen durch deterministische Maschinen. Beachten Sie, daß die naive Simulation Laufzeit $O(2^{t \cdot n^t} \cdot t \cdot n^t)$ hat.

```
for alle x ∈ {0,1}^m
do  s ← ρ(x);
    lasse A an p und s bis zu 2t · n^t Schritte laufen;
    if A innerhalb dieser Zeit hält
    then gib aus, was A als Ausgabe produzierte, und halte
    fi
od.
```

Prog. 2

Sei ρ nun ein sehr guter Pseudo-Zufallszahlengenerator. Dann ist

$$\left|\{s \in \{0,1\}^{E(m)};\ s \in \text{Bild}(\rho) \text{ und } T_A(p,s) \leq 2t \cdot n^t\}\right| \geq 2^m/8,$$

wobei m, n und p wie oben definiert sind. Ein zufälliges $x \in \{0,1\}^m$ erzeugt also ein $s = \rho(x)$, so daß $T_A(p,s) \leq 2t \cdot n^t$, mit Wahrscheinlichkeit mindestens 1/8. Diese Beobachtung führt zur Implementierung des Algorithmus A durch Programm 3, die weniger Münzwürfe als A selbst braucht.

```
repeat erzeuge eine zufällige Folge von m Bits und nenne sie x;
       s ← ρ(x)
until  A an p und s innerhalb von 2t · n^t Schritten hält;
gib aus, was A an p und s als Ausgabe erzeugte.
```

Prog. 3

Weil ein zufälliges $x \in \{0,1\}^m$ ein $s = \rho(x) \in \{0,1\}^{E(m)}$ mit $T_A(p,s) \leq 2t \cdot n^t$ mit Wahrscheinlichkeit mindestens 1/8 erzeugt, genügen im Durchschnitt 8 Schleifendurchläufe. Deshalb simuliert obiger Algorithmus den Algorithmus A in mittlerer Zeit $O(T_A(n)) = O(n^t)$ und benutzt nur $O(\sqrt{n^t})$ zufällige Bits. Wenn also wirklich zufällige Auswahlen möglich, aber kostspielig sind, ist dies eine wesentliche Verbesserung. Damit sind unsere Ausführungen über den Gebrauch von (sehr) guten Pseudo-Zufallszahlengeneratoren in randomisierten Berechnungen abgeschlossen.

Wir beenden diesen Abschnitt mit einer Bemerkung über die Beziehung zwischen der mittleren Laufzeit deterministischer Algorithmen und der Laufzeit probabilistischer Algorithmen.

Sei A ein Las Vegas-Algorithmus, der die Funktion $f : P \mapsto Y$ berechnet. Der Einfachheit halber nehmen wir an, daß A für jedes $n \in \mathbb{N}$ höchstens $a(n)$ Münzwürfe für jede beliebige Eingabe $p \in P$ mit $g(p) = n$ macht. Dann ist

$$T_A(p) = \sum_{s \in \{0,1\}^{a(n)}} T_A(p,s)/2^{a(n)}.$$

Weiterhin setzen wir eine Wahrscheinlichkeitsverteilung μ auf der Menge P der Problemstellungen voraus. Sei B ein deterministischer Algorithmus für f, dessen mittlere Laufzeit an Eingaben der Länge n minimal ist. B existiert sicher, wenn P_n, die Menge der Problemstellungen der Länge n, endlich ist. Die Minimalität bedeutet, daß für alle deterministischen Algorithmen C gilt:

$$E(\{T_B(p);\ p \in P \text{ und } g(p) = n\}) \ \leq\ E(\{T_C(p);\ p \in P \text{ und } g(p) = n\}),$$

wobei die Erwartungswerte bezüglich der Wahrscheinlichkeitsverteilung μ ermittelt sind. Für ein festes $s \in \{0,1\}^{a(n)}$ ist Algorithmus A zusammen mit der Münzwurffolge s ein deterministischer Algorithmus. Daher gilt die Ungleichung

$$\sum_{p \in P_n} \mu(p) \cdot T_B(p) \ \leq\ \sum_{p \in P_n} \mu(p) \cdot T_A(p, s).$$

Weil diese Ungleichung für jedes s gilt, folgt

$$\begin{aligned}
\sum_{p \in P_n} \mu(p) \cdot T_B(p) \ &\leq \sum_{s \in \{0,1\}^{a(n)}} \ \sum_{p \in P_n} \mu(p) \cdot T_A(p,s)/2^{a(n)} \\
&\leq \sum_{p \in P_n} \mu(p) \sum_{s \in \{0,1\}^{a(n)}} T_A(p,s)/2^{a(n)} \\
&\leq \sum_{p \in P_n} \mu(p) \cdot T_A(p).
\end{aligned}$$

Also kann die mittlere Laufzeit eines Las Vegas-Algorithmus A an Eingaben der Größe n nicht die Laufzeit des besten deterministischen Algorithmus unterbieten. Diese Tatsache werden wir in Kapitel II benutzen, um untere Schranken für die randomisierte Komplexität einiger Sortierprobleme herzuleiten. Für Sortierprobleme und einige verwandte Probleme werden wir ebenfalls in Kapitel II untere Schranken von $\Omega(n \log n)$ für die mittlere Laufzeit einer großen Klasse von deterministischen Algorithmen herleiten. Die obige Ungleichung überträgt diese unteren Schranken unmittelbar auf die entsprechende Klasse von Las Vegas-Algorithmen.

I.3. Eine höhere Programmiersprache

Wir werden nur wenige Algorithmen als RAM-Code formulieren, die meisten Algorithmen werden wir in einer höheren, ALGOL-ähnlichen Programmiersprache aufschreiben. Bei Bedarf führen wir zusätzliche Befehle ein, wenn die Überführung in RAM-Code offensichtlich ist. Weiterhin benutzen wir oft komplexe Datenstrukturen, wie z.B. Listen, Keller, Schlangen, Bäume und Graphen. Wir beschreiben viele Algorithmen auf so hohem Niveau, um dadurch die zugrundeliegenden Prinzipien zu verdeutlichen. Die meisten Befehle unserer Programmiersprache sind bekannt durch ALGOL-ähnliche Sprachen. Insbesondere benutzen wir die bedingte Anweisung:

if ⟨Bedingung⟩ **then** ⟨Anweisung⟩ **else** ⟨Anweisung⟩ **fi**;

die wiederholte Anweisung:

while ⟨Bedingung⟩ **do** ⟨Anweisung⟩ **od**;

und die **for**-Schleife:

for i **from** ⟨Ausdruck⟩ **step** ⟨Ausdruck⟩ **to** ⟨Ausdruck⟩ **do** ⟨Anweisung⟩ **od**.

Wenn die Schrittweite nicht spezifiziert ist, dann ist sie mit 1 voreingestellt. Wir benutzen noch eine zweite Form der **for**-Schleife

for $i \in$ ⟨Menge⟩ **do** ⟨Anweisung⟩ **od**

mit folgender Semantik: Die Anweisung wird |⟨Menge⟩|-mal ausgeführt. i durchläuft die Elemente der Menge in einer *nicht spezifizierten* Reihenfolge. Zuweisungen werden in der Form ⟨Variable⟩ $\leftarrow$ ⟨Ausdruck⟩ aufgeschrieben. Die Übersetzung aller angeführten Anweisungen ist einfach. Wir beschreiben die Übersetzung für den Fall der while-Anweisung:

while B **do** S **od**.

Sei P_1 ein RAM-Programm für B, d.h., P_1 wertet den Ausdruck B aus und hinterläßt eine 1 bzw. 0 im Akkumulator, wenn B wahr bzw. falsch (engl. true bzw. false) ergibt. Sei P_2 ein RAM-Programm für S. Dann realisiert der RAM-Code aus Programm 4 die while-Schleife:

  P_1
  if $\alpha = 0$ **then goto** Ausgang;
  P_2
  goto erste Anweisung von P_1;
Ausgang:

Prog. 4

Programm 4 definiert auch die Komplexität der while-Schleife. Sie ist die Summe der Zeiteinheiten, die für das wiederholte Testen der Bedingung und die Ausführung des Rumpfes aufgewandt wurden.

Variablen in unseren Programmen enthalten unstrukturierte elementare Werte oder strukturierte Werte. Die **elementaren Datentypen** sind integer (ganze Zahl), real (reelle Zahl), boolean (Wahrheitswert), pointer (Zeiger) und ein zusätzlicher, unspezifizierter Datentyp. Wir benutzen diesen zusätzlichen Datentyp in Sortieralgorithmen. Die zu sortierenden Daten werden von diesem unspezifizierten Typ sein. Die für diesen Datentyp definierten Operationen werden von Fall zu Fall angegeben. **Strukturierte Datentypen** sind Zeichenfolgen (engl. Strings) über einem Alphabet, Verbunde (engl. records), Felder (engl. arrays), Listen, Keller, Schlangen, Bäume und Graphen. Strings werden in II.2, Graphen in IV.1 und alle anderen strukturierten Typen in I.4 behandelt. Der Typ einer Variablen wird in den meisten Fällen aus dem Kontext klar. Solche Variablen werden wir dann nicht explizit deklarieren.

Prozeduren spielen eine wichtige Rolle in unseren Programmen. Parameter werden auf elementare Typen beschränkt. Dann braucht die Übergabe eines Parameters nur konstante Zeit (vgl. Abschnitt I.5). Nicht rekursive Prozeduren können auf einfache Art in RAM-Code übersetzt werden: Man muß lediglich den Prozedurrumpf an der Aufrufstelle einsetzen. Die Situation ist komplizierter für rekursive Prozeduren. Sie werden in I.5 behandelt.

Kommentare werden durch **co** begonnen und durch **oc** beendet.

I.4. Strukturierte Datentypen

Verbunde und Felder sind die einfachsten strukturierten Datentypen.

Ein **Feld** A von n Elementen besteht aus n Variablen $A[1], \ldots, A[n]$ des gleichen Typs. Ein Feld wird in n aufeinanderfolgenden Speicherzellen abgelegt, d.h. in den Speicherzellen $BA + 1$, $BA + 2, \ldots, BA + n$. BA steht für Basisadresse. Wenn x eine in Zelle i abgespeicherte Variable ist, dann wird auf $A[x]$ mit Hilfe von Indexregistern zugegriffen. Das Programmstück

$$\gamma_1 \leftarrow \rho(i);$$
$$\alpha \leftarrow \rho(BA + \gamma_1)$$

lädt $A[x]$ in den Akkumulator. Die Kosten betragen 4 im Einheitskostenmaß und $2 + L(i) + L(BA) + 2L(x) + L(A[x])$ im logarithmischen Kostenmaß. Also sind die logarithmischen Kosten wieder proportional zur Länge der auftretenden Zahlen.

Verbunde sind Zusammenfassungen von Variablen verschiedenen Typs, z.B.

record Alter : integer; Einkommen : real **end**.

Eine Variable x dieses Verbundtyps wird simuliert durch zwei einfache Variablen, eine Variable x.Alter vom Typ integer und eine Variable x.Einkommen vom Typ real.

Schlangen, Keller, Listen und Bäume werden in den folgenden Abschnitten behandelt. Alle diese strukturierten Datentypen werden auf Felder zurückgeführt.

I.4.1. Schlangen und Keller

Schlangen und Keller werden benutzt, um Folgen von Elementen darzustellen, wenn neue Elemente eingefügt oder vorhandene Elemente gestrichen werden sollen. In **Schlangen** kann nur am Ende eingefügt und am Anfang gestrichen werden. Ein typisches Beispiel ist die Warteschlange in einer Mensa. Schlangen sind auch unter dem Namen **FIFO-Speicher** (engl. first in - first out) bekannt. Bei **Kellern** darf nur am Ende eingefügt und gestrichen werden: **LIFO-Speicher** (engl. last in - first out). Einfügen und Streichen in einem Keller werden oft auch *Push* und *Pop* genannt. Einen Keller K realisieren wir am einfachsten durch ein unendliches Feld $K[1]$, $K[2]$, ... und einen Index *Top* vom Typ integer. Der Keller besteht aus den Elementen $K[1],\ldots,K[Top]$; $K[Top]$ ist das oberste Kellerelement. Das folgende Programmstück realisiert die Operation $Push(K, a)$

$Top \leftarrow Top + 1;$
$K[Top] \leftarrow a.$

Das nächste Programmstück löscht ein Element vom Keller und weist es einer Variablen x zu, d.h., es realisiert $x \leftarrow \text{Pop}(K)$

if $Top = 0$ **then** Fehler **fi**;
$x \leftarrow K[Top];$
$Top \leftarrow Top - 1.$

Natürlich müssen wir unendliche Felder durch endliche Felder von etwa n Elementen ersetzen. Dann muß eine Push-Operation auch überprüfen, ob ein Überlauf auftritt. In beiden Fällen benötigen die Push- und Pop-Operation jeweils konstante Zeit im Einheitskostenmaß.

Eine Schlange S realisiert man ebenfalls meistens durch ein Feld. Wir beschränken uns von Anfang an auf ein endliches Feld $S[1..n]$. Man kann sich S als geschlossene Linie vorstellen, d.h., $S[1]$ folgt $S[n]$, und zwei Indizes *Anfang* und *Ende* benutzen, um die Grenzen der Schlange zu kennzeichnen: Wenn $Anfang < Ende$, dann besteht sie aus $S[Anfang],\ldots,S[Ende-1]$, wenn $Anfang > Ende$, dann besteht sie aus $S[Anfang],\ldots,S[n],S[1],\ldots,S[Ende-1]$, und wenn $Anfang = Ende$, dann ist die Schlange leer. Dann wird das Löschen eines Elementes aus S und Zuweisung an x realisiert durch

if $Anfang = Ende$ **then** Fehler **fi**;
$x \leftarrow S[Anfang];$
$Anfang \leftarrow 1 + (Anfang \bmod n).$

Das Einfügen eines Elementes a in die Schlange S geht so:

$S[Ende] \leftarrow a;$
$Ende \leftarrow 1 + (Ende \bmod n);$
if $Anfang = Ende$ **then** Fehler **fi**.

Einfügen in und Streichen aus Schlangen benötigen konstante Zeit im Einheitskostenmaß.

I.4.2. Listen

Durch lineare Listen werden Folgen dargestellt, die an beliebigen Stellen modifiziert werden können. Die Elemente einer Folge werden nicht in aufeinanderfolgenden Speicherzellen abgelegt, sondern jedes Element verweist explizit auf seinen Nachfolger (s. Abbildung 3).

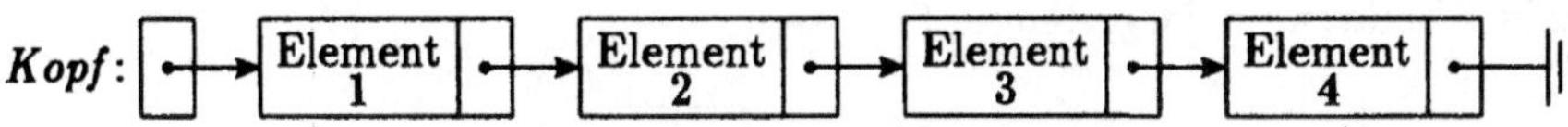

Abb. 3. Eine lineare Liste

Es gibt viele Arten von linearen Listen: einfach verkettete, doppelt verkettete, zirkuläre, usw. Hier behandeln wir einfach verkettete und überlassen die übrigen Fälle dem Leser zur Übung. In einfach verketteten linearen Listen zeigt jedes Element auf seinen Nachfolger. Das kann auf zwei Arten realisiert werden: mit Verbunden und mit Feldern. Wir besprechen beide Arten, obwohl intern schließlich beide Arten auf Felder zurückgeführt werden. In späteren Kapiteln benutzen wir jeweils die für uns bequemste.

Stellt man Listen durch Verbunde dar, so ist ein Element einer Liste ein Verbund vom

type element = **record** inh : real; nachf : ↑element **end**

und *Kopf* ist eine Variable des Typs ↑element. *Kopf* zeigt immer auf das erste Listenelement. Abbildung 3 veranschaulicht dies.

Maschinennäher ist die Realisierung durch Felder. Das Feld *Inhalt*[1..*n*] enthält die Werte der Elemente und das ganzzahlige Feld *Next*[1..*n*] die Zeiger. *Kopf* ist eine integer-Variable. Unsere Beispielliste kann dann wie in Abbildung 4 abgespeichert werden.

Kopf = 2

	Inhalt	*Next*
1	Element 4	0
2	Element 1	4
3	Element 3	1
4	Element 2	3

Abb. 4. Realisierung durch Felder

Kopf = 2 bedeutet, daß Zeile 2 des Feldes das erste Listenelement enthält, das zweite Element ist in Zeile 4 abgespeichert, usw. Das letzte Listenelement steht in Zeile 1. *Next*[1] = 0 bedeutet, daß dieses Element keinen Nachfolger hat.

Als nächstes beschreiben wir Einfügen in, Löschen aus und Erzeugen von linearen Listen. Wir geben für jedes Programm zwei Versionen: eine mit Verbunden und eine mit Feldern. In beiden Fällen nehmen wir an, daß der Vorrat an unbenutzten Elementen (Knoten) unbeschränkt ist und daß ein Aufruf der Prozedur

Newr(**var** *p* :↑element) bzw. *Newa*(**var** *p* : integer) einen Knoten aus dem Vorrat nimmt, *p* darauf zeigen läßt in der Verbund- bzw. Feldversion und ein Aufruf der Prozedur *Disposer*(**var** *p* :↑element) bzw. *Disposea*(**var** *p* : integer) den Knoten, auf den *p* zeigt, an den Vorrat zurückgibt. Die Suffixe *r* und *a* unterscheiden die beiden Versionen. Später erläutern wir, wie das Verwalten eines Vorrates zu implementieren ist. In unserem Beispiel könnte ein Aufruf von *Newa* an *p* etwa den Wert 5 übergeben, da die 5. Zeile unbenutzt ist. Ein Aufruf von *Newr*(*p*) führt zu der in Abbildung 5 dargestellten Situation.

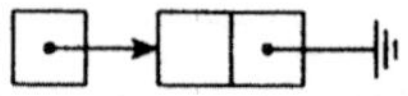

Abb. 5. Nach Aufruf von *Newr*

Die Prozedur *Create* hat einen Parameter und macht ihn zum Kopf einer leeren Liste. Wieder benutzen wir die Suffixe *r* und *a*, um die Verbund- und Feldversion voneinander zu unterscheiden.

```
procedure Creater(var Kopf : ↑element);
Kopf ← nil
end.
```

```
procedure Createa(var Kopf : integer);
Kopf ← 0
end.
```

Die Prozedur *Insert* hat zwei Parameter: einen Zeiger auf das Listenelement, hinter dem eingefügt werden soll, und den Inhalt des neuen Elementes.

```
procedure Insertr(p:↑element, a:real);
var q : ↑element;
Newr(q);
q↑.inh ← a;
q↑.next ← p↑.next;
p↑.next ← q
end.
```

```
procedure Inserta(p:integer, a:real);
var q : integer;
Newa(q);
Inhalt[q] ← a;
Next[q] ← Next[p];
Next[p] ← q
end.
```

Für den Fall einer leeren Liste versagt diese Prozedur. (Die nachfolgende Prozedur *Delete* versagt schon bei einer einelementigen Liste.) Zusätzliche Abfragen sind für eine wirkliche Implementierung nötig. Unsere Algorithmen vernachlässigen jedoch manchmal solche Spezialfälle zu Gunsten der leichteren Verständlichkeit. Abbildung 6 illustriert einen Aufruf *Insertr*(*p*, *a*).

Die Prozedur *Delete* hat als Parameter einen Zeiger auf das Listenelement, das vor dem zu löschenden Element steht.

```
procedure Deleter(p :↑element);
var q :↑element;
q ← p↑.next;
p↑.next ← q↑.next;
Disposer(q)
end.
```

```
procedure Deletea(p : integer);
var q : integer;
q ← Next[p];
Next[p] ← Next[q];
Disposea(q)
end.
```

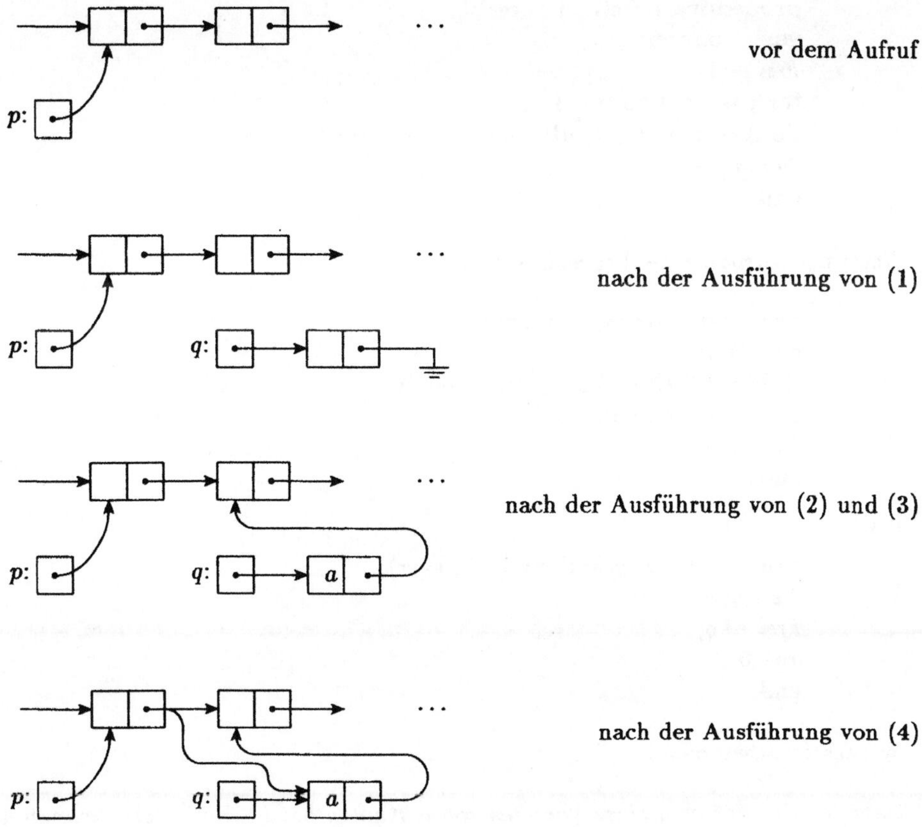

Abb. 6. Abarbeitung von *Insertr*(p, a)

Schließlich haben wir eine Funktion, die testet, ob eine Liste leer ist.

function *Emptyr*(*Kopf* : ↑element);
Emptyr ← (*Kopf* = *nil*)
end.

function *Emptya*(*Kopf* : integer);
Emptya ← (*Kopf* = 0)
end.

Wir müssen noch den Vorrat unbenutzter Knoten genauer beschreiben. Der Vorrat wird ebenfalls als lineare Liste mit dem Kopf *Frei* implementiert. Wir beschreiben für die Prozeduren *New* und *Dispose* nur die Versionen mit Feldern, weil Verbunde intern immer durch Felder realisiert sind. Ein Vorrat von n Elementen wird geschaffen durch

```
procedure Inita(n : integer);
var i : integer;
Frei ← 1;
for i from 1 to n − 1
do Next[i] ← i + 1 od;
Next[n] ← 0
end.
```

Newa und *Disposea* werden realisiert durch

```
procedure Newa(q : integer);
q ← Frei;
if Frei = 0 then Vorrat erschöpft fi;
Frei ← Next[Frei];
Next[q] ← 0
end.
```

bzw.

```
procedure Disposea(var q : integer);
Next[q] ← Frei;
Frei ← q;
q ← 0
end.
```

Wir fassen zusammen in

Satz 1. *Das Schaffen eines Vorrates von n Knoten hat im Einheitskostenmaß die Zeitkomplexität $O(n)$, der Aufbau einer leeren Liste, Einfügen in und Löschen aus einer linearen Liste (wenn die Position, an der eingefügt oder gelöscht werden soll, bekannt ist) und Testen einer linearen Liste, ob sie leer ist, haben im Einheitskostenmaß konstante Zeitkomplexität.* ∎

Oft werden lineare Listen benutzt, um Keller und Schlangen zu realisieren. Insbesondere können mehrere Keller und Schlangen den gleichen Vorrat unbenutzter Knoten benutzen. Dadurch kann der zur Verfügung stehende Speicher gut ausgenutzt werden, wenn die Gesamtgröße aller Keller und Schlangen, aber nicht die einzelnen Größen bekannt sind. In Kapitel IV zeigen wir typische Beispiele: Ein Graph etwa wird abgespeichert, indem für jeden Knoten alle seine Nachfolger in einer Liste erfaßt werden. Für einen Graphen von n Knoten und m Kanten haben diese Listen Gesamtlänge m, aber die Länge der einzelnen Listen ist unbekannt.

I.4.3. Bäume

Bäume bestehen aus Knoten (Verzweigungspunkte) und Blättern. Sei also $V = \{v_1, v_2, \ldots\}$ eine unendliche Menge von Knoten und $B = \{b_1, b_2, b_3, \ldots\}$ eine unendliche Menge von Blättern. Wir definieren die Menge der Bäume über V und B induktiv.

Definition:

a) Jedes Element $b_i \in B$ ist ein **Baum**. Dann ist b_i auch **Wurzel** dieses Baumes.

b) Wenn $T_1, \ldots, T_m$ $(m \geq 1)$ Bäume mit paarweise verschiedenen Mengen von Knoten und Blättern sind und $v \in V$ ein neuer Knoten ist, dann ist das $(m+1)$-Tupel $T = \langle v, T_1, \ldots, T_m \rangle$ ein **Baum**. Der Knoten v ist die **Wurzel** des Baumes, $\rho(v) = m$ ist sein **Grad** und T_i ist der i-te **Unterbaum** von T. ∎

In der graphentheoretischen Literatur werden Bäume, wenn sie wie oben definiert werden, auch **geordnete Wurzelbäume** genannt. Wir zeichnen Bäume immer mit der Wurzel oben und den Blättern unten. Wie in Abbildung 7 werden Knoten normalerweise als Kreise und Blätter als Rechtecke dargestellt.

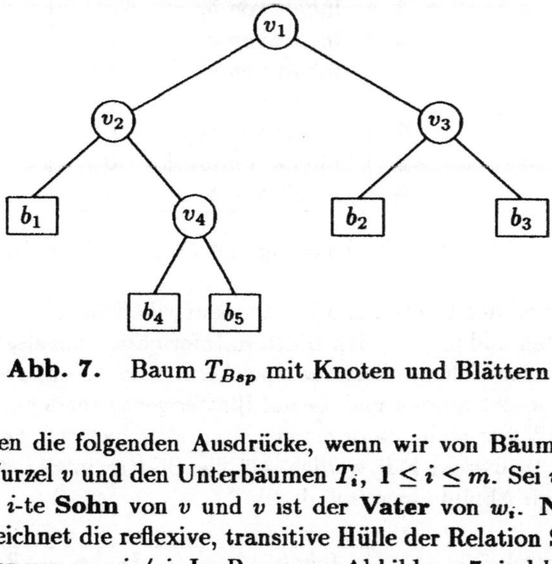

Abb. 7. Baum T_{Bsp} mit Knoten und Blättern

Wir benutzen die folgenden Ausdrücke, wenn wir von Bäumen reden. Sei T ein Baum mit Wurzel v und den Unterbäumen T_i, $1 \leq i \leq m$. Sei $w_i = \text{Wurzel}(T_i)$. Dann ist w_i der i-te **Sohn** von v und v ist der **Vater** von w_i. **Nachfolger** bzw. **Vorgänger** bezeichnet die reflexive, transitive Hülle der Relation Sohn bzw. Vater. w_j ist ein **Bruder** von w_i, $j \neq i$. Im Baum aus Abbildung 7 sind b_1 und v_4 Brüder, v_1 ist Vater von v_3 und b_5 ist Nachfolger von v_2.

Definition (Tiefe): Sei v ein Knoten oder Blatt des Baumes T. Wenn v die Wurzel von T ist, dann ist $\text{Tiefe}(v, T) = 0$. Wenn v nicht Wurzel von T ist, dann gehört v zu T_i für ein i. Dann ist die $\text{Tiefe}(v, T) = 1 + \text{Tiefe}(v, T_i)$. Meistens unterschlagen wir das zweite Argument, wenn es aus dem Kontext klar wird. ∎

Definition (Höhe eines Baumes): Sei T ein Baum. Dann definieren wir

$$\text{Höhe}(T) = \max\{\text{Tiefe}(b, T);\ b \text{ ist Blatt von } T\}.$$ ∎

In unserem Beispielbaum T_{Bsp} aus Abbildung 7 ist Tiefe(v_3) = 1, Tiefe(v_4) = 2 und Höhe(T_{Bsp}) = 3.

Definition: Ein Baum T ist ein **binärer Baum**, wenn alle Knoten von T den Grad 2 haben. ∎

Unser Beispielbaum T_{Bsp} ist ein binärer Baum. Ein binärer Baum mit n Knoten hat $n + 1$ Blätter. Der erste bzw. zweite Unterbaum heißt auch linker bzw. rechter Unterbaum. Information kann in den Blättern und in den Knoten eines Baumes gespeichert werden. Bei manchen Anwendungen benutzen wir nur eine der beiden Möglichkeiten. Ein binärer Baum wird realisiert durch drei Felder *Lsohn*, *Rsohn* und *Inhalt* oder durch Verbunde mit jeweils drei Komponenten. Abbildung 8 zeigt die Abspeicherung von T_{Bsp}.

Wurzel = 5

	Inhalt	*Lsohn*	*Rsohn*
1	Inhalt von v_4	8	4
2	Inhalt von v_2	3	1
3	Inhalt von b_1	0	0
4	Inhalt von b_5	0	0
5	Inhalt von v_1	2	7
6	Inhalt von b_2	0	0
7	Inhalt von v_3	6	9
8	Inhalt von b_4	0	0
9	Inhalt von b_3	0	0

Abb. 8. Realisierung von T_{Bsp} durch Felder

Die Zeilen sind den Knoten und Blättern auf willkürliche Art zugeordnet. Wenn nur in den Knoten und nicht in den Blättern Information abgelegt wird, dann brauchen wir die Blätter nicht explizit abzuspeichern. Alle Zeilen, die Blättern entsprechen, können gelöscht werden und die auf Blätter verweisenden Zeiger werden auf 0 gesetzt. Ein 0-Zeiger stellt dann einen Unterbaum dar, der aus einem einzelnen Blatt besteht. In diesem Fall werden wir die Blätter in den Abbildungen nicht wiedergeben (vgl. Abbildungen 9 und 10).

Wurzel = 3

	Inhalt	*Lsohn*	*Rsohn*
1	Inhalt von v_2	0	4
2	Inhalt von v_3	0	0
3	Inhalt von v_1	1	2
4	Inhalt von v_4	0	0

Abb. 10. Realisierung von T_{Bsp} ohne Blätter durch Felder

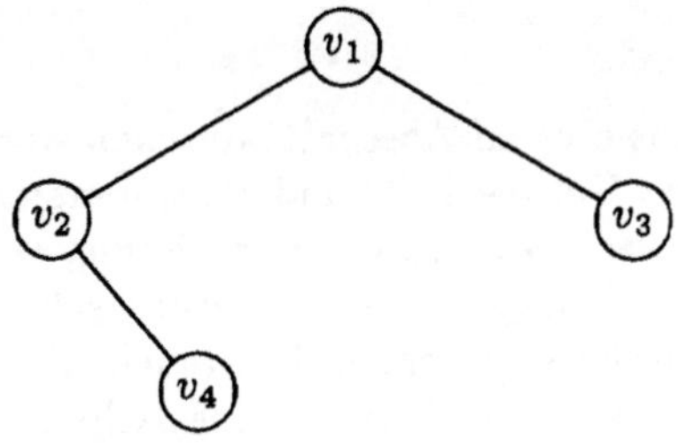

Abb. 9. T_{Bsp} ohne Blätter

Oft muß ein Baum systematisch durchsucht werden. Ein binärer Baum besteht aus 3 Komponenten: einer Wurzel, einem linken Unterbaum und einem rechten Unterbaum. Deshalb ergeben sich drei Arten, einen Baum zu durchmustern:

Durchmusterung in Präordnung:

Besuche die Wurzel, durchmustere den linken Unterbaum, durchmustere den rechten Unterbaum: Wurzel, L, R.

Durchmusterung in Postordnung:

Durchmustere den linken Unterbaum, durchmustere den rechten Unterbaum, besuche die Wurzel: L, R, Wurzel.

Symmetrische Durchmusterung:

Durchmustere den linken Unterbaum, besuche die Wurzel, durchmustere den rechten Unterbaum: L, Wurzel, R.

Wenn man L und R vertauscht erhält man symmetrische Varianten. Die Prozedur *Symord* (s. Programm 5) durchmustert einen Baum in symmetrischer Ordnung und druckt den Inhalt aller Knoten und Blätter.

```
procedure Symord(v);
begin
if v ein Blatt ist
then drucke(Inhalt[v])
else Symord(Lsohn[v]);
     drucke(Inhalt[v]);
     Symord(Rsohn[v])
fi
end.
```

Prog. 5

I.5. Rekursion

Die Prozedur *Symord* aus obigem Abschnitt durchmustert einen binären Baum in symmetrischer Ordnung. Um die Zeit- und Platzkomplexität dieser Prozedur abschätzen zu können, müssen wir uns die Realisierung von rekursiven Prozeduren auf RAM's bzw. RASP's genauer ansehen. Man realisiert rekursive Prozeduren unter Benutzung eines Kellers. Jedem Aufruf (auch Aktivierung oder Inkarnation genannt) einer Prozedur wird ein Element des Kellers zugeordnet; dieses Kellerelement (auch Versorgungsblock genannt) enthält die für den Aufruf wichtigen Informationen:

a) die Werte der aktuellen Parameter,
b) die Rücksprungadresse,
c) die lokalen Variablen.

Wenn also eine Prozedur n Parameter und m Variablen besitzt, dann besteht der Versorgungsblock aus $n + 1 + m$ Zellen. Die i-te Zelle des Versorgungsblocks, $1 \leq i \leq n$, nimmt den Wert des i-ten aktuellen Parameters auf, die $(n + 1)$-te nimmt die Rücksprungadresse auf, d.h. die Adresse des Befehls, der dem Prozeduraufruf folgt, und die $(n + 1 + j)$-te Zelle die j-te lokale Variable, $1 \leq j \leq m$. Man greift auf die aktuellen Parameter und die lokalen Variablen indirekt unter Benutzung des Versorgungsblocks zu. Wenn also *Top* die Nummer der Zelle ist, die dem Versorgungsblock unmittelbar vorausgeht, dann enthält die Zelle $Top + n + 1 + j$ die j-te lokale Variable. (Man speichert den Wert von *Top* zweckmäßig in einem Indexregister.) Der Rücksprung am Ende der Ausführung des Rumpfes erfolgt auf die in $Top + n + 1$ abgelegte Adresse. Dann wird auch *Top* zurückgesetzt, d.h., der Versorgungsblock wird entfernt. Die Parameterversorgung, d.h. die korrekte Besetzung der ersten $n + 1$ Zellen des Versorgungsblocks, muß durch das aufrufende Programm erfolgen. Programm 6 ist die nichtrekursive Version der Prozedur *Symord*. Wir benutzen dabei das Feld $K[1, \infty]$ als Keller.

Dem Aufruf *Symord*(*Lsohn*[v]) (Zeile (3) des rekursiven Programms) entsprechen die Zeilen (11')–(15') des nichtrekursiven Programms. In (11') wird im Rechenspeicher Platz für den Versorgungsblock reserviert. Der Versorgungsblock wird in den Zeilen (12') und (13') besetzt; in Zeile (12') speichern wir den Wert des aktuellen Parameters ab und in (13') die Rücksprungadresse M1. Dann springen wir in (14') zum Anfang von *Symord* und beginnen mit der Ausführung des rekursiven Aufrufs. Die Rückkehr aus dem rekursiven Programm erfolgt zur Marke M1 (Zeile (15')). Wir geben den für den Versorgungsblock reservierten Platz frei und fahren im Rumpf von *Symord* fort. Analog kann man den anderen Zeilen des rekursiven Programms Zeilen des nichtrekursiven Programms zuordnen.

Programm 6 ist praktisch bereits in RASP-Code geschrieben; Zeile (23') benutzt einen π-Befehl. Für die Übersetzung in RAM-Code benutzen wir entweder den Beweis von Satz 3 oder ersetzen die Anweisung (23') durch Programm 7.

Wir haben das Standardverfahren zur Behandlung von rekursiven Prozeduren hier vereinfacht wiedergegeben. Das angegebene Verfahren reicht aus, falls globale Variablen nur aus dem Hauptprogramm kommen. Dies genügt für unsere Zwecke.

```
(1')             begin co Hauptprogramm ruft Symord(Wurzel) auf oc
(2')             Top ← 0;
(3')             K[1] ← Wurzel;
(4')             K[2] ← "HP";
(5')             goto Symord;
(6')      HP :   Halt;
(7')  Symord :   co nun folgt das Programm für Symord;
                    der Knoten v steht in K[Top + 1],
                    die Rücksprungadresse steht in K[Top + 2]   oc
(8')             if Lsohn[K[Top + 1]] = Rsohn[K[Top + 1]] = 0
                 then co K[Top + 1] ist ein Blatt oc
(9')                  drucke(Inhalt[K[Top+1]]);
(10')                 goto RÜ
                 else co Aufruf von Symord(Lsohn[v]) oc
(11')                 Top ← Top + 2;
(12')                 K[Top + 1] ← Lsohn[K[Top − 1]];
(13')                 K[Top + 2] ← "M1";
(14')                 goto Symord;
(15')     M1 :        Top ← Top − 2;
(16')                 druckeInhalt[K[Top + 1]]);
                      co jetzt Aufruf von Symord(Rsohn[v]) oc
(17')                 Top ← Top + 2;
(18')                 K[Top + 1] ← Rsohn[K[Top − 1]];
(19')                 K[Top + 2] ← "M2";
(20')                 goto Symord;
(21')     M2 :        Top ← Top − 2;
(22')                 goto RÜ
                 fi;
(23')     RÜ :   goto K[Top + 2]
                 end.
```

Prog. 6

```
if K[Top + 2] = "M1"
then goto M1;
if K[Top + 2] = "M2"
then goto M2;
goto HP
```

Prog. 7

Andernfalls muß man mehrere Register *Top* vorsehen, um auf alle Versorgungsblöcke zugreifen zu können, die globale Variablen enthalten. Wir verweisen auf eins der Lehrbücher zu Übersetzerbau (z.B. Gries (71)).

Wir wollen nun die Komplexität von rekursiven Prozeduren unter dem Einheitskostenmaß analysieren. Für die korrekte Besetzung des Versorgungsblocks (Parameterübergabe und Rücksprungadresse) und die Freigabe des Speichers nach Rückkehr aus einem Prozeduraufruf muß eine konstante Anzahl von Befehlen ausgeführt werden, nämlich Hochsetzen von *Top* zur Reservierung von Speicherplatz für den Versorgungsblock, Kopieren des Wertes jedes der n aktuellen Parameter (n ist fest und aus der Aufschreibung des Programms ersichtlich) und Abspeichern der Rücksprungadresse. Nach dem Rücksprung muß *Top* wieder heruntergesetzt werden. Da wir auf Parameterpositionen nur Variablen elementaren Typs zulassen, nimmt der Wert einer solchen Variablen nur eine Zelle des Rechenspeichers ein. Die Übergabe eines solchen Parameters kann daher in konstanter Zeit erfolgen, und demnach ist der Zeitaufwand für den Aufruf einer rekursiven Prozedur durch eine Konstante beschränkt.

Folgende Methode zur Bestimmung der Zeitkomplexität eines rekursiven Programms ist oft nützlich. Man ordnet jedem Prozeduraufruf die Kosten für die Ausführung des Rumpfes zu, einschließlich der Kosten für die Versorgung der rekursiven Aufrufe, aber *abzüglich* der Kosten für die Ausführung der rekursiven Aufrufe. Dann summiert man über alle Aufrufe und erhält so die Gesamtkosten. Wir erläutern das am Beispiel von *Symord*. Die Zeilen (1), (2) und (4) von *Symord* verbrauchen eine feste Anzahl von Zeiteinheiten, die Versorgung der Aufrufe in Zeilen (3) und (5) geschieht in konstanter Zeit. Also ist der Zeitaufwand für die Ausführung des Rumpfes von *Symord* abzüglich des Aufwandes für die rekursiven Aufrufe konstant. *Symord* wird für jedes Blatt und jeden Knoten des Baumes genau einmal aufgerufen; also ist der Gesamtzeitbedarf $O(n)$, wobei n die Anzahl der Knoten und Blätter ist.

Die Summation über sämtliche Aufrufe einer Prozedur kann formaler durch die Verwendung von Rekursionsgleichungen erfolgen. Sei etwa $T(v)$ die Laufzeit des Aufrufs *Symord*(v). Dann gilt:

$$T(v) = \begin{cases} c_1 & \text{falls } v \text{ ein Blatt ist;} \\ c_2 + T(\mathit{Lsohn}[v]) + T(\mathit{Rsohn}[v]) & \text{sonst} \end{cases}$$

für geeignete Konstanten c_1 und c_2. Man zeigt dann durch Induktion über die Höhe von v (genauer des Baumes mit der Wurzel v), daß $T(v) = c_2 \cdot \#$ Knoten in dem Baum mit der Wurzel $v + c_1 \cdot \#$ Blätter in dem Baum mit der Wurzel v. Wir führen zur Illustration den sehr einfachen Induktionsbeweis durch:

Höhe(v) $= 0$: Dann ist v ein Blatt und es gilt $T(v) = c_1$.
Höhe(v) > 0: Dann ist v ein Knoten und es gilt

$$\begin{aligned} T(v) &= c_2 + T(\mathit{Lsohn}[v]) + T(\mathit{Rsohn}[v]) \\ &= c_2 + c_2 \cdot \#\,\text{Knoten}(\mathit{Lsohn}[v]) + c_1 \cdot \#\,\text{Blätter}(\mathit{Lsohn}[v]) \\ &\qquad + c_2 \cdot \#\,\text{Knoten}(\mathit{Rsohn}[v]) + c_1 \cdot \#\,\text{Blätter}(\mathit{Rsohn}[v]) \\ &= c_2 \cdot \#\,\text{Knoten}(v) + c_1 \cdot \#\,\text{Blätter}(v). \end{aligned}$$

Der Leser findet eine ausführliche Diskussion von Rekursionsgleichungen in II.1.3.

I.6. Asymptotische Aussagen

Meistens werden wir nicht in der Lage sein, die Laufzeit von Programmen exakt zu bestimmen, sondern wir werden uns damit zufriedengeben müssen, sie größenordnungsmäßig zu bestimmen. Dazu führen wir folgende Notation ein:

Definition: Sei $f : \mathbb{N}_0 \mapsto \mathbb{N}_0$ eine Funktion. Dann bezeichnen $O(f)$, $\Omega(f)$ und $\Theta(f)$ folgende Mengen von Funktionen:

$$O(f) = \{g : \mathbb{N}_0 \to \mathbb{N}_0;\ \exists c > 0\ \exists n_0 \text{ mit } g(n) \le c \cdot f(n) \text{ für alle } n \ge n_0\}$$

$$\Omega(f) = \{g : \mathbb{N}_0 \to \mathbb{N}_0;\ \exists c > 0\ \exists n_0 \text{ mit } g(n) \ge c \cdot f(n) \text{ für alle } n \ge n_0\}$$

$$\Theta(f) = \{g : \mathbb{N}_0 \to \mathbb{N}_0;\ \exists c > 0\ \exists n_0 \text{ mit } (1/c) \cdot f(n) \le g(n) \le c \cdot f(n) \text{ für alle } n \ge n_0\}$$

∎

Wir benutzen die O-Notation in Beweisen von oberen Schranken, die Ω-Notation in Beweisen von unteren Schranken und die Θ-Notation, falls wir die Wachstumsrate einer Funktion genau bestimmen können.

Es hat sich eingebürgert, die obigen Notationen zusammen mit dem Gleichheitszeichen zu benutzen anstatt mit den Zeichen $\in$ und $\subseteq$ für Elementbeziehung und Enthaltensein. Also schreiben wir $n^2 + 5n = n^2 + O(n) = O(n^2)$ anstatt $n^2 + 5n \in n^2 + O(n) \subseteq O(n^2)$. Genauer: Wenn $\circ$ eine n-stellige Operation auf Funktionen, z.B. die zweistellige Operation $+$, und $A_1, \ldots, A_n$ Mengen von Funktionen sind, dann bezeichnet $\circ(A_1, \ldots, A_n)$ die natürliche Ausweitung der Operation $\circ$, z.B. $A_1 + A_2 = \{a_1 + a_2;\ a_1 \in A_1 \text{ und } a_2 \in A_2\}$. Einelementige Mengen identifizieren wir mit ihrem Element. Ausdrücke α und β, die die O-Notation enthalten, bezeichnen dann Mengen von Funktionen. Die Schreibweise $\alpha = \beta$ bedeutet $\alpha \subseteq \beta$. Gleichungen, die die O-Notation enthalten, können also *nur von links nach rechts* gelesen werden. Die Glieder einer Folge $A_1 = A_2 = A_3 = \cdots = A_k$ stehen demnach für zunehmend größer werdende Mengen von Funktionen; die Ungenauigkeit der Abschätzung wächst von links nach rechts.

I.7. Hintergrundspeicher

Wir werden nur sehr selten Algorithmen betrachten, die Hintergrundspeicher benutzen. In diesen Fällen machen wir folgende Annahmen: Daten werden immer blockweise (seitenweise) zwischen dem Hintergrundspeicher und dem Hauptspeicher ausgetauscht. Eine Seite besteht aus einer festen Anzahl (z.B. $2^{10} = 1024$) von Hauptspeicherzellen. Ein Seitentransport dauert 5000 Zeiteinheiten. Dies entspricht ungefähr dem Verhältnis der Zugriffszeiten von Plattenspeichern und Kernspeichern in modernen Rechenanlagen. Es gilt dann, die Anzahl der Seitentransporte möglichst gering zu halten.

I.8. Übungen

1) Schreiben Sie ein RAM-Programm, das bei der Eingabe n die Zahl 2^n berechnet und $O(\log n)$ Zeiteinheiten im Einheitskostenmaß und $O(n)$ Zeiteinheiten im logarithmischen Kostenmaß benötigt. Hinweis: Sei $n = \sum_{i=0}^{k} a_i \cdot 2^i$ mit $a_i \in \{0,1\}$ die Binärdarstellung von n. Dann ist $2^n = (\cdots((2^{a_k})^2 \cdot 2^{a_{k-1}})^2 \cdots 2^{a_1})^2 \cdot 2^{a_0}$.

2) Überlegen Sie sich einen detaillierten Beweis für Satz 1 aus I.1. Erörtern Sie insbesondere die Annahme, daß ein RAM-Programm die Zelle 0 nicht benutzt. Zeigen Sie, daß man dynamisch 1 zu jeder Adresse addieren und so Zelle 0 freihalten kann.

3) Geben Sie einen ausführlichen Beweis von Satz 3 aus I.1.

4) Übersetzen Sie die bedingte und die wiederholte Anweisung in RAM-Code.

5) In doppelt verketteten Listen verweist jedes Listenelement auf seinen Vorgänger und seinen Nachfolger. Schreiben Sie I.4.2 neu für doppelt verkettete Listen.

6) Ein Baum ist ein k-närer Baum, wenn jeder Knoten genau k Söhne hat. Zeigen Sie, daß ein k-närer Baum mit n Knoten genau $k + (k-1)(n-1)$ Blätter hat.

7) Beweisen Sie folgende Gleichungen:

$$f(n) = O(f(n))$$
$$O(f(n)) + O(f(n)) = O(f(n))$$
$$c \cdot O(f(n)) = O(f(n))$$
$$O(f(n)) \cdot O(g(n)) = O(f(n) \cdot g(n))$$

I.9. Bibliographische Anmerkungen

Die Begriffe RAM und RASP wurden von Shepherdson/Sturgis (63) und Elgot/Robinson (64) eingeführt. In der Notation folgen wir Hotz (72). Die Sätze aus I.1 stammen von Cook/Reckhow (73). Die Behandlung randomisierter Algorithmen stützt sich auf Adleman (78), Reif (82), Yao (77) und Yao (82). Genauere Ausführungen zu linearen Listen stehen in den Büchern von Maurer (74) und Knuth (68). Gries (71) behandelt eingehend die Implementierung von rekursiven Prozeduren.

Kapitel II. Sortieren

Das Sortieren einer Menge nach einer vorgegebenen Ordnung ist das in der Praxis am häufigsten zu lösende Problem. Nach Angaben von IBM wird in kommerziellen Rechenzentren ca. 25% der Rechenzeit auf das Sortieren verwendet. Die wichtigsten Anwendungen von Sortieren sind (nach Knuth (73)):

a) Zusammenbringen von zusammengehörigen Dingen: n Personen arbeiten für m Firmen. Jede Person erhält von einigen Firmen Gehalt. Von jeder Firma liegt eine Lohnliste vor. Sortiert man die Vereinigung der Listen nach den Namen der Beschäftigten, dann liegen die Bezüge einer jeden Person in einer Gruppe zusammen.

b) Finden von Duplikaten: Gegeben ist eine Liste von 1000 Personen. Wir sollen herausfinden, welche der Personen in einer Menge von 100 anwesenden Personen sind. Man löst dieses Problem am schnellsten, indem man eine Liste der 100 anwesenden Personen erstellt, dann beide Listen in alphabetische Reihenfolge bringt und sequentiell vergleicht.

c) Sortieren hilft beim Suchen, wie wir in Kapitel III sehen werden.

Wir wollen das Sortierproblem genauer definieren. Gegeben ist eine Menge von n **Objekten** $R_1, \ldots, R_n$. Diese Objekte R_i setzen sich zusammen aus einem **Schlüssel** (oder auch **Namen**) S_i und der zugehörigen **Information**. Die Objekte könnten etwa Wörterbucheinträge sein. Dann sind die Schlüssel z.B. deutsche Wörter und die zugehörige Information ist das Geschlecht, die Bedeutung, usw. Auf der Menge der Schlüssel ist eine lineare Ordnung definiert, die wir mit "$\leq$" bezeichnen. In unserem Beispiel ist dies die alphabetische Ordnung. Wir sollen eine Anordnung $R_{i_1}, R_{i_2}, ..., R_{i_n}$ der Objekte finden, so daß

$$S_{i_1} \leq S_{i_2} \leq \cdots \leq S_{i_n}.$$

Beim Finden dieser Anordnung spielt die den Schlüsseln zugeordnete Information keine Rolle; wir werden sie daher in den Algorithmen nie erwähnen. Wir unterstellen mit obiger Notation nicht, daß die Objekte R_i wirklich bewegt werden. Oft ist ja die zugeordnete Information sehr viel größer als der Schlüssel. Es ist dann zweckmäßig, die Speicherung von Schlüssel und Information zu trennen und einen Verweis vom Schlüssel auf die zugehörige Information einzurichten. Man braucht dann nur Schlüssel und Verweise zu bewegen. Manchmal genügt es auch, nur die Liste $i_1, i_2, ..., i_n$ der Indizes der neuen Anordnung zu erstellen. Die vorgestellten Algorithmen paßt man den geänderten Problemen leicht an.

Sortieralgorithmen kann man in zwei große Gruppen einteilen: Die Algorithmen der ersten Gruppe benutzen nur, daß auf der Menge der Schlüssel eine lineare Ordnung definiert ist. Solche Algorithmen können *nur* durch Vergleichs-Operationen zwischen Schlüsseln Information über die Anordnung erhalten. Wir werden drei Verfahren dieser Art besprechen: Heapsort, das nie mehr als $O(n \log n)$ Vergleichs-Operationen macht, Quicksort, das im Mittel am schnellsten ist, und

Sortieren durch Mischen, das ebenfalls immer mit $O(n \log n)$ Vergleichen auskommt und wegen des eingeschränkten Speicherzugriffs sehr gut mit Hintergrundspeichern verwendet werden kann. Man nennt die Verfahren der ersten Gruppe **allgemeine Sortierverfahren**. Wir werden auch zeigen, daß diese Verfahren im Mittel und im schlechtesten Fall $\Omega(n \log n)$ Vergleichs-Operationen benötigen. Die vorgestellten Verfahren sind also bis auf eine multiplikative Konstante optimal.

Die Algorithmen der zweiten Gruppe arbeiten nur für Schlüssel von spezieller Gestalt. Wir behandeln das Sortieren von Wörtern in alphabetischer Reihenfolge und das Sortieren reeller Zahlen.

Bemerkung: Wir erweitern für dieses Kapitel das Maschinenmodell um 2 Befehlstypen, die für Sortieralgorithmen sehr wichtig sind. Die erste Befehlsart tauscht die Inhalte des Akkumulators und einer Rechenspeicherzelle aus:

$$\alpha \leftrightarrow op \qquad \text{und} \qquad \alpha \leftrightarrow mop.$$

Die zweite Befehlsart spricht ein zweites Rechenregister an, das wir mit $\overline{\alpha}$ bezeichnen. $\overline{\alpha}$ entspricht etwa dem Multiplikandenregister. Wir erlauben Transporte in und aus $\overline{\alpha}$ und einfache arithmetische Befehle, die das Ergebnis in α hinterlassen, also z.B.

$$\alpha \leftarrow \overline{\alpha} - op \qquad \text{und} \qquad \alpha \leftarrow \overline{\alpha} - mop.$$

Befehle dieser Art erlauben Vergleiche mit $\overline{\alpha}$, ohne den Inhalt von $\overline{\alpha}$ zu zerstören. Beide Befehlsarten sind in vielen realen Computern vorhanden.

II.1. Allgemeine Sortierverfahren

II.1.1. Sortieren durch Auswahl, ein erster Versuch

Wir beginnen mit einem sehr einfachen Sortierverfahren: Wähle das größte Element der Eingabefolge, lösche es und füge es am Anfang der Ausgabefolge ein. (Zu Beginn ist die Ausgabefolge leer.) Wiederhole dies solange, bis die Eingabefolge erschöpft ist.

Zuerst formulieren wir den Algorithmus in unserer höheren Sprache und übersetzen ihn danach in die Maschinensprache. Für Programm 8 nehmen wir an, daß die Eingabefolge in dem Feld $S[1..n]$ steht.

```
(1) j ← n;
(2) while j > 1
    do co S[j+1..n] enthält die Ausgabefolge in aufsteigender Reihenfolge,
          S[1..j] enthält den Rest der Eingabefolge oc
(3)    k ← j; max ← j; S ← S[j];
(4)    while k > 1
       do co wir suchen nach dem maximalen Element von S[1..j],
             S = S[max] ist immer das größte Element von S[k..j] oc
(5)       k ← k − 1;
(6)       if S[k] > S
(7)       then max ← k; S ← S[k] fi
       od;
(8)    S[max] ← S[j]; S[j] ← S;
(9)    j ← j − 1
    od.
```

Prog. 8

Wir übersetzen nun in die Maschinensprache. Dabei benutzen wir folgende Speicherplatzzuordnung: $j-1$ steht im Indexregister γ_1, $k-1$ im Indexregister γ_2 und $max - 1$ im Indexregister γ_3, n steht in Zelle 0, S im Register $\overline{\alpha}$ und das Feld $S[1..n]$ in den Zellen $m+1, \ldots, m+n$. Wir nehmen an, daß $n > 1$ ist und daß die Schlüssel ganze Zahlen sind. Neben jedem Befehl in Programm 9 ist die Häufigkeit seiner Ausführung angegeben.

Die Befehle 5, 6, 7, 10 werden ausgeführt für $j = n, \ldots, 2$ und $k = j-1, \ldots, 1$. Demnach ist $A = n(n-1)/2$. Ferner ist sicher $B \leq A$. Also ist die Laufzeit von Programm 9 $\leq 3 \cdot 1 + 10(n-1) + 5A + 3B = 2.5n^2 + 7.5n - 7 + 3B \leq 4n^2 + 6n - 7$ Zeiteinheiten nach dem Einheitsmaß.

0: $\gamma_1 \leftarrow \rho(0)$	$j \leftarrow n$	1
1: $\gamma_1 \leftarrow \gamma_1 - 1$	"	1
2: $\gamma_2 \leftarrow \gamma_1$	$k \leftarrow j$	$n-1$
3: $\gamma_3 \leftarrow \gamma_1$	$max \leftarrow j$	$n-1$
4: $\overline{\alpha} \leftarrow \rho(m + \gamma_3 + 1)$	$S \leftarrow S[max]$	$n-1$
5: $\gamma_2 \leftarrow \gamma_2 - 1$	$k \leftarrow k - 1$	A
6: $\alpha \leftarrow \overline{\alpha} - \rho(m + \gamma_2 + 1)$	Zeile (6)	A
7: **if** $\alpha \geq 0$ **then goto** 10	"	A
8: $\gamma_3 \leftarrow \gamma_2$	$max \leftarrow k$	B
9: $\overline{\alpha} \leftarrow \rho(m + \gamma_3 + 1)$	$S \leftarrow S[max]$	B
10: **if** $\gamma_2 > 0$ **then goto** 5	Zeile (4)	A
11: $\overline{\alpha} \leftrightarrow \rho(m + \gamma_1 + 1)$	Zeile (8)	$n-1$
12: $\rho(m + \gamma_3 + 1) \leftarrow \overline{\alpha}$	"	$n-1$
13: $\gamma_1 \leftarrow \gamma_1 - 1$	$j \leftarrow j - 1$	$n-1$
14: **if** $\gamma_1 > 0$ **then goto** 2	Zeile (2)	$n-1$

Prog. 9

Wir wollen nun noch die mittlere Laufzeit ausrechnen. Wir tun dies unter der Annahme, daß die Schlüssel paarweise verschieden sind und daß alle $n!$ Permutationen der Schlüssel $S_1, \ldots, S_n$ gleichwahrscheinlich sind. Die erste Annahme ist nicht wesentlich, vereinfacht aber unsere Berechnungen.

Bei jedem Durchlauf der äußeren Schleife vertauschen wir S_{max} und S_j. Weil es j verschiedene Möglichkeiten für max gibt, führt dieser Schritt j mögliche Anordnungen der Schlüssel $S_1, \ldots, S_j$ in *eine* Anordnung über. Deshalb sind nach der Vertauschung alle möglichen Permutationen der Schlüssel $S_1, \ldots, S_{j-1}$ gleichwahrscheinlich. Also haben wir für jedes j während des Sortiervorgangs eine zufällige Permutation der Schlüssel $S_1, \ldots, S_j$.

Die Folge $S_1, \ldots, S_j$ wird von rechts nach links durchmustert. Befehl 8 des RAM-Programms wird jedesmal ausgeführt, wenn ein neues Maximum gefunden wird. Wenn etwa 4 5 3 1 2 vorliegt (wir nehmen zur Vereinfachung o.B.d.A. an, daß $\{S_1, \ldots, S_j\}$ die Menge $\{1, \ldots, j\}$ ist), dann ändert sich das Maximum zweimal: von 2 auf 3 und dann auf 5. Der Schlüssel S_j ist mit Wahrscheinlichkeit $1/j$ gleich i für $1 \leq i \leq j$. Wenn $S_j = j$ ist, dann ist das Maximum gefunden. Wenn $S_j = i < j$ ist, dann können wir die Zahlen $1, \ldots, i-1$ aus der Folge streichen. Sie führen sicher keine Änderung des Maximums mehr herbei. Es bleiben von den Schlüsseln $S_1, \ldots, S_{j-1}$ dann noch $j - 1 - (i-1) = j - i$ übrig.

Die Zahl der Änderungen des Maximums ist also eins plus die Zahl der Änderungen des Maximums in der übriggebliebenen Folge. Die übriggebliebene Folge ist aber eine zufällige Permutation der Elemente $i+1, \ldots, j$.

Wir erhalten also folgende Rekursion für die mittlere Anzahl a_j der Änderungen des Maximums:

$$a_1 = 0 \qquad \text{und}$$

$$a_j = \frac{1}{j}\sum_{i=1}^{j-1}(1 + a_{j-i}) \quad \text{für } j > 1.$$

Multiplikation mit j ergibt

$$j \cdot a_j = (j-1) + \sum_{i=1}^{j-1} a_i$$

und analog für $j+1$

$$(j+1)a_{j+1} = j + \sum_{i=1}^{j} a_i.$$

Subtraktion liefert

$$(j+1)a_{j+1} - j \cdot a_j = 1 + a_j.$$

Also ist

$$a_{j+1} = a_j + 1/(j+1).$$

Das ergibt

$$a_j = \sum_{i=2}^{j} 1/i = H_j - 1,$$

wobei $H_j = \sum_{i=1}^{j} 1/i$ die j-te harmonische Zahl ist (s. Anhang). Wir haben also gezeigt, daß die Befehle 8 und 9 im Durchschnitt a_{j_0}-mal ausgeführt werden, wenn die äußere Schleife mit $j = j_0$ ausgeführt wird. Also ist

$$B = \sum_{j=2}^{n} a_j = \sum_{j=1}^{n} H_j - n = (n+1)H_n - 2n \qquad \text{(s. Anhang)}$$

$$\leq (n+1)\ln n - (n-1). \qquad (H_n \leq 1 + \ln n, \text{ s. Anhang})$$

Damit erhalten wir $2.5n^2 + 3(n+1)\ln n + 4.5n - 4 = O(n^2)$ Zeiteinheiten als mittlere Laufzeit dieses Algorithmus. Die Laufzeiten im mittleren und im schlechtesten Fall sind also quadratisch. Zählen wir nur Vergleichs-Operationen, dann sehen wir, daß der Algorithmus genau $n(n-1)/2$ Vergleiche zwischen Schlüsseln ausführt.

II.1.2. Sortieren durch Auswahl: Heapsort

Ist der Algorithmus aus dem vorausgehenden Abschnitt gut? Können wir die Suche nach dem Maximum beschleunigen? Die Antwort auf die zweite Frage ist "Nein" — zumindest, wenn wir uns auf **vergleichsorientierte Algorithmen** beschränken. In vergleichsorientierten Algorithmen kann man auf Elemente des Universums, aus dem die Schlüssel stammen, nur die Operation "Vergleich zweier Schlüssel" anwenden.

Satz 1. *Jeder vergleichsorientierte Algorithmus benötigt $\geq n-1$ Vergleiche, um das Maximum aus n Elementen herauszufinden.*

Beweis: Wir fassen einen Vergleich $S_i < S_j$ als einen Wettkampf zwischen S_i und S_j auf. Falls $S_i < S_j$ ist, dann verliert S_i; falls $S_i > S_j$ ist, dann verliert S_j. Wenn also ein Algorithmus weniger als $n-1$ Wettkämpfe veranstaltet, dann sind am Ende des Turniers mindestens 2 Spieler ungeschlagen. Widerspruch. ∎

Satz 1 sagt uns, daß wir eine andere Sortiermethode suchen müssen, wenn wir die quadratische Laufzeit unseres naiven Algorithmus verbessern wollen. Betrachten wir den Algorithmus an der Eingabe 4 5 3 1 2. Wir vergleichen 2 mit 1, 2 mit 3, 3 mit 5 und schließlich 5 mit 4. Abbildung 11 faßt unser Wissen am Ende des ersten Laufs zusammen. Eine Vater-Sohn-Beziehung besagt, daß die Beschriftung des Vaters größer als die des Sohnes ist.

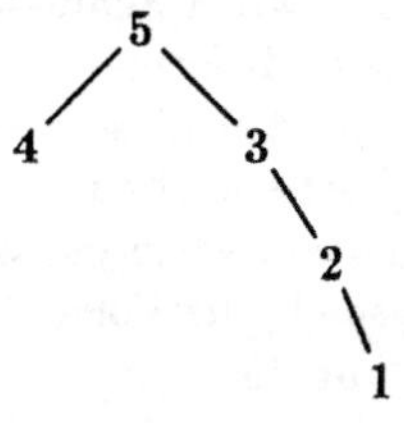

Abb. 11. Bekannte Größenrelationen

Danach vertauschen wir 5 und 2 und erhalten 4 2 3 1. Im zweiten Durchlauf vergleichen wir 1 mit 3, 3 mit 2, 3 mit 4 und erhalten Abbildung 12.

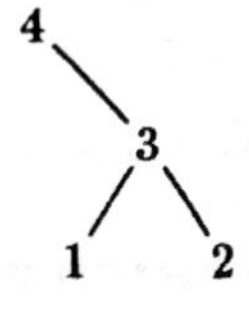

Abb. 12. Nach dem zweiten Durchlauf

Zwei dieser Vergleiche waren nicht notwendig. Wir wußten schon aus dem ersten Durchlauf, daß 3 größer ist als 1 und 2. Abstrahieren wir: Am Ende des ersten Durchlaufs ergibt sich eine baumähnliche Struktur mit folgender Eigenschaft: Wenn wir einen Pfad von der Wurzel nach unten durchlaufen, werden die Markierungen entlang dieses Pfades kleiner. Das ist die sogenannte **Heap-Eigenschaft**.

Aus Abbildung 11 erhält man nach Entfernen der 5 Abbildung 13.

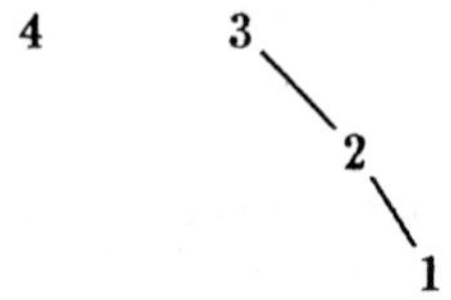

Abb. 13. Nach Entfernen von 5

Es genügt nun, 4 und 3 zu vergleichen. Danach wissen wir, daß 4 größer als 3 ist, und wir haben das zweite Maximum gefunden.

Betrachten wir nun ein anderes Beispiel, die Folge 1 2 3 4 5. Nach dem ersten Durchlauf erhalten wir Abbildung 14.

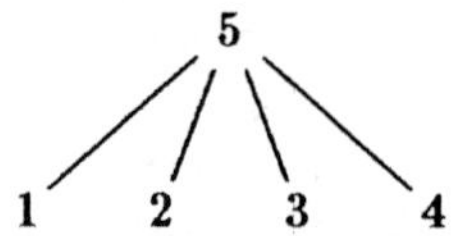

Abb. 14. Neues Beispiel nach erstem Durchlauf

Nach Entfernung der 5 haben wir 4 Schlüssel, die in keiner Beziehung zueinander stehen, d.h., wir haben keine Information aus dem ersten Durchlauf in den zweiten Durchlauf hinübergerettet. Aus diesem Beispiel ziehen wir den Schluß, daß die Bäume, die wir durch Vergleiche aufbauen, kleinen Grad haben sollten. Auf diese Art geht nur wenig Information verloren, wenn das Maximum entfernt wird. Betrachten wir ein weiteres Beispiel: die Folge 2 10 3 5 1 7 9 6 4 8. Der "ideale" Baum hat die Form von Abbildung 15.

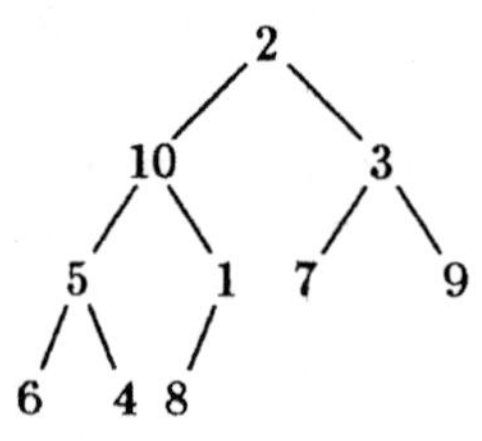

Abb. 15. Idealer Baum für drittes Beispiel

Unglücklicherweise erfüllen die Markierungen noch nicht die Heap-Eigenschaft. Wir bringen die Markierungen von unten nach oben in Ordnung. Im Baum von

Abbildung 16 erfüllen die drei unteren Niveaus bereits die Heap-Eigenschaft, aber die Markierung der Wurzel verstößt noch dagegen.

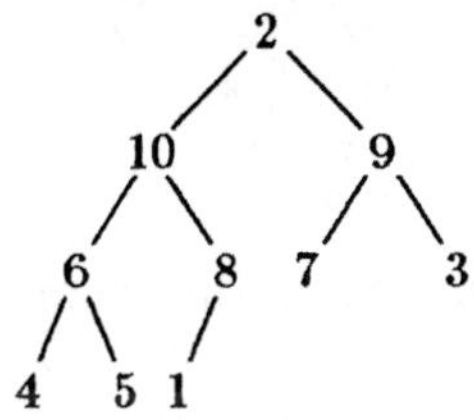

Abb. 16. Nur noch die Wurzel verstößt gegen Heap-Eigenschaft

Wir lassen die 2 zu ihrer richtigen Position hinuntersinken, indem wir sie mit dem größeren ihrer beiden Söhne vertauschen (s. Abb. 17).

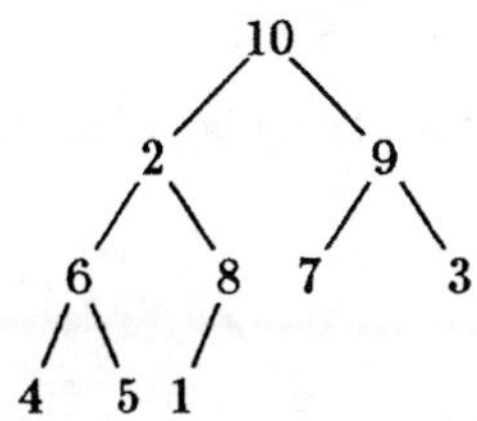

Abb. 17. Die Wurzel ist größer als beide Söhne

In diesem Baum ist die 2 noch nicht größer als beide Söhne, und deshalb vertauschen wir sie wieder mit dem größeren der beiden Söhne (hier der 8) und erhalten mit Abbildung 18 einen Baum, der die Heap-Eigenschaft erfüllt.

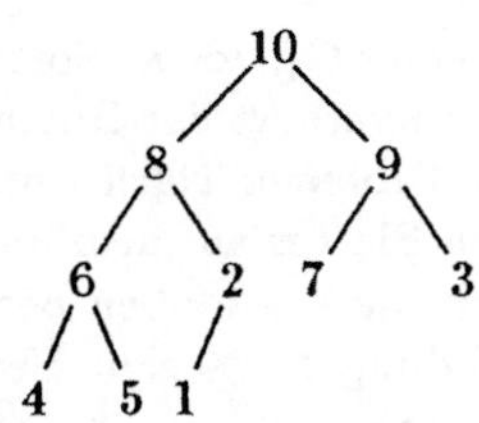

Abb. 18. Ganzer Baum erfüllt die Heap-Eigenschaft

Das Maximum steht in der Wurzel. Wir entfernen es und erhalten dann Abbildung 19.

Wie sollen wir die Heap-Eigenschaft wiederherstellen? Wir könnten 8 und 9 vergleichen und die 9 hinaufschieben. Dann vergleichen wir 7 und 3 und erhalten Abbildung 20.

Jetzt können wir die 9 entfernen und den Prozeß wiederholen. Das gibt uns Abbildung 21.

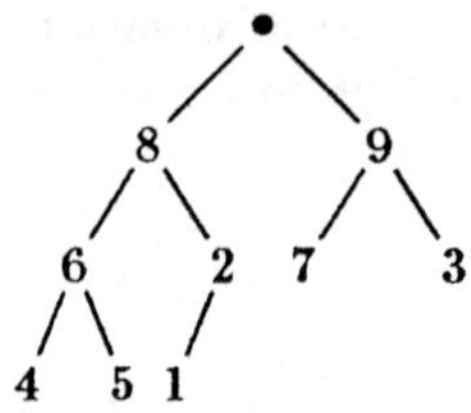

Abb. 19. Nach Entfernung der Wurzel

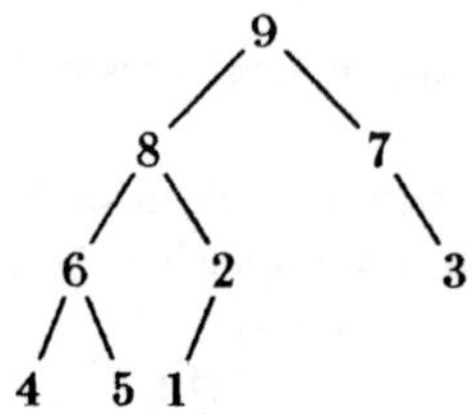

Abb. 20. Heap ist wieder hergestellt

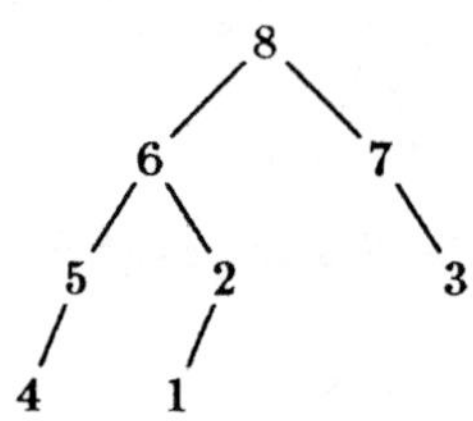

Abb. 21. Nach Entfernen der 9

Obwohl dieser Ansatz zu einer $O(n \log n)$ Sortiermethode führt, bleibt ein Problem: Nach einigen Durchläufen verliert der Baum seine perfekte Gestalt. Ein anderer Ansatz vermeidet dieses Problem: Nach Entfernen der 10 nehmen wir die 1, die Beschriftung des rechtesten Blattes auf dem untersten Niveau, und bewegen sie zur Wurzel. Danach lassen wir die 1 wie oben beschrieben hinuntersinken. Dieses Verfahren erzeugt die in Abbildung 22 gezeigte Sequenz von Bäumen.

Auf diese Art bleibt unser Baum immer ein "fast" binärer Baum. Alle Blätter befinden sich auf zwei benachbarten Niveaus, alle Niveaus außer dem untersten sind vollständig, und die Blätter auf dem untersten Niveau stehen so weit links wie möglich. Bäume dieser Art kann man sehr kompakt abspeichern: Man numeriert die Knoten, indem man in der Wurzel anfängt und ihr die Nummer 1 gibt. Dann arbeitet man Niveau für Niveau ab und numeriert auf einem Niveau von links nach rechts. Dann haben die Söhne des Knotens k die Nummern $2k$ und $2k+1$ und der Vater des Knotens k hat die Nummer $\lfloor k/2 \rfloor$. (Dabei ist $\lfloor x \rfloor$ die größte ganze Zahl $\leq x$.) So können wir den Baum in einem einzigen Feld abspeichern und den Platz für Zeiger sparen.

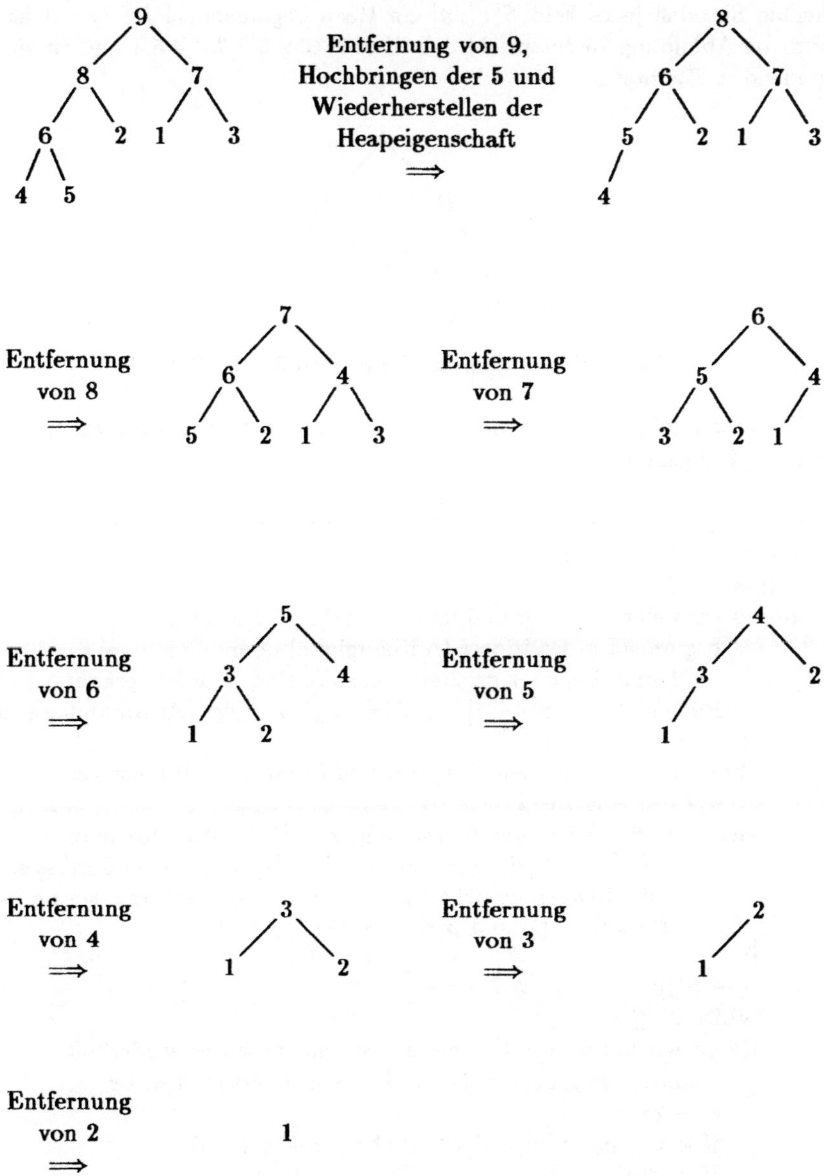

Abb. 22. Ablauf der Auswahlphase

Definition: Ein Feld $S[1\,..\,n]$ erfüllt die **Heap-Eigenschaft**, wenn

$$S[\lfloor k/2 \rfloor] \geq S[k] \quad \text{für } 2 \leq k \leq n.$$

Das Feld ist ein **Heap beginnend in Position l**, $1 \leq l \leq n$, wenn

$$S[\lfloor k/2 \rfloor] \geq S[k] \quad \text{für } l \leq \lfloor k/2 \rfloor < k \leq n.$$

∎

Beachten Sie, daß jedes Feld $S[1..n]$ ein Heap beginnend in $\lfloor n/2 \rfloor + 1$ ist. Der Baum von Abbildung 23 entspricht dem Feld 2 10 9 6 8 7 3 4 5 1 und ist ein Heap beginnend in Position 2.

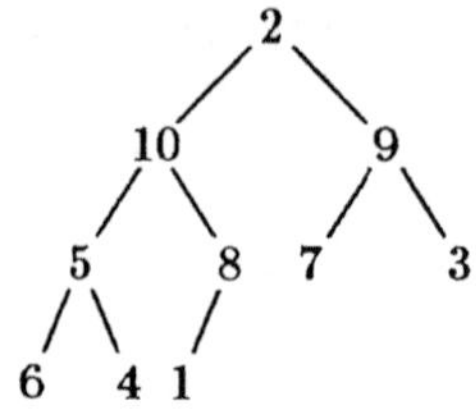

Abb. 23. Baum zur Folge 2 10 9 6 8 7 3 4 5 1

Die vollständige Implementierung von Heapsort steht in Programm 10; es ist dabei $n \geq 2$ angenommen.

```
(1)  l ← ⌊n/2⌋ + 1; r ← n;
(2)  while r ≥ 2
     do co entweder ist r = n und dann ist S[1..n] ein Heap
              beginnend in Position l (Aufbauphase) oder
              l = 1 und die n − r größten Elemente sind in aufsteigender
              Reihenfolge in S[r + 1], ..., S[n] abgespeichert (Auswahlphase) oc
(3)     if l > 1
        then co wir bauen den Heap auf und fügen S[l − 1] hinzu oc
(4)          l ← l − 1; j ← l
        else  co wir sind in der Auswahlphase. S[1] ist das Maximum von
                   S[1], ..., S[r]. Wir vertauschen S[1] und S[r] und müssen
                   die Heap-Eigenschaft in S[1..r − 1] wiederherstellen oc
(5)          vertausche S[1] und S[r]; r ← r − 1; j ← 1
        fi;
(6)     S ← S[j];
(7)     while 2j ≤ r
        do co wir lassen S[j] hinuntersinken, indem wir es wiederholt
                 mit dem größeren der beiden Söhne vertauschen oc
(8)        k ← 2j;
(9)        if k < r und S[k] < S[k + 1] then k ← k + 1 fi;
(10)       if S < S[k]
(11)       then S[j] ← S[k]; j ← k
(12)       else  goto E fi
        od;
(13) E: S[j] ← S;
     od.
```

Prog. 10

Zeile (10) wird bei jedem Durchlauf der inneren Schleife ausgeführt, und die innere Schleife wird bei jedem Durchlauf der äußeren Schleife mindestens einmal ausgeführt. Also ist die Gesamtlaufzeit proportional zu der Anzahl der Vergleiche in Zeile (10). Wir zählen nun die Vergleichs-Operationen. Der Einfachheit halber sei $n = 2^k - 1$ für ein $k \geq 1$.

Aufbauphase : Der Baum hat 2^i Knoten der Tiefe i für $0 \leq i < k$. In der Aufbauphase fügen wir zu dem Heap die Knoten der Tiefe $k-2$ hinzu, dann die Knoten der Tiefe $k-3$, usw. Wenn wir einen Knoten auf Niveau i hinzufügen, dann kann er auf Niveau $k-1$ hinuntersinken und dabei höchstens 2 Schlüsselvergleiche pro Niveau benötigen. Also sind die Gesamtkosten der Aufbauphase nach oben beschränkt durch

$$\sum_{i=0}^{k-2} 2(k-1-i)2^i = 2^{k+1} - 2(k+1). \qquad \text{(s. Anhang, Formel S1)}$$

Auswahlphase : In der Auswahlphase entfernen wir bei jedem Schleifendurchlauf die Wurzel und bringen das Element $S[r]$ nach oben. Dieses Element kann dann wieder bis zum untersten Niveau hinuntersinken. Wenn wir also ein Element der Tiefe i nach oben bringen, kann das Wiederherstellen der Heap-Eigenschaft uns bis zu $2i$ Vergleiche kosten. Also ist die Gesamtzahl der Vergleiche höchstens

$$2\sum_{i=0}^{k-1} i \cdot 2^i = 2(k-2)2^k + 4. \qquad \text{(s. Anhang, Formel S1)}$$

Insgesamt macht Heapsort also höchstens $2k(2^k-1) - 2(2^k-1) = 2n\log(n+1) - 2n$ Vergleiche. Für $n \neq 2^k - 1$ ist das Abschätzen der Vergleichs-Operationen etwas komplizierter.

Satz 2. *Heapsort sortiert n Elemente mit höchstens $2n\log(n+1) - 2n$ Vergleichen und Zeit $O(n \log n)$.* ∎

Analog zum Sortieren durch Auswahl aus Abschnitt II.1.1 kann man auch Heapsort in RAM-Code übersetzen. Der Autor hat dies getan und eine Laufzeit von $\leq 20n\log(n+1) - n - 7$ Zeiteinheiten im schlechtesten Fall erhalten. Die mittlere Laufzeit ist aus zwei Gründen nur wenig besser: Neu einzufügende Elemente werden in die Wurzel plaziert und sinken dann zu ihren richtigen Positionen. Da die meisten Knoten eines binären Baumes nahe bei den Blättern stehen, sinken die meisten Elemente fast bis zu den Blättern hinunter. Weiterhin lassen wir in der Auswahlphase Elemente hinuntersinken, die wir aus Blättern nehmen, und die daher klein sind. Eine vollständige Analyse des mittleren Verhaltens von Heapsort ist allerdings noch ein offenes Problem.

II.1.3. Sortieren durch Teilen: Quicksort

Quicksort ist ein Beispiel für eine wichtige Methode, Probleme zu lösen: **Teilen und Beherrschen**. Ein Problem wird in mehrere kleinere Teile zerlegt (Teilen), die dann mit dem gleichen Algorithmus rekursiv gelöst werden (Beherrschen). Danach wird die Lösung des Problems aus den Lösungen der Teilprobleme zusammengesetzt.

Bei **Quicksort** heißt das: Wähle ein Element aus der Folge $S_1, \ldots, S_n$, z.B. S_1, und zerlege die Folge in zwei Teile. Die erste Teilfolge besteht aus allen S_i mit $S_i < S_1$ und keinem S_j mit $S_j > S_1$, und die zweite Teilfolge besteht aus allen S_j mit $S_j > S_1$ und keinem S_i mit $S_i < S_1$. Der Zerlegungsalgorithmus speichert die erste Folge in den Positionen 1 bis $k-1$ eines Feldes, S_1 in Position k und die zweite Folge in den Positionen $k+1, \ldots, n$. Dann wird der gleiche Algorithmus rekursiv auf beide Teilfolgen angewandt. Das Zusammensetzen der sortierten Teilfolgen und des Teilungselementes S ist trivial: Es ist nichts mehr zu tun. Man könnte die Folge auch in drei Teilfolgen zerlegen, wobei die dritte Folge aus allen S_i mit $S_i = S_1$ besteht. Übung 8 zeigt, daß sich diese Mühe im allgemeinen nicht lohnt.

Für eine geschickte Implementierung nehmen wir an, daß die Schlüssel in einem Feld $S[1..n]$ stehen und von zwei zusätzlichen Elementen $S[0]$ und $S[n+1]$ eingerahmt sind, so daß $S[0] \leq S[i] \leq S[n+1]$ für alle i gilt und wir zwei zusätzliche Zeiger mit Anfangswerten 1 und $n+1$ haben. Die Zeiger i und k haben folgende Bedeutung: Das erste Teilproblem besteht aus $S[2], \ldots, S[i]$ und das zweite Teilproblem aus $S[k], \ldots, S[n]$, und die Elemente $S[i+1], \ldots, S[k-1]$ müssen noch verteilt werden. Wir erhöhen i, bis $S[i] \geq S[1]$ erfüllt ist, und vermindern k, bis $S[k] \leq S[1]$. Beachten Sie, daß wir wegen der Hinzunahme von $S[0]$ und $S[n+1]$ nicht testen müssen, ob ein Index die Feldgrenzen überschreitet. Zwei Fälle sind möglich: Wenn $k > i$, dann vertauschen wir $S[k]$ und $S[i]$ und wiederholen den Prozeß. Wenn $k \leq i$, sind wir fertig. Man sieht schnell, daß dann entweder $k = i$ (wenn $S[i] = S[1]$) oder $k = i - 1$ (wenn $S[i] \neq S[1]$). Die Zerlegung wird beendet durch Vertauschen von $S[k]$ und $S[1]$. Programm 11 setzt diese Überlegungen um.

```
    procedure Quicksort(l, r);
    co Quicksort(l, r) sortiert das Teilfeld S[l] ... S[r]
       in aufsteigende Reihenfolge oc
(1) begin i ← l; k ← r + 1; S ← S[l];
(2) while i < k
(3) do repeat i ← i + 1 until S[i] ≥ S;
(4)    repeat k ← k − 1 until S[k] ≤ S;
(5)    if k > i then vertausche S[k] und S[i] fi
    od;
(6) vertausche S[l] und S[k];
(7) if l < k − 1 then Quicksort(l, k − 1) fi;
(8) if k + 1 < r then Quicksort(k + 1, r) fi
(9) end.
```

Prog. 11

Zur Korrektheit des Algorithmus ist folgendermaßen zu argumentieren: In den Zeilen (3) und (4) nehmen wir an, daß es Schlüssel $S[l-1]$ und $S[r+1]$ gibt mit $S[l-1] \leq S[i] \leq S[r+1]$ für alle i mit $l \leq i \leq r$. Für den Aufruf *Quicksort*$(1, n)$ stellen wir dies sicher durch die Hinzunahme der Schlüssel $S[0]$ und $S[n+1]$ mit den gewünschten Eigenschaften. Für die rekursiven Aufrufe folgt die Existenz der beiden Schlüssel unmittelbar aus der Aufschreibung des Algorithmus. Da wir nur wissen, daß $S[l-1] \leq S[i] \leq S[r+1]$ ist, müssen wir in Zeilen (3) und (4) auf $\geq$ bzw. $\leq$ testen, um die Tests auf Indexüberschreitung sparen zu können.

Das Verhalten von Quicksort im schlechtesten Fall ist schnell bestimmt. Man betrachte die Zeilen (1)–(6) für feste Werte von l und r, z.B. $l = 1$ und $r = n$. In Zeile (3) machen wir einen Vergleich und erhöhen i, in Zeile (4) machen wir ebenfalls einen Vergleich und vermindern k. Vor dem Betreten der Schleife in Zeile (2) haben wir $k - i = r - l + 1 = n$, nach Verlassen der Schleife ist $k - i = 0$ oder $k - i = -1$. Also werden k und i zusammen n oder $(n+1)$-mal geändert, und n oder $n + 1$ Vergleiche werden gemacht. Die Laufzeit der Zeilen (2)–(5) ist $O(\text{Anzahl der Vergleiche}) = O(n)$. Die Kosten der Zeilen (1) und (6)–(8) sind $O(1)$ pro Aufruf von Quicksort. Da es höchstens $n - 1$ Aufrufe gibt (s. Übung 6), sind die Gesamtkosten der Zeilen (1) und (6)–(8) summiert über alle Aufrufe $O(n)$.

Kehren wir zu der Anzahl $QS(n)$ der Schlüsselvergleiche für ein Feld von n Elementen zurück. Es gilt

$$QS(0) = QS(1) = 0 \quad \text{und}$$
$$QS(n) \leq n + 1 + \max_{1 \leq k \leq n} \{QS(k-1) + QS(n-k)\} \quad \text{für } n \geq 2.$$

Durch Induktion zeigt man, daß $QS(n) \leq (n+1)(n+2)/2 - 3$ für $n > 0$. An der Eingabe $1, 2, \ldots, n$ sieht man, daß diese Schranke scharf ist. Hier wird in der Aufteilungsphase jeweils nur ein Element abgespalten, und deshalb bleiben Teilprobleme der Größe $n, n-1, n-2, \ldots, 2$ zu lösen. Dazu macht der Algorithmus genau $(n+1) + n + (n-1) + \cdots + 3$ Vergleiche, die zusammen die obige Schranke ergeben. Quicksort's Verhalten im schlechtesten Fall ist demnach quadratisch.

Das Verhalten im mittleren Fall ist jedoch wesentlich besser. Wir analysieren diesen Fall unter der Annahme, daß die Schlüssel paarweise verschieden und daß alle Permutationen der Schlüssel gleichwahrscheinlich sind. Dann können wir o.B.d.A. annehmen, daß die Schlüssel die ganzen Zahlen $1, \ldots, n$ sind. Der Schlüssel S_1 ist gleich k mit Wahrscheinlichkeit $1/n$ für $1 \leq k \leq n$. Dann müssen rekursiv Teilprobleme der Größen $k-1$ und $n-k$ gelöst werden. Diese Teilprobleme sind wieder zufällige Folgen, d.h., sie erfüllen die obige Wahrscheinlichkeitsannahme. Das kann man so einsehen: Wenn $S_1 = k$, dann sieht das Feld S vor der Ausführung der Zeile (6) folgendermaßen aus:

$$k\ i_1\ i_2\ \ldots\ i_{k-1}\ j_{k+1}\ j_{k+2}\ \ldots\ j_n.$$

Hier bedeutet $i_1, \ldots, i_{k-1}$ eine Permutation der ganzen Zahlen $1, \ldots, k-1$ und $j_{k+1}, \ldots, j_n$ eine Permutation der ganzen Zahlen $k+1, \ldots, n$.

Wie sah das Feld vor dem Aufteilungsschritt aus? Wenn l Vertauschungen in Zeile (5) durchgeführt wurden, dann gibt es l Positionen im linken Teilproblem, d.h. unter den Feldindizes $2, \ldots, k$ und l Positionen im rechten Teilproblem, d.h. unter Feldindizes $k+1, \ldots, n$, so daß die Einträge in diesen Positionen paarweise vertauscht wurden, nämlich der linkeste ausgewählte Eintrag im linken Teilproblem mit dem rechtesten ausgewählten Eintrag im rechten Teilproblem, usw. Also gibt es genau

$$\sum_{l \geq 0} \binom{k-1}{l} \binom{n-k}{l}$$

Felder vor der Aufteilung, die obiges Feld nach der Aufteilung ergeben. Entscheidend ist, daß dieser Ausdruck nur von k abhängt, aber nicht von den speziellen Permutationen $i_1, \ldots, i_{k-1}$ und $j_{k+1}, \ldots, j_n$. Also sind alle Permutationen gleichwahrscheinlich und die Teilprobleme der Größe $k-1$ und $n-k$ wiederum zufällig. Sei $QS_{av}(n)$ die mittlere Anzahl der Vergleiche an einer Eingabe der Größe n. Dann ist

$$QS_{av}(0) = QS_{av}(1) = 0$$

und

$$\begin{aligned} QS_{av}(n) &= \frac{1}{n} \sum_{k=1}^{n} (n+1+QS_{av}(k-1) + QS_{av}(n-k)) \\ &= n+1+\frac{2}{n} \sum_{k=0}^{n-1} QS_{av}(k) \qquad \text{für } n \geq 2. \end{aligned}$$

Wir lösen diese Rekursionsgleichung wie in II.1.1. Multiplikation mit n ergibt

$$n \cdot QS_{av}(n) = n(n+1) + 2 \sum_{k=0}^{n-1} QS_{av}(k) \qquad \text{für } n \geq 2.$$

Subtraktion dieser Gleichung von der Gleichung mit $n+1$ anstatt n ergibt

$$QS_{av}(n+1) = 2 + \frac{n+2}{n+1} \cdot QS_{av}(n).$$

Diese Rekursionsgleichung ist von der Form

$$\begin{aligned} a_1 &= b_1 \\ a_{n+1} &= b_{n+1} + c_{n+1} a_n \end{aligned}$$

mit $b_1 = 0$, $b_i = 2$ und $c_i = (i+1)/i$ für $i > 1$ und hat die Lösung

$$a_{n+1} = \sum_{i=1}^{n+1} \left(\prod_{j=i+1}^{n+1} c_j \right) b_i,$$

wie ein einfacher Induktionsbeweis zeigt. Also ist

$$\begin{aligned} QS_{av}(n) &= \sum_{i=2}^{n} \frac{n+1}{i+1} \cdot 2 \\ &= 2(n+1)(H_{n+1} - 3/2) \\ &\leq 2(n+1)\ln(n+1), \end{aligned}$$

wobei H_{n+1} die $(n+1)$-te harmonische Zahl ist (s. Anhang). Kehren wir zur Laufzeitanalyse zurück. Wir sagten, daß die Laufzeit der Aufteilungsphase proportional zu der Anzahl der Vergleiche ist und daß die Gesamtkosten aller anderen Operationen $O(n)$ sind. Deshalb gilt

Satz 3. *Quicksort sortiert n Elemente mit höchstens $(n^2 + 3n - 4)/2$ Schlüsselvergleichen und hat im schlechtesten Fall die Laufzeit $O(n^2)$. Im Mittel macht es $\leq 2(n+1)\ln(n+1)$ Vergleiche und hat Zeitkomplexität $O(n \log n)$.* ∎

Die Übersetzung in RAM-Code, wie sie in I.5 beschrieben wurde, erzeugt ein Programm, das n Zahlen in mittlerer Laufzeit $\leq 13(n+1)\ln(n+1) + 29n - 33 \approx 9(n+1)\log(n+1) + 29n - 33$ sortiert (s. Übung 7).

Quicksort hat im schlechtesten Fall quadratische Laufzeit. Der schlechteste Fall wird erreicht an einer schon sortierten Eingabefolge. Auch fast sortierte Eingabefolgen, die in der Praxis oft vorliegen, lassen Quicksort schlecht aussehen. Es gibt einen interessanten Ausweg: randomisiertes Quicksort. Wir ändern Programm 11, indem wir Zeile (1) ersetzen durch

(1a) **begin** $i \leftarrow l$; $k \leftarrow r + 1$;
(1b) $j \leftarrow$ ein zufälliges Element aus $[0, \ldots, r - l]$;
(1c) vertausche $S[l]$ und $S[l + j]$;
(1d) $S \leftarrow S[l]$;

Was bedeutet das? Sei Π eine beliebige Permutation der Zahlen $1, \ldots, n$ und sei $QS_{ran}(\Pi)$ die mittlere Anzahl der Vergleiche von randomisiertem Quicksort angewandt auf die Folge $\Pi(1), \Pi(2), \ldots, \Pi(n)$. In den Zeilen (1a)-(1d) wählen wir ein zufälliges Element aus Π als Aufspaltungselement, d.h., es ist $S = S[h]$ mit Wahrscheinlichkeit $1/n$ für $1 \leq h \leq n$. Dann müssen Teilprobleme Π_1 und Π_2 der Größen $S[h] - 1$ und $n - S[h]$ rekursiv gelöst werden. Natürlich hängen Π_1 und Π_2 von Π und h ab. Um diese Abhängigkeit zu verdeutlichen, schreiben wir $\Pi_1(\Pi, h)$ und $\Pi_2(\Pi, h)$. Dann ist

$$QS_{ran}(\Pi) = \frac{1}{n} \sum_{h=1}^{n} \Big(n + 1 + QS_{ran}(\Pi_1(\Pi, h)) + QS_{ran}(\Pi_2(\Pi, h)) \Big)$$

Nun ist es einfach zu zeigen, daß $QS_{ran}(\Pi) = QS_{av}(n)$, wobei n die Anzahl der Elemente in einer Permutation Π ist. (Man benutze Induktion über n.) Also ist

$QS_{ran}(\Pi) \leq 2(n+1)\ln(n+1)$ für jede Permutation Π von n Elementen, d.h., randomisiertes Quicksort sortiert jede *feste* Folge in mittlerer Zeit $O(n \log n)$.

Standard-Quicksort hat aber schon mittlere Laufzeit $O(n \log n)$. Wo liegt der Gewinn? Als wir die Komplexität von Standard-Quicksort herleiteten, setzten wir eine Wahrscheinlichkeitsverteilung der Eingaben voraus, und der Benutzer hat sich gemäß dieser Verteilung zu verhalten, wenn er schnelle Laufzeiten erreichen will. Wenn der Benutzer allerdings oft nahezu sortierte Eingaben hat, sollte er von Standard-Quicksort Abstand halten. Nicht so bei randomisiertem Quicksort. Für jede einzelne Problemstellung ist die mittlere Laufzeit $O(n \log n)$ und die Laufzeit im schlechtesten Fall $O(n^2)$. Es gibt keine schlechten Eingaben für randomisiertes Quicksort, sein Zeitverhalten ist an allen Eingaben gleich.

Es ist von Nutzen, nun die "Teile und Beherrsche-Strategien" genauer zu betrachten. Wir nehmen dafür an, daß ein Problem der Größe $n \geq b^{-1}(1)$ in $a(n)$ Teilprobleme der Größe jeweils $b(n)$ aufgespalten wird, und daß die Kosten des Aufspaltens in Teilprobleme und des Zusammenklebens der Lösungen $f(n)$ sind. Probleme der Größe $n < b^{-1}(1)$ lösen wir direkt ohne rekursive Aufrufe und bezeichnen mit $f(n)$ die Kosten des direkten Lösens. Dann erhalten wir folgende Rekursionsgleichung für $T(n)$, die Laufzeit an einem Problem der Größe n:

$$T(n) = \begin{cases} f(n) & \text{für } 1 \leq n < b^{-1}(1); \\ a(n) \cdot T(b(n)) + f(n) & \text{für } n \geq b^{-1}(1). \end{cases}$$

Wir lösen die Rekursion für $T(n)$ in zwei Schritten. Im ersten Schritt lösen wir die einfachere homogene Rekursionsgleichung

$$h(n) = \begin{cases} 1 & \text{für } 1 \leq n < b^{-1}(1); \\ a(n) \cdot h(b(n)) & \text{für } n \geq b^{-1}(1). \end{cases}$$

In allen unseren Anwendungen können die homogenen Rekursionsgleichungen auf sehr einfache Art explizit gelöst werden. Wenn wir $R(n) = T(n)/h(n)$ setzen, erhalten wir folgende Rekursion für $R(n)$:

$$R(n) = \begin{cases} f(n) & \text{für } 1 \leq n < b^{-1}(1); \\ R(b(n)) + f(n)/h(n) & \text{für } n \geq b^{-1}(1). \end{cases}$$

$R(n)$ kann nun durch eine einfache Summation ermittelt werden. Wir setzen $g(n) = f(n)/h(n)$ und erhalten $R(n) = g(n) + g(b(n)) + \cdots$. Also gilt

Satz 4. *Seien a, b, $f : [1, \infty] \mapsto \mathbb{R}_+$, wobei b streng monoton wächst und $b(n) < n$ für alle n ist. Dann hat die Rekursion*

$$T(n) = \begin{cases} f(n) & \text{für } 1 \leq n < b^{-1}(1); \\ a(n) \cdot T(b(n)) + f(n) & \text{für } n \geq b^{-1}(1) \end{cases}$$

die Lösung

$$T(n) = h(n) \sum_{i=0}^{rd(n)} g(b^{(i)}(n)),$$

wobei

$$rd(n) = \min\{d;\ b^{(d)}(n) < b^{-1}(1)\},$$

$$h(n) = \begin{cases} 1 & \text{für } 1 \leq n < b^{-1}(1); \\ a(n) \cdot h(b(n)) & \text{für } n \geq b^{-1}(1), \end{cases}$$

und

$$g(n) = f(n)/h(n).$$

∎

Man kann sich Satz 4 folgendermaßen bildlich vorstellen: Wir definieren induktiv einen Rekursionsbaum für n. Wenn $n < b^{-1}(1)$, dann besteht der Rekursionsbaum aus einem einzelnen Blatt, das mit $f(n)$ markiert ist. Wenn $n \geq b^{-1}(1)$, dann besteht der Rekursionsbaum für n aus einer Wurzel, die mit $f(n)$ markiert ist, und $a(n)$ Unterbäumen, von denen jeder ein Rekursionsbaum für $b(n)$ ist. Dann ist $rd(n)$ die Tiefe dieses Baumes und $h(n)$ ist die Anzahl der Blätter.

Allgemeiner ist die Anzahl der Blätter unter einem Knoten der Tiefe d gegeben durch $h(b^{(d)}(n))$, und $T(n)$ ist die Summe der Markierungen aller Knoten und Blätter dieses Baumes. Dann können wir $T(n)$ bestimmen durch Aufsummieren der Markierungen der Tiefe nach. Ein Knoten der Tiefe d hat die Marke $f(b^{(d)}(n))$. Wenn wir diese Markierung über alle Blätter unterhalb des Knotens verteilen, dann erhält jedes Blatt einen Teil $f(b^{(d)}(n))/h(b^{(d)}(n)) = g(b^{(d)}(n))$. Also ist

$$T(n) = h(n) \sum_{d=0}^{rd(n)} g(b^{(d)}(n)).$$

Jetzt können wir die Lösungen der Rekursion einteilen gemäß dem Wachsen der Funktion g:

Korollar 1. *Unter den Voraussetzungen von Satz 4 gilt:*

a) $T(n) = O(h(n))$, wenn $g(n) = O(q^{-rd(n)})$ für ein $q > 1$;

b) $T(n) = O(h(n))$, wenn $g(n) = O(rd(n)^p)$ für ein $p < -1$;

c) $T(n) = O(h(n) \cdot \log rd(n))$, wenn $g(n) = O(1/rd(n))$;

d) $T(n) = O(h(n) \cdot (rd(n))^{p+1})$, wenn $g(n) = O(rd(n)^p)$ für ein $p > -1$;

e) $T(n) = \Omega(h(n) \cdot q^{rd(n)})$, wenn $g(n) = \Omega(q^{rd(n)})$ für ein $q > 1$;

f) $T(n) = \Theta(f(n))$, wenn $g(n) = \Theta(q^{rd(n)})$ für ein $q > 1$.

Beweis: Sei $n_0 = b^{(rd(n))}(n)$. Dann kann man die Aussage von Satz 4 so umformulieren:

$$\begin{aligned} T(n) &= h(n) \sum_{i=0}^{rd(n)} g(b^{(i)}(n)) \\ &= h(n) \sum_{i=0}^{rd(n)} g(b^{(-rd(n)+i)}(n_0)) \\ &= h(n) \sum_{i=0}^{rd(n)} g(b^{(-i)}(n_0)). \end{aligned}$$

a) Weil $g(n) = O(q^{-rd(n)})$ und daher $g(b^{(-i)}(n_0)) = O(q^{-i})$, folgern wir, daß

$$T(n) = O\left(h(n) \sum_{i=0}^{rd(n)} q^{-i}\right) = O(h(n)).$$

b–d) Weil $g(n) = O(rd(n)^p)$ und daher $g(b^{(-i)}(n_0)) = O(i^p)$, folgern wir, daß

$$\begin{aligned} T(n) &= O\left(h(n) \sum_{i=0}^{rd(n)} i^p\right) \\ &= \begin{cases} O(h(n)) & \text{wenn } p < -1; \\ O(h(n) \cdot \log rd(n)) & \text{wenn } p = -1; \\ O(h(n) \cdot rd(n)^{p+1}) & \text{wenn } p > -1. \end{cases} \end{aligned}$$

e) Weil $g(n) = \Omega(q^{rd(n)})$ und daher $g(b^{(-i)}(n_0)) = \Omega(q^i)$, können wir folgern, daß

$$T(n) = \Omega\big(h(n) \sum_{i=0}^{rd(n)} q^i\big) = \Omega\big(h(n) \cdot q^{rd(n)}\big).$$

f) Wie in Teil e) folgern wir, daß

$$\begin{aligned} T(n) &= \Theta(h(n) \sum_{i=0}^{rd(n)} q^i) = \Theta\big(h(n) \cdot q^{rd(n)}\big) \\ &= \Theta\big(h(n) \cdot g(n)\big) = \Theta(f(n)). \end{aligned}$$ ∎

Es ist wieder nützlich, sich Korollar 1 mit Hilfe von Rekursionsbäumen zu veranschaulichen. In den Fällen a) und b) dominieren die Kosten der Blätter, in Fall f) dominieren die Kosten der Wurzel, und in Fall d) mit $p = 0$ sind die Kosten auf allen Niveaus des Baumes gleich.

Wir beenden diesen Abschnitt mit einem oft auftretenden Spezialfall: $a(n) = a$ und $b(n) = n/b$ für alle n.

Korollar 2. *Seien a und $b \in \mathbb{R}_+$, $b > 1$, und $f : [1, \infty] \mapsto \mathbb{R}_+$. Dann hat die Rekursion*

$$T(n) = \begin{cases} f(n) & \text{wenn } 1 \leq n < b; \\ a \cdot T(n/b) + f(n) & \text{wenn } n \geq b \end{cases}$$

die Lösung

$$T(n) = \sum_{i=0}^{\lfloor \log_b n \rfloor} a^i \cdot f(n/b^i).$$

Insbesondere gilt:

$$T(n) = \begin{cases} O(n^{\log_b a}) & \text{wenn } f(n) = O(n^p) \text{ und} \\ & \quad p < \log_b a; \\ O(n^{\log_b a} \cdot (\log_b n)^{p+1}) & \text{wenn } f(n) = O(n^{\log_b a} \cdot (\log_b n)^p) \text{ und} \\ & \quad p > -1; \\ O(n^{\log_b a} \cdot \log\log n) & \text{wenn } f(n) = O(n^{\log_b a} \cdot (\log_b n)^p) \text{ und} \\ & \quad p = -1; \\ O(n^{\log_b a}) & \text{wenn } f(n) = O(n^{\log_b a} \cdot (\log_b n)^p) \text{ und} \\ & \quad p < -1; \\ O(n^p) & \text{wenn } f(n) = \Theta(n^p) \text{ und} \\ & \quad p > \log_b a. \end{cases}$$

Beweis: Mit der Notation von Satz 4 und Korollar 1 gilt $a(n) = a$, $b(n) = n/b$, $rd(n) = \lfloor \log_b n \rfloor$ und $h(n) = a^{\lfloor \log_b n \rfloor} = O(a^{\log_b n}) = O(2^{(\log n)(\log a)/\log b}) = O(n^{\log_b a})$. Daher ist

$$\begin{aligned} T(n) &= a^{\lfloor \log_b n \rfloor} \sum_{i=0}^{\lfloor \log_b n \rfloor} f(n/b^i)/a^{\lfloor \log_b n - i \rfloor} \\ &= \sum_{i=0}^{\lfloor \log_b n \rfloor} a^i \cdot f(n/b^i). \end{aligned}$$

Aus $f(n) = O(n^p)$ für ein $p < \log_b a$ folgt weiter, daß $g(n) = O(q^{-rd(n)})$ für ein $q > 1$ und daher $T(n) = O(h(n))$. Wenn $f(n) = \Theta(n^{\log_b a} \cdot (\log_b n)^p)$, dann gilt $g(n) = O((\log_b n)^p) = O(rd(n)^p)$. Also ist $T(n)$ durch die Fälle b) bis d) von Korollar 1 gegeben. Mit Hilfe von Fall f) beweist man die Gleichung für $f(n) = \Theta(n^p)$ und $p > \log_b a$. ∎

II.1.4. Sortieren durch Mischen

Das enttäuschende Verhalten von Quicksort im schlechtesten Fall ist darin begründet, daß die Größe der Probleme nach dem Aufteilen nur schwer zu kontrollieren ist. Korollar 2 sagt uns, daß $a = b = 2$ in jedem Fall ein effizientes Verfahren ergibt. Wie können wir eine Aufspaltung in zwei Teilprobleme der Größe jeweils $n/2$ erhalten? Die Antwort ist einfach: Man nehme die erste Hälfte der Eingabefolge und sortiere sie, man nehme die zweite Hälfte der Eingabefolge und sortiere sie, dann mische man die beiden sortierten Teilfolgen in eine sortierte Folge (s. Programm 12).

```
procedure Mergesort(S);
begin sei n = |S|;
      teile S auf in zwei Teilfolgen S_1 und S_2 der Größen ⌈n/2⌉ bzw. ⌊n/2⌋;
      Mergesort(S_1);
      Mergesort(S_2);
      der erste rekursive Aufruf erzeuge die Folge x_1 ≤ x_2 ≤ ··· ≤ x_⌈n/2⌉;
      der zweite rekursive Aufruf erzeuge die Folge y_1 ≤ y_2 ≤ ··· ≤ y_⌊n/2⌋;
      mische die beiden Folgen in eine sortierte Folge z_1 ≤ z_2 ≤ ··· ≤ z_n
end.
```

Prog. 12

Betrachten wir den Mischvorgang genauer. Eine offensichtliche Lösung ist: Vergleiche die beiden Elemente an der Spitze der x-Folge und der y-Folge, entferne das kleinere der beiden Elemente und füge es hinten an die z-Folge an. Programm 13 zeigt die Implementierung des Mischvorgangs in unserer Programmiersprache.

```
i ← 1; j ← 1; k ← 1;
while i ≤ ⌈n/2⌉ and j ≤ ⌊n/2⌋
do if x_i < y_i
   then z_k ← x_i; i ← i + 1; k ← k + 1
   else z_k ← y_j; j ← j + 1; k ← k + 1
   fi
od;
if i ≤ ⌈n/2⌉
then while i ≤ ⌈n/2⌉ do z_k ← x_i; i ← i + 1; k ← k + 1 od;
else while j ≤ ⌊n/2⌋ do z_k ← y_j; j ← j + 1; k ← k + 1 od
fi.
```

Prog. 13

Dieser Algorithmus fügt die beiden Folgen mit $\leq \lceil n/2 \rceil + \lfloor n/2 \rfloor - 1 = n - 1$ Vergleichen und $\Theta(n)$ sonstigen Operationen zusammen. Beachten Sie, daß mindestens ein Element in die z-Folge aufgenommen wird, ohne daß ein Vergleich nötig ist. Dies ist optimal, wie der folgende Satz zeigt.

Satz 5. *Jeder vergleichsorientierte Algorithmus zum Vereinigen zweier sortierter Folgen $x_1 \leq x_2 \leq \cdots \leq x_{\lceil n/2 \rceil}$ und $y_1 \leq y_2 \leq \cdots \leq y_{\lfloor n/2 \rfloor}$ zu einer sortierten Folge benötigt $n - 1$ Vergleiche im schlechtesten Fall.*

Beweis: Wir wählen die x- und y-Folge so, daß die Elemente paarweise verschieden sind und die folgenden Beziehungen zwischen den Elementen bestehen: $x_1 < y_1 < x_2 < y_2 < \cdots < x_{\lfloor n/2 \rfloor} < y_{\lfloor n/2 \rfloor}$ $(< x_{\lceil n/2 \rceil})$. Das Element $x_{\lceil n/2 \rceil}$ gibt es nur, wenn n ungerade ist. Nehmen wir an, ein Algorithmus erzeuge die richtige z-Folge und benutze weniger als $n - 1$ Vergleiche, um das zu tun. Dann hat er ein Paar x_i, y_i oder y_i, x_{i+1} nicht verglichen.

Nehmen wir ersteres an, d.h., er hat für ein i, $1 \leq i \leq n/2$, x_i nicht mit y_i verglichen. Nun betrachten wir den Algorithmus an einer Eingabefolge mit folgenden Beziehungen: $x_1 < y_1 < x_2 < \cdots < y_{i-1} < y_i < x_i < x_{i+1} < \cdots$. Alle Vergleiche, die durch den Algorithmus an der ursprünglichen Eingabe und der modifizierten Eingabe gemacht wurden, liefern das gleiche Ergebnis. Also erzeugt der Algorithmus an beiden Eingaben die gleiche z-Folge. Widerspruch. ∎

Wir berechnen nun die genaue Anzahl der Vergleiche, die Mergesort an einer Eingabe der Länge n im schlechtesten Fall macht. Wir bezeichnen diese Zahl mit $M(n)$. Es ist klar, daß

$$M(1) = 0 \qquad \text{und}$$
$$M(n) = n - 1 + M(\lceil n/2 \rceil) + M(\lfloor n/2 \rfloor) \quad \text{für } n > 1.$$

Durch Induktion über n zeigen wir, daß

$$M(n) = n\lceil \log n \rceil - 2^{\lceil \log n \rceil} + 1.$$

Das stimmt für $n = 1$. Sei also $n > 1$.

Fall 1: $n \neq 2^k + 1$.
Dann ist $\lceil \log \lfloor n/2 \rfloor \rceil = \lceil \log \lceil n/2 \rceil \rceil = \lceil \log n \rceil - 1$, und deshalb

$$\begin{aligned} M(n) &= n - 1 + \lceil n/2 \rceil \cdot \lceil \log \lceil n/2 \rceil \rceil - 2^{\lceil \log \lceil n/2 \rceil \rceil} + 1 \\ &\quad + \lfloor n/2 \rfloor \cdot \lceil \log \lfloor n/2 \rfloor \rceil - 2^{\lceil \log \lfloor n/2 \rfloor \rceil} + 1 \\ &= n + n(\lceil \log n \rceil - 1) - 2^{\lceil \log n \rceil} + 1 \\ &= n\lceil \log n \rceil - 2^{\lceil \log n \rceil} + 1. \end{aligned}$$

Fall 2: $n = 2^k + 1$.
Dann ist $\lceil \log \lfloor n/2 \rfloor \rceil = \lceil \log \lceil n/2 \rceil \rceil - 1 = \lceil \log n \rceil - 2$, und deshalb

$$\begin{aligned} M(n) &= n - 1 + \lceil n/2 \rceil \cdot (\lceil \log n \rceil - 1) - 2^{\lceil \log n \rceil - 1} + 1 \\ &\quad + \lfloor n/2 \rfloor \cdot (\lceil \log n \rceil - 2) - 2^{\lceil \log n \rceil - 2} + 1 \\ &= n\lceil \log n \rceil - \lfloor n/2 \rfloor - 2^{\lceil \log n \rceil} + 2^{\lceil \log n \rceil - 2} + 1 \\ &= n\lceil \log n \rceil - 2^{\lceil \log n \rceil} + 1. \end{aligned}$$

Wir gaben Mergesort als rekursives Programm an. Die Rekursion läßt sich hier leicht auflösen und durch eine Iteration ersetzen. Wir teilen die Folge in n Folgen der Länge 1. Eine Folge der Länge 1 ist sortiert. Dann fassen wir alle Folgen der Länge 1 zu Paaren zusammen und mischen sie. Das gibt uns $\lfloor n/2 \rfloor$ sortierte Folgen der Länge 2 und vielleicht eine Folge der Länge 1. Dann mischen wir die Folgen der Länge 2 in Folgen der Länge 4, usw. Die Laufzeit des Algorithmus ist wiederum proportional zur Anzahl der Vergleiche.

Satz 6. *Mergesort sortiert n Elemente mit höchstens $n\lceil \log n \rceil - 2^{\lceil \log n \rceil} + 1$ Vergleichen und Laufzeit $\Theta(n \log n)$.* ∎

Übersetzung in RAM-Code ergibt eine Laufzeit von $12n \log n + 40n + 97 \log n + 29$ Zeiteinheiten im schlechtesten Fall (Übung 10).

Sortieren durch Mischen greift auf die Daten nur sequentiell zu. Daher ist es sehr gut geeignet für Sortieren auf Hintergrundspeichern, z.B. Platten und Bändern. In diesem Zusammenhang interessieren wir uns für folgendes Problem: Sehr oft beginnen wir nicht mit sortierten Folgen der Länge 1, sondern bekommen n sortierte Folgen $S_1, \ldots, S_n$ der jeweiligen Längen $w_1, \ldots, w_n$. Nun wollen wir die optimale Reihenfolge von Mischprozessen (Mischungsmuster) finden, um die n Folgen in eine sortierte Folge zu verwandeln. Dabei nehmen wir an, daß es $x + y$ Zeiteinheiten kostet, um eine Folge der Länge x und eine Folge der Länge y zu mischen. Jedes Mischungsmuster kann als binärer Baum mit n Blättern dargestellt werden. Die n Blätter stellen die n ursprünglichen Folgen und die $n - 1$ Knoten die durch Mischen erhaltenen Folgen dar. Der Baum aus Abbildung 24 stellt das folgende Mischungsmuster dar:

$$\begin{aligned} S_6 &\leftarrow \text{Merge}(S_1, S_3); \\ S_7 &\leftarrow \text{Merge}(S_6, S_4); \\ S_8 &\leftarrow \text{Merge}(S_2, S_5); \\ S_9 &\leftarrow \text{Merge}(S_7, S_8). \end{aligned}$$

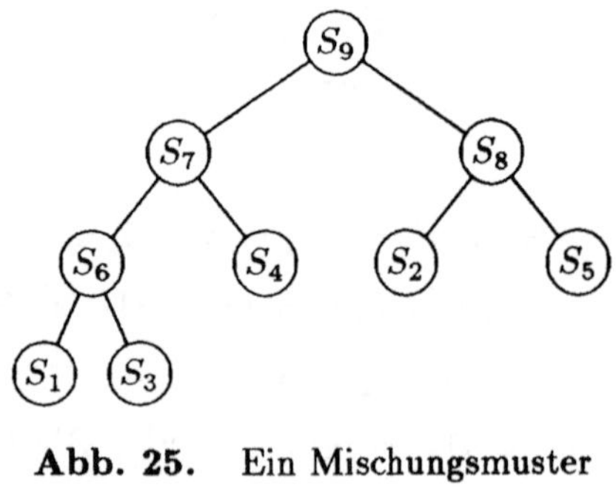

Abb. 25. Ein Mischungsmuster

Definition: Sei T ein binärer Baum mit den n Blättern $v_1, \ldots, v_n$. Sei weiterhin $CONT$: Blätter von $T \mapsto \{w_1, \ldots, w_n\} \subseteq \mathbb{R}$ eine Bijektion und d_i die Tiefe des Blattes v_i. Dann bezeichnen wir mit

$$Cost(T) = \sum_i d_i \cdot CONT(v_i)$$

die **Kosten des Baumes** T bzgl. der Beschriftung $CONT$. ∎

Diese Definition wollen wir erklären: Der Baum T ist ein Mischungsmuster, die Blätter von T sind mit den n ursprünglichen Folgen beschriftet. Diese Beschriftung entspricht den Längen (allgemein den Gewichten). Wieviel kostet es, die n Folgen gemäß dem Muster T zu mischen? Beachten Sie, daß in obigem Beispiel die Folge S_1 dreimal in längere Folgen gemischt wird, zuerst mit S_3, dann als Bestandteil von S_6 mit S_4 und dann als Teil von S_7 mit S_8. Entsprechend ist die Tiefe des mit S_1 markierten Blattes 3. Allgemein wird ein Blatt v der Tiefe d genau d-mal in größere Folgen gemischt. Dies trägt zu den Gesamtkosten $d \cdot CONT[v]$ bei. Also sind die Kosten des Mischungsmusters T, wie es in obiger Definition festgelegt wurde. Wir wollen nun das Mischungsmuster mit minimalen Kosten finden.

Definition: Ein Baum T mit Beschriftung $CONT$ ist **optimal**, wenn $Cost(T) \leq Cost(T')$ für jeden beliebigen Baum T' mit Beschriftung $CONT'$. ∎

Satz 7. *Wenn* $0 \leq w_1 \leq w_2 \leq \cdots \leq w_n$, *dann können ein optimaler Baum* T *und seine Beschriftung* $CONT$ *in linearer Zeit gefunden werden.*

Beweis: Wir konstruieren den Baum T von unten nach oben. Dabei beginnen wir mit einer Menge $V = \{v_1, \ldots, v_n\}$ von Blättern, der Beschriftung $CONT(v_i) = w_i$ für $1 \leq i \leq n$ und einer leeren Menge I von Knoten. Eine Variable k registriert die Anzahl der bereits konstruierten Knoten und wird mit 0 vorbesetzt.

while $k < n - 1$
do wähle x_1 und $x_2 \in I \cup V$ mit den beiden kleinsten $CONT$-Werten;
  co ein Unentschieden wird beliebig aufgelöst **oc**
  konstruiere einen neuen Knoten x mit
    $CONT(x) = CONT(x_1) + CONT(x_2)$
  und füge x zu I hinzu;
  $k \leftarrow k + 1$;
  lösche x_1 und x_2 aus $I \cup V$
od.

Vor dem Korrektheitsbeweis und der Laufzeitbetrachtung veranschaulichen wir den Algorithmus an einem Beispiel: Seien $n = 5$ und $\{w_1, \ldots, w_5\} = \{1, 2, 4, 4, 4\}$. Wir beginnen mit 5 Blättern und den jeweiligen Gewichten $1, 2, 4, 4, 4$. Im ersten Schritt fassen wir die Blätter der Gewichte 1 und 2 zusammen und erhalten einen Knoten des Gewichtes 3, usw. (s. Abb. 26).

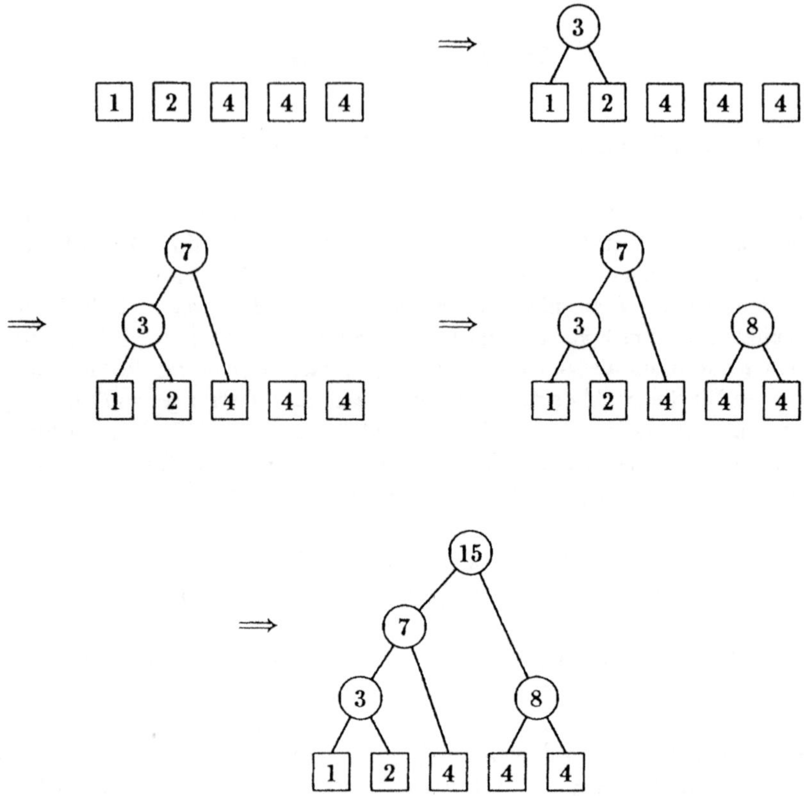

Abb. 26. Optimaler Beispielbaum für Gewichte 1 2 4 4 4

Der Beweis des Satzes wird vervollständigt durch die nächsten 4 Lemmata. Sei dazu T_{opt} ein optimaler Baum mit Beschriftung $CONT_{opt}$ und $\{y_1, \ldots, y_n\}$ die Menge der Blätter von T_{opt}. Wir nehmen o.B.d.A. an, daß $CONT_{opt}(y_i) = w_i$ für $1 \leq i \leq n$. Sei d_i^{opt} die Tiefe des Blattes y_i im Baum T_{opt}.

Lemma 1. *Wenn $w_i < w_j$, dann ist $d_i^{opt} \geq d_j^{opt}$ für alle i und j.*

Beweis: (durch Widerspruch). Seien $w_i < w_j$ und $d_i^{opt} < d_j^{opt}$ für ein i und ein j. Wenn wir die Beschriftungen der Blätter y_i und y_j vertauschen, erhalten wir einen Baum mit den Kosten

$$\begin{aligned} &Cost(T_{opt}) - d_i^{opt} w_i + d_j^{opt} w_i - d_j^{opt} w_j + d_i^{opt} w_j \\ &= Cost(T_{opt}) - (w_j - w_i)(d_j^{opt} - d_i^{opt}) \\ &< Cost(T_{opt}). \end{aligned}$$

▮

Lemma 2. *Es gibt einen optimalen Baum, in dem die Blätter mit den Gewichten w_1 und w_2 Brüder sind.*

Beweis: Sei y ein Knoten maximaler Tiefe in T_{opt} und seien y_i und y_j seine Söhne. Dann sind y_i und y_j Blätter. O.B.d.A. sei $CONT_{opt}(y_i) \leq CONT_{opt}(y_j)$. Aus Lemma 1 schließen wir, daß entweder $CONT(y_i) = w_1$ oder $d_i \leq d_1$ und daher $d_i = d_1$ nach Wahl von y. In beiden Fällen können wir die Blätter y_1 und y_i austauschen, ohne die Kosten zu verändern. Ähnlich schließen wir aus Lemma 1, daß entweder $CONT(y_j) = w_2$ oder $d_j \leq d_2$ und daher $d_j = d_2$. In beiden Fällen können wir die Blätter y_2 und y_j austauschen, ohne die Kosten zu verändern. Auf diese Art können wir einen optimalen Baum erhalten, in dem y_1 und y_2 Brüder sind. ∎

Lemma 3. *Der obige Algorithmus konstruiert einen optimalen Baum.*

Beweis: (durch Induktion über n). Die Behauptung ist klar für $n \leq 2$. Sei also $n \geq 3$ und T_{alg} der von unserem Algorithmus konstruierte Baum für die Gewichte $w_1 \leq w_2 \leq \cdots \leq w_n$. Der Algorithmus faßt zuerst die Gewichte w_1 und w_2 zusammen und konstruiert einen Knoten vom Gewicht $w_1 + w_2$. Sei T'_{alg} der durch unseren Algorithmus konstruierte Baum für die Menge der Gewichte $\{w_1 + w_2, w_3, w_4, \ldots, w_n\}$. Dann ist

$$Cost(T_{alg}) = Cost(T'_{alg}) + w_1 + w_2,$$

weil T_{alg} aus T'_{alg} erhalten werden kann, indem man ein Blatt des Gewichtes $w_1 + w_2$ durch einen Knoten mit zwei Blattsöhnen der Gewichte w_1 bzw. w_2 ersetzt. Weiterhin ist nach Induktionsannahme T'_{alg} optimal für die Menge der $n-1$ Gewichte $w_1 + w_2, w_3, \ldots, w_n$.

Sei T_{opt} ein optimaler Baum mit den Eigenschaften aus Lemma 2, d.h., die Blätter mit Inhalt w_1 und w_2 sind Brüder in T_{opt}. Sei T' der Baum, den man aus T_{opt} erhält durch Ersetzen der Blätter w_1 und w_2 und ihres Vaters durch ein einzelnes Blatt vom Gewicht $w_1 + w_2$. Dann ist

$$\begin{aligned} Cost(T_{opt}) &= Cost(T') + w_1 + w_2 \\ &\geq Cost(T'_{alg}) + w_1 + w_2 \\ &= Cost(T_{alg}), \end{aligned}$$

weil nach Induktionsvoraussetzung $Cost(T') \geq Cost(T'_{alg})$. ∎

Wir müssen noch die Laufzeit unseres Algorithmus analysieren. Die wesentliche Beobachtung ist

Lemma 4. *Seien $z_1, z_2, \ldots, z_{n-1}$ die durch den Algorithmus in dieser Reihenfolge erzeugten Knoten. Dann ist $CONT[z_1] \le CONT[z_2] \le \cdots \le CONT[z_{n-1}]$. Weiterhin haben wir immer $V = \{v_i, \ldots, v_n\}$ und $I = \{z_j, \ldots, z_k\}$ für ein $i \le n+1$ und ein $j \le k+1 \le n$, wenn der Algorithmus die Schleife betritt.*

Beweis: (durch Induktion über k). Die Behauptung stimmt sicher für $k = 0$. Bei jedem Durchlauf der Schleife erhöhen wir k um 1 und $i+j$ um 2. Daß $CONT[z_{k+1}] \ge CONT[z_k]$ ist, wird unmittelbar aus der Konstruktion klar. ∎

Lemma 4 legt eine einfache Implementierung mit linearer Zeitkomplexität nahe. Wir halten die Elemente von V und I in zwei getrennten Mengen, die beide gemäß $CONT$ geordnet sind. Wegen $w_1 \le \cdots \le w_n$ können wir für V eine Schlange benutzen, ebenso für I, da $CONT[z_1] \le \cdots \le CONT[z_{n-1}]$. Dann ist es einfach, $x_1, x_2 \in I \cup V$ mit den zwei kleinsten Werten von $CONT$ auszuwählen, indem man die vorne stehenden Elemente beider Schlangen vergleicht. Weiterhin können x_1, x_2 in Zeit $O(1)$ gelöscht und der neu geschaffene Knoten in konstanter Zeit in die I-Schlange eingefügt werden. ∎

Wir schließen mit der Bemerkung, daß Satz 7 auf nicht-binäre Bäume verallgemeinert werden kann.

II.1.5. Vergleich mehrerer Algorithmen

Wir lernten bisher 4 Sortierverfahren kennen: Maximumauswahl, Heapsort, Quicksort und Mergesort. In III.5.3.2 werden wir noch A-Sort kennenlernen. Abbildung 27 faßt unser Wissen zusammen. Hier bedeuten c eine Konstante und F die Anzahl der Inversionen in einer Eingabefolge. Es gilt: $0 \leq F \leq n(n-1)/2$ (vgl. III.5.3.2 für Einzelheiten).

	Heapsort	Quicksort	Mergesort
# der Vergleiche im			
schlechtesten Fall	$2n \log n$	$n^2/2$	$n \log n$
mittleren Fall	$\approx 2n \log n$	$1.44n \log n$	$n \log n$
Laufzeit im			
schlechtesten Fall	$20n \log n$	$\Theta(n^2)$	$12n \log n$
mittleren Fall	$\leq 20n \log n$	$9n \log n$	$12n \log n$
Platzbedarf	$n + c$	$n + \log n + c$	$2n + c$
Zugriff	wahlfrei	wahlfrei	sequentiell
stabil	nein	nein	ja

	Maximumauswahl	A-Sort
# der Vergleiche im		
schlechtesten Fall	$n^2/2$	$O(n \log F/n)$
mittleren Fall	$n^2/2$	$O(n \log F/n)$
Laufzeit im		
schlechtesten Fall	$2.5n^2$	$O(n \log F/n)$
mittleren Fall	$2.5n^2$	$O(n \log F/n)$
Platzbedarf	$n + c$	$5n$
Zugriff	wahlfrei	wahlfrei
stabil	nein	ja

Abb. 27. Übersichtstabelle für Sortierverfahren

Zugriff: Heapsort, Quicksort und A-Sort greifen auf Schlüssel wahlfrei zu, Mergesort dagegen nur sequentiell. Deshalb ist Mergesort gut geeignet für Anwendungen auf Hintergrundspeicher, der nur sequentiellen Zugriff erlaubt (z.B. Bänder).

Speicherverbrauch: Heapsort benötigt einige Zeiger zusätzlich zu dem Platz, um die Eingabefolge abzuspeichern. Quicksort benötigt auch Platz für einen Keller, der die Argumente der noch nicht abgearbeiteten rekursiven Aufrufe aufbewahrt. Die maximale Kellerhöhe ist $n/2$, nämlich wenn immer $k = r - 2$ ist und deshalb die Größe des in Zeile (7) zu lösenden Teilproblems nur um zwei kleiner als die Größe des ursprünglichen Problems ist. Die maximale Kellerhöhe kann durch folgende Modifikation des Programms auf $\log n$ beschränkt werden: Wir lösen immer zuerst das kleinere Teilproblem, d.h., wir ersetzen die Zeilen (7) und (8) durch

if $k \le (l + r)/2$
then if $l < k - 1$ **then** *Quicksort*$(l, k - 1)$ **fi**;
    if $k + 1 < r$ **then** *Quicksort*$(k + 1, r)$ **fi**
else if $k + 1 < r$ **then** *Quicksort*$(k + 1, r)$ **fi**;
    if $l < k - 1$ **then** *Quicksort*$(l, k - 1)$ **fi**
fi;

Diese Modifikation bewirkt folgendes: Die Größe des Teilproblems, das zuerst gelöst wird, ist höchstens die Hälfte des ursprünglichen Problems. Deshalb gibt es nie mehr als $\log n$ begonnene, aber noch nicht abgearbeitete rekursive Aufrufe.

Mergesort benötigt zwei Felder der Länge n und Platz für einige zusätzliche Zeiger. A-Sort beruht auf (a, b)-Bäumen (vgl. III.5.2 und III.5.3). Für $a = 2$ und $b = 3$ benötigt ein Knoten eines (a, b)-Baumes 5 Speicherplätze, obwohl er vielleicht nur einen Schlüssel beinhaltet. Deshalb benötigt A-Sort bis zu $5n$ Speicherplätze.

Durchschnittliche asymptotische Laufzeit: Die Tabelle zeigt die dominierenden Terme der Schranken für die oben hergeleiteten Laufzeiten. Das Verhältnis der Laufzeiten von Quicksort : Mergesort : Heapsort ist 1 : 1.33 : 2.2; diese Relation gilt nicht nur für die hier betrachtete RAM, sondern ist typisch für viele Rechner. Man sollte jedoch beachten, daß die Laufzeit von Mergesort und Heapsort im schlechtesten Fall nicht viel größer als die mittlere Laufzeit ist. Die relative Effizienz von Quicksort beruht auf folgendem: Alle Vergleiche in der Aufteilungsphase werden mit demselben Element gemacht und deshalb kann dieses Element in ein spezielles Register geschrieben werden. Auch werden im Durchschnitt nur nach jedem vierten Vergleich zwei Schlüssel vertauscht (Übung 6), bei Heapsort nach jedem zweiten Vergleich, und nach jedem Vergleich bei Mergesort. Jedoch macht Heapsort doppelt so viele Vergleiche wie Mergesort.

Für kleine n ändern sich die Verhältnisse etwas. Einfache Maximumauswahl ist für $n \le 22$ besser als Quicksort. Deshalb kann Quicksort beschleunigt werden, indem man die Rekursion bei einem $n_0 \le 22$ stoppt und für kleine n zu Maximumauswahl übergeht (Übung 11).

A-Sort ist im mittleren und im schlechtesten Fall allen anderen Verfahren unterlegen. Jedoch hat A-Sort einen Vorteil. Es läuft schnell auf nahezu sortierten Eingaben, z.B., wenn F klein ist, etwa $F = O(n \log n)$. Dann läuft A-Sort in Zeit $O(n \log \log n)$. Dies steht in deutlichem Gegensatz zu den anderen Verfahren. Das Verhalten von Heapsort und Mergesort hängt kaum von statistischen Eigenschaften der Eingabe ab, und Quicksort läuft sogar langsamer auf nahezu sortierten Eingaben.

II.1.6. Untere Schranken

In diesem Abschnitt beweisen wir eine untere Schranke für die Anzahl der Vergleiche, die Sortieren und verwandte Probleme benötigen. Zuerst zeigen wir eine $\Omega(n \log n)$ untere Schranke für die Zeitkomplexität des mittleren und des schlechtesten Falls allgemeiner Sortieralgorithmen. Danach erweitern wir diese untere Schranke auf randomisierte allgemeine Sortieralgorithmen und auf Entscheidungsbaumalgorithmen, die Vergleiche von rationalen Funktionen der Eingaben erlauben.

Allgemeine Sortierverfahren beruhen auf Vergleichen, d.h., auf die Elemente aus dem Universum, aus dem die Schlüssel stammen, ist nur die Operation "Vergleich zweier Elemente" anwendbar. Das Ergebnis des Vergleiches ist $\leq$ oder $>$. Insbesondere hängt das zu einem beliebigen Zeitpunkt zu vergleichende Schlüsselpaar nur von den Ergebnissen vorheriger Vergleiche und sonst nichts ab. Zur Veranschaulichung betrachten wir das Sortieren durch einfache Maximumauswahl an der Folge S_1, S_2, S_3. Der erste Vergleich ist $S_3 : S_2$. Wenn $S_3 > S_2$, dann wird als nächstes S_3 mit S_1 verglichen; wenn $S_3 \leq S_2$, dann wird als nächstes S_2 mit S_1 verglichen, usw. Wir können den ganzen Sortieralgorithmus durch einen Baum—den Entscheidungsbaum—veranschaulichen (s. Abb. 28).

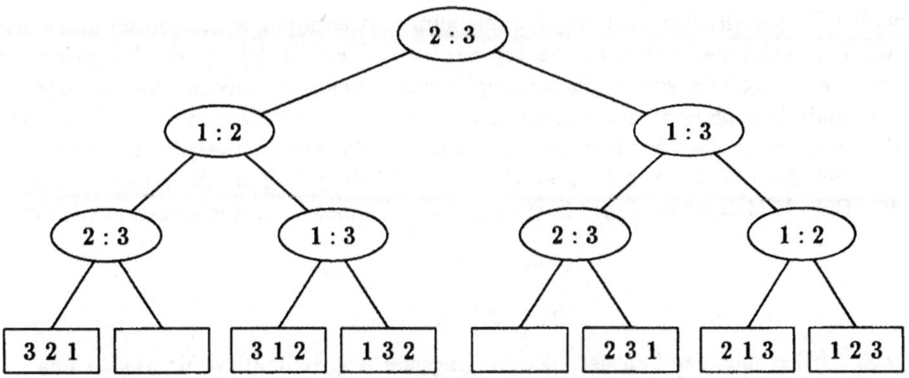

Abb. 28. Entscheidungsbaum zum Sortieren von 3 Objekten

Der Knoten $i : j$ steht für einen Vergleich zwischen S_i und S_j. Die Kante zum rechten Sohn entspricht $S_i > S_j$, die Kante zum linken Sohn entspricht $S_i \leq S_j$.

Definition: Ein **Entscheidungsbaum** ist ein binärer Baum, dessen Knoten Beschriftungen der Form $S_i : S_j$ haben. Die zwei ausgehenden Kanten sind mit $\leq$ und mit $>$ beschriftet. ∎

Seien $S_1, \ldots, S_n$ Elemente des Universums U. Die Rechnung des Entscheidungsbaumes T an der Eingabe $S_1, \ldots, S_n$ ist auf natürliche Weise definiert. Nehmen wir an, wir hätten Knoten v erreicht, der mit $S_i : S_j$ beschriftet ist. Dann vergleichen wir S_i mit S_j und verzweigen zu einem der Söhne von v, je nachdem, ob $S_i \leq S_j$ oder

$S_i > S_j$. Die Blätter des Entscheidungsbaumes stellen die verschiedenen Ergebnisse des Algorithmus dar.

Definition: Sei T ein Entscheidungsbaum. ***T* löst das Sortierproblem der Größe *n*,** wenn es eine Beschriftung der Blätter von T durch Permutationen von $\{1, \ldots, n\}$ gibt, so daß für jede Eingabe $S_1, \ldots, S_n \in U$ mit $S_i \neq S_j$ für alle $i \neq j$ gilt: Wenn das an $S_1, \ldots, S_n$ erreichte Blatt mit π beschriftet ist, dann ist $S_{\pi(1)} < S_{\pi(2)} < \cdots < S_{\pi(n)}$. ∎

Jetzt sind wir in der Lage, die Komplexität des Sortierproblems im schlechtesten und im mittleren Fall zu definieren. Für einen Entscheidungsbaum T und eine Permutation π sei l_π^T die Tiefe des Blattes, das an einer Eingabe $S_1, \ldots, S_n$ mit $S_{\pi(1)} < \cdots < S_{\pi(n)}$ erreicht wird. Wir definieren

$$S(n) = \min_T \max_\pi l_\pi^T \qquad \text{und}$$

$$A(n) = \min_T \frac{1}{n!} \sum_\pi l_\pi^T,$$

wobei T über alle Entscheidungsbäume zum Sortieren von n Elementen und π über alle Permutationen von n Elementen variiert. l_π^T ist die Anzahl der Vergleiche, die an einer Eingabe π vom Entscheidungsbaum T benötigt werden. Also ist $S(n)$ die minimale Komplexität des schlechtesten Falls und $A(n)$ die minimale Komplexität des mittleren Falls. Wir beweisen nun untere Schranken für $A(n)$ und $S(n)$.

Sei $S(n) \leq k$. Ein binärer Baum der Tiefe $\leq k$ hat höchstens 2^k Blätter. Ein Entscheidungsbaum zum Sortieren von n Elementen hat mindestens $n!$ Blätter. Also ist

$$2^{S(n)} \geq n! \qquad \text{oder}$$

$$S(n) \geq \lceil \log n! \rceil,$$

weil $S(n)$ eine ganze Zahl ist. Die Stirlingsche Approximation für $n!$ gibt uns

$$\begin{aligned} \log n! &= \left(n + \frac{1}{2}\right) \log n - \frac{n}{\ln 2} + O(1) \\ &= n \log n - 1.44n + O(\log n). \end{aligned}$$

Eine obere Schranke für $S(n)$ erhalten wir aus der Analyse von Sortieralgorithmen. Insbesondere schließen wir aus der Analyse von Mergesort, daß

$$S(n) \leq n\lceil \log n \rceil - 2^{\lceil \log n \rceil} + 1,$$

und daher ist

$$\lim_{n \to \infty} \frac{S(n)}{n \log n} = 1.$$

Wir haben also die genaue asymptotische Komplexität des Sortierproblems im schlechtesten Fall bestimmt. Das oben hergeleitete Resultat ist bekannt als die **informations-theoretische Schranke**. Jeder Sortieralgorithmus hat zwischen $n!$ Möglichkeiten zu unterscheiden und muß daher $\log n!$ Bits Information sammeln. Ein Vergleich gibt höchstens ein Bit Information. Daher folgt die Schranke.

Betrachten wir $A(n)$. Zunächst geben wir eine abweichende Interpretation von $(1/n!) \cdot \sum_\pi l_\pi^T$. Seien $b_1, b_2, \ldots$ die Blätter von T. Wir definieren

$$\alpha_i = \begin{cases} 1/n! & \text{wenn an irgendeiner Eingabefolge Blatt } b_i \text{ erreicht wird;} \\ 0 & \text{sonst.} \end{cases}$$

Dann ist $(1/n!) \cdot \sum_\pi l_\pi^T = \sum_i \alpha_i \cdot \text{Tiefe}(b_i)$ und daher $(1/n!) \cdot \sum_\pi l_\pi^T$ gleich der gewichteten Pfadlänge des Baumes T bzgl. der Verteilung $\alpha_1, \alpha_2, \ldots$ (vgl. III.4 zum Begriff "gewichtete Pfadlänge"). Dort zeigen wir in einem allgemeineren Zusammenhang (Benutzen Sie Satz 5 aus III.4.1 mit $B = 0$ und lassen Sie d gegen ∞ gehen. Dann folgt $H \leq P$), daß

$$\begin{aligned} \sum_\pi l_\pi^T \cdot \frac{1}{n!} &\geq H\Big(\frac{1}{n!}, \ldots, \frac{1}{n!}\Big) \\ &= \sum_\pi \frac{1}{n!} \cdot \log n! = \log n! \end{aligned}$$

für jeden beliebigen Baum T. Hier steht H für die Entropie der Verteilung (vgl. III.4.1). Wir fassen zusammen in

Satz 8. *Jeder Entscheidungsbaum-Algorithmus zum Sortieren von n Elementen benötigt $\geq \lceil \log n! \rceil$ Vergleiche im schlechtesten Fall und $\geq \log n!$ Vergleiche im Mittel.* ∎

Mit Hilfe von Satz 8 können wir untere Schranken für weitere Probleme beweisen. Das **Elementeindeutigkeitsproblem** wird wie folgt definiert: Gegeben sind n Elemente $S_1, \ldots, S_n$ aus U, und man hat zu entscheiden, ob $S_i \neq S_j$ für $i \neq j$.

Satz 9. *Jeder Entscheidungsbaum-Algorithmus für das Problem der Eindeutigkeit von n Elementen benötigt im schlechtesten Fall zumindest $\log n!$ Vergleiche.*

Beweis: Sei T ein Entscheidungsbaum für das Problem der Eindeutigkeit von n Elementen, d.h., die Knoten von T sind mit Vergleichen $S_i : S_j$ beschriftet und die Blätter sind mit "Ja" oder "Nein" beschriftet. An der Eingabe $(S_1, \ldots, S_n) \in U^n$ wird ein mit "Ja" beschriftetes Blatt erreicht g.d.w. $S_i \neq S_j$ für $i \neq j$. Wir zeigen, daß man T zum Sortieren benutzen kann.

Für eine Permutation π von n Elementen sei $v(\pi)$ das Blatt, das an der Eingabe $(S_1, \ldots, S_n) \in U^n$ mit $S_{\pi(1)} < S_{\pi(2)} < \cdots < S_{\pi(n)}$ erreicht wird. Dieses Blatt ist wohldefiniert, da jede Berechnung an einer Eingabe $(S_1, \ldots, S_n) \in U^n$ mit $S_{\pi(1)} < S_{\pi(2)} < \cdots < S_{\pi(n)}$ im selben Blatt endet.

Behauptung: *Für alle Permutationen π und ρ mit $\pi \neq \rho$ gilt $v(\pi) \neq v(\rho)$.*

Beweis: (durch Widerspruch). Wir nehmen an, es gebe Permutationen π und ρ mit $v(\pi) = v(\rho)$. Das Blatt $v(\pi)$ ist mit "Ja" beschriftet. Wir konstruieren jetzt eine Eingabe $(S_1, \ldots, S_n)$, so daß die Berechnung an der Eingabe $(S_1, \ldots, S_n)$ im Blatt $v(\pi)$ endet, jedoch $S_i = S_j$ für ein $i \neq j$ ist. Dann haben wir einen Widerspruch.

Wir konstruieren $(S_1, \ldots, S_n)$ wie folgt. Seien $w_1, \ldots, w_t$ die Knoten auf dem Pfad zum Blatt $v(\pi)$. Wir betrachten die partielle Ordnung $P(v(\pi))$ auf $(S_1, \ldots, S_n)$, die folgendermaßen definiert ist: Für k, $1 \leq k \leq t$, gilt: Wenn w_k mit $S_i : S_j$ beschriftet ist und die $\leq$-Kante bzw. $>$-Kante von w_k zu w_{k+1} genommen wird, dann ist $S_i < S_j$ bzw. $S_i > S_j$ in der partiellen Ordnung $P(v(\pi))$. Dann ist $P(v(\pi))$ die kleinste partielle Ordnung bzgl. der Teilmengenrelation, die diese Bedingungen erfüllt. Die beiden folgenden Beobachtungen sind wesentlich:

1) Wenn $(R_1, \ldots, R_n) \in U^n$ die partielle Ordnung $P(v(\pi))$ erfüllt, dann endet die Rechnung an der Eingabe $(R_1, \ldots, R_n)$ im Blatt $v(\pi)$.

2) Wenn $(R_1, \ldots, R_n) \in U^n$ so ist, daß $R_{\pi(1)} < \cdots < R_{\pi(n)}$ oder $R_{\rho(1)} < \cdots < R_{\rho(n)}$, dann erfüllt $(R_1, \ldots, R_n)$ die partielle Ordnung $P(v(\pi))$. Wegen $\pi \neq \rho$ ist $P(v(\pi))$ keine lineare Ordnung.

Weil $P(v(\pi))$ keine lineare Ordnung ist, gibt es a und b, $a \neq b$, so daß S_a und S_b durch $P(v(\pi))$ nicht angeordnet werden. Also gibt es ein n-Tupel $(S_1, \ldots, S_n) \in U^n$, so daß $(S_1, \ldots, S_n)$ die partielle Ordnung $P(v(\pi))$ erfüllt und $S_a = S_b$ ist. Die Rechnung für die Eingabe $(S_1, \ldots, S_n)$ endet also im Blatt $v(\pi)$, Widerspruch. ∎

Aus der obigen Behauptung folgt sofort, daß T mindestens $n!$ Blätter und damit Tiefe mindestens $\log n!$ hat. ∎

Kann ein randomisierter Algorithmus, d.h. ein Algorithmus, der Münzwürfe benutzt, um den nächsten Vergleich zu bestimmen, schneller sein? Immerhin sahen wir, daß das quadratische Verhalten von Quicksort verschwindet, wenn man zu randomisiertem Quicksort übergeht. Die Antwort ist aber "Nein". Ein randomisierter vergleichsorientierter Algorithmus kann durch einen randomisierten Entscheidungsbaum dargestellt werden.

In einem **randomisierten Entscheidungsbaum** gibt es zwei Arten von Knoten. Der erste Typ ist der normale Entscheidungsknoten. Der zweite Typ ist ein münzwerfender Knoten. Er hat zwei ausgehende Kanten, die mit 0 bzw. 1 beschriftet sind und jeweils mit Wahrscheinlichkeit $\frac{1}{2}$ genommen werden. Der Einfachheit halber beschränken wir unsere Aufmerksamkeit auf endliche randomisierte Entscheidungsbäume, d.h., wir nehmen an, daß die Anzahl der Münzwürfe an Eingaben der Größe n durch $k(n)$ beschränkt ist.

Der Begriff "ein randomisierter Entscheidungsbaum löst das Sortierproblem der Größe n" wird genau wie oben definiert. Jedoch hängt das erreichte Blatt nicht nur von der Eingabe, sondern auch von der Folge $s \in \{0,1\}^{k(n)}$ der Ergebnisse der Münzwürfe ab. Für eine beliebige Permutation π und die Folge $s \in \{0,1\}^{k(n)}$

sei $l_{\pi,s}^T$ die Tiefe des Blattes, das an der Münzwurffolge s und der Eingabefolge $S_1, \ldots, S_n$ erreicht wird, wobei $S_{\pi(1)} < S_{\pi(2)} < \cdots < S_{\pi(n)}$. Wir definieren

$$S_{ran}(n) = \min_T \max_\pi \frac{1}{2^{k(n)}} \sum_{s \in \{0,1\}^{k(n)}} l_{\pi,s}^T$$

und

$$A_{ran}(n) = \min_T \frac{1}{n!} \sum_\pi \left(\frac{1}{2^{k(n)}} \sum_{s \in \{0,1\}^{k(n)}} l_{\pi,s}^T \right),$$

wobei T über alle randomisierten Entscheidungsbäume variiert, die das Sortierproblem der Größe n lösen, und π über alle Permutationen von n Elementen variiert. A_{ran} bzw. S_{ran} ist die minimale Komplexität im mittleren bzw. im schlechtesten Fall von randomisierten vergleichsorientierten Sortieralgorithmen. Wir können nun die Argumentation vom Ende des Abschnitts I.2 benutzen, um zu zeigen, daß Randomisierung die Komplexität des Sortierproblems nicht unter $\log n!$ drücken kann. Es gilt:

$$\begin{aligned} S_{ran}(n) &\geq A_{ran}(n) \\ &\geq \min_T \frac{1}{n!} \sum_\pi \frac{1}{2^{k(n)}} \sum_{s \in \{0,1\}^{k(n)}} l_{\pi,s}^T \\ &\geq \min_T \frac{1}{2^{k(n)}} \sum_{s \in \{0,1\}^{k(n)}} \frac{1}{n!} \sum_\pi l_{\pi,s}^T \\ &\geq \min_T \frac{1}{2^{k(n)}} \sum_{s \in \{0,1\}^{k(n)}} A(n) \\ &\geq A(n). \end{aligned}$$

Die vorletzte Ungleichung folgt aus der Beobachtung, daß der randomisierte Entscheidungsbaum T für jede feste Folge s von Münzwürfen einen herkömmlichen Entscheidungsbaum definiert, und daher ist $(1/n!) \sum_\pi l_{\pi,s}^T \geq A(n)$ für jede feste Folge s. Also kann Randomisierung die mittlere Laufzeit nicht unter $\log n!$ drücken.

Nun wollen wir unsere grundlegende untere Schranke in eine andere Richtung ausbauen. Wir nehmen dazu an, daß die Eingaben nicht aus einem willkürlich gewählten, geordneten Universum stammen, sondern aus der Menge der reellen Zahlen. Reelle Zahlen können nicht nur verglichen, sondern auch addiert, multipliziert, ... werden. Dies führt zum Konzept des rationalen Entscheidungsbaumes.

Definition: Ein **rationaler Entscheidungsbaum** für die Eingaben $S_1, \ldots, S_n$ ist ein binärer Baum, dessen Knoten beschriftet sind mit Ausdrücken $p(S_1, \ldots, S_n) : q(S_1, \ldots, S_n)$, wobei p und q rationale Funktionen sind, dessen Kanten mit $\leq$ und $>$ beschriftet sind, und dessen Blätter mit rationalen Funktionen $r(S_1, \ldots, S_n)$ von $S_1, \ldots, S_n$ beschriftet sind. ∎

Rationale Entscheidungsbäume berechnen Funktionen $f : \mathbb{R}^n \mapsto \mathbb{R}$ so, wie der Leser es wohl erwartet. Sei $(S_1, \ldots, S_n) \in \mathbb{R}^n$. Die Rechnung startet in der Wurzel. Nehmen wir an, die Rechnung habe den Knoten v erreicht, der mit $p(S_1, \ldots, S_n) : q(S_1, \ldots, S_n)$ beschriftet ist. Wir werten die rationalen Funktionen p und q aus und verzweigen zu dem Sohn von v, der durch das Ergebnis des Vergleiches bestimmt wird. Wenn die Rechnung ein Blatt erreicht, das mit einer rationalen Funktion $r(S_1, \ldots, S_n)$ beschriftet ist, dann wird r ausgewertet. Der Wert von r ist das Ergebnis der Rechnung.

Satz 10. *Sei $f : \mathbb{R}^n \mapsto \mathbb{R}$ eine Funktion und T ein rationaler Entscheidungsbaum, der f berechnet. Seien $W_1, \ldots, W_q$ paarweise verschiedene, disjunkte Teilmengen von $\mathbb{R}^n$ vom Maß $\neq 0$, und seien $r_1, \ldots, r_q$ paarweise verschiedene rationale Funktionen. Wenn $f|_{W_i} = r_i$ für $1 \le i \le q$, dann hat der rationale Entscheidungsbaum T die Tiefe mindestens $\log q$.*

Beweis: Sei T ein rationaler Entscheidungsbaum, der f berechnet. Für ein Blatt v von T sei

$$D_v = \{(S_1, \ldots, S_n) \in \mathbb{R}^n;\ \text{Rechnung an Eingabe } (S_1, \ldots, S_n) \text{ endet in Blatt } v\}.$$

Dann ist $\{D_v;\ v \text{ ist ein Blatt von } T\}$ eine Partition von $\mathbb{R}^n$ und daher ist

$$W_i = \bigcup_{v \text{ Blatt von } T} (D_v \cap W_i) \qquad \text{für alle } i,\ 1 \le i \le q.$$

Da W_i vom Maß $\neq 0$ ist, gibt es ein Blatt $v(i)$, so daß $D_{v(i)} \cap W_i$ vom Maß $\neq 0$ ist. Man beachte, daß T eine endliche Menge von Blättern hat. Sei $r(v(i))$ die rationale Funktion, die das Blatt $v(i)$ beschriftet. Dann stimmen $r(v(i))$ und r_i auf der Menge $D_{v(i)} \cap W_i$ überein. Weil $D_{v(i)} \cap W_i$ vom Maß $\neq 0$ ist, sind die Funktionen $r(v(i))$ und r_i identisch. Deshalb ist $v(i) \neq v(j)$ für $i \neq j$, und T muß mindestens q Blätter haben. Also ist die Tiefe von T mindestens $\log q$. ∎

Wir zeigen zwei Anwendungen von Satz 10. Die erste Anwendung bezieht sich auf das Sortieren. Für $(x_1, \ldots, x_n) \in \mathbb{R}^n$ definieren wir

$$f(x_1, \ldots, x_n) = x_1^{r_1} + x_2^{r_2} + \cdots + x_n^{r_n},$$

wobei $r_i = |\{j;\ x_j < x_i\}|$ der Rang von x_i ist. Wir nennen f die **Rangfunktion**. Für eine Permutation π von n Elementen sei

$$W_\pi = \{(x_1, \ldots, x_n) \in \mathbb{R}^n;\ x_{\pi(1)} < x_{\pi(2)} < \cdots < x_{\pi(n)}\}.$$

Dann ist W_π vom Maß $\neq 0$, $f|_{W_\pi}$ ist ein Polynom, und $f|_{W_\pi} \neq f|_{W_\rho}$ für $\pi \neq \rho$. Also gilt

Satz 11. *Jeder rationale Entscheidungsbaum für die Rangfunktion von n Argumenten hat Tiefe mindestens* $\log n!$. ∎

Die zweite Anwendung bezieht sich auf das Suchen. Für $(y, x_1, \ldots, x_n) \in \mathbb{R}^{n+1}$ definieren wir

$$f(y, x_1, \ldots, x_n) = |\{j;\ x_j < y\}|.$$

Wir nennen f die **Suchfunktion**. Für k, $0 \leq k \leq n$, sei

$$W_k = \{(y, x_1, \ldots, x_n) \in R^{n+1};\ \text{genau } k \text{ der } x_j \text{ sind kleiner als } y\}.$$

Dann ist W_k vom Maß $\neq 0$ und $f|_{W_k} = k$. Also ist $f|_{W_k}$ eine rationale Funktion und $f|_{W_k} \neq f|_{W_l}$ für $k \neq l$. Wir haben somit

Satz 12. *Jeder rationale Entscheidungsbaum für die Suchfunktion der Größe n hat Tiefe mindestens* $\log(n+1)$. ∎

In Kapitel III werden wir sehen, daß $\log(n+1)$ auch eine obere Schranke für die Komplexität der Suchfunktion ist. Weitere Anwendungen von Satz 10 sind Gegenstand von Übungsaufgaben. Unglücklicherweise ist Satz 10 nicht aussagekräftig genug für das Elementeindeutigkeitsproblem. Man beachte, daß es einen rationalen Entscheidungsbaum der Tiefe 2 gibt, der das Elementeindeutigkeitsproblem entscheidet, nämlich wenn

$$\prod_{1 \leq i < j \leq n} (x_i - x_j) = 0\ ?$$

der Inhalt der Wurzel ist, und der Pfad zu dem mit "Ja" beschrifteten Blatt zweimal dem $\leq$-Zeiger folgt und der dazwischenliegende Knoten den gleichen Test wie die Wurzel macht, wobei aber die 0 links vom Gleichheitszeichen steht. Das zeigt, daß es Probleme gibt, die schwierig sind im beschränkten Entscheidungsbaummodell, aber einfach werden, wenn Tests zwischen rationalen Funktionen erlaubt sind und es nichts kostet, diese Funktionen zu berechnen. Der beste bekannte Algorithmus zur Berechnung des Produktes $\prod_{1 \leq i < j \leq n}(x_i - x_j)$ benötigt jedoch $\Omega(n \log n)$ Multiplikationen und Divisionen. Wenn wir also für Tests *und* algebraische Operationen bezahlen müssen, dann ist eine $\Omega(n \log n)$ untere Schranke für das Elementeindeutigkeitsproblem denkbar. Der Rest dieses Abschnitts beweist eine solche untere Schranke. Wir beginnen mit der Festlegung eines Berechnungsmodells.

Definition: Ein **algebraischer Entscheidungsbaum** für die Eingaben $S_1 \ldots, S_n$ ist ein Baum T vom Grad ≤ 2 zusammen mit einer Funktion, die

a) jedem Blatt eine Ausgabe "Ja" oder "Nein" zuweist,

b) jedem Knoten v mit genau einem Sohn (also einem **einfachen Knoten**) einen Befehl der Form

$Y(v) \leftarrow Y(v_1)$ op $Y(v_2)$,
$Y(v) \leftarrow c$ op $Y(v_2)$ oder
$Y(v) \leftarrow \sqrt{Y(v_1)}$

zuweist, wobei op $\in \{+, -, \times, /\}$ ist, v_i ein einfacher Knoten und ein echter Vorgänger von v im Baum T oder $Y(v_i) \in \{S_1, \ldots, S_n\}$ und $c \in \mathbb{R}$ ist,

c) jedem Knoten v mit genau zwei Söhnen (also einem **Verzweigungsknoten**) einen Vergleich zuweist, der die Form

$Y(v_1) \geq 0$,
$Y(v_1) > 0$ oder
$Y(v_1) = 0$

hat, wobei v_1 ein einfacher Knoten und ein echter Vorgänger von v ist oder $Y(v_1) \in \{S_1, \ldots, S_n\}$. ∎

Algebraische Entscheidungsbäume berechnen Funktionen $f : \mathbb{R}^n \mapsto \{\text{"Ja"}, \text{"Nein"}\}$ in offensichtlicher Weise. Bei Eingabe $S = (S_1, \ldots, S_n) \in \mathbb{R}^n$ durchläuft das Programm einen Pfad $P(S)$ im Baum. In einfachen Knoten wird eine arithmetische Operation ausgeführt und der Wert der Operation wird der Variablen zugewiesen, die zu dem einfachen Knoten gehört. In Verzweigungsknoten wird der Wert einer Variablen getestet und die Rechnung verzweigt entsprechend dem Ergebnis des Vergleiches. Wir fordern, daß keine Rechnung zu einer Division durch 0 führt oder die Quadratwurzel aus einer negativen Zahl zieht.

Die Kosten eines algebraischen Entscheidungsbaumes sind gleich seiner Tiefe; die Komplexität einer (Überprüfung auf Mitgliedschaft in einer) Menge $V \subseteq \mathbb{R}^n$ sind die minimalen Kosten eines algebraischen Entscheidungsbaumes, der die charakteristische Funktion von V berechnet. Die unteren Schranken für die Kosten eines algebraischen Entscheidungsbaumes beruhen auf dem folgenden Faktum aus der algebraischen Topologie:

Faktum 1. *Seien $q_1, \ldots, q_M$ Polynome in N Variablen vom Grad höchstens d. Sei $V \subseteq \mathbb{R}^N$ definiert durch*

$$q_1(x_1, \ldots, x_N) = 0, \quad \ldots \quad , q_M(x_1, \ldots, x_N) = 0.$$

Dann ist die Anzahl der Komponenten von V höchstens $d \cdot (2d-1)^{N-1}$.

Bemerkung: Ein Beweis steht in J. Milnor: "On the betti numbers of real algebraic varieties", *Proc. AMS* **15** (1964), 275–280, und ist weit von unserer Zielrichtung entfernt. Deshalb beschränken wir uns auf eine kurze informale Erörterung. Zwei Punkte x und x' von V gehören genau dann zur gleichen Komponente, wenn eine Kurve existiert, die innerhalb V verläuft und beide verbindet, d.h., wenn eine stetige Funktion $h : [0,1] \mapsto V$ existiert mit $h(0) = x$ und $h(1) = x'$.

Obiges Faktum ist besonders einfach für $N = 1$. In diesem Fall ist es äquivalent zu dem Faktum, daß ein Polynom des Grades d in einer Variablen höchstens d reellwertige Wurzeln hat. Betrachten wir den Fall $N = 2$ und $d = 2$. Dann definiert $q_1(x_1, x_2) = 0$ eine Ellipse (Parabel oder Hyperbel), genau wie $q_2, q_3, \ldots$. Die wesentliche Beobachtung ist nun, daß $q_1(x_1, x_2) = 0$ und $q_2(x_1, x_2) = 0$ eine Menge von höchstens 6 *Punkten* definiert, d.h. 6 null-dimensionale Mengen. Alle weiteren Operationen $q_3(x_1, x_2) = 0, \ldots, q_M(x_1, x_2) = 0$ können lediglich einige dieser Punkte auslöschen und die Anzahl der Komponenten nicht vergrößern.

Analog kann man sich überlegen, daß das Faktum für größeren Grad und eine größere Anzahl von Variablen ebenfalls gilt. Die durch $q_1(x_1, \ldots, x_N) = 0$ definierte Menge hat höchstens d Komponenten, jede Komponente hat Dimension $N - 1$. Wenn man diese Menge schneidet mit der Menge $q_2(x_1, \ldots, x_N) = 0$, erhält man höchstens $d \cdot (2d - 1)$ Komponenten, wobei jede die Dimension $N - 2$ hat.

Wenn wir auf diese Art fortfahren, kommen wir zu $d \cdot (2d-1)^{N-1}$ Komponenten der Dimension 0, wobei jede durch die Polynome $q_1, \ldots, q_N$ definiert ist. Wenn man mehr Polynome betrachtet, werden einige dieser Punkte ausgelöscht, aber die Anzahl der Komponenten wird nicht erhöht. Wir schließen mit der Warnung, daß obiges Argument bestenfalls eine Beweisskizze ist. ∎

Wir können jetzt die untere Schranke beweisen. Dabei bezeichne $\#V$ die Anzahl der Komponenten der Menge V.

Satz 13. *Sei T ein algebraischer Entscheidungsbaum, der das Element-von-Problem für $V \subseteq \mathbb{R}^n$ entscheidet, und sei h die Tiefe von T. Dann gilt:*

a) $\max(\#V, \#(\mathbb{R}^n - V)) \leq 2^h 3^{h+n}$

b) $h \geq \dfrac{\log \max(\#V, \#(\mathbb{R}^n - V)) - n \log 3}{\log 6}$

Beweis: Teil b) folgt aus Teil a) durch Logarithmieren. Es bleibt Teil a) zu zeigen. Da der Baum T die Tiefe h hat, hat er höchstens 2^h Blätter. Wenn w ein Blatt von T ist, sei $D(w) \subseteq \mathbb{R}^n$ die Menge der Eingaben S, für die die Rechnung im Blatt w endet. Wir behaupten, daß $\#D(w) \leq 3^{h+n}$. Aus dieser Behauptung folgt Teil a), da es höchstens 2^h Blätter w gibt und jedes Blatt die Ungleichung $\#D(w) \leq 3^{h+n}$ erfüllt. Also ist $\#V \leq 2^h 3^{h+n}$ und $\#(\mathbb{R}^n - V) \leq 2^h 3^{h+n}$.

Wir haben noch zu zeigen, daß $\#D(w) \leq 3^{h+n}$ für jedes Blatt w gilt. Dazu charakterisieren wir $D(w)$ durch eine Menge von polynomiellen Gleichungen und Ungleichungen vom Grad höchstens 2. Sei P der Pfad von der Wurzel zum Blatt w. Wir durchlaufen den Pfad P und stellen ein System Γ von Gleichungen und Ungleichungen wie folgt auf. Sei v ein Knoten auf Pfad P:

Wenn v ein einfacher Knoten ist, dann nehmen wir für die im Knoten stehende Operation die angeführte Gleichung nach Γ auf:

Operation	Gleichung
$Y(v) \leftarrow Y(v_1) \pm Y(v_2)$	$Y(v) = Y(v_1) \pm Y(v_2)$
$Y(v) \leftarrow Y(v_1) \times Y(v_2)$	$Y(v) = Y(v_1) \times Y(v_2)$
$Y(v) \leftarrow Y(v_1)/Y(v_2)$	$Y(v_1) = Y(v)/Y(v_2)$
$Y(v) \leftarrow \sqrt{Y(v_1)}$	$Y(v_1) = Y(v)^2$

Wenn v ein Verzweigungsknoten ist mit einem Test

$$Y(v_1) > 0 \qquad Y(v_1) \geq 0 \qquad Y(v_1) = 0,$$

dann fügen wir diese (Un-)Gleichung zu Γ hinzu, wenn der Ja-Ausgang auf Pfad P genommen wird, und andernfalls nehmen wir

$$-Y(v_1) > 0 \quad -Y(v_1) \geq 0 \quad Y(v)Y(v_1) - 1 = 0$$

hinzu.

Im letzten Fall ist $Y(v)$ eine neue Variable, die in keiner anderen Anweisung benutzt wird. Beachten Sie, daß die Gleichung $Y(v)Y(v_1) - 1 = 0$ eine Lösung hat g.d.w. $Y(v_1) \neq 0$.

Das System Γ benutzt die Variablen $S_1, \ldots, S_n, Y(v_1), \ldots, Y(v_{r'})$ für eine ganze Zahl r'. Weiterhin beinhaltet Γ genau r Gleichungen und eine Anzahl s von Ungleichungen, wobei $r \geq r'$. Natürlich ist $r + s \leq h$, weil jeder Knoten auf Pfad P eine Gleichung oder Ungleichung hinzufügt. Sei $W \subseteq \mathbb{R}^{n+r}$ die Menge der Lösungen für das System Γ. Dann ist die Projektion von W auf die ersten n Koordinaten $D(w)$. Weil die Projektionsfunktion stetig ist, folgern wir, daß $\#D(w) \leq \#W$, und deshalb genügt es, zu zeigen, daß $\#W \leq 3^{h+n}$.

Was haben wir bisher erreicht? Die Menge W wird durch eine Menge von r Gleichungen und s Ungleichungen definiert. Jede Gleichung oder Ungleichung wird ausgedrückt durch ein Polynom vom Grad höchstens 2 in $n + r$ Variablen, die wir von jetzt an einfach $x_1, \ldots, x_{n+r}$ nennen, d.h., wir haben das System

$$\begin{aligned} p_1(x_1, \ldots, x_{n+r}) &= 0, \quad \ldots \quad , p_r(x_1, \ldots, x_{n+r}) = 0, \\ q_1(x_1, \ldots, x_{n+r}) &> 0, \quad \ldots \quad , q_m(x_1, \ldots, x_{n+r}) > 0, \\ q_{m+1}(x_1, \ldots, x_{n+r}) &\geq 0, \quad \ldots \quad , q_s(x_1, \ldots, x_{n+r}) \geq 0, \end{aligned}$$

wobei jedes p_i, q_j Grad höchstens 2 hat.

Um obiges Faktum anwenden zu können führen wir dieses System in eine Menge von Gleichungen in einem höherdimensionalen Raum über. Sei $t = \#W$. (Milnor beweist, daß t endlich ist.) Wir wählen aus jeder Komponente von W einen beliebigen Punkt und nennen diese Punkte $P_1, \ldots, P_t$. Sei

$$\epsilon = \min\{q_j(P_i);\ 1 \leq j \leq m,\ 1 \leq i \leq t\}.$$

Dann ist $\epsilon > 0$. Sei W_ϵ definiert durch das System

$$\begin{aligned} p_1(x_1,\dots,x_{n+r}) &= 0, & \dots &, p_r(x_1,\dots,x_{n+r}) = 0,\\ q_1(x_1,\dots,x_{n+r}) &\geq \epsilon, & \dots &, q_m(x_1,\dots,x_{n+r}) \geq \epsilon,\\ q_{m+1}(x_1,\dots,x_{n+r}) &\geq 0, & \dots &, q_s(x_1,\dots,x_{n+r}) \geq 0. \end{aligned}$$

Dann ist $W_\epsilon \subseteq W$ und $P_i \in W_\epsilon$ für alle i. Also ist $\#W \leq \#W_\epsilon$. Deshalb genügt es, zu zeigen, daß $\#W_\epsilon \leq 3^{n+h}$. Sei $Z \subseteq \mathbb{R}^{n+r+s}$ definiert durch das System

$$\begin{aligned} &p_1(x_1,\dots,x_{n+r}) = 0, & &\dots, p_r(x_1,\dots,x_{n+r}) = 0,\\ &q_1(x_1,\dots,x_{n+r}) = x_{n+r+1}^2 + \epsilon, & &\dots, q_m(x_1,\dots,x_{n+r}) = x_{n+r+m}^2 + \epsilon,\\ &q_{m+1}(x_1,\dots,x_{n+r}) = x_{n+r+m+1}^2, & &\dots, q_s(x_1,\dots,x_{n+r}) = x_{n+r+s}^2, \end{aligned}$$

wobei $x_{n+r+1},\dots,x_{n+r+s}$ neue Variablen sind. Dann ist W_ϵ die Projektion von Z auf die ersten $n+r$ Koordinaten und daher ist $\#W_\epsilon \leq \#Z$. Weiterhin ist Z definiert durch ein System von polynomiellen Gleichungen vom Grad höchstens 2 in $n+r+s \leq n+h$ Variablen. Daher ist

$$\#Z \;\leq\; 2\cdot(4-1)^{n+h-1} \;\leq\; 3^{n+h}$$

nach obigem Faktum. ∎

Wir schließen diesen Abschnitt mit drei Anwendungen von Satz 13.

Satz 14. *Die Komplexität des Elementeindeutigkeitsproblems im Modell der algebraischen Entscheidungsbäume ist $\Omega(n \log n)$.*

Beweis: Sei $V \subseteq \mathbb{R}^n$ definiert durch $\Pi_{1\leq i<j\leq n}(x_i - x_j) \neq 0$. Wir beweisen, daß $\#V \geq n!$. Für $x = (x_1,\dots,x_n) \in \mathbb{R}^n$ und $x_i \neq x_j$ für $i \neq j$ sei σ der Ordnungstyp von x, d.h., σ ist eine Permutation mit $x_{\sigma(1)} < x_{\sigma(2)} < \dots < x_{\sigma(n)}$. Dann sieht man folgendes schnell ein: Wenn $x, x' \in \mathbb{R}^n$ unterschiedliche Ordnungstypen haben, dann muß jede Kurve, die sie verbindet, durch einen Punkt mit zwei gleichen Koordinaten gehen, d.h. durch einen Punkt außerhalb V, und daher gehören x und x' zu verschiedenen Komponenten von V. Dies beweist $\#V \geq n!$. Weil $\log n! = \Omega(n \log n)$, folgt die Behauptung nun aus Satz 13. ∎

Unsere zweite Anwendung ist das Problem der konvexen Hülle (vgl. Kapitel VIII): Gegeben sind n Punkte in der Ebene, hat ihre konvexe Hülle n Knoten?

Satz 15. *Die Komplexität des Problems der konvexen Hülle ist $\Omega(n \log n)$ im Modell der algebraischen Entscheidungsbäume.*

Beweis: Wir definieren

$$\begin{aligned} V = \{(x_1,y_1,\dots,x_n,y_n);\ &\text{die konvexe Hülle der Punktmenge}\\ &\{(x_i,y_i);\ 1\leq i\leq n\} \text{ hat } n \text{ Knoten}\}\\ \subseteq \mathbb{R}^{2n}&. \end{aligned}$$

Wie im Beweis von Satz 14 können wir jedem Element von V einen Ordnungstyp zuweisen. Sei $(x_1, y_1, \ldots, x_n, y_n) \in V$ und sei p ein beliebiger Punkt im Inneren der konvexen Hülle der Punktmenge $\{(x_i, y_i);\ 1 \leq i \leq n\}$. Dann ist der Ordnungstyp dieses Tupels die zirkuläre Ordnung der Punkte um p.

Es gibt $(n-1)!$ verschiedene Ordnungstypen, und jede Kurve im $\mathbb{R}^{2n}$, die Tupel von verschiedenen Ordnungstypen verbindet, muß durch einen Punkt außerhalb V gehen. Deshalb ist $\#V \geq (n-1)!$ und die Behauptung folgt aus Satz 13. ∎

Unsere letzte Anwendung ist die Berechnung der elementarsymmetrischen Funktionen. Gegeben seien $x_1, \ldots, x_n \in \mathbb{R}$, man berechne die elementarsymmetrischen Funktionen $p_0(x_1, \ldots, x_n), p_1(x_1, \ldots, x_n), \ldots, p_n(x_1, \ldots, x_n)$. Dabei ist

$$p_j(x_1, \ldots, x_n) = (-1)^j \sum_{i_1 < i_2 < \cdots < i_j} x_{i_1} x_{i_2} \cdots x_{i_j}.$$

Aus der Algebra ist bekannt, daß die elementarsymmetrischen Funktionen die Koeffizienten des Interpolationspolynoms durch die Punkte

$$(x_1, 0), \ldots, (x_n, 0), (0, (-1)^n \cdot x_1 \cdots x_n)$$

sind.

Satz 16. *Die Komplexität der Berechnung der elementarsymmetrischen Funktionen ist $\Omega(n \log n)$ im Modell der algebraischen Entscheidungsbäume.*

Beweis: Wir nehmen an, daß $a_i = p_i(1, 2, \ldots, n)$ für $1 \leq i \leq n$. Ein Algorithmus, der $p_1(x_1, \ldots, x_n), \ldots, p_n(x_1, \ldots, x_n)$ berechnet, kann benutzt werden, um in weiteren n Schritten $a_i = p_i(x_1, \ldots, x_n)$ für $1 \leq i \leq n$ zu testen. Dies gilt g.d.w. $\{x_1, \ldots, x_n\} = \{1, \ldots, n\}$, weil das Interpolationspolynom eindeutig ist. Deshalb genügt es, zu zeigen, daß $\#V = n!$, wobei $V = \{(x_1, \ldots, x_n);\ \{x_1, \ldots, x_n\} = \{1, \ldots, n\}\}$. Daß $\#V = n!$ ist, folgt wie im Beweis von Satz 14. ∎

Die Sätze 14, 15 und 16 zeigen die Aussagekraft von Satz 13. Hiermit können untere Schranken für eine Vielzahl von algorithmischen Problemen gezeigt werden. Jedoch ist Satz 13 nicht mächtig genug, um untere Schranken für die Komplexität von RAM-Berechnungen zu zeigen, weil indirekte Adressierung eine "nicht-algebraische" Operation ist. (Eine untere Schranke für die Komplexität von RAM-Operationen zeigen wir in Abschnitt II.3.) Weiterhin kann man mit Satz 13 keine unteren Schranken für Rechnungen mit ganzen Zahlen zeigen, wenn die ganzzahlige Division zum Befehlsvorrat gehört.

II.2. Sortieren durch Verteilen

II.2.1. Sortieren von Wörtern durch Verteilen

Sei Σ ein endliches Alphabet der Größe m und $\leq$ eine lineare Ordnung auf Σ. Wir nehmen o.B.d.A. an, daß $\Sigma = \{1, 2, \ldots, m\}$ mit der herkömmlichen Ordnung ist. Die Ordnung auf Σ wird wie gewohnt zu einer Ordnung der Wörter über Σ ausgeweitet.

Definition: Seien $x = x_1 \ldots x_k$ und $y = y_1 \ldots y_l$ Wörter über Σ, d.h., $x_i, y_i \in \Sigma$. Dann ist x **kleiner** als y in der alphabetischen Ordnung (i.Z. $x < y$), wenn es ein i, $0 \leq i \leq k$, gibt, so daß $x_j = y_j$ für $1 \leq j \leq i$ und entweder $i = k < l$ oder $i < k$, $i < l$ und $x_{i+1} < y_{i+1}$. ∎

Die Definition der alphabetischen Ordnung stimmt mit unseren Alltagsgebrauch überein, d.h., es ist $x = ABC < AD = y$, weil $x_1 = y_1$ und $x_2 < y_2$.

In diesem Abschnitt behandeln wir folgendes Problem: Sortiere n gegebene Wörter $x^1, x^2, \ldots, x^n$ über dem Alphabet $\Sigma = \{1, \ldots, m\}$ gemäß der alphabetischen Ordnung.

Es gibt viele verschiedene Methoden, Wörter zu speichern. Populär ist es, für alle Wörter einen gemeinsamen Stringspeicher vorzusehen. Die Wörter sind in konsekutiven Speicherzellen abgelegt. Vom übrigen Speicherbereich existieren Verweise auf den Stringspeicher. Dort sind auch die Längen der Wörter vermerkt. Eine Speicherung von $x^1 = ABD$, $x^2 = DBA$ und $x^3 = Q$ sieht etwa wie in Abbildung 29 aus.

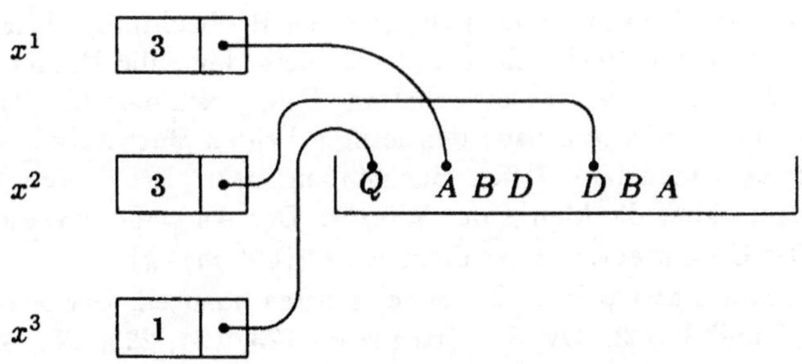

Abb. 29. Abspeicherung dreier Worte

Um die Grundidee des **Sortierens durch Fachverteilung** herauszustellen, betrachten wir zunächst den Fall, daß alle Wörter Länge 1 haben. Es liegen uns dann n Zahlen im Bereich $1, \ldots, m$ vor. Eine mögliche Lösung ist: Stelle m anfangs leere Fächer bereit. Gehe die n Zahlen durch und wirf x^i in das x^i-te Fach. Dann gehe die Fächer in der Reihenfolge $1, \ldots, m$ durch und sammle die Elemente in den Fächern auf.

Diese Formulierung ist noch recht poetisch, daher einige Details zur Implementierung. Wir könnten etwa die Fächer als lineare Listen darstellen und in einem Feld $K[1..m]$ die Köpfe der Listen abspeichern. Dann müssen wir anfangs m leere Listen bereitstellen. Der Aufwand dafür ist $O(m)$.

Um x^i abzuarbeiten, greifen wir auf $K[x^i]$ zu und fügen x^i in die x^i-te Liste ein. Dies kann in konstanter Zeit geschehen. Wir brauchen x^i nur entweder am Anfang der Liste einzufügen, oder einen Zeiger auf das Ende der Liste zu halten und dort einzufügen. Also können wir die x^i in Zeit $O(n)$ auf die Fächer verteilen.

Wir müssen nun noch die Fächer aufsammeln, indem wir das Feld $K[1..m]$ durchgehen und jeweils den Anfang der $(j+1)$-ten Liste an das Ende der j-ten Liste anhängen. Wenn wir Elemente stets an das Ende der Listen anhängen und dann die Listen in der angegebenen Weise aufsammeln, dann bleibt die Reihenfolge von Elementen x^i, x^j mit $x^i = x^j$ unverändert. Diese Beobachtung ist wichtig für das Folgende. Der Aufwand für das Aufsammeln ist $O(m)$. Der Gesamtaufwand ist $O(n+m)$.

Wir schreiten zum nächstschwierigeren Fall. Die x^i, $1 \le i \le n$, sind nun echte Wörter, aber alle Wörter haben gleiche Länge, etwa $|x^i| = k$ für $1 \le i \le n$. Wir schreiben $x^i = x_1^i x_2^i \dots x_k^i$ mit $x_j^i \in \Sigma$. Es gibt zwei Möglichkeiten, unser Verfahren für Wörter der Länge 1 auf diesen Fall zu erweitern.

Wir könnten zunächst nach dem ersten Buchstaben sortieren. Damit teilen wir die Menge x^i, $1 \le i \le n$, in m Gruppen auf, einige der Gruppen können leer sein. Dann sortieren wir die Gruppen getrennt nach dem zweiten Buchstaben, usw., bis sämtliche Gruppen nur aus einem Element bestehen. Dieses Vorgehen hat folgenden Nachteil. Die Gruppen werden immer kleiner, in den Aufwand für die Fachverteilung geht jedoch immer auch die Größe des Alphabets ein. In Übung 18 wird gezeigt, daß der Gesamtaufwand für dieses Vorgehen $\Omega(n \cdot k \cdot m)$ Zeiteinheiten betragen kann.

Die zweite Möglichkeit berücksichtigt diese Beobachtung. Wir sortieren zunächst nach dem k-ten Buchstaben und sammeln dann die Fächer auf wie oben beschrieben. Dann sortieren wir die erhaltene Folge nach dem $(k-1)$-ten Buchstaben. Die Wörter x^i sind nun nach den letzten beiden Buchstaben sortiert. Dann sortieren wir nach dem $(k-2)$-ten Buchstaben, usw. Bei diesem Vorgehen machen wir k Läufe über die Menge der Wörter. Der Aufwand eines jeden Laufs ist $O(n+m)$. Der Gesamtaufwand ist demnach $O((n+m) \cdot k)$.

Ist dies schon das Optimum? Sehen wir uns dazu ein Beispiel an. Sei etwa $m = 4$, $n = 5$ und $k = 3$. Die 5 Wörter seien 123, 124, 223, 324, 321. Der erste Lauf liefert:

1tes Fach: 321
2tes Fach:
3tes Fach: 123, 223
4tes Fach: 124, 324

Die Eingabefolge für den zweiten Lauf ist somit 321, 123, 223, 124, 324. Er liefert:

1tes Fach:
2tes Fach: 321, 123, 223, 124, 324
3tes Fach:
4tes Fach:

Die Eingabefolge für den dritten Lauf ist somit 321, 123, 223, 124, 324. Der dritte Lauf liefert:

1tes Fach: 123, 124
2tes Fach: 223
3tes Fach: 321, 324
4tes Fach:

Die Resultatsfolge ist demnach 123, 124, 223, 321, 324.

Wir sehen an diesem Beispiel, daß bei jedem Lauf mindestens eins der Fächer leer ist. Trotzdem sammeln wir jeweils alle Fächer auf. Es würde uns also sehr helfen, wenn wir in jedem Lauf im voraus wüßten, welche Fächer nicht leer sind, und wir nur noch diese Fächer aufsammeln müßten. Nehmen wir an, daß im j-ten Lauf s_j Fächer nicht leer sind. Dann könnte das Aufsammeln vielleicht in $O(s_j)$ Schritten geschehen. Der Aufwand für den j-ten Lauf wäre daher $O(s_j + n)$. Da s_j sicher $\leq n$ ist, wäre der Aufwand für einen Lauf nun $O(n)$ statt $O(n + m)$.

Wie stellt man nun schnell fest, welche Fächer im j-ten Lauf leer bzw. nicht leer sein werden? Im j-ten Lauf wird nach dem $(k+1-j)$-ten Buchstaben sortiert. Wir möchten für jedes j wissen, welche Buchstaben in der Menge $\{x^i_{k+1-j};\ 1 \leq i \leq n\}$ vorkommen. Wir lösen dieses Problem gleich für alle j, $1 \leq j \leq k$, gemeinsam. Dazu erzeugen wir die $n \cdot k$ Paare (j, x^i_j), $1 \leq i \leq n$, $1 \leq j \leq k$, und sortieren durch Fachverteilung zunächst nach der zweiten Komponente und dann nach der ersten. Nach dem zweiten Lauf liegen im j-ten Fach gerade alle Buchstaben, die an der j-ten Stelle vorkommen. Der Aufwand für den ersten Lauf ist $O(n \cdot k + m)$, für den zweiten Lauf $O(n \cdot k + k)$. Der Gesamtaufwand ist demnach $O(n \cdot k + m)$.

Bevor wir den Algorithmus in einem Programm angeben, diskutieren wir noch die Verallgemeinerung auf Wörter beliebiger Länge. Seien also Wörter $x^1, \ldots, x^n$ gegeben mit $x^i = x^i_1 \ldots x^i_{l_i}$ für $1 \leq i \leq n$. Dabei sei l_i die Länge von x^i. Wir wollen wie oben verfahren, müssen aber noch darauf achten, daß wir x^i nicht zu früh in die Fachverteilung einbeziehen. Das Wort x^i darf erst bearbeitet werden, wenn wir nach dem l_i-ten Buchstaben sortieren. Aus diesem Grund sortieren wir die Wörter zunächst der Länge nach. Dies führt zu folgendem Algorithmus. Sei $L = \sum l_i$.

1) Bestimme die Länge von x^i, $1 \leq i \leq n$, und erzeuge die Paare (l_i, Verweis auf x^i). Der Aufwand hierfür ist $O(L)$.

2) Sortiere die Paare (l_i, Verweis auf x^i) durch Fachverteilung nach der ersten Komponente. Das k-te Fach enthält dann alle Strings x^i mit $l_i = k$, d.h., alle diese Strings stehen in einer linearen Liste. Nenne diese Liste *Länge*$[k]$. Der Aufwand für diesen Schritt ist $O(n + L)$, weil L Fächer sicherlich genügen.

3) Erzeuge die L Paare (j, x_j^i), $1 \le i \le n$, $1 \le j \le l_i$, und sortiere sie nach der zweiten und dann nach der ersten Komponente. Die zweite Fachverteilung liefert uns lineare Listen *Nichtleer*$[j]$, $1 \le j \le l_{max} = \max(l_1, \ldots, l_n)$. Die Liste *Nichtleer*$[j]$ enthält in sortierter Reihenfolge alle Buchstaben in $\{1, \ldots, m\}$, die an der j-ten Stelle auftreten. Lösche alle Duplikate aus *Nichtleer*$[j]$. Der Aufwand für diese Phase ist $O(L + m) + O(L + l_{max}) = O(L + m)$.

4) Wir sortieren die Wörter x^i nun durch Fachverteilung wie oben beschrieben. In Programm 14 werden alle Listen als Schlangen benutzt. Vom Kopf jeder Liste existiert ein Zeiger auf das letzte Element.

```
(1)  W ← leere Liste;
(2)  for k from 1 to m do S[k] ← leere Liste od;
(3)  for j from l_max to 1
(4)  do hänge Länge[j] an den Anfang von W und nenne die neue Liste W;
(5)     while W ≠ ∅
(6)     do sei x das erste Element aus W, streiche x aus W;
(7)        hänge x an das Ende von S[x_j] an
        od;
(8)     while Nichtleer[j] ≠ ∅
(9)     do sei k das erste Element von Nichtleer[j];
(10)       streiche k aus Nichtleer[j];
(11)       hänge S[k] an das Ende von W an;
(12)       setze S[k] auf die leere Liste
(13)    od
(14) od.
```

Prog. 14

Die Korrektheit des Algorithmus folgt unmittelbar aus den obigen Erörterungen. Zeile (2) kostet $O(m)$ Zeiteinheiten, eine Ausführung jeder anderen Zeile kostet jeweils $O(1)$. Beachten Sie, daß in Zeile (7) nicht der String x, sondern nur ein Zeiger auf diesen String bewegt wird. Die Zeilen (3) und (4) werden l_{max}-mal ausgeführt. In den Zeilen (5)-(7) wird genau l_i-mal auf dem Wort x^i operiert. Also ist der Aufwand hierfür insgesamt $O(L)$. Den Aufwand für einmalige Ausführung der Zeilen (9)-(12) ordnen wir dem ersten Element von $S[k]$ zu; k wird in Zeile (9) festgelegt. Auf die Weise ordnen wir x^i, $1 \le i \le n$, höchstens $O(l_i)$ Zeiteinheiten zu, und deshalb betragen die Gesamtkosten für Zeilen (8)-(12) $O(L)$ Zeiteinheiten. Damit haben wir gezeigt, daß der Zeitaufwand für die Zeilen (4)-(12) $O(m + L)$ beträgt.

Satz 1. *Sortieren durch Fachverteilung sortiert n Wörter der Gesamtlänge L über einem Alphabet der Größe m in Zeit $O(m + L)$.* ∎

II.2.2. Sortieren reeller Zahlen durch Verteilen

Wir beschreiben kurz, wie man Sortieren durch Verteilen auf reelle Zahlen anwenden kann. Zur Vereinfachung nehmen wir an, daß wir eine Folge x_i, $1 \le i \le n$, von reellen Zahlen aus dem Intervall $(0,1]$ haben. Wir benutzen den folgenden sehr einfachen Algorithmus, der als **Hybridsort** bekannt ist. α ist dabei eine feste reelle Zahl und $k = \alpha \cdot n$.

1) Schaffe k leere Körbe. Wirf x_i in den Korb $\lceil k \cdot x_i \rceil$ für $1 \le i \le n$.
2) Wende Heapsort auf jeden Korb getrennt an und konkateniere die Körbe, d.h., reihe sie hintereinander auf.

Die Korrektheit von Hybridsort ist offensichtlich.

Satz 2. a) *Die Laufzeit von Hybridsort im schlechtesten Fall ist $O(n \log n)$.*
b) *Wenn die x_i unabhängig voneinander gemäß der Einheitsverteilung über dem Intervall $(0,1]$ gezogen werden, dann hat Hybridsort die mittlere Laufzeit $O(n)$.*

Beweis: a) Offensichtlich ist die Laufzeit der ersten Phase $O(n)$. Wir nehmen an, daß danach t_i Elemente im i-ten Korb, $1 \le i \le k$, sind. Dann sind die Kosten der zweiten Phase $O(\sum_i t_i \log t_i)$, wobei $0 \log 0 = 0$ und $\sum_i t_i = n$. Die Behauptung folgt aus $\sum_i t_i \log t_i \le \sum_i t_i \log n = n \log n$.

b) Sei B_i die Zufallsvariable, die die Anzahl der Elemente im i-ten Korb nach der ersten Phase angibt. Dann ist die Wahrscheinlichkeit, daß $B_i = h$, definiert durch

$$\text{prob}(B_i = h) = \binom{n}{h} \cdot \left(\frac{1}{k}\right)^h \cdot \left(1 - \frac{1}{k}\right)^{n-h},$$

weil ein einzelnes x_j mit Wahrscheinlichkeit $1/k$ im i-ten Korb ist. Die mittlere Laufzeit der zweiten Phase ist somit

$$\begin{aligned} & E\left(\sum_{i=1}^{k} B_i \log B_i\right) \\ &= k \sum_{h=2}^{n} (h \log h) \cdot \binom{n}{h} \cdot \left(\frac{1}{k}\right)^h \cdot \left(1 - \frac{1}{k}\right)^{n-h} \\ &\le k \sum_{h=2}^{n} h^2 \cdot \binom{n}{h} \cdot \left(\frac{1}{k}\right)^h \cdot \left(1 - \frac{1}{k}\right)^{n-h} \\ &= k \cdot \left(\frac{n(n-1)}{k^2} + \frac{n}{k}\right) \\ &= O(n). \end{aligned}$$

Dabei folgt die vorletzte Gleichung, weil $h^2\binom{n}{h} = (h(h-1)+h)\binom{n}{h} = n(n-1)\binom{n-2}{h-2} + n\binom{n-1}{h-1}$. Die letzte Gleichung folgt wegen $k = \alpha \cdot n$. ∎

II.3. Nochmals: Untere Schranken für Sortieren

In II.1.6 sahen wir eine $\Omega(n \log n)$ untere Schranke für den mittleren und den schlechtesten Fall des Sortierproblems. In II.2.2 zeigten wir jedoch eine $O(n)$ obere Schranke für den mittleren Fall beim Sortieren reeller Zahlen. Eine obere Schranke, die kleiner als die entsprechende untere Schranke ist? Die Antwort ist, daß wir auf die Berechnungsmodelle achten müssen, für die wir die Schranken beweisen.

Die untere Schranke aus II.1.6 wurde für rationale Entscheidungsbäume hergeleitet. In rationalen Entscheidungsbäumen können wir rationale Funktionen der Eingaben in jedem Schritt vergleichen. Hybridsort benutzt eine größere Menge elementarer Operationen. Insbesondere benutzt es Dividieren, Runden und indirekte Adressierung. Denn Indizes für Feldzugriffe werden als Funktionen der Eingaben berechnet. Auch ist die obere Laufzeitschranke für den mittleren Fall und nicht den schlechtesten Fall hergeleitet. Es ist nicht geklärt, ob eine Variante von Hybridsort reelle Zahlen im schlechtesten Fall in linearer Zeit sortieren kann.

Jedoch kann man zeigen, daß jede RAM (im Sinne von I.1), die auf natürlichen Zahlen operiert und zusätzlich zu dem Vergleichsoperator $\leq$ die Grundoperationen $+, \ominus$ (Subtraktion in $\mathbb{N}_0$) und $\times$ hat, im schlechtesten Fall $\Omega(n \log n)$ Zeit unter dem Einheitskostenmaß zum Sortieren benötigt. Das stimmt auch für münzwerfende RAMs (im Sinne von I.2). Es ist ein offenes Problem, ob dies so bleibt, wenn Dividieren ebenfalls eine Grundoperation ist.

Bevor wir in Einzelheiten gehen, erläutern wir nochmals kurz das RRAM-Modell. Es ist für diesen Abschnitt angenehm, indirekte Adressierung anstatt von Indexregistern zu benutzen, um Adreßrechnungen durchzuführen. In I.1 sahen wir, daß dies die Laufzeit nur um konstante Faktoren verändert. Jedoch wird dadurch der Beweis leichter verständlich. Die Grundoperationen sind (hierbei sind $i, k, k_1, k_2 \in \mathbb{N}_0$):

$$\alpha \leftarrow i, \qquad \alpha \leftarrow \rho(i), \qquad \alpha \leftarrow \rho(\rho(i)),$$

$$\rho(i) \leftarrow \alpha, \qquad \rho(\rho(i)) \leftarrow \alpha,$$

$\alpha \leftarrow \alpha$ op $\rho(i)$, wobei op $\in \{+, \times, \ominus\}$,

goto k,

if $\rho(i) > \alpha$ **then goto** k_1 **else goto** k_2 **fi**,

$\alpha \leftarrow$ random,

wobei

$$x \ominus y = \begin{cases} x - y & \text{wenn } x \geq y; \\ 0 & \text{wenn } x < y, \end{cases}$$

und $\alpha \leftarrow$ random weist α eine 0 oder 1 jeweils mit Wahrscheinlichkeit 1/2 zu. Ein RRAM-Programm ist eine Folge von Befehlen, die von 0 ab durchnumeriert sind. Die Markierungen in den **goto**-Befehlen beziehen sich auf diese Numerierung.

Definition: Sei A eine RRAM. **A löst das Sortierproblem der Größe n**, wenn für alle $x = (x_1, \ldots, x_n) \in \mathbb{R}^n$ mit $x_i \neq x_j$ für $i \neq j$ gilt: Wenn A mit x_i in Zelle i gestartet wird, $1 \leq i \leq n$, und 0 im Akkumulator und allen Speicherzellen j, $j > n$, steht, und wenn π eine Permutation mit $x_{\pi(1)} < x_{\pi(2)} < \cdots < x_{\pi(n)}$ ist, dann hält A und $x_{\pi(i)}$ steht in Zelle i, $1 \leq i \leq n$, nach Halten von A. ∎

Satz 1. *Sei A eine RRAM, die das Sortierproblem der Größe n löst. Dann gibt es ein $x \in \mathbb{R}^n$, so daß die mittlere Laufzeit von A an x mindestens $\log n!$ ist, d.h., die Laufzeit von A im schlechtesten Fall ist mindestens $\log n!$.*

Beweis: Sei A eine RRAM, die das Sortierproblem der Größe n löst und an allen Eingaben $x \in \mathbb{R}^n$ und allen Folgen von Münzwürfen nach höchstens t Schritten hält. Hierbei ist t eine ganze Zahl. Der Beweis ist eine Zurückführung auf das Entscheidungsbaummodell, das wir in Abschnitt II.1.6 kennenlernten. Der erste Schritt ist, alle Befehle der Form $\alpha \leftarrow \alpha \ominus \rho(i)$ durch die äquivalente Folge

$$\textbf{if } \rho(i) \geq \alpha \textbf{ then } \alpha \leftarrow 0 \textbf{ else } \alpha \leftarrow \alpha - \rho(i) \textbf{ fi}$$

zu ersetzen. Nach dieser Abänderung enthält A nur richtige Subtraktionen.

Im zweiten Schritt ordnen wir dem Programm A einen (evtl. unendlichen) Entscheidungsbaum $T(A)$ durch Auffalten zu. $T(A)$ ist ein Baum vom Grad ≤ 2, dessen Knoten mit Befehlen und Tests beschriftet sind, und einige seiner Kanten sind mit 0 oder 1 beschriftet. Wir präzisieren dies. A bestehe aus m Befehlen. Dann ist $T_j(A)$, $1 \leq j \leq m+1$, definiert durch:

(1) $T_{m+1}(A)$ ist ein einzelnes Blatt.

(2) Wenn Zeile j von A einer der Befehle $\alpha \leftarrow i$, $\alpha \leftarrow \rho(i)$, $\alpha \leftarrow \rho(\rho(i))$, $\rho(i) \leftarrow \alpha$, $\rho(\rho(i)) \leftarrow \alpha$ oder $\alpha \leftarrow \alpha$ op $\rho(i)$ ist, dann besteht $T_j(A)$ aus einer Wurzel, die mit diesem Befehl markiert ist und einen Sohn hat. Dieser Unterbaum ist $T_{j+1}(A)$.

(3) Wenn Zeile j der Befehl **goto** k ist, dann ist $T_j(A)$ gleich $T_k(A)$.

(4) Wenn Zeile j der Befehl **if** $\rho(i) > \alpha$ **then goto** k_1 **else goto** k_2 **fi** ist, dann ist

$T_j(A) =$

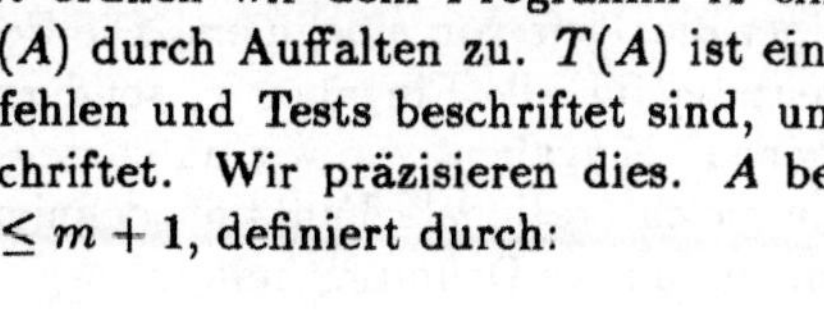

(5) Wenn Zeile j der Befehl $\alpha \leftarrow$ random ist, dann ist

$T_j(A) =$

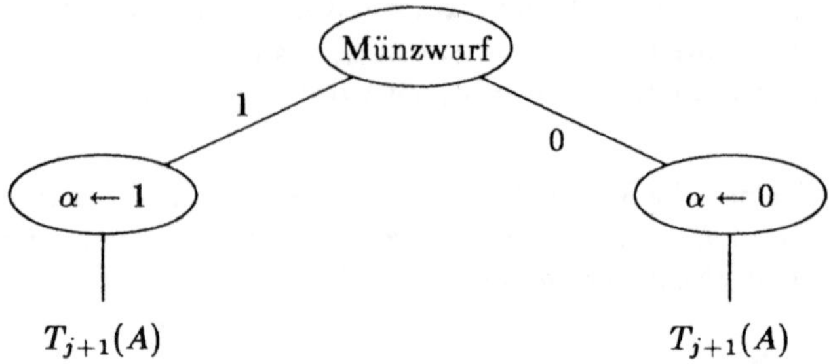

Schließlich setzen wir $T(A) = T_1(A)$.

Der Baum $T(A)$ simuliert die RRAM A in offensichtlicher Weise. In münzwerfenden Knoten werden die zwei ausgehenden Kanten mit gleicher Wahrscheinlichkeit genommen. Der Baum $T(A)$ kann unendlich sein, aber da A an jeder Eingabe $x \in \mathbb{R}^n$ innerhalb von t Schritten hält, wird in keiner Rechnung ein Knoten der Tiefe $> 2t$ erreicht. Deshalb können wir $T(A)$ auf Tiefe $2t$ abschneiden.

Im dritten Schritt ordnen wir jeder Kante e des Entscheidungsbaumes eine Menge $\{p_{e,i}\,;\ i \in \mathbb{N}_0\}$ von Polynomen in den Unbekannten $X_1, \ldots, X_n$ zu. $p_{e,i}$ soll den Inhalt der Zelle i (bzw. des Akkumulators, wenn $i = 0$) bedeuten, wenn die Eingabe $x \in \mathbb{R}^n$ ist und die Kontrolle die Kante e erreicht hat. Die Polynome $p_{e,i}$ werden induktiv über die Tiefe von e definiert. Die Polynome $p_{e,i}$ haben nicht die beabsichtigte Bedeutung für alle Eingaben x, sondern nur für eine genügend große Menge von "schönen" Eingaben, wie wir unten zeigen. Wenn p und q zwei Polynome sind, die die gleiche rationale Funktion definieren, dann schreiben wir $p \equiv q$. Wir beginnen die induktive Definition mit:

Wenn e die (konzeptuelle) Kante ist, die in die Wurzel mündet, dann ist

$$p_{e,i} = \begin{cases} X_i & \text{wenn } 1 \le i \le n; \\ 0 & \text{sonst.} \end{cases}$$

Für den Induktionsschritt sei e eine Kante, die den Knoten v verläßt, d die Kante, die in v einmündet und $ins(v)$ die Beschriftung des Knoten v.

(1) Wenn $ins(v)$ aus $\rho(i) > \alpha$ oder einem Münzwurf besteht, dann sind $p_{e,i} = p_{d,i}$ für alle $i \ge 0$.

(2) Wenn $ins(v)$ aus $\alpha \leftarrow \alpha$ op $\rho(i)$, op $\in \{+, -, \times\}$, besteht, dann ist

$$p_{e,j} = \begin{cases} p_{d,0} \text{ op } p_{d,i} & \text{wenn } j = 0; \\ p_{d,j} & \text{sonst.} \end{cases}$$

(3) Wenn $ins(v)$ aus $\alpha \leftarrow i$ besteht, dann ist

$$p_{e,j} = \begin{cases} i & \text{wenn } j = 0; \\ p_{d,j} & \text{sonst.} \end{cases}$$

(4) Wenn $ins(v)$ aus $\alpha \leftarrow \rho(i)$ oder $\alpha \leftarrow \rho(\rho(k))$ besteht, und wenn $p_{d,k} \equiv i$ für ein $i \in \mathbb{N}_0$, dann ist

$$p_{e,j} = \begin{cases} p_{d,i} & \text{wenn } j = 0; \\ p_{d,j} & \text{sonst.} \end{cases}$$

(5) Wenn $ins(v)$ aus $\alpha \leftarrow \rho(\rho(k))$ besteht und $p_{d,k} \not\equiv i$ für alle $i \in \mathbb{N}_0$ ist, dann sei w der nächstgelegene Vorfahr (d.h. der Vorfahr maximaler Tiefe) von v, so daß die Beschriftung von w aus $\rho(\rho(l)) \leftarrow \alpha$ besteht für ein $l \in \mathbb{N}$ und $p_{f,l} \equiv p_{d,k}$, wobei f die in w einmündende Kante ist. Wenn w existiert, dann ist

$$p_{e,j} = \begin{cases} p_{f,0} & \text{wenn } j = 0; \\ p_{d,j} & \text{sonst,} \end{cases}$$

und wenn w nicht existiert, dann ist

$$p_{e,j} = \begin{cases} 0 & \text{wenn } j = 0; \\ p_{d,j} & \text{sonst.} \end{cases}$$

(6) Wenn $ins(v)$ aus $\rho(i) \leftarrow \alpha$ oder $\rho(\rho(k)) \leftarrow \alpha$ besteht und $p_{d,k} \equiv i$ für ein $i \in \mathbb{N}_0$, dann ist

$$p_{e,j} = \begin{cases} p_{d,0} & \text{wenn } j = i; \\ p_{d,j} & \text{sonst.} \end{cases}$$

(7) Wenn $ins(v)$ aus $\rho(\rho(k)) \leftarrow \alpha$ besteht und $p_{d,k} \not\equiv i$ für alle $i \in \mathbb{N}_0$, dann ist $p_{e,j} = p_{d,j}$ für alle j.

Nun leiten wir eine hinreichende Bedingung für die "Korrektheit" der beabsichtigten Bedeutung der Polynome $p_{e,j}$ her. Sei

$$\begin{aligned} I = \; & \{1, \ldots, n\} \\ & \cup \{j \in \mathbb{N};\ \text{es gibt einen Befehl mit Adresse } j \text{ in } T(A) \\ & \qquad \text{oder } p_{e,i} \equiv j \text{ für eine Kante } e \text{ und } i \in \mathbb{N}_0\}. \end{aligned}$$

Der Leser beachte, daß I endlich ist, weil es für jede Kante e nur endlich viele (höchstens n+Tiefe von e) i gibt mit $p_{e,i} \not\equiv 0$. Dies sieht man leicht durch Induktion über die Tiefe von e. Wir definieren eine Menge von Polynomen Q_A durch

$$Q_A = I \cup \{p_{e,i};\ e \text{ ist Kante von } T(A) \text{ und } i \geq 0\}.$$

Q_A ist nach obiger Bemerkung eine endliche Menge. Ein Punkt $x \in \mathbb{R}^n$ heißt **zulässig**, wenn $p(x) \neq q(x)$ für beliebige $p, q \in Q_A$ mit $p \not\equiv q$.

Lemma 1. *Wenn $x \in \mathbb{R}^n$ zulässig ist, dann haben alle $p_{e,j}$ ihre beabsichtigte Bedeutung für alle Kanten e und alle $j \in I$, d.h., $p_{e,j}(x)$ ist der Inhalt von Zelle j, wenn die Kontrolle an Eingabe x die Kante e erreicht für alle $j \in I$.*

Beweis: Der Beweis geht durch Induktion über die Tiefe von e. Die Behauptung stimmt sicherlich für die Kante, die in die Wurzel mündet. Betrachten wir den Fall, daß Kante e vom Knoten v ausgeht. Sei d die in v mündende Kante. Der Induktionsschritt ist eine einfache Fallunterscheidung parallel zu der Definition von $p_{e,j}$. Er ist einfach in den Fällen (1), (2), (3), (4) und (6) und wird dem Leser überlassen. Wir betrachten die Fälle (5) und (7).

(5): Seien w, f und l wie oben definiert. Wir betrachten zuerst den Fall, daß w existiert. Sei $h = p_{f,l}(x) = p_{d,k}(x)$. Dann wurde $p_{f,0}(x)$ durch Befehl $ins(w)$ in Zelle h gespeichert. Es bleibt zu zeigen, daß die Zelle h auf dem Pfad von w zu v nicht beschrieben wurde. Sei z ein beliebiger Knoten auf diesem Pfad — außer v und w. Wenn $ins(z)$ kein Befehl zum Abspeichern ist, ist nichts zu zeigen.

Sei also $ins(z)$ entweder $\rho(i) \leftarrow \alpha$ oder $\rho(\rho(i)) \leftarrow \alpha$. Im ersten Fall haben wir $i \neq h = p_{d,k}(x)$, weil $i \in I \subseteq Q_A$, x zulässig für Q_A und $p_{d,k}$ nicht konstant ist. Im zweiten Fall haben wir $p_{g,i}(x) \neq h = p_{f,l}(x)$, wobei g die in z einmündende Kante ist, weil $p_{g,i} \in Q_A$ und x zulässig für Q_A ist. In beiden Fällen schreibt $ins(z)$ nicht in Zelle h.

Wenn w nicht existiert, dann beweist man auf ähnliche Weise, daß niemals etwas in Zelle $h = p_{d,k}(x)$ geschrieben wurde, bevor die Kontrolle die Kante e erreicht.

(7): Sei $ins(v)$ gleich $\rho(\rho(k)) \leftarrow \alpha$ und $p_{d,k} \not\equiv i$ für alle $i \in N_0$. Dann ist $p_{d,k}(x) \notin I$, weil x zulässig für Q_A und $I \subseteq Q_A$ ist. Also wird der Inhalt der Zellen mit Adressen in I nicht durch $ins(v)$ abgeändert. ∎

Sei π eine Permutation von $\{1, 2, \ldots, n\}$. $x \in \mathbb{R}^n$ ist vom **Ordnungstyp** π, wenn $x_{\pi(1)} < x_{\pi(2)} < \cdots < x_{\pi(n)}$. Sei

$$P = |\{\pi;\ \text{es gibt ein } x \in \mathbb{R}^n \text{ vom Ordnungstyp } \pi, \text{ das zulässig für } Q_A \text{ ist}\}|.$$

Wir zeigen unten, daß $P = n!$ ist. Sei $x(\pi)$ zulässig für Q_A vom Ordnungtyp π. Die Ausführung von $T(A)$ an Eingabe $x(\pi)$ endet in einem Blatt mit eingehender Kante e. Sicherlich hängt das Blatt von der Folge $s \in \{0,1\}^{2t}$ der in der Rechnung benutzten Münzwürfe ab. Es gilt $p_{e,i}(x(\pi)) = x_{\pi(i)}(\pi)$ für alle $i \in \{1, \ldots, n\}$. Weil $X_1, \ldots, X_n \in Q_A$ und $x(\pi)$ zulässig für Q_A ist, ist das nur möglich, wenn $p_{e,i} \equiv X_{\pi(i)}$ für alle $i \in \{1, \ldots, n\}$. Deshalb sind für jede Folge $s \in \{0,1\}^{2t}$ von Münzwürfen mindestens $n!$ verschiedene Blätter erreichbar, eines für jeden Ordnungstyp. Sei $d(\pi, s)$ die Anzahl der Knoten vom Ausgangsgrad 2 auf dem Pfad von der Wurzel zu dem Blatt, das an der Eingabe $x(\pi)$ erreicht wird, wenn die Münzwurffolge s benutzt wird. Dann ist

$$\frac{1}{n!} \sum_{\pi} d(\pi, s) \geq \log n!$$

(vgl. die Herleitung von Satz 8 aus II.1.6) für jedes $s \in \{0,1\}^{2t}$ und daher ist

$$\frac{1}{2^{2t}} \sum_{s \in \{0,1\}^{2t}} \frac{1}{n!} \sum_{\pi} d(\pi, s) \geq \log n!$$

oder

$$\frac{1}{n!} \sum_{\pi} \frac{1}{2^{2t}} \sum_{s \in \{0,1\}^{2t}} d(\pi, s) \geq \log n!.$$

Deshalb muß es ein π geben, so daß

$$\frac{1}{2^{2t}} \sum_{s \in \{0,1\}^{2t}} d(\pi, s) \geq \log n!.$$

Also ist die mittlere Laufzeit von A an Eingabe $x(\pi)$ mindestens $\log n! \geq n \log n - 2n$. Es bleibt zu zeigen, daß $P = n!$. Q_A ist eine endliche Menge von Polynomen. x ist zulässig für Q_A, wenn $p(x) \neq q(x)$ für jedes Paar $p, q \in Q_A$ mit $p \not\equiv q$, d.h., wenn $R_A(x) \neq 0$, wobei

$$R_A = \prod \{p - q;\ p, q \in Q_A,\ p \not\equiv q\}.$$

R_A ist ein einzelnes Polynom. Es genügt deshalb, Lemma 2 zu zeigen.

Lemma 2. *Sei $R \not\equiv 0$ ein Polynom vom Grad m in den Variablen $\{X_1, \ldots, X_n\}$ und π eine Permutation von $\{1, \ldots, n\}$. Dann gibt es ein $x \in \{1, \ldots, n+m\}^n$ vom Ordnungstyp π mit $R(x) \neq 0$.*

Beweis: Weil $R(X_{\pi(1)}, \ldots, X_{\pi(n)})$ wieder ein Polynom vom Grad m ist, genügt es, die Behauptung für die Identitätspermutation π zu zeigen. Der Beweis geht durch Induktion über n. Für $n = 1$ folgt die Behauptung aus der Tatsache, daß ein Polynom in einer Variablen und vom Grad m höchstens m Nullstellen hat. Für den Induktionsschritt sei

$$R(X) = \sum_{i=0}^{s} R_i(X_1, \ldots, X_{n-1}) X_n^i,$$

wobei $R_s \not\equiv 0$. Sei r der Grad von R_s. Dann ist $r+s \leq m$. Nach Induktionsannahme gibt es ein $x \in \{1, \ldots, r+n-1\}^{n-1}$, $x_1 < x_2 < \cdots < x_{n-1}$, mit $R_s(x) \neq 0$. Wähle $x_n \in \{r+n, \ldots, n+r+s\}$, so daß das Polynom s-ten Grades

$$\sum_{i=0}^{s} R_i(x_1, \ldots, x_{n-1}) X_n^i$$

in X_n nicht null ist. ∎

Ähnliche untere Schranken können für verwandte Probleme gezeigt werden, z.B. das Nächster-Nachbar-Problem (Übung 20) und das Problem, eine geordnete Tafel zu durchsuchen (Übung 21). Es ist ungeklärt, ob Satz 1 weiterhin gilt, wenn ganzzahlige Division als zusätzliche primitive Operation erlaubt ist. Bemerkenswert ist, daß man unter dem Einheitskostenmaß in linearer Zeit sortieren kann, wenn bitweise boolesche Operationen (komponentenweise Negation und komponentenweises und von Registerinhalten, die wir als binäre Zahldarstellungen ansehen) und ganzzahlige Division zusätzliche elementare Operationen sind.

Satz 2. *RAM's mit ganzzahliger Division und bitweisen booleschen Operationen können n Zahlen in Zeit $O(n)$ unter dem Einheitskostenmaß sortieren.*

Beweis: Die Beweisidee ist, die Parallelität, die die bitweisen booleschen Operationen liefern, auszunutzen und ganzzahlige Division zu benutzen, um große Zahlen in Stücke zu schneiden. Im Detail sieht das folgendermaßen aus.

Seien $x_1, \ldots, x_n$ ganze Zahlen. Zuerst finden wir das Maximum, etwa x_m, berechnen $x_m \vee \overline{x_m}$ (bitweise) und addieren 1. Das erzeugt den Bitstring 10^k, wobei k die Länge der Binärdarstellung von x_m ist. Beachten Sie, daß 10^k die Binärdarstellung von 2^{k+1} ist. Wir berechnen den Rang jedes x_i, d.h., wir vergleichen jedes x_i mit allen x_j und zählen, wieviele kleiner gleich sind als x_i. Wenn der Inhalt der Register A und B folgendermaßen aussieht

$$\begin{array}{ll} A & \ldots 1\, x_i\, 1 \ldots \\ B & \ldots 0\, x_j\, 0 \ldots \\ & \quad\uparrow \\ & \text{Indikator} \end{array}$$

und x_i und x_j auf übereinstimmenden Positionen stehen, dann enthält $C = A - B$ unabhängig vom Rest der Register A und B eine 1 an der markierten Position (Indikatorbit) g.d.w. $x_i \geq x_j$. Um zu sortieren, schreiben wir in ein einzelnes Register n Kopien von $1x_n11x_{n-1}11x_{n-2}\ldots 1x_11$, die hintereinander gereiht sind, und $(0x_n0)^n(0x_{n-1}0)^n \ldots (0x_10)^n$ in ein anderes Register, wobei alle x_i mit führenden Nullen auf eine Länge k gebracht werden. Das können wir in Zeit $O(n)$ tun. Wir zeigen die Konstruktion für $(0x_n0)^n(0x_{n-1}0)^n \ldots (0x_10)^n$. Weil wir 2^{k+1} kennen, können wir $a \leftarrow 2^{(k+2)n}$ in Zeit $O(n)$ berechnen. Weiterhin hat $b = \sum_{i=1}^{n} x_i 2^{(k+2)n(i-1)+1}$ die Binärdarstellung

$$\underbrace{0\ldots 0x_n0}_{(k+2)n \text{ Bits}} \quad \underbrace{0\ldots 0x_{n-1}0}_{(k+2)n \text{ Bits}} \quad \ldots \quad \underbrace{0\ldots 0x_10}_{(k+2)n \text{ Bits}}$$

und kann in Zeit $O(n)$ berechnet werden, wenn $a, x_1, \ldots, x_n$ gegeben sind. Mit $\sum_{i=0}^{n-1} b \cdot 2^{(k+2)i}$ haben wir schließlich das gewünschte Resultat.

An diesem Punkt liefert eine einzige Subtraktion alle Vergleiche. Ein $\wedge$ mit dem Bitstring $(10^{k+1})^{n^2}$, der in Zeit $O(n)$ konstruiert werden kann, ergibt alle

Indikatorbits. Genauer formuliert, haben wir einen Bitstring der Länge $(k+2)n^2$, so daß das Bit $(k+2)n(j-1)+(k+2)i$ gleich 1 ist g.d.w. $x_i \geq x_j$ und alle anderen Bits sind gleich 0. Wir schneiden diesen Bitstring in Stücke der Länge $(k+2)n$, indem wir ihn wiederholt durch $2^{(k+2)n}$ dividieren, und zählen danach alle Stücke zusammen. Das ergibt dann

$$\text{Rang}(x_n) \quad \ldots \quad \underbrace{0\ldots0\text{Rang}(x_2)}_{(k+2)\text{ Bits}} \quad \underbrace{0\ldots0\text{Rang}(x_1)}_{(k+2)\text{ Bits}} \quad \underbrace{0\ldots0}_{(k+1)\text{ Bits}}$$

Diese Rangwerte können jetzt auf einfache Art ausgegeben werden, und der Sortierprozeß ist abgeschlossen. ∎

II.4. Der lineare Median-Algorithmus

Das **Auswahl-Problem** ist verwandt mit dem Sortieren, jedoch einfacher. Gegeben ist eine Folge $S_1, \ldots, S_n$ von paarweise verschiedenen Elementen und eine ganze Zahl i, $1 \leq i \leq n$. Wir wollen das i-t kleinste Element der Folge finden, d.h. ein S_j, so daß es $i-1$ Schlüssel S_l gibt mit $S_l < S_j$ und $n-i$ Schlüssel mit $S_l > S_j$. Für $i = \lfloor n/2 \rfloor$ heißt ein solcher Schlüssel **Median**. Natürlich kann Auswählen auf Sortieren zurückgeführt werden. Wir könnten zuerst die Folge $S_1, \ldots, S_n$ sortieren und dann das i-t kleinste Element mittels einfachem Durchlaufen der sortierten Folge finden. Damit bekommen wir einen $O(n \log n)$ Algorithmus. Jedoch gibt es eine Lösung mit linearer Zeitkomplexität. Zuerst beschreiben wir eine einfache Lösung mit linearer Laufzeit im mittleren Fall (Prozedur *Find*) und erweitern diese zu einer Lösung mit linearer Laufzeit auch im schlechtesten Fall (Prozedur *Select*).

Die Prozedur *Find* aus Programm 15 beruht auf dem Zerteilungsverfahren, das in Quicksort verwendet wird. Wir wählen ein Element der Folge, etwa S_1, als Zerlegungselement und teilen dann die Folge in die Elemente, die kleiner als S_1 sind, und die Elemente, die größer als S_1 sind. Dann rufen wir *Find* rekursiv für die jeweilige Teilfolge auf.

```
     procedure Find(M, i);
     co findet das i-t kleinste Element der Menge M oc
(1)  begin
(2)  S ← ein Element aus M;
(3)  M1 ← {m ∈ M; m < S};
(4)  M2 ← {m ∈ M; m > S};
(5)  case |M1| of
(6)     < i − 1 : Find(M2, i − |M1| − 1);
(7)     = i − 1 : gib S aus;
(8)     > i − 1 : Find(M1, i)
(9)  esac
(10) end.
```

Prog. 15

Wenn die Menge M in einem Feld abgespeichert ist, implementiert man die Zeilen (2)-(4) von *Find* am besten durch die Zeilen (2)-(6) von Quicksort. Dann hat ein Aufruf von *Find* die Kosten $O(|M|+$die im rekursiven Aufruf verbrauchte Zeit$)$. Die Laufzeit im schlechtesten Fall von *Find* ist natürlich $O(n^2)$. Dazu betrachte man den Fall, daß immer $i = 1$ und $|M_1| = |M| - 1$ ist.

Die mittlere Laufzeit von *Find* ist jedoch linear, wie wir jetzt zeigen. Dazu benutzen wir die gleiche Wahrscheinlichkeitsannahme wie für die Analyse von Quicksort, nämlich daß die Elemente von M paarweise verschieden sind und jede Permutation der Elemente von M gleichwahrscheinlich ist. Insbesondere folgt daraus, daß das in Zeile (2) gewählte Element S mit Wahrscheinlichkeit $1/|M|$ das k-t größte

Element von M ist. Daraus folgt ebenfalls, daß beide Teilprobleme M_1 und M_2 wieder die Wahrscheinlichkeitsannahme erfüllen (vgl. Analyse von Quicksort).

Sei $T(n,i)$ die mittlere Laufzeit von *Find*(M,i), wobei $|M| = n$, und sei weiter $T(n) = \max_i T(n,i)$. Es ist $T(1) = c$ für eine Konstante c und

$$T(n,i) \leq c \cdot n + \frac{1}{n}\left[\sum_{k=1}^{i-1} T(n-k, i-k) + \sum_{k=i+1}^{n} T(k-1, i)\right],$$

weil der Aufteilungsprozeß $c \cdot n$ Zeiteinheiten lang läuft und der rekursive Aufruf die mittlere Laufzeit $T(n-k, i-k)$ hat, wenn $k = |M_1| + 1 < i$, und mittlere Laufzeit $T(k-1, i)$, wenn $k = |M_1| + 1 > i$. Also ist

$$T(n) \leq c \cdot n + \frac{1}{n} \max_i \left[\sum_{k=1}^{i-1} T(n-k) + \sum_{k=i}^{n-1} T(k)\right].$$

Wir zeigen durch Induktion über n, daß $T(n) \leq 4c \cdot n$. Das ist klar für $n = 1$. Für $n > 1$ gilt

$$\begin{aligned} T(n) &\leq c \cdot n + \frac{1}{n} \max_i \left[\sum_{k=n-i+1}^{n-1} 4c \cdot k + \sum_{k=i}^{n-1} 4c \cdot k\right] \\ &\leq c \cdot n + \frac{4c}{n} \max_i \left[n(n-1) - (n-i)(n-i+1)/2 - i(i-1)/2\right] \\ &\leq 4c \cdot n, \end{aligned}$$

weil der Ausdruck in den eckigen Klammern maximal wird für $i = \lceil (n+1)/2 \rceil$ (beachten Sie, daß der Ausdruck symmetrisch in i und $n - i + 1$ ist) und dann den Wert $n(n-1) - (n+1)(n-1)/4 \leq 3n^2/4$ hat. Wir haben somit folgenden Satz bewiesen:

Satz 1. *Der Algorithmus Find hat im mittleren Fall lineare Laufzeit.* ∎

Das lineare Verhalten von *Find* im mittleren Fall ist begründet in der Tatsache, daß die mittlere Größe des zu lösenden Teilproblems nur ein Bruchteil der Größe des ursprünglichen Problems ist. Jedoch ist die Laufzeit von *Find* im schlechtesten Fall quadratisch, weil die Größe des Teilproblems im schlechtesten Fall nur um eins kleiner ist als die Größe des Ausgangsproblems. Wenn man einen linearen Algorithmus für den schlechtesten Fall haben will, muß man das Aufteilungselement sorgfältiger auswählen.

Ein erster Ansatz ist, eine Probe von vernünftiger Größe zu ziehen, etwa der Größe $|M|/5$, und den Median der Probe als Aufteilungselement zu wählen. Diese Idee ist aber noch nicht gut genug, weil die Probe nur aus kleinen Elementen bestehen könnte. Ein besserer Weg, eine Probe zu ziehen, ist, die Menge M in kleine

Gruppen von jeweils etwa 5 Elementen aufzuteilen und als Probe die Mediane der Gruppen zu nehmen. Damit ist garantiert, daß ein genügend großer Anteil der Elemente kleiner bzw. größer als das Aufteilungselement ist. Das führt zu Programm 16.

---

procedure *Select*(M, i);
co findet das i-t kleinste Element der Menge M **oc**
(1) **begin**
(2) $n \leftarrow |M|$;
(3) **if** $n \leq 100$
then sortiere M und finde das i-t kleinste Element direkt
(4) **else** teile M in $\lceil n/5 \rceil$ Teilmengen $M_1, \ldots, M_{\lceil n/5 \rceil}$ von jeweils 5 Elementen;
co die letzte Teilmenge kann weniger als 5 Elemente enthalten **oc**
(5) sortiere M_j für $1 \leq j \leq \lceil n/5 \rceil$;
(6) sei m_j der Median von M_j;
(7) rufe *Select*$(\{m_1, \ldots, m_{\lceil n/5 \rceil}\}, \lceil \lceil n/5 \rceil /2 \rceil)$ auf und bestimme den Median der Mediane $\overline{m}$;
(8) sei $M_1 = \{m \in M;\ m \leq \overline{m}\}$ und $M_2 = \{m \in M;\ \overline{m} < m\}$;
(9) **if** $i \leq |M_1|$
(10) **then** *Select*(M_1, i)
(11) **else** *Select*$(M_2, i - |M_1|)$
(12) **fi**
(13) **fi**
(14) **end**.

Prog. 16

Abbildung 30 veranschaulicht den Algorithmus *Select*. Wir haben dabei der Einfachheit halber angenommnen, daß n durch 10 teilbar ist. In Zeile (4) wird M in Gruppen von jeweils 5 Elementen aufgeteilt, der Median jeder Gruppe wird in den Zeilen (5) und (6) bestimmt. Danach haben wir $\lceil n/5 \rceil$ lineare Ordnungen von jeweils 5 Elementen. Wir nehmen o.B.d.A. an, daß $m_1, \ldots, m_{n/10} \leq \overline{m}$ und daß $\overline{m} < m_{n/10+1}, \ldots, m_{n/5}$. Jede Gruppe ist dargestellt durch eine vertikale Linie von 5 Elementen, die größten Elemente stehen oben. Alle Elemente in dem durchgezogenen Rechteck sind kleiner als $\overline{m}$ und gehören deshalb zu M_1. Alle Elemente in dem gestrichelten Rechteck sind mindestens so groß wie $\overline{m}$ und gehören deshalb zu M_2. Jedes Rechteck enthält $3n/10$ Punkte.

Lemma 1. $|M_1| \leq 8n/11$ *und* $|M_2| \leq 8n/11$.

Beweis: Fast unmittelbar aus obigen Ausführungen. Denn $|M_1| + |M_2| = n$ und $|M_1| \geq 3n/10$ und $|M_2| \geq 3n/10$, wenn n durch 10 teilbar ist. Wenn n nicht durch 10 teilbar ist, dann ist $|M_1| \geq 3n/11$ und $|M_2| > 3n/11$ für $n \geq 100$. Die Einzelheiten werden dem Leser überlassen. ∎

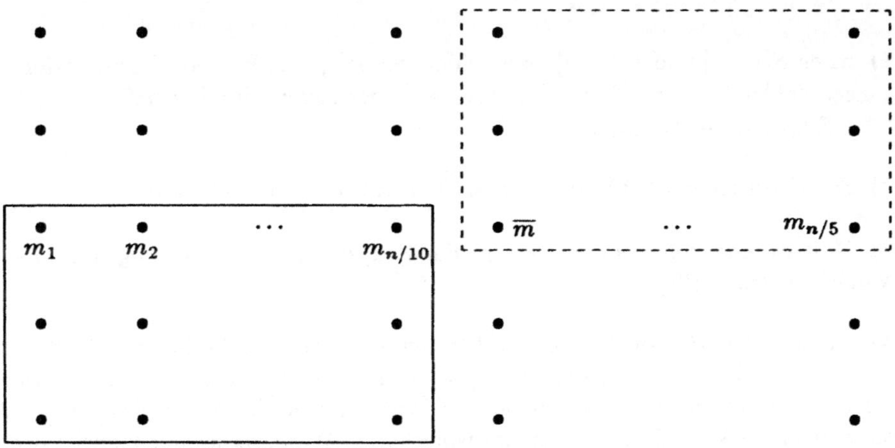

Abb. 30. Aufteilung einer Menge durch *Select*

Sei $T(n)$ die maximale Laufzeit des Algorithmus *Select* für eine beliebige Menge M von n Elementen und beliebiges i.

Lemma 2. *Es gibt Konstanten a und b, so daß*

$$T(n) \leq \begin{cases} a \cdot n & \text{für } n \leq 100; \\ T(21n/100) + T(8n/11) + b \cdot n & \text{für } n > 100. \end{cases}$$

Beweis: Die Behauptung ist klar für $n \leq 100$. Sei also $n > 100$. *Select* wird zweimal rekursiv innerhalb des Rumpfes von *Select* aufgerufen, einmal für eine Menge von $\lceil n/5 \rceil \leq 21n/100$ Elementen und einmal für eine Menge von höchstens $8n/11$ Elementen. Weiterhin sind die totalen Kosten von *Select* außerhalb der rekursiven Aufrufe natürlich $O(n)$. ∎

Satz 2. *Der Algorithmus Select hat lineare Zeitkomplexität.*

Beweis: Wir zeigen $T(n) \leq c \cdot n$, wobei $c = \max(a, 1100\,b/69)$, durch Induktion über n. Für $n \leq 100$ ist nichts zu zeigen. Für $n > 100$ haben wir

$$\begin{aligned} T(n) &\leq T(21n/100) + T(8n/11) + b \cdot n \\ &\leq c \cdot 21n/100 + c \cdot 8n/11 + b \cdot n \\ &\leq c \cdot n \end{aligned}$$

nach Definition von c. ∎

II.5. Übungen

1) Seien $S[1..n]$ und $P[1..n]$ zwei Felder. Sei $P[1], \ldots, P[n]$ eine Permutation der ganzen Zahlen $1, \ldots, n$. Entwerfen Sie einen Algorithmus, der S gemäß P umordnet, d.h., $S_{nachher}[i] = S_{vorher}[P[i]]$.

2) Schreiben Sie ein RAM-Programm für Heapsort und analysieren Sie es.

3) Gibt es eine Folge von n Zahlen, die Heapsort zwingt, $2n \cdot (\log(n+1) - 1)$ Vergleiche anzustellen?

4) Als wir über Heapsort sprachen, leiteten wir zuerst ein Verfahren her, das den Heap nicht in balanciertem Zustand hielt. Analysieren Sie diese Variante von Heapsort. Überlegen Sie sich insbesondere folgende Fragen: Ist es möglich, den Baum ohne explizite Vater-Sohn-Zeiger abzuspeichern? Wie groß ist der Speicherbedarf dieses Verfahrens? Anzahl der Vergleiche? Laufzeit auf einer RAM?

5) Erörtern Sie Heapsort auf ternären Bäumen.

6) Zeigen Sie durch Induktion, daß es in einem Aufruf von Quicksort höchstens $n-1$ rekursive Aufrufe gibt. Folgern Sie, daß die mittlere Anzahl von Aufrufen in Zeilen (7) und (8) jeweils $\frac{n}{2} - 1$ ist. Zeigen Sie weiterhin, daß Zeile (5) durchschnittlich höchstens $\frac{n}{4}$-mal ausgeführt wird.

7) Übersetzen Sie Quicksort in RAM-Code und analysieren Sie das erhaltene Programm. Benutzen Sie Übung 6 für die Analyse.

8) Sind Sie dafür, Quicksort so abzuändern, daß für die Elemente S_i mit $S_i = S_1$ eine eigene Liste angelegt wird? Nehmen Sie an, daß jedes Element S_i genau k-mal in der Anfangsfolge vorkommt. Bei welchem Wert k zahlt sich die Teilung in drei Listen aus?

9) Lösen Sie die folgenden Rekursionsgleichungen:

a) $$T(n) = \begin{cases} n^{3/2} \cdot \log n & \text{für } 1 \le n < 10; \\ \sqrt{n} \cdot T(\sqrt{n}) + n^{3/2} \log n & \text{für } n \ge 10. \end{cases}$$

b) $$T(n) = \begin{cases} f(n) & \text{für } 1 \le n < 100; \\ 2 \cdot T(n/2) + f(n) & \text{für } n \ge 100. \end{cases}$$

[Hinweis: Benutzen Sie $f(n) = n$, $f(n) = n \log n$ und $f(n) = n^{3/2}$.]

c) $$T(n) = \begin{cases} \sqrt{n} & \text{für } 1 \le n < 10; \\ \log n \cdot T(\log\log n) + \sqrt{n} & \text{für } n \ge 10. \end{cases}$$

10) Schreiben Sie ein RAM-Programm für Mergesort und analysieren Sie es.

11) Ändern Sie Quicksort so ab, daß Folgen der Länge $\leq M$ sortiert werden durch wiederholte Maximumsuche. Was ist der beste Wert für M? Wie ist die Laufzeit? Sehen Sie sich dazu den Beweis von Satz 2 aus V.4 an.

12) Empfehlen Sie es, den linearen Medianalgorithmus aus Abschnitt II.4 in der Aufteilungsphase von Quicksort zu verwenden?

13) Beweisen Sie Satz 7 aus Abschnitt II.1.4 für ternäre Bäume.

14) Sei T ein binärer Baum mit n Blättern. Interpretieren Sie den Baum als ein Mischungsmuster und nehmen Sie an, daß alle Anfangsfolgen die Länge 1 haben. In Abschnitt III.5.3.3, Satz 15, geben wir einen Algorithmus an, der zwei Folgen der Längen x und y in Zeit $O\left(\log\binom{x+y}{y}\right)$ mischt. Zeigen Sie, daß die Gesamtkosten des Mischungsmusters T in $O(n\log n)$ sind.

15) Bleibt Satz 10 aus Abschnitt II.1.6 gültig, wenn wir Exponieren als zusätzliche Operation erlauben?

16) Für $(x_1,\ldots,x_n) \in \mathbb{R}^n$ sei $f(x_1,\ldots,x_n) = \min\{i;\ x_i \geq x_j$ für alle $j\}$ die Maximumsfunktion. Benutzen Sie Satz 10 aus Abschnitt II.1.6, um eine $\log n$ untere Schranke für die Tiefe rationaler Entscheidungsbäume für die Maximumsfunktion zu zeigen. Können sie Tiefe $O(\log n)$ erreichen?

17) Für $n \in \mathbb{N}$ und $x \in \mathbb{R}$ sei

$$f(x) = \begin{cases} 0 & \text{wenn } x < 0; \\ \lfloor x \rfloor & \text{wenn } 0 \leq x \leq n; \\ n & \text{wenn } x > n \end{cases}$$

die auf das Intervall $[0\,..\,n]$ beschränkte Floor-Funktion. Benutzen Sie Satz 10 aus II.1.6, um eine untere Schranke für die Komplexität der Floor-Funktion herzuleiten. Bleibt Satz 10 gültig, wenn die Floor-Funktion als zusätzliche Operation erlaubt wird?

18) Seien x^i, $1 \leq i \leq n$, Worte der Länge k über dem Alphabet $\Sigma = \{1,\ldots,m\}$. Erörtern Sie folgende Variante von Sortieren durch Fachverteilung. In Phase 1 wird die Eingabe nach dem ersten Buchstaben in m Gruppen aufgeteilt. Dann wird der Algorithmus rekursiv auf jede Gruppe angewandt. Zeigen sie, daß man so eine Laufzeit von $\Omega(n \cdot m \cdot k)$ für den schlechtesten Fall erhält. Warum verteilt die Deutsche Bundespost die Briefe trotzdem so?

19) Benutzen Sie Sortieren durch Fachverteilung, um n Zahlen im Bereich $[0\,..\,n^k]$ für festes k mit Laufzeit $O(n)$ im schlechtesten Fall zu sortieren. Stellen Sie dazu die Zahlen zur Basis n dar.

20) Ein Programm löst das Nächster-Nachbar-Problem der Größe n, wenn für alle Eingaben $(x_1, \ldots, x_n, y_1, \ldots, y_n)$ die ersten n vom Programm erzeugten Ausgaben $(x_{i_1}, \ldots, x_{i_n})$ sind und für alle l gilt: $i_l \in \{i;\ |x_i - y_l| \leq |x_j - y_l| \text{ für alle } j\}$. Zeigen Sie eine $n \log n$ untere Schranke für das Nächster-Nachbar-Problem im RRAM-Modell von Abschnitt II.3. [Hinweis: Für eine Permutation π von $\{1, \ldots, n\}$ sagen wir, daß $\{x_1, \ldots, x_n, y_1, \ldots, y_n\}$ vom Ordnungstyp π ist, wenn für alle i, j gilt: $|x_{\pi(i)} - y_i| < |x_j - y_i|$. Ändern Sie Lemma 1 im Beweis von Satz 1 ab.]

21) Ein Programm löst das Suchproblem der Größe n, wenn es für alle Eingaben $\{x_1, \ldots, x_n, y\}$ mit $x_1 < x_2 < \cdots < x_n$ die Rangfunktion von y berechnet, d.h., es gibt $|\{i;\ x_i < y\}|$ aus. Zeigen Sie eine $\Omega(\log n)$ untere Schranke im RRAM-Modell aus Abschnitt II.3.

II.6. Bibliographische Anmerkungen

Heapsort stammt von Williams (64) und Floyd (64). Hoare (62) hat Quicksort und die Prozedur *Find* entwickelt. Sortieren durch Mischen und Verteilen war schon von Neumann bekannt und kann bis zu auf mechanischen Sortierern angewandten Verfahren zurückverfolgt werden. Das hier beschriebene Sortieren durch Fachverteilung ist von Aho/Hopcroft/Ullman (74). Hybridsort stammt von Meijer/Akl (80). Die Behandlung von Rekursionsgleichungen beruht auf Bentley/Haken/Saxe (80). Satz 7 aus Abschnitt II.1 ist von Huffmann (52), die Implementierung mit linearer Zeitkomplexität wurde von van Leeuwen (76) beschrieben. Die Abschnitte über untere Schranken folgen Schmidt (82) (Sätze 10-12 aus II.1.6) und Hong (79) (Sätze 10-12 aus II.1.6 und Satz 1 aus II.3), Paul/Simon (80) (Sätze 1 und 2 aus II.3), Ben-Or, Yao (81) und Strassen (73) (Sätze 13-16 aus II.1.6). Der lineare Medianalgorithmus stammt von Blum/Floyd/Pratt/Rivest/Tarjan (72).

Kapitel III. Mengen

Viele Algorithmen manipulieren Mengen. Betrachten wir einige typische Beispiele: Ein Compiler verwaltet eine Symboltafel, in welche die in einem Programm vorkommenden Bezeichnungen (auch Schlüssel, Namen oder Identifier) eingetragen werden. Beim ersten Auftreten einer Bezeichnung wird diese zusammen mit wichtigen Informationen über die Bezeichnung (z.B. Typ, Lebensdauer, zugewiesener Speicherplatz) in die Symboltafel eingetragen. Bei späterem Auftreten derselben Bezeichnung ist es dann notwendig, die abgespeicherte Information wiederzufinden. Abstrakt gesprochen liegt eine Menge ST von Objekten vor, die aus den Komponenten Bezeichnung und Information bestehen. Zwei Arten von Operationen werden auf der Menge ST ausgeführt: Neue Objekte (x, I) werden zur Menge ST hinzugefügt, d.h., ST wird ersetzt durch $ST \cup \{(x, I)\}$, und auf die Objekte wird mit Hilfe ihres Schlüssels zugegriffen, d.h., zu gegebenem Schlüssel x wollen wir I finden, so daß $(x, I) \in ST$. In den meisten Programmiersprachen sind Identifier Strings einer begrenzten Länge, etwa der Länge 6, und bestehen aus Buchstaben und Zahlen. Dann ist die Anzahl der möglichen Identifier $(26 + 10)^6 \approx 2 \cdot 10^9$. In einem Programm wird jedoch nur eine kleine Teilmenge aus der Menge der möglichen Identifier benutzt. Die Menge ST ist klein im Vergleich zu dem riesigen Universum aller möglichen Identifier.

Ein zweites Beispiel ist das Autorenverzeichnis einer Bibliothek. Der Name des Autors ist der Schlüssel, die zugehörige Information besteht aus Buchtitel, Position auf dem Regal, usw. Dieses Beispiel zeigt alle Charakteristika des obigen Problems. Zusätzlich möchte man aber auch noch einen lexikographisch geordneten Katalog erstellen.

Sehen wir uns ein drittes Beispiel an: die Menge der Konten einer Bank. Die Kontonummer ist der Schlüssel und die dazugehörige Information besteht aus dem Inhaber des Kontos, dem Kontostand, usw. Typische Operationen sind Zugriff, Einfügen, Streichen und Auflisten in aufsteigender Reihenfolge — also die gleichen Operationen wie in unserem letzten Beispiel. Jedoch gibt es einen grundlegenden Unterschied zu den vorausgehenden Beispielen: die Größe des Universums. Eine Bank kann beispielsweise $5 \cdot 10^5$ verschiedene Konten führen und Kontonummern mit 6 Dezimalstellen vergeben, d.h. es gibt 10^6 mögliche Kontonummern, und die Hälfte davon wird tatsächlich genutzt. Das Universum aller möglichen Schlüssel und die Menge der benutzten Schlüssel sind ungefähr gleich groß. Graphenalgorithmen (s. Kapitel IV) zeigen uns weitere Beispiele dieses Phänomens.

Wir behandeln zuerst den Fall, daß sich die Größe des Universums und die der abgespeicherten Menge deutlich unterscheiden (Abschnitte III.1 bis III.7) und behandeln den Fall ungefähr gleicher Größe später (Abschnitt III.8). Der Hauptunterschied zwischen den Lösungen beruht auf der Tatsache, daß der Zugriff auf Information über einen Schlüssel im ersten Fall schwierig, im zweiten Fall durch Benutzung eines Feldes aber trivial ist.

Die Objekte der von uns betrachteten Mengen bestehen aus einem Schlüssel und der zum Schlüssel gehörigen Information. Wie in Kapitel II werden wir jedoch meistens nur den Schlüssel betrachten und ein Objekt mit seinem Schlüssel gleichsetzen.

Sei $S \subseteq U$ eine Teilmenge des Universums U. Wir betrachten u.a. die folgenden Operationen:

Name der Operation	*Effekt der Operation*
Zugriff(x, S)	**if** $x \in S$ **then** die zu x gehörige Information **else** eine Meldung, daß x kein Element von S ist **fi**;
Mitglied(x, S)	**if** $x \in S$ **then** "Ja" **else** "Nein" **fi**;
Einfüge(x, S)	$S \leftarrow S \cup \{x\}$;
Streiche(x, S)	$S \leftarrow S - \{x\}$.

Die Operationen Einfüge und Streiche ändern die Menge S ab, d.h., der alte Inhalt von S wird durch diese Operationen zerstört. Die Operationen Zugriff und Mitglied können wahlweise benutzt werden; wir werden Mitglied benutzen, wenn die jeweilige Anwendung nur eine ja-/nein-Antwort fordert.

Für die folgenden Operationen nehmen wir zusätzlich an, daß $(U, \leq)$ linear angeordnet ist:

Ord(k, S)	das k-te Element der linearen Anordnung der Menge S;
List(S)	eine Liste der Elemente der Menge S in aufsteigender Reihenfolge.

In späteren Abschnitten werden wir weitere Operationen betrachten.

Wir kennen schon eine Datenstruktur, die alle oben angeführten Operationen unterstützt: die lineare Liste aus I.4.2. Eine Menge $S = \{x_1, \ldots, x_n\}$ wird als Liste dargestellt, deren i-tes Element x_i ist. Alle obigen Operationen können durch ein Durchlaufen der Liste realisiert werden und haben deshalb im schlechtesten Fall die Zeitkomplexität $O(n)$.

In diesem Kapitel lernen wir Methoden kennen, die wesentlich effizienter als lineare Listen sind. Wir unterscheiden zwischen vergleichsorientierten Methoden (Abschnitte III.3 bis III.7) und Methoden, die auf Darstellungsarten zurückgreifen (Abschnitte III.1 und III.2). Die ersteren benutzen nur Vergleiche $(\leq, <, =, >, \geq)$ zwischen Elementen, um Informationen zu erhalten; die letzteren benutzen dazu die Darstellung der Schlüssel als Strings über einem Alphabet. Suchbäume und Hashing sind jeweils typische Vertreter der beiden Klassen.

III.1. Digitale Suchbäume

III.1.1. TRIES

Eine der einfachsten Arten, eine Datei zu strukturieren, benutzt die Darstellung ihrer Elemente als Folgen von Ziffern (auch Digitaldarstellung); z.B. könnten wir $S = \{121, 102, 211, 120, 210, 212\}$ durch den TRIE aus Abbildung 31 darstellen.

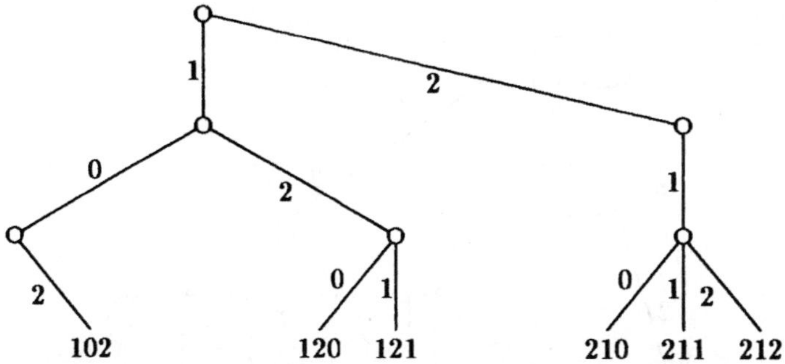

Abb. 31. TRIE für $S = \{121, 102, 211, 120, 210, 212\}$

Die allgemeine Situation ist dabei wie folgt: Das Universum U besteht aus allen Strings der Länge l über einem Alphabet von k Elementen, d.h., $U = \{0, \ldots, k-1\}^l$. Eine Menge $S \subseteq U$ wird dargestellt durch einen Baum, dessen Knoten Grad $\leq k$ haben und alle Präfixe von Elementen von S repräsentieren. Eine unmittelbar einleuchtende Implementierung ist, für jeden Knoten des Baumes ein Feld der Länge k zu benutzen (in III.6.3 lernen wir eine andere Implementierung kennen). Dann sind die Operationen Zugriff, Einfüge und Streiche sehr einfach zu programmieren und sehr schnell in der Ausführung — insbesondere, wenn die Spiegelbilder aller Elemente von S abgespeichert sind (in unserem Beispiel ist dies die Menge $\{121, 201, 112, 021, 012, 212\}$). In diesem Fall realisiert Programm 17 die Operation Mitglied(x). Es hat Laufzeit $O(l) = O(\log_k N)$, wobei $N = |U|$.

```
v ←Wurzel;
y ← x;
for j from 1 to l
do  i ← y mod k;
    y ← y div k;
    v ← i-ter Sohn von v
od;
if x = INHALT[v] then "Ja" else "Nein" fi.
```

Prog. 17

Unglücklicherweise kann der Platzbedarf eines solchen TRIES $O(n \cdot l \cdot k)$ sein, also sehr groß. Denn wir können gezwungen sein, für jedes Element der Menge S, $|S| = n$, einen ganzen Pfad von l Knoten abzuspeichern, die fast alle Grad eins haben und Platz $O(k)$ belegen. Es ist jedoch sehr einfach, den Platzbedarf auf $O(n \cdot k)$ zu reduzieren. Wir speichern dazu nur noch Knoten ab, die mindestens zwei Söhne haben. Da ein TRIE für eine Menge S der Größe n auch n Blätter hat, gibt es höchstens $n - 1$ Knoten vom Grad zwei oder mehr. Ketten von Knoten vom Grad eins werden ersetzt durch eine einzelne Zahl, die Anzahl der Knoten in der Kette. Abbildung 32 zeigt die platzsparende Version unseres Beispiels.

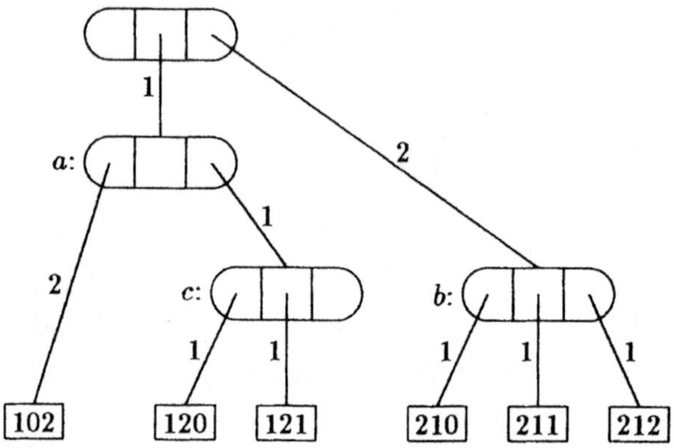

Abb. 32. TRIE ohne unäre Knoten

Knoten sind als Felder der Länge 3 gezeichnet. Die Zahlen an den Zeigern von Vätern zu Söhnen geben die Zunahme an Tiefe an, d.h. 1+die Länge der eliminierten Kette von Knoten vom Grad eins. In unserem Beispiel zeigt die 2 am Zeiger von der Wurzel zum Sohn b an, daß wir nach Verzweigen in der Wurzel gemäß der ersten Ziffer im Sohn b gemäß der dritten Ziffer (da $3 = 2 + 1$) verzweigen müssen. Die Algorithmen für Zugriff, Einfüge und Streiche werden für komprimierte TRIES etwas komplizierter, haben jedoch weiterhin die Laufzeit $O(l)$.

Satz 1. *Ein komprimierter TRIE unterstützt die Operationen Zugriff, Einfüge und Streiche mit der Laufzeitschranke $O(\log_k N)$, wobei N die Größe des Universums und k der Verzweigungsfaktor des TRIES ist. Eine Menge S von n Elementen kann in Platz $O(k \cdot n)$ abgespeichert werden.*

Beweis: Durch obige Ausführungen. ∎

TRIES zeigen ein interessantes Austauschverhältnis von Platz und Zeit. Wenn wir k groß wählen, machen wir TRIES schneller, aber sie verbrauchen mehr Platz. Wenn wir k klein wählen, werden TRIES langsamer, verbrauchen aber weniger Platz. Für statische Mengen, auf denen nur die Operation Zugriff erlaubt ist, beschreiben wir in III.1.2 eine weitere Komprimierungstechnik.

Eine unschöne Eigenschaft von TRIES ist, daß die Laufzeit im schlechtesten Fall von der Größe des Universums statt von der Größe der abgespeicherten Menge abhängt. Als nächstes zeigen wir, daß das mittlere Verhalten von TRIES jedoch $O(\log_k n)$ ist, d.h., die mittlere Zugriffszeit ist logarithmisch in der Größe der abgespeicherten Menge. Dazu benutzen wir die folgende *Wahrscheinlichkeitsannahme*:

Jede Teilmenge $S \subseteq U$, $|S| = n$, ist gleichwahrscheinlich.

Satz 2. *Sei $E(d_n)$ die mittlere Tiefe eines k-nären komprimierten TRIES für eine Menge von n Elementen. Dann ist*

$$E(d_n) \leq 2 \log_k n + O(1).$$

Beweis: Sei q_d die Wahrscheinlichkeit, daß der TRIE die Tiefe d oder mehr hat. Dann ist $E(d_n) = \sum_{d \geq 1} q_d$. Sei $S = \{x_1, \ldots, x_n\} \subseteq U = \{0, \ldots, k-1\}^l$ eine Teilmenge von U. Der komprimierte TRIE für S hat eine Tiefe kleiner als d, wenn die Funktion $trunc_{d-1}$, die jedes Element von U auf seine ersten $d-1$ Ziffern abbildet, auf S injektiv ist. Weiterhin ist $trunc_{d-1}$ eine injektive Abbildung auf der Menge S g.d.w. $\{trunc_{d-1}(x);\ x \in S\}$ eine Teilmenge von $\{0, \ldots, k-1\}^{d-1}$ der Größe n ist. Also gibt es genau $\binom{k^{d-1}}{n} k^{(l-(d-1))n}$ Teilmengen S der Größe n von U, so daß $trunc_{d-1}$ auf S injektiv ist. Deshalb ist

$$\begin{aligned} q_d &\leq 1 - \frac{\binom{k^{d-1}}{n} k^{(l-(d-1))n}}{\binom{k^l}{n}} \\ &\leq 1 - \frac{k^{d-1} \cdot (k^{d-1}-1) \cdots (k^{d-1}-(n-1)) \cdot k^{(l-(d-1))n}}{(k^l)^n} \\ &= 1 - \prod_{i=0}^{n-1} (1 - \frac{i}{k^{d-1}}). \end{aligned}$$

Beachten Sie weiter, daß für $n < k^{d-1}$ gilt

$$\begin{aligned} \prod_{i=0}^{n-1} (1 - \frac{i}{k^{d-1}}) &= e^{\sum_{i=0}^{n-1} \ln(1-i/k^{d-1})} \\ &\geq e^{\int_0^n \ln(1-x/k^{d-1})dx} \\ &\geq e^{-n^2/k^{d-1}}. \end{aligned}$$

Die erste Ungleichung folgt daraus, daß $f(x) = \ln(1 - x/k^{d-1})$ eine in x fallende Funktion und daher $f(i) \geq \int_i^{i+1} f(x)\,dx$ ist. Die letzte Ungleichung kann man einsehen durch Auswerten des Integrals mit der Substitution $x = k^{d-1} \cdot (1-t)$ unter Benutzung von $\ln(1+x) \le x$ (s. Anhang). Damit ist

$$\begin{aligned} q_d &\le 1 - e^{-n^2/k^{d-1}} \\ &\le n^2/k^{d-1}, \end{aligned}$$

weil $e^x - 1 \ge x$ und somit $1 - e^x \le -x$, zumindest wenn $n < k^{d-1}$. Wegen $q_d \le 1$ gilt die Abschätzung aber sogar für alle n. Sei $c = 2\lceil \log_k n \rceil$. Dann ist

$$\begin{aligned} E(d_n) &= \sum_{q=1}^{c} q_d + \sum_{d \ge c+1} q_d \\ &\le c + \sum_{d \ge c} n^2/k^d \\ &\le 2\lceil \log_k n \rceil + (n^2/k^c) \sum_{d \ge 0} k^{-d} \\ &\le 2\lceil \log_k n \rceil + \frac{1}{1 - 1/k}. \end{aligned}$$

∎

Satz 2 zeigt, daß die Tiefe eines zufälligen TRIES im Mittel durch $2 \log_k n + O(1)$ beschränkt ist. Daraus können wir folgern, daß die mittleren Laufzeiten der Operationen Zugriff, Einfüge und Streiche $O((\log n)/(\log k))$ sind. Der Platzbedarf ist $O(n \cdot k)$. Der Parameter k, die Basis der Darstellung durch Ziffern, gibt uns die Freiheit, Platz- und Zeitbedarf gegeneinander auszubalancieren.

III.1.2. Statische TRIES oder Komprimierung dünnbesetzter Tafeln

In diesem Abschnitt zeigen wir, daß der Platzverbrauch statischer TRIES drastisch reduziert werden kann, ohne die Zugriffszeit wesentlich zu erhöhen. Statische TRIES unterstützen nur die Operation Zugriff. Die Reduktion wird in zwei Schritten durchgeführt. Im ersten Schritt benutzen wir eine einfache Art von Übereinanderschieben (Overlaytechnik) zum Komprimieren großer Tafeln. Diese Technik kann nicht nur bei TRIES, sondern auch in anderen Gebieten angewandt werden, wo mit großen Tafeln gearbeitet wird, z.B. bei Parsertafeln. Der erste Schritt reduziert den Platzverbrauch auf $O(n \log \log n)$. In einem zweiten Schritt reduzieren wir den Platzverbrauch weiter auf $O(n)$, indem wir mehrere Zahlen in eine Speicherzelle schreiben.

Ein TRIE für eine Menge von n Elementen verbraucht Platz $O(k \cdot n)$. Er hat höchstens $n - 1$ Knoten, von denen jeder Platz für ein Feld von k Elementen benötigt. Von den $(n-1)k$ möglichen ausgehenden Zeigern sind höchstens $2n - 2$

non-nil (d.h. ungleich nil), weil der TRIE n Blätter und höchstens $n-2$ von der Wurzel verschiedene Knoten hat. Deshalb liegt es nahe, eine Overlaytechnik zu benutzen, um den Platzverbrauch zu reduzieren (ein alternativer Ansatz wird in III.2.3 erörtert).

Abbildung 33 zeigt, wie wir für unseren Beispiel-TRIE ein Feld der Länge 10 benutzen können, um alle 4 Felder der Länge 3 abzuspeichern.

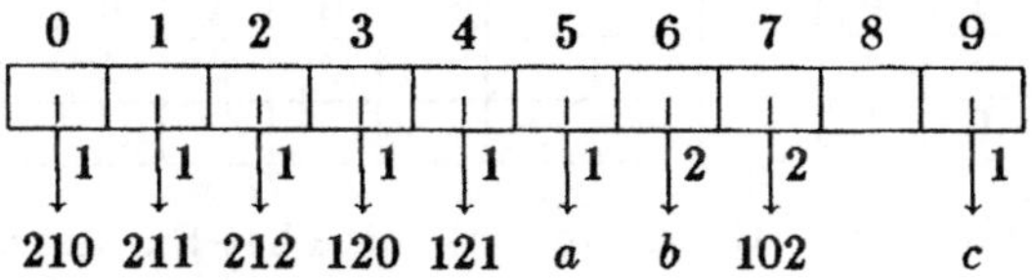

Abb. 33. Komprimierung des TRIES aus III.1.1. in ein großes Feld

Der Wurzelknoten beginnt in Zelle 4, Knoten a beginnt in Zelle 7, Knoten b beginnt in Zelle 0 und c beginnt in Zelle 3. Diese Information steht in einer zusätzlichen Tafel (s. Abb. 34).

a	b	c	Wurzel
7	0	3	4

Abb. 34. Eintrittspunkte in das große Feld

Angenommen, wir suchen nach 121. Wir folgen dann dem 1-Zeiger aus der Wurzel heraus, d.h. dem Zeiger in Zelle $4+1$ des großen Feldes. Das bringt uns zu Knoten a. Wir folgen dem 2-Zeiger aus a heraus, d.h. dem Zeiger in Zelle $7+2$ des großen Feldes, was uns zu Knoten c bringt, usw. Es ist auch aufschlußreich, eine erfolglose Suche durchzuführen, etwa nach 012. Wir folgen dem 0-Zeiger aus der Wurzel heraus, d.h. dem Zeiger in Zelle $4+0$. Das bringt uns zu einem Blatt mit Inhalt $121 \neq 012$. Also ist 012 kein Mitglied der Menge.

Als nächstes beschreiben wir detaillierter eine spezielle Komprimierungstechnik. Sei A eine boolesche $(r \times s)$-Matrix, d.h., ihre Einträge sind 0 oder 1. Genau m dieser Einträge sollen gleich 1 sein. Wir wollen kleine Zeilenverschiebungen $rd(i)$ finden, so daß $A[i,j] = 1 = A[i',j']$ und $(i,j) \neq (i',j')$ impliziert, daß $rd(i) + j \neq rd(i') + j'$ für alle Paare (i,j) und (i',j'); d.h., wenn wir die i-te Zeile, $0 \leq i \leq r-1$, der Matrix A abspeichern beginnend in Position $rd(i)$ eines eindimensionalen Feldes $C[0..\ ]$, dann kollidieren keine zwei Einsen. In unserem Beispiel entsprechen die Nullen den nil-Zeigern und die Einsen den non-nil-Zeigern. Ein Verfahren zum Berechnen der Zeilenverschiebungen ist die **absteigende First-Fit-Methode**:

1) Sortiere die Zeilen nach abnehmender Anzahl von Einsen in den Zeilen, d.h., die Zeile mit den meisten Einsen kommt zuerst.

2) Setze $rd(0) = 0$. Für $i \geq 1$ wähle $rd(i) \geq 0$ minimal, so daß es keine Kollision mit den vorher plazierten Zeilen 0 bis $i-1$ gibt.

In unserem Beispiel könnte Schritt 1) die linke Matrix aus Abbildung 35 erzeugen. In Schritt 2) wählen wir $rd(b) = 0$, $rd(c) = 3$, $rd(\text{Wurzel}) = 4$ und $rd(a) = 7$. Diese Zeilenverschiebungen sind in der rechten Matrix aus Abbildung 35 dargestellt.

b:	1	1	1
c:	1	1	0
Wurzel:	0	1	1
a:	1	0	1

0	1	2	3	4	5	6	7	8	9
1	1	1							
			1	1	0				
				0	1	1			
							1	0	1

Abb. 35. Overlaytechnik mit First-Fit-Methode

Wir erhalten mit der absteigenden First-Fit-Methode kleine Zeilenverschiebungen, wenn die Einsen der Matrix A gleichmäßig über A verteilt sind:

Satz 3. *Sei $m(l)$ die Gesamtzahl der Einsen in den Zeilen von A, die $l+1$ oder mehr Einsen beinhalten. Wenn $m(l) \leq m/(l+1)$ für alle l ist, dann erzeugt die absteigende First-Fit-Methode Zeilenverschiebungen $rd(i) \leq m$ für $0 \leq i \leq r-1$ in Zeit $O(r \cdot s + m^2)$.*

Beweis: Wir betrachten eine Zeile mit genau l Einsen. Wenn diese Zeile in Schritt 2) plaziert wird, sind vorher nur Zeilen mit $\geq l$ Einsen plaziert worden, und deshalb kann das Feld C höchstens $m(l-1)$ Einsen enthalten. Jede solche Eins kann höchstens l mögliche Auswahlen für die Zeilenverschiebung blockieren. Weil nach Annahme $l \cdot m(l-1) \leq m$ ist, können wir immer $rd(i) \leq m$ für alle i, $0 \leq i \leq r-1$, finden.

Wir müssen noch die Zeitschranke zeigen. Wir berechnen in Zeit $O(r \cdot s)$ die Anzahl der Einsen in jeder Zeile. Fachverteilung (s. Abschnitt II.2.1) sortiert die Zeilen nach der Anzahl der Einsen in Zeit $O(r+s)$. Um schließlich $rd(i)$ zu berechnen, muß man bis zu m Kandidaten testen. Dazu sucht man für jede zu plazierende Eins von Zeile i eine Null in C. Wenn die i-te Zeile r_i Einsen hat, kann ein Kandidat in Zeit $O(r_i)$ getestet werden. Dazu speichern wir die Einsen einer jeden Zeile zusätzlich in verketteten Listen ab. Also finden wir $rd(i)$ in Zeit $O(m \cdot r_i)$. Die Gesamtlaufzeit ist $O(r \cdot s + r + s + \sum_{i=0}^{r-1} m \cdot r_i) = O(r \cdot s + m^2)$. ∎

Die Vorraussetzung von Satz 3, die Eigenschaft des harmonischen Abstiegs, beschränkt stark die Möglichkeiten, die Einsen in Matrix A zu verteilen. Wir haben $m(1) \leq m/2$, und deshalb liegt mindestens die Hälfte der Einsen in Zeilen mit genau einer Eins als Eintrag. Auch ist $m(\sqrt{m}) < m/\sqrt{m} = \sqrt{m}$, und deshalb kann keine Zeile von A mehr als $\sqrt{m}$ Einsen enthalten. Was können wir tun, wenn A nicht die Eigenschaft des harmonischen Abstiegs erfüllt? Wir versuchen, Spaltenverschiebungen $cd(j)$, $0 \leq j \leq s-1$, zu finden, so daß die aus A entstehende Matrix B die Eigenschaft des harmonischen Abstiegs erfüllt. Dann wenden wir die oben beschriebene Komprimierungstechnik auf Matrix B an.

Für unser Beispiel könnten wir etwa $cd(0) = 0$, $cd(1) = 2$ und $cd(2) = 3$ wählen und erhalten die (7×3)-Matrix B aus Abbildung 36.

B :

	0	1	2
0	1		
1	1		
2	0	1	
3	1	1	1
4		1	0
5		0	1
6			1

cd :

0	1	2
0	2	3

Abb. 36. Situation nach Spaltenverschiebungen

Jetzt sind wir in der Lage, die Zeilenverschiebungen gemäß der absteigenden First-Fit-Methode zu wählen. Beachten Sie, daß Schritt 1) unseres Algorithmus die Zeilen von B in die Reihenfolge 3, 0, 1, 2, 4, 5, 6 umordnet. Schritt 2) wählt $rd(3) = 0$, $rd(0) = 3$, $rd(1) = 4$, $rd(2) = 4$, $rd(4) = 5$, $rd(5) = 5$ und $rd(6) = 6$ (s. Abb. 37).

	0	1	2	3	4	5	6	7	8
0				1	0	0			
1					1	0	0		
2					0	1	0		
3	1	1	1						
4						0	1	0	
5						0	0	1	
6							0	0	1

Abb. 37. Situation nach Spalten- und Zeilenverschiebungen

Somit entsteht das Feld C der Länge 9 aus Abbildung 38.

C :

0	1	2	3	4	5	6	7	8
1	1	1	1	1	1	1	1	1

Abb. 38. Die komprimierte Matrix C

Der Leser sollte sich vergegenwärtigen, daß alle Einsen der Matrix A auf verschiedene Einsen der Matrix C abgebildet werden; aus $A[i,j] = 1$ folgt nämlich $A[i,j] = B[i + cd(j), j] = C[rd(i + cd(j)) + j]$. Wir müssen noch die Frage klären, wie die Spaltenverschiebungen zu wählen sind. Wir benutzen wieder die First-Fit-Methode. Sei m_j die Gesamtzahl der Einsen in den Spalten $0, \ldots, j$ der Matrix A. Wir wählen $cd(0)$, $cd(1)$, ... in dieser Reihenfolge. Wir nehmen an, wir hätten schon $cd(0), \ldots, cd(j-1)$ gewählt und diese Verschiebungen auf die ersten j Spalten der Matrix A angewandt. Sei B_{j-1} die auf diese Weise erhaltene Matrix und sei $m_{j-1}(l)$ die Gesamtzahl der Einsen in Zeilen von B_{j-1} mit $l+1$ oder mehr Einsen. Wir wollen erreichen, daß $B = B_{s-1}$ die Eigenschaft des harmonischen Abstiegs erfüllt, d.h., daß

$$m_{s-1}(l) \leq m/(l+1) \qquad \text{für alle } l \geq 0.$$

Um die Eigenschaft des harmonischen Abstiegs nach allen Spaltenverschiebungen sicherzustellen, erlegen wir dem Auswahlprozeß die Erfüllung einer schärferen Bedingung auf; wir fordern nämlich, daß

$$(*) \qquad m_j(l) \leq m/f(l, m_j),$$

wobei wir f später wählen. Die Randbedingungen an f sind: $f(l, m_{s-1}) \geq l+1$ und $f(0, m_j) \leq m/m_j$. Die erste Randbedingung stellt die Eigenschaft des harmonischen Abstiegs am Ende der Konstruktion sicher, die zweite Randbedingung sorgt dafür, daß $(*)$ für $l = 0$ erfüllt ist. Beachten Sie, daß $m_j(0) = m_j$ für alle j und $m_0(l) = 0$ für alle $l > 0$.

Die First-Fit-Methode zur Wahl der Spaltenverschiebungen lautet dann: Wähle $cd(j) = 0$. Für $j > 0$ wähle $cd(j) \geq 0$ minimal, so daß $m_j(l) \leq m/f(l, m_j)$ für alle $l \geq 0$.

Wir suchen eine obere Schranke für die so erhaltenenen Werte $cd(j)$. Dazu stellen wir folgende Frage: Betrache ein *festes* $l \geq 1$ mit der Bedingung

$$(l) \qquad m_j(l) \leq m/f(l, m_j).$$

Wieviele Möglichkeiten für $cd(j)$ können wegen Verletzung der Bedingung (l) blokkiert sein? Wenn eine spezielle Möglichkeit, etwa k, für $cd(j)$ blockiert ist, dann ist

$$m_j(l) > m/f(l, m_j),$$

wobei $m_j(l)$ berechnet wird mit der Verschiebung k für die Spalte j. Weil die Bedingung (l) nach der Wahl von $cd(j-1)$ erfüllt war, haben wir weiterhin

$$m_{j-1}(l) \leq m/f(l, m_{j-1}),$$

und deshalb

$$m_j(l) - m_{j-1}(l) > m/f(l, m_j) - m/f(l, m_{j-1}).$$

Sei $q = m/f(l, m_j) - m/f(l, m_{j-1})$. Wir können q wie folgt interpretieren. In Matrix B_j ist die Gesamtzahl der Einsen in Zeilen mit $\geq l+1$ Einsen um mindestens q größer als in Matrix B_{j-1}. Wir können diese q Einsen auf eine andere Art zählen. Es gibt mindestens $q/(l+1)$ Paare der Art (eine Zeile von B_{j-1} mit $\geq l$ Einsen, eine Eins in Spalte j), die nebeneinander aufgereiht werden, wenn die Spaltenverschiebung $cd(j) = k$ gewählt wird. Beachten Sie, daß jedes solche Paar entweder 1 (wenn die Zeile von B_{j-1} mindestens $l+1$ Einsen hat) oder $l+1$ (wenn die Zeile von B_{j-1} genau l Einsen hat) zu q beiträgt. Da die Anzahl der Zeilen von B_{j-1} mit $\geq l$ Einsen durch $m_{j-1}(l-1)/l \leq m/(l \cdot f(l-1, m_{j-1}))$ beschränkt ist und die Spalte j von A genau $m_j - m_{j-1}$ Einsen enthält, ist die Anzahl solcher Paare durch

$$p = \frac{(m_j - m_{j-1}) \cdot m}{l \cdot f(l-1, m_{j-1})}$$

beschränkt. Da die zu den Blockaden gehörenden Mengen von Paaren disjunkt sind, gibt es höchstens $p/(q/(l+1))$ mögliche Auswahlen k für $cd(j)$, die blockiert werden wegen Verletzung der Bedingung (l) für $l \geq 1$. Also ist die Gesamtzahl der blockierten Werte beschränkt durch

$$BW = \sum_{l=1}^{l_0} \frac{(l+1) \cdot (m_j - m_{j-1}) \cdot m}{l \cdot f(l-1, m_{j-1}) \cdot [m/f(l, m_j) - m/f(l, m_{j-1})]},$$

wobei $l_0 = \min\{l;\ m/f(l, m_{j-1}) \leq l\}$. Da es keine Zeilen von B_{j-1} mit $> l_0$ Einsen gibt, ist p, wie es oben definiert ist, gleich 0 für $l > l_0$. Deshalb können wir $cd(j)$ immer so wählen, daß $0 \leq cd(j) \leq BW$.

Wir müssen noch eine obere Schranke für BW herleiten. Wir schreiben den Ausdruck für BW wie folgt um:

$$BW = \sum_{l=1}^{l_0} \frac{l+1}{l} \cdot \frac{m_j - m_{j-1}}{f(l, m_{j-1})/f(l, m_j) - 1} \cdot \frac{f(l, m_{j-1})}{f(l-1, m_{j-1})}.$$

Dieser Ausdruck beinhaltet nur Quotienten von f, und wir setzen daher $f(l, m_j) = 2^{g(l, m_j)}$ für eine Funktion g, die wir später wählen. Wir erhalten somit

$$\begin{aligned} BW &= \sum_{l=1}^{l_0} \frac{l+1}{l} \cdot \frac{m_j - m_{j-1}}{2^{g(l, m_{j-1}) - g(l, m_j)} - 1} \cdot 2^{g(l, m_{j-1}) - g(l-1, m_{j-1})} \\ &\leq \sum_{l=1}^{l_0} \frac{l+1}{l} \cdot \frac{m_j - m_{j-1}}{[g(l, m_{j-1}) - g(l, m_j)] \cdot \ln 2} \cdot 2^{g(l, m_{j-1}) - g(l-1, m_{j-1})}, \end{aligned}$$

da $2^x - 1 \geq x \cdot \ln 2$. Beachten Sie weiter, daß sich die beiden Differenzen jeweils nur in einem Argument von g unterscheiden. Deshalb setzen wir $g(l, m_j) = h(l) \cdot k(m_j)$ für später zu wählende Funktionen h und k. Die obere Schranke für BW vereinfacht sich somit zu

$$BW \leq \sum_{l=1}^{l_0} \frac{l+1}{l} \cdot \frac{m_j - m_{j-1}}{h(l) \cdot [k(m_{j-1}) - k(m_j)] \cdot \ln 2} \cdot 2^{(h(l) - h(l-1)) \cdot k(m_{j-1})}.$$

Diese Summe vereinfacht sich weiter, wenn wir h und k als lineare Funktionen wählen, etwa $h(l) = l$ und $k(m_j) = 2 - m_j/m \leq 2$. Dann ist

$$\begin{aligned}
BW &\leq \sum_{l=1}^{l_0} \frac{l+1}{l} \cdot \frac{m_j - m_{j-1}}{l \cdot (m_j/m - m_{j-1}/m) \cdot \ln 2} \cdot 2^2 \\
&= \sum_{l=1}^{l_0} \frac{4m}{\ln 2} \cdot \frac{l+1}{l^2} \\
&= \frac{4m}{\ln 2} \left(\sum_{l=1}^{l_0} 1/l + \sum_{l=1}^{l_0} 1/l^2 \right) \\
&\leq \frac{4m}{\ln 2} (\ln l_0 + 1 + \pi^2/6) \\
&\qquad \left(\text{weil } \sum_{l=1}^{l_0} 1/l \leq 1 + \ln l_0 \qquad \text{(s. Anhang)}\right. \\
&\qquad \left.\text{und } \sum_{l \geq 1} 1/l^2 = \pi^2/6\right) \\
&\leq 4m \log l_0 + 15.3m \ .
\end{aligned}$$

Beachten Sie schließlich, daß $f(l, m_j) = 2^{l \cdot (2 - m_j/m)} \geq 2^l$ und deshalb $l_0 \leq \log m$ ist. Auch ist $f(l, m_{s-1}) = 2^l \geq l + 1$ für alle l und $f(0, m_j) = 2^0 = 1 \leq m/m_j$ für alle j; also erfüllt f die Randbedingungen. Deshalb können wir $cd(j)$ immer so wählen, daß $0 \leq cd(j) \leq 4m \log \log m + 15.3m$ gilt.

Satz 4. *Für eine gegebene boolesche Matrix $A[0\,..\,r-1, 0\,..\,s-1]$ mit m nicht-null Einträgen kann man Spaltenverschiebungen $cd(j)$ für $0 \leq j \leq s-1$ berechnen, so daß $0 \leq cd(j) \leq 4m \log \log m + 15.3m$ gilt und die aus Matrix A durch diese Spaltenverschiebungen erhaltene Matrix B die Eigenschaft des harmonischen Abstiegs erfüllt. Die Spaltenverschiebungen können in Zeit $O(m^2 \log \log m)$ gefunden werden.*

Beweis: Die Schranke für die Größe der Spaltenverschiebungen folgt aus obigen Ausführungen. Die Zeitschranke kann man wie folgt einsehen. Für jede Zeile von B_j verwalten wir einen Zähler für die Anzahl der Einsen in dieser Zeile und merken uns die Zahlen $m_j(i)$ und m_j. Um $cd(j+1)$ zu finden, müssen wir bis zu $4m \log \log m + O(m)$ mögliche Kandidaten testen. Einen Kandidaten plazieren wir in Zeit $O(s_{j+1})$, wobei s_{j+1} die Anzahl der Einsen in Spalte $j+1$ ist. Dazu verwalten wir zusätzlich die Einsen einer jeden Spalte als verkettete Liste. Weiter müssen wir für den untersuchten Kandidaten in Zeit $O(s_{j+1})$ die betroffenen $m_j(i)$ aktualisieren, gegebenenfalls wieder zurücksetzen und in Zeit $O(l_0) = O(\log m)$ auf Verletzung der Bedingung (l) für $1 \leq l \leq l_0$ überprüfen. Also ist die Gesamtzeit für die Berechnung der Spaltenverschiebungen $O(m \log \log m \cdot \sum_{j=0}^{s-1} (s_i + \log m)) = O(m^2 \log \log m)$. ∎

Wir wollen nun die Sätze 3 und 4 vereinigen. Wenn Matrix $A[0\,..\,r-1, 0\,..\,s-1]$ mit m nicht-null Einträgen vorliegt, gibt es nach Satz 4 Spaltenverschiebungen $cd(j)$ für $0 \le j < s$ und eine Matrix B, die die Eigenschaft des harmonischen Abstiegs erfüllt, so daß

$$A[i,j] \neq 0 \quad \Rightarrow \quad B[i + cd(j), j] = A[i,j].$$

B hat s Spalten und $r' \le r + 4m \log\log m + 15.3m$ Zeilen. Sicherlich hat B höchstens m Zeilen mit mindestens einem nicht-null Eintrag. Jetzt wenden wir Satz 3 an und erhalten Zeilenverschiebungen $rd(i)$ für $0 \le i < r'$ und eine eindimensionale Matrix C, so daß

$$B[h,j] \neq 0 \quad \Rightarrow \quad C[rd(h) + j] = B[h,j],$$

oder anders formuliert

$$A[i,j] \neq 0 \quad \Rightarrow \quad C[rd(i + cd(j)) + j] = A[i,j].$$

Weil B nur m nicht-null Einträge hat, gibt es höchstens m verschiedene h's, so daß $rd(h) \neq 0$. Weiterhin hat das Feld C höchstens die Länge $m + s$, weil $rd(h) \le m$ für alle h.

Bisher haben wir folgende Platzeinsparung erreicht: C benutzt $m+s$ Speicherzellen, cd benutzt s Speicherzellen und rd benutzt $r' \le r + 4m \log\log m + 15.3m$ Speicherzellen.

Wir wollen nun unsere Komprimierungstechnik auf einen TRIE mit Verzweigungsfaktor k für eine Menge von n Elementen, $k \le n$, anwenden. $k = n$ liefert das beste Resultat, wenn wir die Zugriffszeit im Auge haben. Wir können die Darstellung der Knoten durch ein Feld betrachten als eine $(r \times s)$-Matrix mit $r \le n - 1$, $s = k$ und höchstens $2n - 2$ nicht-null Einträgen. Komprimierung gibt uns eine Matrix C mit $O(k + n) = O(n)$ Speicherzellen, eine Menge von $k = O(n)$ Spaltenverschiebungen und eine Menge von $O(n \log\log n)$ Zeilenverschiebungen. Also ist der Gesamtplatzverbrauch $O(n \log\log n)$.

Die Einträge in den Feldern rd, cd und C sind Zahlen im Bereich von 0 bis $O(n \log\log n)$, d.h. Bitstrings der Länge $O(\log n)$. Oben sahen wir, daß das Feld rd höchstens $c \cdot n \log\log n$ Einträge hat für eine Konstante c, und daß alle bis auf höchstens $2n - 2$ null sind. Als nächstes beschreiben wir eine Komprimierung des Vektors rd, die auf folgender Annahme beruht: Eine Speicherzelle kann mehrere Zahlen beinhalten, wenn deren Gesamtlänge kleiner als $\log n$ ist.

Seien $i_0, i_1, \ldots, i_{t-1}$, wobei $t \le 2n - 2$, die Indizes der nicht-null Einträge des Vektors rd. Wir komprimieren rd zu einem Vektor crd der Länge t, indem wir nur die nicht-null Einträge abspeichern, d.h., $crd[l] = rd[i_l]$ für $0 \le l \le t - 1$. Wir müssen noch ein Verfahren beschreiben, um l für ein gegebenes i_l zu finden.

Sei $d = \lfloor \log\log n \rfloor$. Wir teilen den Vektor rd in $c \cdot n \log\log n/d \le 2c \cdot n$ Blöcke auf. Jeder Block hat Länge d. Für jeden Block schreiben wir das minimale l auf, so daß i_l in diesem Block liegt, wenn ein solches l existiert. Dadurch wird ein Vektor *basis* der Länge $2c \cdot n$ definiert. Für jedes andere Element eines Blocks speichern wir die Verschiebung bezüglich l in einem zweidimensionalen Feld *offset*, d.h.,

$$basis[v] = \begin{cases} \min\{l;\ i_l \text{ div } d = v\} & \text{wenn } \exists l : i_l \text{ div } d = v; \\ -1 & \text{andernfalls} \end{cases}$$

für $0 \leq v < 2c \cdot n$ und

$$offset[v, j] = \begin{cases} l - basis[v] & \text{wenn } v \cdot d + j = i_l \text{ für ein } l; \\ -1 & \text{andernfalls} \end{cases}$$

für $0 \leq j < d$. Dann ist $rd[h] = 0$ g.d.w. $offset[h \text{ div } d, h \text{ mod } d] = -1$. $rd[h] \neq 0$ impliziert, daß $rd[h] = crd[basis[h \text{ div } d] + offset[h \text{ div } d, h \text{ mod } d]]$. Für beliebiges v ist $offset[v,\ ]$ eine Liste von d Zahlen im Bereich $-1, \ldots, d-1$. Wir fassen diese Zahlen zu einer Zahl $off[v]$ zusammen durch

$$off[v] = \sum_{j=0}^{d-1} (offset[v, j] + 1) \cdot (d+1)^j.$$

Dann ist $0 \leq off[v] \leq (d+1)^d$. Also paßt $off[v]$ in eine Speicherzelle und

$$offset[v, j] = ((off[v] \text{ div } (d+1)^j) \text{ mod } (d+1)) - 1,$$

und somit kann $offset[v, j]$ in Zeit $O(1)$ aus $off[v]$ und einer Tafel für die Potenzen von $d+1$ berechnet werden. Alles in allem haben wir den Platzverbrauch auf $O(n)$ verringert, nämlich $O(n)$ für jedes der Felder *crd*, *basis* und *off*, und haben die Zugriffszeit nur um einen konstanten Faktor erhöht.

Wir veranschaulichen diese Definitionen in Abbildung 39 mit $d = 3$, $i_0 = 1$, $i_1 = 3$, $i_2 = 5$ und $i_3 = 11$. Beachten Sie z.B., daß $off[1] = (1 + offset[1, 0]) \cdot 4^0 + (1 + offset[1, 1]) \cdot 4^1 + (1 + offset[1, 2]) \cdot 4^2 = 1 \cdot 4^0 + 0 \cdot 4^1 + 2 \cdot 4^2 = 33$.

rd :

0 1 0	1 0 1	0 0 0	0 0 1

crd :

rd(1)	*rd*(3)	*rd*(5)	*rd*(11)

basis :

0	1	−1	3

offset :

−1	0	−1
0	−1	1
−1	−1	−1
−1	−1	0

und *off* :

4
33
0
16

Abb. 39. Komprimierung von *rd*

Satz 5. *Seien $S \subseteq U$, $|S| = n$ und $|U| = N$. Dann unterstützt ein n-närer TRIE die Operation Zugriff in Zeit $O(\log_n N)$ im schlechtesten Fall und Zeit $O(1)$ im mittleren Fall. Der TRIE kann in $O(n)$ Speicherzellen von jeweils $O(\log n)$ Bits abgespeichert werden.*

Beweis: Die Zeitschranken folgen aus den Sätzen 1 und 2. Die Platzschranke folgt aus den obigen Ausführungen. ∎

In Abschnitt III.2.3 über perfektes Hashing werden wir Satz 5 verbessern und zeigen, wie wir Zugriffszeit $O(1)$ im schlechtesten Fall erhalten. Wir haben Satz 5 hergeleitet, weil die dort verwandte Komprimierungstechnik von allgemeinem Interesse ist. Insbesondere kann man mit ihrer Hilfe große, dünnbesetzte Tafeln komprimieren, ohne die Zugriffszeit wesentlich zu verschlechtern. Beachten Sie, daß ein Zugriff auf das Feld A ersetzt wird durch einen Zugriff auf die drei Felder rd, cd und C und einige Additionen, zumindest solange, wie wir mit dem Verbrauch von $O(n \log\log n)$ Speicherzellen einverstanden sind.

III.2. Hashing

Hashing arbeitet mit einem Feld $T[0..m-1]$, der Hashtafel, und einer Funktion $h : U \mapsto [0..m-1]$, der Hashfunktion. U ist das Universum; in diesem Abschnitt ist $U = [0..N-1]$. Die grundlegende Idee ist, eine Menge S folgendermaßen abzuspeichern: $x \in S$ wird in $T[h(x)]$ abgespeichert. Dann ist Zugriff eine sehr einfache Operation: Man muß $h(x)$ ausrechnen und in $T[h(x)]$ nachschlagen.

Sei z.B. $m = 5$, $S = \{3, 15, 22, 24\} \subseteq [0..99]$ und $h(x) = x \bmod 5$. Abbildung 40 zeigt die Hashtafel hierzu.

0	15
1	
2	22
3	3
4	24

Abb. 40. Eine Hashtafel

Folgendes Problem taucht sofort auf: Was sollen wir tun, wenn $h(x) = h(y)$ für irgendwelche $x, y \in S$, $x \neq y$? Ein solches Ereignis heißt **Kollision**. Es gibt zwei Vorgehensweisen, um dieses Problem in den Griff zu bekommen: Verkettung und offene Adressierung.

III.2.1. Hashing mit Verkettung

Die Hashtafel T ist jetzt ein Feld von linearen Listen. Eine Menge $S \subseteq U$ wird dargestellt durch m lineare Listen. Die i-te Liste enthält alle Elemente $x \in S$ mit $h(x) = i$.

Abbildung 41 zeigt die Darstellung der Menge $S = \{1, 3, 4, 7, 10, 17, 21\}$ in einer Tafel der Länge $m = 3$. Wir benutzen die Hashfunktion $h(x) = x \bmod 3$.

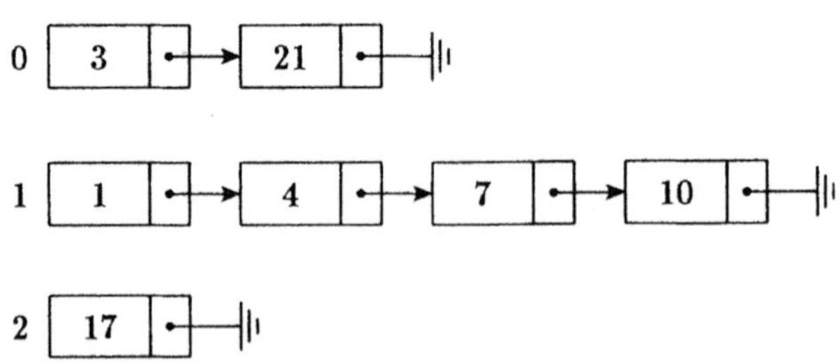

Abb. 41. Beispiel für Hashing mit Verkettung

Die Operation Zugriff(x, S) wird durch folgendes Programm realisiert:

1) berechne $h(x)$;
2) suche in Liste $T[h(x)]$ nach Element x.

Die Operationen Einfüge(x, S) und Streiche(x, S) werden ähnlich implementiert: Wir müssen x zur Liste $T[h(x)]$ hinzufügen oder daraus streichen. Die Zeitkomplexität von Hashing mit Verkettung ist einfach zu bestimmen: Sie besteht aus der Zeit, um die Hashfunktion h auszuwerten, plus der Zeit, um die Liste $T[h(x)]$ zu durchsuchen. Wir nehmen in diesem Abschnitt an, daß h in konstanter Zeit ausgewertet werden kann und definieren deshalb die Kosten einer Operation mit Schlüssel x als $O(1 + \delta_h(x, S))$, wobei S die Menge der abgespeicherten Elemente ist,

$$\delta_h(x, S) = \sum_{y \in S} \delta_h(x, y)$$

und

$$\delta_h(x, y) = \begin{cases} 1 & \text{wenn } h(x) = h(y) \text{ und } x \neq y; \\ 0 & \text{andernfalls.} \end{cases}$$

Die Komplexität von Hashing mit Verkettung im schlechtesten Fall ist schnell bestimmt. Der schlechteste Fall tritt ein, wenn die Hashfunktion h eingeschränkt auf S eine Konstante ist, d.h., wenn $h(x) = i_0$ für alle $x \in S$. Dann verschlechtert sich Hashing zum Durchsuchen einer linearen Liste und jede der drei Operationen kostet $\Theta(|S|)$ Zeiteinheiten.

Satz 1. *Bei Hashing mit Verkettung ist die Zeitkomplexität der Operationen Zugriff(x, S), Einfüge(x, S) und Streiche(x, S) im schlechtesten Fall $\Theta(|S|)$.* ∎

Das Verhalten im mittleren Fall ist wesentlich besser. Wir analysieren die Komplexität einer Folge von n Einfüge-, Streiche- und Zugriffs-Operationen, die mit einer leeren Tafel beginnt, d.h. einer Folge $Op_1(x_1), \ldots, Op_n(x_n)$, wobei $Op_k \in$ {Einfüge, Streiche, Zugriff} und $x_k \in U$, unter folgenden Wahrscheinlichkeitsannahmen (diese werden wir später diskutieren):

1) Die Hashfunktion $h : U \mapsto [0 \mathinner{..} m-1]$ verteilt das Universum gleichmäßig über das Intervall $[0 \mathinner{..} m-1]$, d.h., für alle $i, i' \in [0 \mathinner{..} m-1]$ ist $|h^{-1}(i)| = |h^{-1}(i')|$.
2) Alle Elemente von U sind als Argument einer der Operationen in der Folge gleichwahrscheinlich, d.h., das Argument der k-ten Operation ist gleich einem festen $x \in U$ mit Wahrscheinlichkeit $1/|U|$.

Unsere beiden Annahmen implizieren, daß der Wert $h(x_k)$ der Hashfunktion an dem Argument der k-ten Operation einer Gleichverteilung auf $[0 \mathinner{..} m-1]$ gehorcht, d.h., $\text{prob}\big(h(x_k) = i\big) = 1/m$ für alle $k \in [1 \mathinner{..} n]$ und $i \in [0 \mathinner{..} m-1]$.

Satz 2. *Unter den obigen Annahmen hat eine Folge von n Einfüge-, Streiche- und Zugriffs-Operationen die Zeitkomplexität $O((1 + \beta/2) \cdot n)$, wobei $\beta = n/m$ der (maximale) Belegungsfaktor der Tafel ist.*

Beweis: Zuerst berechnen wir die mittleren Kosten der $(k+1)$-ten Operation. Offensichtlich sind diese Kosten am größten, wenn die ersten k Operationen sämtlich Einfügungen sind. Daher analysieren wir diesen Fall. Es sei $h(x_{k+1}) = i$, d.h., die $(k+1)$-te Operation greife auf die i-te Liste zu. Sei weiter $\text{prob}(l_k(i) = j)$ die Wahrscheinlichkeit, daß die i-te Liste nach der k-ten Operation die Länge j hat. Dann sind

$$MK_{k+1} = \sum_{j \geq 0} \text{prob}(l_k(i) = j) \cdot (1 + j)$$

die mittleren Kosten der $(k+1)$-ten Operation. Um die Abschätzungen übersichtlich zu halten, unterlassen wir es, diesen und die folgenden Ausdrücke (Beweise der Sätze 3, 4 und 5) in O-Notation zu schreiben. Beachten Sie weiter, daß

$$\text{prob}(l_k(i) = j) \leq \binom{k}{j} \cdot (1/m)^j \cdot (1 - 1/m)^{k-j}$$

Deshalb ist

$$\begin{aligned} MK_{k+1} &\leq 1 + \sum_{j \geq 0} \binom{k}{j} \cdot (1/m)^j \cdot (1 - 1/m)^{k-j} \cdot j \\ &= 1 + \frac{k}{m} \sum_{j \geq 1} \binom{k-1}{j-1} \cdot (1/m)^{j-1} \cdot (1 - 1/m)^{k-j} \\ &= 1 + \frac{k}{m}. \end{aligned}$$

Also sind die mittleren Gesamtkosten der n Operationen

$$\begin{aligned} \sum_{k=1}^{n} MK_k &= O\Big(\sum_{k=1}^{n} \big(1 + \frac{k-1}{m}\big)\Big) \\ &= O\Big(n + \frac{(n-1)n}{2m}\Big) \\ &= O\Big(n + \frac{\beta n}{2}\Big). \end{aligned}$$

∎

Jetzt wollen wir die Wahrscheinlichkeitsannahmen diskutieren, die wir für die Analyse von Hashing mit Verkettung benutzt haben. Annahme 1) können wir leicht erfüllen. Die Hashfunktion h soll das Universum U gleichmäßig über die Hashtafel verteilen. Sei dazu $U = [0 \,..\, N-1]$ und $m|N$, d.h., m teile N. Dann erfüllt $h(x) = x \bmod m$ die erste Annahme (Divisionsmethode). Wenn nicht $m|N$, aber

N viel größer als m ist, dann erfüllt die Divisionsmethode Annahme 1) fast, und Satz 2 ist weiterhin erfüllt.

Annahme 2) ist kritischer, weil sie ein bestimmtes Verhalten des Benutzers der Hashfunktion verlangt. Im allgemeinen sind die genauen Umstände späterer Benutzung nicht bekannt, wenn die Hashfunktion gewählt wird, und deshalb muß man bei Anwendung von Satz 2 sehr vorsichtig sein. Wir erörtern jetzt eine spezielle Anwendung und kommen dann auf die durch Annahme 2) entstehende Problematik in den Abschnitten über perfektes und universelles Hashing zurück. Insbesondere werden wir im Abschnitt über universelles Hashing einfache Klassen von guten Hashfunktionen kennenlernen.

Symboltafeln in Compilern werden oft durch Hashtafeln realisiert. Identifier sind Strings über dem Alphabet $\{A, B, C, \ldots\}$, d.h., $U = \{A, B, C, \ldots\}^*$. Die benutzten Identifier sind sicherlich *nicht* gleichmäßig über U verteilt. So sind die Identifier I1, I2, J1,... sehr beliebt und XYZ ist es nicht. Wir können diese Ungleichförmigkeit benutzen, um ein besseres Verhalten als das von Satz 2 vorausgesagte zu erreichen. In einem Computer werden Identifier als Bitstrings dargestellt; allgemein werden 8 Bit (1 Byte) benutzt, um ein Zeichen (engl. character) darzustellen. Wir weisen also jedem Character des Alphabets eine Zahl $num(C) \in [0..255]$ zu und interpretieren einen String $C_r C_{r-1} \ldots C_0$ als eine Zahl zur Basis 256, nämlich $\sum_{i=0}^{r} num(C_i) \cdot 256^i$. Weiterhin werden den Charactern 1, 2, 3, ... fortlaufende Nummern zugewiesen. Dann führen die Strings I0, I1, I2, und X0, X1, X2 zu arithmetischen Progressionen der Form $a + i$ und $b + i$, wobei $i = 0, 1, 2, \ldots$, und $256|(a - b)$. Weil Identifier der Form I0, I1, I2 und X0, X1, X2 oft benutzt werden, wollen wir erreichen, daß

$$h(a + i) \neq h(b + j) \qquad \text{für } 0 \leq i, j \leq 9 \text{ und } 256|(a - b),$$

d.h., wenn $h(x) = x \bmod m$ für ein m, dann soll für dieses m gelten:

$$(b - a) + (j - i) \neq 0 \bmod m.$$

Weil $256|(b-a)$, wählen wir m so, daß m keine Zahlen der Form $256 \cdot c + d$ für $|d| \leq 9$ teilt. Auf diese Art können wir ein besseres Verhalten als das durch Satz 2 vorausgesagte erreichen. In Abbildung 42 fassen wir die Ergebnisse einer Untersuchung von Lum (71) über das mittlere Verhalten von Hashing mit Verkettung zusammen.

Belegungsfaktor	0.5	0.6	0.7	0.8	0.9
Zugriffszeit					
im Experiment	1.19	1.25	1.28	1.34	1.38
in der Theorie	1.25	1.30	1.35	1.40	1.45

Abb. 42. Mittlere Zeitkomplexität von Hashing mit Verkettung

Annahme 2) ist nicht das einzige Problem mit Hashing in der Form, wie wir es beschrieben haben. Denn das mittlere Verhalten hängt von dem Belegungsfaktor

$\beta = n/m$ ab. Eine Operation kann in Zeit $O(1)$ ausgeführt werden, wenn β durch eine Konstante beschränkt ist. Daraus folgt, daß man entweder m am Anfang groß genug wählen oder die Größe der Hashtafel von Zeit zu Zeit erhöhen oder herabsetzen muß. Die erste Lösung erhöht den Speicherbedarf, was bei vielen Anlagen auch eine erhöhte Zugriffszeit mit sich bringt. Wenn die Hashtafel zu groß ist, um in den Hauptspeicher zu passen, steigt die Anzahl der Zugriffe auf Hintergrundspeicher.

Für die zweite Lösung benutzen wir eine Folge T_0, T_1, T_2, ... von Hashtafeln der jeweiligen Größe m, $2m$, $4m$, ... Für jedes i haben wir eine Hashfunktion h_i. Wir beginnen mit der Hashtafel T_0. Angenommen, wir benutzen die Hashtafel T_i und der Belegungsfaktor erreicht 1 oder 1/4. Im ersten Fall gehen wir zur Hashtafel T_{i+1} über, indem wir alle $2^i m$ Elemente aus der Tafel T_i in die Tafel T_{i+1} umspeichern. Im Mittel kostet das $O(2^i m)$ Zeiteinheiten. Der Belegungsfaktor der Tafel T_{i+1} ist jetzt 1/2, und deshalb können wir mindestens $(1/4) \cdot 2^{i+1} m = (1/2) \cdot 2^i m$ Operationen ausführen, bis die nächste Restrukturierung notwendig wird. Im zweiten Fall gehen wir zur Hashtafel T_{i-1} über, indem wir alle $(1/4) \cdot 2^i m$ Elemente aus der Tafel T_i in die Tafel T_{i-1} umspeichern. Im Mittel kostet das $O((1/4) \cdot 2^i m)$ Zeiteinheiten. Der Belegungsfaktor der Tafel T_{i-1} ist jetzt 1/2, und deshalb können wir ohne weitere Restrukturierung mindestens $(1/4) \cdot 2^{i-1} m$ Operationen ausführen.

In beiden Fällen sind die Kosten der Restrukturierung höchstens doppelt so hoch wie die Anzahl der nachfolgenden Operationen, die ohne weitere Restrukturierung ausgeführt werden können. Deshalb können wir konzeptuell die Kosten einer Restrukturierung auf die Operationen verteilen, die zwischen dieser und der nächsten Restrukturierung liegen. Auf diese Art weisen wir jeder Operation zusätzliche Kosten von $O(1)$ zu, und die mittleren Kosten einer Operation bleiben $O(1)$ Zeiteinheiten. Weiterhin ist der Belegungsfaktor immer mindestens 1/4 (außer bei der Tafel T_0).

Wir fahren fort mit einer Bemerkung über die Operationen Ord(k, S) und List(S). Weil die Elemente der Menge S über die ganze Hashtafel T verstreut sind, kann keine der beiden Operationen halbwegs effizient implementiert werden. Eine der Hauptanwendungen der Operation List(S), die gemeinsame Abarbeitung einer Menge von Anforderungen, kann allerdings effizient unterstützt werden. Angenommen, wir wollen n_1 Operationen Zugriff, Einfüge und Streiche auf der Menge S durchführen. Anstatt n_1 einzelne Operationen auszuführen, ist es oft besser, die Anforderungen nach den benutzten Schlüsseln zu sortieren und dann alle Anforderungen durch ein einziges Durchlaufen der Menge S auszuführen. Auch wenn die Menge S in einer Hashtafel abgespeichert ist, können wir diese Methode verwenden. Wir wenden die Hashfunktion auf die Anforderungen an und sortieren die Anforderungen nach den gehashten Schlüsseln. Dann arbeiten wir alle Anforderungen durch ein einziges Durchlaufen der ganzen Hashtafel ab.

Nun wollen wir die mittleren Kosten des schlechtesten Falls von Hashing mit Verkettung erörtern. Wir nehmen an, daß eine Menge S von n Elementen in der Hashtafel abgespeichert ist. Dann gibt die Größe $\max_{x \in U} \delta_h(x, S)$ die maximalen Kosten einer Operation an. Wir wollen den mittleren Wert der Kosten im schlechtesten Fall unter der Annahme berechnen, daß S eine zufällige Teilmenge des Universums ist, d.h., wir nehmen wieder an, daß $S = \{x_1, \ldots, x_n\}$ und daß $\text{prob}(h(x_k) = i) = 1/m$ für alle $k \in [1..n]$ und $i \in [0..m-1]$.

Satz 3. *Unter den obigen Annahmen sind die mittleren Kosten des schlechtesten Falls von Hashing mit Verkettung $O((\log n)/(\log\log n))$, wenn $\beta = n/m \leq 1$.*

Beweis: Sei $l(i)$ die Anzahl der Elemente von S, die in der i-ten Liste abgespeichert sind. Dann ist $\text{prob}(l(i) \geq j) \leq \binom{n}{j}(1/m)^j$. Weiterhin ist

$$\begin{aligned}\text{prob}((\max_i l(i)) \geq j) &\leq \sum_{i=0}^{m-1} \text{prob}(l(i) \geq j)\\ &\leq m \cdot \binom{n}{j} \cdot (1/m)^j\\ &\leq n \cdot (n/m)^{j-1} \cdot (1/j!).\end{aligned}$$

Also ist die mittlere Länge der längsten Kette gleich

$$\begin{aligned}MLK &= \sum_{j\geq 1} \text{prob}((\max_i l(i)) \geq j)\\ &\leq \sum_{j\geq 1} \min(1, n \cdot (n/m)^{j-1} \cdot (1/j!)).\end{aligned}$$

Sei $j_0 = \min\{j;\ n \cdot (n/m)^{j-1} \cdot (1/j!) \leq 1\} \leq \min\{j;\ n \leq j!\}$, da $n/m \leq 1$. Aus $j! \geq (j/2)^{j/2}$ folgern wir, daß $j_0 = O((\log n)/(\log\log n))$. Also ist

$$\begin{aligned}MLK &\leq \sum_{j=1}^{j_0} 1 + \sum_{j>j_0} 1/j_0^{\,j-j_0}\\ &= O((\log n)/(\log\log n)).\end{aligned}$$

∎

III.2.2. Hashing mit offener Adressierung

Die Idee von Hashing mit offener Adressierung ist folgende: Jedes Element $x \in U$ definiert eine Folge $h(x,i)$, $i = 0, 1, 2, \ldots$, von Tafelpositionen. Diese Folge von Positionen wird jedesmal durchsucht, wenn eine Operation, die sich auf den Schlüssel x bezieht, ausgeführt wird.

Eine sehr beliebte Methode zur Wahl von $h(x,i)$ ist die Kombination zweier Hashfunktionen h_1 und h_2 zu

$$h(x,i) = [h_1(x) + i \cdot h_2(x)] \bmod m,$$

wobei $h_2(x)$ nie den Wert 0 annehmen darf. Wir veranschaulichen diese Methode durch ein Beispiel: Sei $m = 7$, $h_1(x) = x \bmod 7$ und $h_2(x) = 1 + (x \bmod 4)$. Wenn wir 3, 17, 6, 9, 15, 13, 10 in dieser Reihenfolge einfügen, erhalten wir Abbildung 43.

$$\begin{aligned} h(3,i) &= (3+4i) \bmod 7, \ i = 0 \text{ geht} \\ h(17,i) &= (3+2i) \bmod 7, \ i = 1 \text{ geht} \\ h(6,i) &= (6+3i) \bmod 7, \ i = 0 \text{ geht} \\ h(9,i) &= (2+2i) \bmod 7, \ i = 0 \text{ geht} \\ h(15,i) &= (1+4i) \bmod 7, \ i = 0 \text{ geht} \\ h(13,i) &= (6+2i) \bmod 7, \ i = 4 \text{ geht} \\ h(10,i) &= (3+3i) \bmod 7, \ i = 5 \text{ geht} \end{aligned}$$

0	13
1	15
2	9
3	3
4	10
5	17
6	6

Abb. 43. Beispiel für Hashing mit offener Adressierung

Hashing mit offener Adressierung benötigt keinen zusätzlichen Speicherplatz, verhält sich jedoch miserabel, wenn der Belegungsfaktor nahe an 1 kommt. Ferner unterstützt es auch nicht die Streiche-Operation.

Wir analysieren die mittleren Kosten einer Operation Einfüge(x) in eine Tafel mit Belegungsfaktor $\beta = n/m$ unter der folgenden Annahme: Die Folge $h(x,i)$, $i = 0, 1, \ldots, m-1$, ist eine zufällige Permutation der Menge $\{0, \ldots, m-1\}$. Die Kosten der Operation Einfüge(x) sind $1 + \min\{i;\ T[h(x,i)]$ ist nicht besetzt$\}$. [Wir müßten hier eigentlich $O(1 + \min \ldots)$ schreiben, vernachlässigen aber in diesem Abschnitt bewußt die O-Notation.]

Satz 4. *Die mittleren Kosten einer Einfüge-Operation in eine Tafel mit Belegungsfaktor $\beta = n/m$ sind $(m+1)/(m-n+1) \approx 1/(1-\beta)$ unter der Voraussetzung, daß $n/m < 1$.*

Beweis: Seien $C(n,m)$ die mittleren Kosten einer Einfüge-Operation in eine Tafel mit m Positionen, von denen n besetzt sind. Sei $q_j(n,m)$ die Wahrscheinlichkeit, daß die Tafelpositionen $h(x,0), \ldots, h(x,j-1)$ besetzt sind. Dann ist $q_0(n,m) = 1$, $q_j(n,m) = [n/m] \cdot [(n-1)/(m-1)] \cdots [(n-(j-1))/(m-(j-1))]$ und

$$\begin{aligned} C(n,m) &= \sum_{j=0}^{n} (q_j(n,m) - q_{j+1}(n,m)) \cdot (j+1) \\ &= \sum_{j=0}^{n} q_j(n,m) - (n+1) \cdot q_{n+1}(n,m) \\ &= \sum_{j=0}^{n} q_j(n,m). \end{aligned}$$

Der Ausdruck für $q_j(n,m)$ kann folgendermaßen begründet werden. Position $h(x,0)$ ist in n von m Fällen besetzt. Wenn $h(x,0)$ besetzt ist, dann ist $h(x,1)$ in $n-1$ von $m-1$ Fällen besetzt (beachten Sie, daß $h(x,1) \neq h(x,0)$), usw.

Wir beweisen, daß $C(n,m) = (m+1)/(m-n+1)$, durch Induktion über m und für festes m durch Induktion über n. Zunächst ist $C(0,m) = q_0(0,m) = 1$. Weiter ist $q_j(n,m) = (n/m) \cdot q_{j-1}(n-1,m-1)$ für $j \geq 1$. Also ist

$$\begin{aligned} C(n,m) &= \sum_{j=0}^{n} q_j(n,m) = 1 + \frac{n}{m} \cdot \sum_{j=0}^{n-1} q_j(n-1,m-1) \\ &= 1 + \frac{n}{m} \cdot C(n-1,m-1) = 1 + \frac{n}{m} \cdot \frac{m}{m-n+1} \\ &= \frac{m+1}{m-n+1}. \end{aligned}$$ ▮

Die mittleren Kosten einer Zugriffs-Operation können jetzt leicht bestimmt werden. Sei die Menge S abgespeichert. Wenn Zugriff(x) für $x \in S$ ausgeführt wird, durchlaufen wir die Folge $h(x,0)$, $h(x,1)$, ..., bis wir ein i mit $T[h(x,i)] = x$ finden. Das gleiche i hat auch die Kosten bestimmt, um x einzufügen. Also sind die mittleren Kosten einer erfolgreichen Suche in einer Tafel mit n Elementen

$$\begin{aligned} \frac{1}{n} \sum_{i=0}^{n-1} C(i,m) &= \frac{1}{n} \sum_{i=0}^{n-1} \frac{m+1}{m-i+1} \\ &= \frac{m+1}{n} \left[\sum_{j=1}^{m+1} \frac{1}{j} - \sum_{j=1}^{m-n+1} \frac{1}{j} \right] \\ &\approx \frac{1}{\beta} \ln \frac{m+1}{m-n+1} \qquad \text{(vgl. Anhang)} \\ &\approx \frac{1}{\beta} \ln \frac{1}{1-\beta}. \end{aligned}$$

Satz 5. *Bei Anwendung von Hashing mit offener Adressierung sind die mittleren Kosten einer erfolgreichen Suche in einer Tafel mit Belegungsfaktor* $\beta = n/m$ $O((1/\beta) \cdot \ln(1/(1-\beta)))$.

Beweis: Durch obige Ausführungen. ▮

Die Sätze 4 und 5 besagen, daß die Ausführungszeiten für Einfüge und Zugriff steil ansteigen, wenn β sich 1 nähert, und daß offene Adressierung sich gut verhält, solange β unterhalb 1 beschränkt ist, z.B., wenn $\beta \leq 0.9$ (s. Abb 44).

β	0.5	0.7	0.9	0.95	0.99	0.999
$1/(1-\beta)$	2	3.3	10	20	100	1000
$(1/\beta) \cdot \ln(1-\beta)$	1.38	1.70	2.55	3.15	4.65	6.9

Abb. 44. Anzahl von Operationen bei Hashing mit offener Adressierung

III.2.3. Perfektes Hashing

Unsere Analyse des mittleren Verhaltens von Hashing mit Verkettung beruhte auf zwei Annahmen, von denen die zweite sehr kritisch war. Sie verlangte Gleichverteilung auf dem Schlüsselraum. Eine solche Annahme ist aber fast immer verletzt. In III.2.1 sahen wir jedoch auch, daß es möglich ist, eine Hashfunktion auf die Unregelmäßigkeit im Schlüsselraum abzustimmen. In diesem Abschnitt werden wir die extremste Form von Abstimmung betrachten. Die Menge S sei bekannt, wenn die Funktion h gesucht wird; h wird dann so gewählt, daß sie auf S injektiv ist.

Definition:

a) Eine Funktion $h : [0\,..\,N-1] \mapsto [0\,..\,m-1]$ heißt **perfekte Hashfunktion** für $S \subseteq [0\,..\,N-1]$, wenn $h(x) \neq h(y)$ für alle $x, y \in S$, $x \neq y$.

b) Eine Menge H von Funktionen $h : [0\,..\,N-1] \mapsto [0\,..\,m-1]$ heißt **(N, m, n)-perfekt** (oder kürzer "perfekt"), wenn es für jede Teilmenge $S \subseteq [0\,..\,N-1]$, $|S| = n$, ein $h \in H$ gibt, so daß h für S eine perfekte Hashfunktion ist. ∎

Natürlich hat jede Menge S, $|S| \leq m$, eine perfekte Hashfunktion. In unserem Beispiel vom Anfang von III.2 können wir $h(x) =$ (letzte Ziffer von x) mod 4 wählen. Die interessantesten Fragen über perfekte Hashfunktionen sind:

a) Wie groß sind die Programme für perfekte Hashfunktionen, d.h., gibt es immer ein kurzes Programm, um perfekte Hashfunktionen auszurechnen?

b) Wie schwierig ist es, eine perfekte Hashfunktion für gegebene S, m und N zu finden?

c) Wie schwierig ist es, perfekte Hashfunktionen auszuwerten?

In diesem Abschnitt werden wir alle drei Fragen im wesentlichen beantworten. Zuerst müssen wir dazu eine genaue Definition für Programmgröße angeben. Die **Größe eines Programms** ist die Länge des Programms, geschrieben als String über einem endlichen Alphabet. Wir beweisen obere Schranken für Programmgrößen durch explizite Angabe von Programmen einer gewissen Länge. Wir beweisen untere Schranken für Programmgrößen durch Herleiten einer unteren Schranke für die Anzahl der verschiedenen benötigten Programme und benutzen dann die Tatsache, daß die Anzahl der Wörter (und daher Programme) der Länge $\leq L$ über einem Alphabet der Größe c gleich $(c^{L+1} - 1)/(c - 1)$ ist.

Satz 6. *Seien N, m, $n \in \mathbb{N}$ und sei H eine (N,m,n)-perfekte Klasse von Hashfunktionen. Dann gilt:*

a) $|H| \geq \dfrac{\binom{N}{n}}{(N/m)^n \cdot \binom{m}{n}}$

b) $|H| \geq \dfrac{\log N}{\log m}$

c) *Es gibt mindestens ein $S \subseteq [0\,..\,N-1]$ mit $|S| = n$, so daß die Länge des kürzesten Programms, das eine perfekte Hashfunktion für S berechnet, größer als*

$$\max\left(\frac{n(n-1)}{2m\ln 2} - \frac{n(n-1)}{2N\ln 2}\Big/\left(1-\frac{n-1}{N}\right),\ \log\log N - \log\log m\right)\Big/\log c - 1$$

ist, wobei c die Größe des Alphabets ist, das benutzt wird, um die Programme zu kodieren.

Beweis: a) Es gibt $\binom{N}{n}$ verschiedene Teilmengen von $[0\,..\,N-1]$ der Größe n. Deshalb genügt es, zu zeigen, daß jede feste Funktion $h : [0\,..\,N-1] \mapsto [0\,..\,m-1]$ perfekt ist für höchstens $(N/m)^n \cdot \binom{m}{n}$ verschiedene Teilmengen $S \subseteq [0\,..\,N-1]$, $|S| = n$. Wenn h perfekt für S ist, dann ist $|h^{-1}(i) \cap S| \leq 1$ für alle $i \in [0\,..\,m-1]$. Deshalb ist die Anzahl der Mengen S, so daß h für S perfekt ist, beschränkt durch

$$\sum_{0 \leq i_1 < i_2 < \cdots < i_n < m} |h^{-1}(i_1)| \cdot |h^{-1}(i_2)| \cdots |h^{-1}(i_n)|.$$

Dieser Ausdruck wird maximal, wenn $|h^{-1}(i)| = N/m$ für alle $i \in [0\,..\,m-1]$. Sein Wert ist in diesem Fall $(N/m)^n \cdot \binom{m}{n}$.

b) Sei $H = \{h_1, \ldots, h_t\}$. Wir konstruieren $U_i \subseteq U$, $0 \leq i \leq t$, so daß für jedes $S \subseteq U$, $|S \cap U_i| \geq 2$, die Funktionen $h_1, \ldots, h_i$ für S nicht perfekt sind. Sei $U_0 = U$ und

$$U_{i+1} = U_i \cap h_{i+1}^{-1}(j) \qquad \text{für } i < t,$$

wobei j so gewählt ist, daß $|U_i \cap h_{i+1}^{-1}(j)| \geq |U_i \cap h_{i+1}^{-1}(l)|$ für alle $l \in [0\,..\,m-1]$. Dann ist $|U_{i+1}| \geq |U_i|/m$ und somit $|U_{i+1}| \geq N/m^{i+1}$. Weiterhin sind die Funktionen $h_1, \ldots, h_{i+1}$ auf U_{i+1} konstant. Weil H perfekt sein soll, ist $|U_t| \leq 1$. Also gilt $1 \geq N/m^t$ oder $t \geq \log N/\log m$.

c) Seien *USa* und *USb* die für $|H|$ in den Teilen a) und b) bewiesenen unteren Schranken. Weil es weniger als c^{L+1} verschiedene Programme der Länge $\leq L$ gibt und verschiedene Funktionen verschiedene Programme erfordern, gibt es mindestens ein $S \subseteq [0\,..\,N-1]$ mit $|S| = n$, so daß das kürzeste Programm zur Berechnung einer perfekten Hashfunktion für S mindestens die Länge $\max(\log USa,\ \log USb)/\log c - 1$ hat. Es gilt aber

$$\log USb = \log\log N - \log\log m$$

und

$$\begin{aligned}
\log USa &= \log \frac{N \cdots (N-n+1) \cdot m^n}{N^n \cdot m \cdots (m-n+1)} \\
&= \log \left[\prod_{i=0}^{n-1} \frac{N-i}{N} \Big/ \prod_{i=0}^{n-1} \frac{m-i}{m} \right] \\
&= \left[\sum_{i=0}^{n-1} \ln(1-i/N) - \sum_{i=0}^{n-1} \ln(1-i/m) \right] \Big/ \ln 2 \\
&\geq \left[-\left(1 - \frac{n-1}{N}\right)^{-1} \cdot \sum_{i=0}^{n-1} \frac{i}{N} + \sum_{i=0}^{n-1} \frac{i}{m} \right] \Big/ \ln 2 \\
&\geq \frac{n(n-1)}{2m \ln 2} - \frac{n(n-1)}{2N \ln 2 \cdot (1-(n-1)/N)}.
\end{aligned}$$

Dabei gilt die erste Ungleichung, weil $\ln(1-i/m) \leq -i/m$ und daher $-\ln(1-i/m) \geq i/m$ und $\ln(1-i/N) \geq -(i/N)/(1-(n-1)/N)$ für $0 \leq i \leq n-1$ (s. Anhang). ∎

Teil c) von Satz 6 lautet informell so: Die Länge des kürzesten Programms für eine perfekte Hashfunktion ist mindestens $\frac{1}{2}[(\beta/(2\ln 2))n + \log\log N]/\log c$, d.h., das Universum verursacht Initialisierungskosten in Höhe von $\log\log N$ und es entstehen zusätzliche Kosten in Höhe von $\beta/(2\ln 2)$ Bits pro abgespeichertem Element. Die zusätzlichen Kosten hängen also von dem Belegungsfaktor $\beta = n/m$ ab.

Wie gut ist diese untere Schranke? Die Antwort geben wir in zwei Schritten. Zuerst zeigen wir durch ein nicht konstruktives Argument, daß die untere Schranke immer erreicht werden kann (Sätze 7 und 8). Unglücklicherweise sind die im Beweis von Satz 8 konstruierten Programme extrem ineffizient, d.h., Satz 8 beantwortet Frage a) nach der Programmgröße von perfekten Hashfunktionen, gibt aber keine überzeugenden Antworten auf die Fragen b) und c). In einem zweiten Schritt geben wir dann die Antworten zu b) und c).

Satz 7. *Seien N, m, $n \in \mathbb{N}$. Wenn*

$$t \geq n \ln N \cdot e^{n^2/m},$$

dann gibt es eine (N, m, n)-perfekte Klasse H mit $|H| = t$.

Beweis: Wir können jede Klasse $H = \{h_1, \ldots, h_t\}$ durch eine $(N \times t)$-Matrix

$$M(H) = (h_i(x))_{0 \leq x \leq N-1,\ 1 \leq i \leq t}$$

mit Einträgen in $[0\,..\,m-1]$ darstellen, d.h., die i-te Spalte von Matrix $M(H)$ ist die Tafel der Funktionswerte von h_i. Umgekehrt ist jede $(N \times t)$-Matrix mit Einträgen in $[0\,..\,m-1]$ die Darstellung einer Klasse H von Hashfunktionen. Es gibt $m^{N \cdot t}$ solcher Matrizen der Dimension $N \times t$.

Wir wollen eine obere Schranke für die Zahl nicht-perfekter Matrizen herleiten, d.h. der Matrizen, die nicht-perfekten Klassen von Hashfunktionen entsprechen. Wenn H keine perfekte Hashfunktion für $S = \{x_1 < x_2 < \cdots < x_n\}$ enthält, dann kann die Teilmatrix von $M(H)$, die aus den Zeilen $x_1, \ldots, x_n$ besteht, keine Spalte mit n verschiedenen Werten haben. Also können die Spalten der Teilmatrix aus $m^n - m \cdot (m-1) \cdots (m-n+1)$ Möglichkeiten (die Anzahl der Funktionen von n Punkten in eine Menge von m Elementen minus die Anzahl der injektiven Funktionen) gewählt werden. Da die Teilmatrix t Spalten hat, ist dann die Anzahl solcher Teilmatrizen beschränkt durch $\left[m^n - m \cdot (m-1) \cdots (m-n+1)\right]^t$. Weil S auf $\binom{N}{n}$ verschiedene Arten gewählt werden kann, ist die Anzahl nicht-perfekter Matrizen beschränkt durch

$$\binom{N}{n} \cdot \left[m^n - m \cdot (m-1) \cdots (m-n+1)\right]^t \cdot m^{(N-n)t} .$$

Beachten Sie, daß die Zeilen, die Elementen außerhalb S entsprechen, beliebig ausgefüllt werden können. Also gibt es eine perfekte Klasse H mit $|H| = t$, wenn

$$\binom{N}{n} \cdot \left[m^n - m \cdot (m-1) \cdots (m-n+1)\right]^t \cdot m^{(N-n)t} < m^{N \cdot t}$$

oder

$$\binom{N}{n} \cdot \left[1 - \frac{m \cdot (m-1) \cdots (m-n+1)}{m^n}\right]^t < 1$$

oder

$$t > \frac{\ln \binom{N}{n}}{-\ln(1 - m \cdot (m-1) \cdots (m-n+1)/m^n)} .$$

Weil

$$\ln \binom{N}{n} \leq n \ln N$$

und

$$-\ln(1 - m \cdot (m-1) \cdots (m-n+1)/m^n) \geq \prod_{i=0}^{n-1} (1 - i/m)$$
$$= e^{\sum_{i=0}^{n-1} \ln(1-i/m)}$$

und

$$\sum_{i=0}^{n-1} \ln(1 - i/m) \geq \int_0^n \ln(1 - x/m)\, dx$$
$$= m \cdot \left[(1 - n/m) \cdot (1 - \ln(1 - n/m)) - 1\right]$$
$$\geq m \cdot \left[(1 - n/m) \cdot (1 + n/m) - 1\right]$$
$$= -n^2/m,$$

gibt es eine perfekte Klasse H mit $|H| = t$, wenn $t \geq n \cdot \ln N \cdot e^{n^2/m}$. ∎

Satz 7 liefert uns eine obere Schranke für die Kardinalität von perfekten Klassen von Hashfunktionen. Er gibt jedoch keine obere Schranke für die Programmgröße an. Sie folgt aus

Satz 8. *Seien N, m, $n \in \mathbb{N}$. Für jedes $S \subseteq [0\,..\,N-1]$ mit $|S| = n$ gibt es ein Programm der Länge*

$$O\left(n^2/m + \log\log N + 1\right),$$

das eine perfekte Hashfunktion $h : [0\,..\,N-1] \mapsto [0\,..\,m-1]$ für S berechnet.

Beweis: Wir geben das Programm explizit an. Es implementiert den Beweis von Satz 7 und hat im wesentlichen vier Zeilen:

(1) $k \leftarrow \lceil \ln N \rceil$, geschrieben in binärer Darstellung;

(2) $t \leftarrow \lceil n \cdot k \cdot e^{n^2/m} \rceil$, geschrieben in binärer Darstellung;

(3) $i \leftarrow$ eine Zahl zwischen 1 und t, die von S abhängt, geschrieben in binärer Darstellung;

(4) durchsuche alle $(\lceil e^k \rceil \times t)$-Matrizen mit Einträgen in $[0\,..\,m-1]$, bis eine (N, m, n)-perfekte Matrix gefunden ist; benutze die i-te Spalte dieser Matrix als Tafel der Hashfunktion für S.

Die Korrektheit dieses Programms folgt unmittelbar aus Satz 7. Danach gibt es eine perfekte $(\lceil e^k \rceil \times t)$-Matrix, und deshalb können wir sie in Schritt (4) finden. Eine Spalte dieser Matrix beschreibt eine perfekte Hashfunktion für S, etwa die i-te. In Zeile (3) weisen wir i den richtigen Wert zu.

Die Länge dieses Programms ist $O(\log\log N + 1)$ für Zeile (1), $O(\log n + \log\log N + n^2/m + 1)$ für die Zeilen (2) und (3) und $O(1)$ für Zeile (4). Beachten Sie, daß die Länge des Textes für Zeile (4) unabhängig von N, t und m ist. Damit ist die Behauptung bewiesen. ∎

Die Sätze 6 und 8 charakterisieren die Programmgröße von perfekten Hashfunktionen; untere und obere Schranken sind von der gleichen Größenordnung. Unglücklicherweise ist das in Satz 8 konstruierte Programm vollkommen nutzlos. Es läuft extrem langsam und benutzt sehr viel Speicherplatz. Deshalb müssen wir nach konstruktiven oberen Schranken suchen, wenn wir auch Erkenntnisse zu den Fragen b) und c) gewinnen wollen.

Unsere konstruktiven oberen Schranken beruhen auf genauer Untersuchung der Divisionsmethode für Hashing. Das bedeutet, daß wir Hashfunktionen der Form $x \mapsto ((kx) \bmod N) \bmod m$ betrachten, wobei k, $1 \leq k < N$, ein Multiplikand, N die Größe des Universums und m die Größe der Hashtafel ist. Das folgende Lemma ist wesentlich.

Lemma 1. *Sei N eine Primzahl und $S \subseteq [0..N-1]$ mit $|S| = n$. Für jedes k, $1 \le k < N$, und $m \in \mathbb{N}$ sei*

$$b_i^k = |\{x \in S;\ ((kx) \bmod N) \bmod m = i\}|$$

für $0 \le i < m$. Dann gilt:

a) *Für jedes m gibt es ein k, so daß $\sum_{i=0}^{m-1}(b_i^k)^2 \le n + 2n(n-1)/m$. Ein solches k kann in Zeit $O(n \cdot N)$ gefunden werden.*

b) *Für jedes m und ϵ, $0 < \epsilon \le 1$, kann ein k mit $\sum_{i=0}^{m-1}(b_i^k)^2 \le n+(2+\epsilon)n(n-1)/m$ in randomisierter Zeit $O(n/\epsilon)$ gefunden werden.*

Beweis: a) Für k, $1 \le k < N$, sei $h_k(x) = ((kx) \bmod N) \bmod m$ die durch den Multiplikator k definierte Hashfunktion. Dann ist

$$\begin{aligned}
&\sum_{k=1}^{N-1}\left(\sum_{i=0}^{m-1}(b_i^k)^2 - n\right)\\
&= \sum_{k=1}^{N-1}\left(\sum_{i=0}^{m-1}|\{x \in S;\ h_k(x) = i\}|^2 - n\right)\\
&= \sum_{k=1}^{N-1}\sum_{i=0}^{m-1}\left|\{(x,y);\ x,y \in S, x \ne y, h_k(x) = h_k(y) = i\}\right|\\
&= \sum_{\substack{(x,y)\in S^2\\ x \ne y}}\left|\{k;\ h_k(x) = h_k(y)\}\right|.
\end{aligned}$$

Weiterhin gilt $h_k(x) = h_k(y)$ g.d.w. $\left[(kx) \bmod N - (ky) \bmod N\right] \bmod m = 0$. Wir suchen die Anzahl der Lösungen k mit $1 \le k < N$. Wir betrachten nun ein festes x und y und die Funktion $g(k) = (kx) \bmod N - (ky) \bmod N$. Wir müssen die Anzahl der k mit $1 \le k < N$ und $g(k) \bmod m = 0$ zählen. Beachten Sie zuerst, daß $-N + 2 \le g(k) \le N - 1$. Somit können wir die obige Summe umschreiben zu

$$\sum_{i=1}^{\lfloor (N-1)/m \rfloor}\ \sum_{\substack{(x,y)\in S^2\\ x \ne y}} |\{k;\ g(k) = \pm i \cdot m\}|.$$

Wir zeigen, daß $|\{k;\ g(k) = \pm i \cdot m\}| \le 2$ ist. Seien $k_1, k_2 \in \{1, \ldots, N-1\}$ so, daß $g(k_1) = a \cdot g(k_2)$, wobei $a \in \{-1, +1\}$. Dann ist

$$(k_1 x) \bmod N - (k_1 y) \bmod N = a \cdot ((k_2 x) \bmod N - (k_2 y) \bmod N)$$

und daher

$$(k_1 - a k_2)(x - y) \bmod N = 0.$$

Weil $x \neq y$ und N prim (d.h. Primzahl) ist, folgt daraus, daß $(k_1 - ak_2) \bmod N = 0$ und daher $k_1 = k_2$ oder $k_1 = N - k_2$. Deshalb gilt

$$\sum_{k=1}^{N-1}\left(\sum_{i=0}^{m-1}(b_i^k)^2 - n\right) \leq \sum_{i=0}^{\lfloor (N-1/m)\rfloor} \sum_{\substack{(x,y)\in S^2\\ x\neq y}} 2$$
$$\leq 2n(n-1)(N-1)/m.$$

Also gibt es mindestens ein k, so daß

$$\sum_{i=0}^{m-1}(b_i^k)^2 \leq n + 2n(n-1)/m.$$

Beachten Sie schließlich, daß k durch vollständige Durchmusterung in Zeit $O(n \cdot N)$ gefunden werden kann.

b) In Teil a) haben wir gezeigt, daß $\sum_{k=1}^{N-1}(\sum_{i=0}^{m-1}(b_i^k)^2 - n) \leq 2n(n-1)(N-1)/m$. Aus $\sum_{i=0}^{m-1}(b_i^k)^2 - n \geq 0$ für alle k folgt, daß $\sum_{i=0}^{m-1}(b_i^k)^2 - n \leq (2+\epsilon)n(n-1)/m$ ist für mindestens den Bruchteil $\epsilon/4$ der k zwischen 1 und $N-1$. Andernfalls wäre nämlich $\sum_{i=0}^{m-1}(b_i^k)^2 - n > (2+\epsilon)n(n-1)/m$ für mindestens $(1-\epsilon/4)(N-1)$ der k und daher $\sum_{k=1}^{N-1}(\sum_{i=0}^{m-1}(b_i^k)^2 - n) > (1-\epsilon/4)(N-1)(2+\epsilon)n(n-1)/m \geq 2n(n-1)(N-1)/m$. Also ist die mittlere Anzahl der benötigten Versuche, um ein k mit $\sum_{i=0}^{m-1}(b_i^k)^2 - n \leq (2+\epsilon)n(n-1)/m$ zu finden, höchstens $4/\epsilon$. Es kostet Zeit $O(n)$, ein spezielles k auf diese Eigenschaft zu testen. ∎

Wir wenden nun Lemma 1 auf zwei Spezialfälle an: $m = n$ und $m \approx n^2$.

Korollar 1. *Sei N prim und $S \subseteq [0..N-1]$, $|S| = n$. Sei b_i^k wie in Lemma 1 definiert und $0 < \epsilon \leq 1$. Dann gilt:*

a) *Wenn $n = m$, dann kann ein k mit $\sum_{i=0}^{m-1}(b_i^k)^2 < 3n$ in deterministischer Zeit $O(n \cdot N)$ und ein k mit $\sum_{i=0}^{m-1}(b_i^k)^2 < (3+\epsilon)n$ in randomisierter Zeit $O(n/\epsilon)$ gefunden werden.*

b) *Wenn $m = n(n-1)+1$ bzw. $m = \lfloor(1+\epsilon)n(n-1)+1\rfloor$, dann kann ein k, so daß $x \mapsto ((kx) \bmod N) \bmod m$ auf S injektiv ist, in deterministischer Zeit $O(n \cdot N)$ bzw. randomisierter Zeit $O(n/\epsilon)$ bestimmt werden.*

Beweis: a) folgt unmittelbar aus Lemma 1, indem man $m = n$ einsetzt. Für Teil b) machen wir zunächst die Beobachtung, daß Einsetzen von $m = n(n-1)+1$ bzw. $m = \lfloor(1+\epsilon)n(n-1)+1\rfloor$ in Lemma 1a) bzw. 1b) die Existenz eines k, $1 \leq k < N$, zeigt, so daß $\sum_i (b_i^k)^2 < n+2$. Weiter ist $b_i^k \in \mathbb{N}_0$ für alle i und $\sum_i b_i^k = n$. Angenommen, $b_i^k \geq 2$ für ein i. Dann wäre $\sum_i (b_i^k)^2 \geq n+2$, Widerspruch. Daraus folgern wir, daß $b_i^k \leq 1$ für alle i, d.h., die durch k induzierte Hashfunktion ist auf S injektiv. ∎

Korollar 1 kann folgendermaßen interpretiert werden: Wenn $m > n(n-1)$, dann gibt uns die allgemeine Divisionsmethode direkt eine perfekte Hashfunktion. Sicherlich möchte niemand mit einem Belegungsfaktor arbeiten, der so klein wie $1/n$ ist. Teil a) des Korollars legt jedoch eine Methode nahe, durch Wahl einer zweistufigen Hashfunktion einen besseren Belegungsfaktor zu erhalten. Im ersten Schritt teilen wir die Menge S in n Teilmengen S_i mit $0 \le i < n$ auf, so daß $\sum |S_i|^2 < 3n$, wie in Teil a) von Korollar 1 beschrieben. Im zweiten Schritt wenden wir Teil b) auf jede Teilmenge an. Die Einzelheiten stehen in

Satz 9. *Sei N prim, $S \subseteq [0..N-1]$ mit $|S| = n$ und $0 < \epsilon \le 1$. Dann gilt:*

a) *Eine perfekte Hashfunktion $h : S \mapsto [0..m-1]$, $m = 3n$, mit Auswertungszeit $O(1)$ und Programmgröße $O(n \log N)$ kann in Zeit $O(n \cdot N)$ konstruiert werden.*

b) *Eine perfekte Hashfunktion $h : S \mapsto [0..m-1]$, $m = \lfloor (3+\epsilon)n \rfloor$, mit Auswertungszeit $O(1)$ und Programmgröße $O(n \log N)$ kann in randomisierter Zeit $O(n/\epsilon)$ konstruiert werden.*

Beweis: a) Nach Korollar 1a) gibt es ein k, $1 \le k < N$, so daß $\sum_{i=0}^{n-1} |S_i|^2 < 3n$, wobei $S_i = \{x \in S;\ ((kx) \bmod N) \bmod n = i\}$. Darüberhinaus kann k in Zeit $O(n \cdot N)$ gefunden werden. Sei $b_i = |S_i|$ und $c_i = b_i(b_i - 1) + 1$. Für jedes i, $0 \le i < n$, gibt es nach Korollar 1b) ein k_i, $1 \le k_i < N$, so daß $x \mapsto ((k_i x) \bmod N) \bmod c_i$ auf S_i injektiv ist. Weiterhin kann k_i in Zeit $O(b_i \cdot N)$ bestimmt werden.

Folgendes Programm berechnet eine injektive Funktion von S nach $[0..m-1]$, wobei $m = \sum_{i=0}^{n-1} c_i = n + (\sum_i b_i^2 - \sum_i b_i) < n + 3n - n = 3n$. Dabei ist x die Eingabe:

(1) $i \leftarrow ((kx) \bmod N) \bmod n$;

(2) $j \leftarrow ((k_i x) \bmod N) \bmod c_i$;

(3) gib $\sum_{l=0}^{i-1} c_l + j$ als Platz für x in der Hashtafel aus.

Dieses Programm benutzt die Konstanten k, N, n und zwei Felder von Konstanten, je eines für die k_i und die Partialsummen der c_i. Die c_i selbst können dann aus dem Feld der Partialsummen bestimmt werden. Jede der Konstanten kann durch $O(\log N)$ Bits spezifiziert werden, und daher ist die Größe des Programms $O(n \log N)$. Die Laufzeit ist $O(1)$. Schließlich beträgt die Laufzeit zum Finden des Programms $O(n \cdot N + \sum_i b_i \cdot N) = O(n \cdot N)$ Zeiteinheiten.

b) Der Beweis von Teil b) ist ähnlich zu dem von Teil a). Sei δ definiert durch $(3+\epsilon) = (1+\delta)(3+\delta)$. Ein k mit $\sum_{i=0}^{n-1} |S_i|^2 < (3+\delta)n$ kann in randomisierter Zeit $O(n/\delta)$ gefunden werden. Auch können die k_i, so daß $x \mapsto ((k_i x) \bmod N) \bmod \lfloor ((1+\delta) b_i (b_i - 1) + 1) \rfloor$ auf S_i injektiv ist, in randomisierter Zeit $\sum_i O(b_i/\delta) = O(n/\delta)$ gefunden werden. Wenn man diese Funktionen wie oben beschrieben kombiniert, erhält man eine injektive Funktion von S nach $[0..m-1]$, wobei $m = \sum_{i=0}^{n-1} \lfloor ((1+\delta) b_i (b_i - 1) + 1) \rfloor \le (1+\delta) \sum_{i=0}^{n-1} b_i^2 \le (1+\delta)(3+\delta)n$. ∎

Satz 9 liefert uns sehr effiziente Hashfunktionen. Das Auswerten der im Beweis von Satz 9 konstruierten Hashfunktionen erfordert im wesentlichen nur zwei Multiplikationen und vier Divisionen. Die Programme sind jedoch schwierig zu finden, zumindest deterministisch, und sie sind sehr groß. Wir wollen darauf näher eingehen. Die in Teil a) von Satz 9 vorgestellte Methode benötigt eine Hashtafel der Größe $3n$ und Speicherplatz für $2n$ ganze Zahlen im Bereich $[1\,..\,N]$. Also werden insgesamt $5n$ Speicherzellen benötigt. Die Situation für die nach probabilistischen Methoden konstruierten Hashfunktionen ist noch schlechter. Sie benötigen insgesamt $6n$ Speicherzellen, $4n$ für die Hashtafel und $2n$ für das Programm. Wir verbessern im folgenden beide Methoden und verringern den Speicherplatzbedarf für die Hashfunktion auf $O(n \log n + \log\log N)$ Bits.

Der Schlüssel zur Verbesserung ist eine weitere Variante der Divisionsmethode, mit deren Hilfe wir die Größe des Universums reduzieren. Genauer gesagt werden wir zeigen, daß es für jedes $S \subseteq [0\,..\,N-1]$ mit $|S| = n$ ein $p = O(n^2 \ln N)$ gibt, so daß $x \mapsto x \bmod p$ auf S injektiv ist. Dann können wir Korollar 1 und Satz 9 auf die Menge $S' = \{x \bmod p;\ x \in S\}$ anwenden. Weil die Elemente von S' die Größe $O(n^2 \ln N)$ haben, verringert dies den Platzverbrauch erheblich.

Satz 10. *Sei* $S = \{x_1 < x_2 < \cdots < x_n\} \subseteq [0\,..\,N-1]$. *Dann gilt:*

a) *Es gibt eine Primzahl* $p = O(n^2 \ln N)$, *so daß* $x_i \bmod p \neq x_j \bmod p$ *für* $i \neq j$.

b) *Eine Zahl* p *mit* $p = O(n^2 \ln N)$ *und* $x_i \bmod p \neq x_j \bmod p$ *für* $i \neq j$ *kann mit einem probabilistischen Algorithmus in Zeit* $O(n \log n \cdot (\log n + \log\log N))$ *gefunden werden, mit einem deterministischen in Zeit* $O(n^3 \log n \cdot \log N)$.

Beweis: a) Sei $d_{ij} = x_j - x_i$ für $1 \leq i < j \leq n$. Dann ist $x_i \bmod p \neq x_j \bmod p$ g.d.w. $d_{ij} \not\equiv 0 \bmod p$. Sei $D = \prod_{i<j} d_{ij} \leq N^{(n^2)}$. Wir müssen eine Schranke für die Größe der kleinsten Primzahl finden, die D nicht teilt.

Behauptung 1. *Sei* $m \in \mathbb{N}$. *Dann hat* m *höchstens* $O(\ln m / \ln\ln m)$ *verschiedene Primzahlteiler.*

Beweis: m habe q verschiedene Primzahlteiler, und sei $p_1, p_2, p_3, \ldots, p_q$ die Liste der Primzahlteiler in aufsteigender Ordnung. Dann gilt

$$\begin{aligned} m &\geq p_1 \cdot p_2 \cdots p_q \geq q! = e^{\sum_{i=1}^{q} \ln i} \\ &\geq e^{\int_1^q \ln x\, dx} = e^{q \ln(q/e)+1} \geq (q/e)^q. \end{aligned}$$

Also gibt es eine Konstante c, so daß $q \leq c \cdot (\ln m)/(\ln\ln m)$. ∎

Wir folgern aus Behauptung 1, daß D höchstens $c \ln D / \ln\ln D$ verschiedene Primzahlteiler hat. Also teilen mindestens die Hälfte der $2c \ln D / \ln\ln D$ kleinsten Primzahlen D nicht und teilen deshalb kein d_{ij}. Der Primzahlsatz gibt uns eine Schranke für die Größe der q-ten Primzahl.

Faktum 1. *p_q bezeichne die q-te Primzahl. Dann gibt es ein $d \in \mathbb{R}$, so daß $p_q \leq d \cdot q \ln q$.*

Beweis: Vgl. I. Niven/H.S. Zuckermann: "Introduction to the Theory of Numbers", Volume 2, Theorem 8.2. ∎

Aus Faktum 1 folgern wir, daß zumindest die Hälfte der Primzahlen p mit

$$p \leq d \cdot \frac{2c \ln D}{\ln \ln D} \cdot \ln \frac{2c \ln D}{\ln \ln D} = O(\ln D) = O(n^2 \ln N)$$

Teil a) erfüllen.

b) Im Beweis von Teil a) haben wir gezeigt, daß es eine Konstante a gibt, so daß zumindest die Hälfte der Primzahlen $p \leq a \cdot n^2 \ln N$ die Zahl D nicht teilen. Weiterhin sagt uns der Primzahlsatz, daß es für eine Konstante $b > 0$ mindestens $b \cdot (a \cdot n^2 \ln N)/\ln(a \cdot n^2 \ln N)$ Primzahlen kleiner als $a \cdot n^2 \ln N$ gibt. Diese Beobachtungen legen einen probabilistischen Algorithmus zum Finden einer Zahl p mit $p \leq a \cdot n^2 \ln N$ und $x_i \bmod p \neq x_j \bmod p$ für $i \neq j$ nahe. Dabei muß p nicht unbedingt prim sein. Wir wählen zufällig eine Zahl $p \leq a \cdot n^2 \ln N$ und überprüfen in Zeit $O(n \log n)$, ob $x_i \bmod p \neq x_j \bmod p$ für $i \neq j$, indem wir die Zahlen $x_i \bmod p$, $1 \leq i \leq n$, sortieren. Wenn p den Test nicht besteht, versuchen wir es wieder, usw.

Wir müssen noch eine Schranke für die mittlere Anzahl von mißglückten Versuchen herleiten. Eine zufällig ausgewählte Zahl $p \leq a \cdot n^2 \ln N$ ist prim mit Wahrscheinlichkeit $\Omega(1/\ln(a \cdot n^2 \ln N))$, und eine zufällig ausgewählte Primzahl $p \leq a \cdot n^2 \ln N$ erfüllt a) mit Wahrscheinlichkeit $\geq 1/2$. Also führt eine zufällig ausgewählte Zahl $p \leq a \cdot n^2 \ln N$ mit Wahrscheinlichkeit $\Omega(1/\ln(a \cdot n^2 \ln N))$ zu einer Funktion $x \mapsto x \bmod p$, die auf S injektiv ist. Deshalb ist die mittlere Anzahl erfolgloser Versuche $O(\ln(a \cdot n^2 \ln N))$. Weil jeder Versuch $O(n \log n)$ Zeiteinheiten kostet, betragen die mittleren Gesamtkosten $O(n \log n \cdot (\log n + \log \log N))$.

Ein deterministischer Algorithmus durchsucht die Zahlen $p = O(n^2 \ln N)$ vollständig. Das kostet höchstens $O(n^3 \log n \cdot \log N)$ Zeiteinheiten. ∎

Wir beenden diesen Abschnitt, indem wir die Sätze 9 und 10 zusammenfassen.

Satz 11. *Sei $S \subseteq [0..N-1]$ mit $|S| = n$. Dann gibt es ein Programm P der Größe $O(n \log n + \log \log N)$ Bits und mit Auswertungszeit $O(1)$, das eine perfekte Hashfunktion von S nach $[0..m-1]$ berechnet, wobei $m = 3n$. P kann in randomisierter Zeit $O(n^3 \cdot (\log n + \log \log N))$ gefunden werden.*

Beweis: Sei $S \subseteq [0..N-1]$ mit $|S| = n$. Nach dem Beweis von Satz 10a) haben mindestens die Hälfte der Primzahlen kleiner $a \cdot n^2 \log N$ für eine geeignete Konstante a die Eigenschaft, daß die Funktion $h_1 : x \mapsto x \bmod p$ auf S injektiv ist. Angenommen, wir haben nun eine Primzahl $p = O(n^2 \log N)$, so daß $h_1 : x \mapsto x \bmod p$ auf S injektiv ist. Sei weiter $S_1 = h_1(S) \subseteq [0..p-1]$. Nach Korollar 1b) mit $\epsilon = 1$ gibt es ein k, $1 \leq k < p$, so daß die Funktion

$h_2 : x \mapsto ((kx) \bmod p) \bmod (2n(n-1)+1)$ auf S_1 injektiv ist. k kann in randomisierter Zeit $O(n)$ gefunden werden. Sei $S_2 = h_2(S_1) \subseteq [0..2n(n-1)] \subseteq [0..q-1]$, wobei q die kleinste Primzahl $\geq 2n(n-1)+1$ ist. Es gilt $q = O(n^2)$, und daher kann q nach Übung 47 in Zeit $O(n^2 \log n)$ bestimmt werden. Nach Satz 9a) gibt es eine injektive Funktion $h_3 : S_2 \mapsto [0..m-1]$, $m = 3n$, mit Auswertungszeit $O(1)$ und Programmgröße $O(n \log q) = O(n \log n)$. Weiterhin kann h_3 in deterministischer Zeit $O(n \cdot q) = O(n^3)$ gefunden werden.

$h = h_3 \circ h_2 \circ h_1$ ist die gewünschte Hashfunktion. Ein Programm für h kann in Zeit $O(n^3)$ mit einem probabilistischen Algorithmus gefunden werden. Das Programm hat eine Größe von $O(\log p + \log p + n \log n) = O(n \log n + \log\log N)$ Bits. Es kann in Zeit $O(1)$ ausgewertet werden.

Was haben wir jetzt erreicht? Wenn $p = O(n^2 \log N)$ eine Primzahl ist, so daß $x \mapsto x \bmod p$ auf S injektiv ist, dann können wir die gewünschte Hashfunktion in randomisierter Zeit T mit $T = O(n^3)$ finden. Wenn wir also bis zu T Zeiteinheiten aufwenden, um h_2 und h_3 zu finden, dann haben wir mit Wahrscheinlichkeit mindestens 1/2 Erfolg. Also ist die Wahrscheinlichkeit mindestens 1/4, daß für eine zufällige Primzahl $p \leq a \cdot n^2 \log N$ die Funktion $h_1 : x \mapsto x \bmod p$ auf S injektiv ist, und daß wir auch h_2 und h_3 in Zeit T finden. Also finden wir $h = h_3 \circ h_2 \circ h_1$ in randomisierter Zeit $O(n^3 \cdot (\log n + \log\log N))$ nach dem Argument von Satz 10b). ∎

Satz 11 beantwortet im wesentlichen alle Fragen über perfektes Hashing. Das im Beweis von Satz 11 konstruierte Programm hat fast minimale Größe, nämlich $O(n \log n + \log\log N)$ Bits anstatt $O(n + \log\log N)$ Bits, es erreicht einen Belegungsfaktor $\beta = n/m \approx 1/3$, es ist nicht zu schwierig zu finden und recht effizient. Denn die Auswertung führt eine Division von Zahlen der Länge $O(\log N)$, eine Multiplikation und zwei Divisionen von Zahlen der Länge $O(\log n + \log\log N)$ und zwei Multiplikationen und vier Divisionen von Zahlen der Länge $O(\log n)$ aus.

III.2.4. Universelles Hashing

In diesem Abschnitt lernen wir einfache Klassen von guten Hashfunktionen kennen. In Abschnitt III.2.1 sahen wir, daß Hashing uns im mittleren Fall Zugriffszeit $O(1)$ und im schlechtesten Fall Zugriffszeit $O(n)$ liefert. Das Mittel wurde über alle Mengen $S \subseteq [0..N-1]$ mit $|S| = n$ errechnet. Das bedeutet, daß eine feste Hashfunktion $h : [0..N-1] \mapsto [0..m-1]$ für eine zufällige Menge $S \subseteq U$ gut arbeitet, es aber einige für h "schlechte" Eingaben gibt. Deshalb ist die Benutzung von Hashing immer sehr riskant, wenn derjenige, der die Hashfunktion wählt, die tatsächliche Verteilung der Eingaben nicht kennt. In jeder Anwendung ist es denkbar, daß die tatsächliche Verteilung gerade die Eingaben bevorzugt, die zum schlechtesten Fall und damit zu sehr hohen Zugriffszeiten führen.

Universelles Hashing bietet hier einen Ausweg. Wir arbeiten mit einer ganzen Klasse von Hashfunktionen anstatt einer einzelnen. Die gerade benutzte Hashfunktion wird zufällig aus dem Topf H von Hashfunktionen gezogen. Wenn H sorgfältig gewählt ist, d.h., wenn für jede Teilmenge $S \subseteq U$ fast alle $h \in H$ die Menge S halbwegs gleichmäßig über die Hashtafel verteilen, dann führt dies zu kleinen mittleren Zugriffszeiten für jede Menge S. Beachten Sie, daß jetzt über die Funktionen in der Klasse H gemittelt wird, d.h., die zufällige Wahl erfolgt durch den Algorithmus selbst, nicht durch den Benutzer: Der Algorithmus kontrolliert die Würfel.

Als Beispiel wollen wir wieder die Symboltafel betrachten. Zu Beginn jedes Übersetzungslaufs wählt der Compiler ein zufälliges Element $h \in H$. Er benutzt h für die nächste Übersetzung. Auf diese Art variiert die Zeit, die benötigt wird, um ein beliebiges, festes Programm zu übersetzen, von Lauf zu Lauf, aber die auf das Manipulieren der Symboltafel verwandte Zeit hat einen kleinen Mittelwert.

Welche Eigenschaften sollte eine Klasse H von Hashfunktionen haben? Für jedes Paar $x, y \in U$, $x \neq y$, sollte ein zufällig ausgewähltes Element $h \in H$ mit recht kleiner Wahrscheinlichkeit zu einer Kollision, d.h., $h(x) = h(y)$, führen.

Definition: Seien $c \in \mathbb{R}$ und $N, m \in \mathbb{N}$. Eine Klasse $H \subseteq \{h;\ h\colon [0\,..\,N-1] \mapsto [0\,..\,m-1]\}$ heißt **c-universell**, wenn für alle $x, y \in [0\,..\,N-1]$, $x \neq y$, gilt:

$$|\{h;\ h \in H \text{ und } h(x) = h(y)\}| \leq c \cdot |H|/m. \qquad \blacksquare$$

Eine Klasse H ist c-universell, wenn für jedes Paar $x, y \in [0\,..\,N-1]$ nur ein Bruchteil c/m der Funktionen in H zu einer Kollision führen. Es ist nicht offensichtlich, daß universelle Klassen von Hashfunktionen existieren. In Satz 12 geben wir eine fast 1-universelle Klasse an. In Übung 6 wird gezeigt, daß es für $c < 1 - n/m$ keine c-universellen Klassen gibt. Also ist Satz 12 in dieser Hinsicht fast optimal.

Satz 12. *Seien $m, N \in \mathbb{N}$ und N eine Primzahl. Dann ist*

$$H_1 = \{h_{a,b};\ h_{a,b}(x) = [(ax+b) \bmod N] \bmod m \text{ und } a, b \in [0\,..\,N-1]\}$$

eine c-universelle Klasse mit $c = \left(\lceil N/m \rceil / (N/m)\right)^2$.

Beweis: Beachten Sie zunächst, daß $|H_1| = N^2$. Seien $x, y \in [0\,..\,N-1]$, $x \neq y$. Wir müssen zeigen, daß

$$\left|\{(a,b);\ h_{a,b}(x) = h_{a,b}(y)\}\right| \leq c \cdot N^2/m.$$

Wenn $h_{a,b}(x) = h_{a,b}(y)$, dann gibt es $q \in [0\,..\,m-1]$ und $r, s \in [0\,..\,\lceil N/m \rceil - 1]$, so daß

$$ax + b = q + r \cdot m \bmod N \qquad \text{und}$$
$$ay + b = q + s \cdot m \bmod N.$$

Weil $\mathbf{Z}_N$ ein Körper ist (N ist prim), gibt es genau eine Lösung dieser Gleichungen in a, b für jede Wahl von q, r und s. Somit gilt

$$\left|\{(a,b);\ h_{a,b}(x) = h_{a,b}(y)\}\right| = m \cdot \lceil N/m \rceil^2.$$

Die Klasse H_1 ist also c-universell. $\blacksquare$

Die universelle Klasse H_1 hat die Größe N^2; also genügen $O(\log N)$ Bits, um eine Funktion aus der Klasse zu spezifizieren. Ein zufälliges Element aus H_1 kann durch Wahl von zwei zufälligen Zahlen a, b aus dem Bereich $[0 \mathinner{\ldotp\ldotp} N-1]$ gezogen werden. In Satz 15 stellen wir eine kleinere universelle Klasse vor: $O(\log m + \log\log N)$ Bits genügen, um ein Mitglied dieser Klasse zu spezifizieren. Wir zeigen auch, daß dies das Bestmögliche ist.

Wir analysieren das mittlere Verhalten von universellem Hashing unter den folgenden Annahmen:

1) Die Hashfunktion h wird zufällig aus einer c-universellen Klasse H gewählt, d.h., jedes $h \in H$ wird mit Wahrscheinlichkeit $1/|H|$ gewählt.

2) Es wird Hashing mit Verkettung benutzt.

Satz 13. *Sei $c \in \mathbb{R}$ und H eine c-universelle Klasse von Hashfunktionen.*

a) *Sei $S \subseteq [0 \mathinner{\ldotp\ldotp} N-1]$, $|S| = n$ und $x \in [0 \mathinner{\ldotp\ldotp} N-1]$. Dann ist*

$$\sum_{h \in H} (1 + \delta_h(x, S))/|H| \;\le\; \begin{cases} 1 + c \cdot n/m & \text{wenn } x \notin S; \\ 1 + c \cdot (n-1)/m & \text{wenn } x \in S. \end{cases}$$

b) *Die mittleren Kosten einer Zugriffs-, Einfüge- oder Streiche-Operation sind $O(1 + c \cdot \beta)$, wobei $\beta = n/m$ der Belegungsfaktor ist.*

c) *Die mittleren Kosten einer Folge von n Zugriffs-, Einfüge- und Streiche-Operationen startend mit einer leeren Tafel sind $O((1 + c \cdot \beta/2) \cdot n)$, wobei $\beta = n/m$ der maximale Belegungsfaktor ist.*

Beweis: a)

$$\begin{aligned} \sum_{h \in H} (1 + \delta_h(x, S)) &= |H| + \sum_{h \in H} \sum_{y \in S} \delta_h(x, y) && \text{(Definition von } \delta_h) \\ &= |H| + \sum_{y \in S} \sum_{h \in H} \delta_h(x, y) && \text{(Umordnung)} \\ &\le |H| + \sum_{y \in S - \{x\}} c \cdot |H|/m && (\delta_h(x,x) = 0 \text{ und } H \text{ ist } c\text{-universell}) \\ &\le \begin{cases} |H| \cdot (1 + c \cdot n/m) & \text{wenn } x \notin S; \\ |H| \cdot (1 + c \cdot (n-1)/m) & \text{wenn } x \in S. \end{cases} \end{aligned}$$

b) unmittelbar aus Teil a).

c) unmittelbar aus Teil b) und der Beobachtung, daß die mittleren Kosten der i-ten Operation in der Folge $O(1 + c \cdot i/m)$ sind. ∎

Satz 13c) besagt das Gleiche wie Satz 2 (abgesehen vom Faktor c). Es gibt jedoch einen wichtigen Unterschied zwischen beiden Sätzen: Sie wurden unter vollkommen verschiedenen Annahmen hergeleitet. In Satz 2 wurden alle Teilmengen $S \subseteq U$ mit $|S| = n$ als gleichwahrscheinlich angenommen. In Satz 13c) werden alle Elemente $h \in H$ als gleichwahrscheinlich angenommen. Deshalb hat universelles Hashing die gleiche mittlere Komplexiät wie Standard-Hashing, die Würfel werden jetzt jedoch durch den Algorithmus und nicht durch den Benutzer kontrolliert.

Für jedes feste $S \subseteq U$ verteilt ein zufällig ausgewähltes $h \in H$ die Menge S recht gleichmäßig über die Hashtafel, d.h., fast alle Funktionen $h \in H$ arbeiten gut für S und nur sehr wenige zeigen ein schlechtes Verhalten. Satz 14 liefert uns eine obere Schranke für die Wahrscheinlichkeit eines solchen schlechten Verhaltens.

Satz 14. *Sei $c \in \mathbb{R}, N \in \mathbb{N}, t > 0$ und H eine c-universelle Klasse. Sei $S \subseteq [0\,..\,N-1]$ mit $|S| = n$ und $x \in [0\,..\,N-1]$. μ sei der Mittelwert von $\delta_h(x,S)$, d.h., $\mu = \left(\sum_{h \in H} \delta_h(x,S)\right)/|H|$. Dann ist die Wahrscheinlichkeit, daß $\delta_h(x,S) \geq t \cdot \mu$, kleiner gleich $1/t$.*

Beweis: Sei $H' = \{h \in H;\ \delta_h(x,S) \geq t \cdot \mu\}$. Dann gilt

$$\begin{aligned}
\mu &= \Big(\sum_{h \in H} \delta_h(x,S)\Big)/|H| \\
&\geq \Big(\sum_{h \in H'} \delta_h(x,S)\Big)/|H| && (\delta_h(x,S) \geq 0) \\
&\geq t \cdot \mu \cdot |H'|/|H| && (\delta_h(x,S) \geq t \cdot \mu \text{ für } h \in H')
\end{aligned}$$

und daher $|H'| \leq |H|/t$. ∎

Wir folgern aus Satz 14, daß die Wahrscheinlichkeit, daß der Aufwand größer als t-mal der mittlere Aufwand ist, höchstens $1/t$ ist. Für spezielle universelle Klassen können wesentlich bessere Schranken erreicht werden; in Übung 7 wird eine 1-universelle Klasse mit einer Schranke $O(1/t^2)$ beschrieben. Wir beenden diesen Abschnitt mit einer Abschätzung für die Größe von universellen Klassen von Hashfunktionen.

Satz 15. *Seien $N, m \in \mathbb{N}$ und $N \geq m$. Es gilt:*

a) *Wenn $H \subseteq \{h;\ h : [0\,..\,N-1] \mapsto [0\,..\,m-1]\}$ eine c-universelle Klasse ist, dann ist $|H| \geq m\left(\lceil \log_m N \rceil - 1\right)/c$ und somit*

$$\log|H| = \Omega(\log m + \log\log N - \log c).$$

b) *Es gibt eine 8-universelle Klasse $H_2 \subseteq \{h;\ h\colon [0\,..\,N-1] \mapsto [0\,..\,m-1]\}$ von Hashfunktionen mit*

$$\log|H_2| = O(\log m + \log\log N).$$

Beweis: a) Sei $H = \{h_1, \ldots, h_t\}$. Wie im Beweis von Satz 6b) konstruieren wir eine Folge $U_0 = [0 \,..\, N-1]$, U_1, $U_2, \ldots$, so daß $h_1, \ldots, h_i$ konstante Funktionen auf U_i sind und $|U_i| \geq |U_{i-1}|/m \geq N/m^i$. Sei $t_0 = \lceil \log_m N \rceil - 1$. Dann ist $|U_{t_0}| > 1$. Seien $x, y \in U_{t_0}$, $x \neq y$. Dann ist

$$t_0 \leq \left|\{h \in H;\ h(x) = h(y)\}\right| \leq c \cdot |H|/m$$

wegen der c-Universalität von H. Also ist $|H| \geq m \cdot (\lceil \log_m N \rceil - 1)/c$.

b) Seien $N, m \in \mathbb{N}$ und t minimal, so daß $t \ln p_t \geq m \ln N$. Dabei bezeichnet p_t die t-te Primzahl. Angenommen, $p_{2t} \leq m$. Dann würde folgen, daß $t \ln p_t < p_{2t} \ln p_{2t} \leq m \ln m \leq m \ln N$, ein Widerspruch zur Definition von t. Daraus folgt, daß $m/p_{2t} \leq 1$. Weiter ist $t = O(m \ln N)$. Sei

$$H_2 = \{g_{c,d}(h_l(x));\ t < l \leq 2t,\ 0 \leq c, d < p_{2t}\},$$

wobei

$$h_l(x) = x \bmod p_l$$

und

$$g_{c,d}(z) = \left[(c \cdot z + d) \bmod p_{2t}\right] \bmod m.$$

Dann ist $|H_2| = t \cdot p_{2t}^2$ und $\log |H_2| = O(\log m + \log \log N)$, weil nach dem Primzahlsatz $\log p_{2t} = O(\log t)$. Es bleibt zu zeigen, daß H_2 8-universell ist. Seien also $x, y \in [0 \,..\, N-1]$ mit $x \neq y$ beliebig. Wir müssen zeigen, daß

$$|\{(c, d, l);\ g_{c,d}(h_l(x)) = g_{c,d}(h_l(y))\}| \leq 8 \cdot |H_2|/m.$$

Wenn $g_{c,d}(h_l(x)) = g_{c,d}(h_l(y))$, dann gilt nach Definition von h_l und $g_{c,d}$, daß

$$\left[c \cdot (x \bmod p_l) + d\right] \bmod p_{2t} = \left[c \cdot (y \bmod p_l) + d\right] \bmod p_{2t} \pmod m.$$

Also müssen $q \in [0 \,..\, m-1]$ und $r, s \in [0 \,..\, \lceil p_{2t}/m \rceil - 1]$ existieren, so daß

$$\left[c \cdot (x \bmod p_l) + d\right] \bmod p_{2t} = q + r \cdot m \quad \text{und}$$
$$\left[c \cdot (y \bmod p_l) + d\right] \bmod p_{2t} = q + s \cdot m.$$

Wir müssen also die Anzahl der Tripel (c, d, l) ermitteln, die dieses Gleichungspaar lösen. Wir zählen die Lösungen in zwei Gruppen: Die erste Gruppe enthält alle Lösungen (c, d, l) mit $x \bmod p_l \neq y \bmod p_l$, und die zweite Gruppe enthält alle Lösungen (c, d, l) mit $x \bmod p_l = y \bmod p_l$.

Gruppe 1: Es gibt höchstens t verschiedene l, so daß $x \bmod p_l \neq y \bmod p_l$. Für jedes solche l und eine beliebige Wahl von q, r und s gibt es genau ein Paar (c, d), das unsere Gleichungen löst. Dies folgt aus der Tatsache, daß $\mathbb{Z}_{p_{2t}}$ ein Körper ist. Also ist die Anzahl der Lösungen in Gruppe 1 beschränkt durch

$$\begin{aligned} t \cdot m \cdot (\lceil p_{2t}/m \rceil)^2 \leq t \cdot m \cdot (1 + p_{2t}/m)^2 &= (t \cdot p_{2t}^2/m) \cdot (1 + m/p_{2t})^2 \\ &= (|H_2|/m) \cdot (1 + m/p_{2t})^2. \end{aligned}$$

Gruppe 2: Sei $L = \{l;\ t < l \le 2t$ und $x \bmod p_l = y \bmod p_l\}$, und sei $P = \prod_{l \in L} p_l$. Dann ist $P \ge p_t^{|L|}$. Auch teilt P die Zahl $x - y$, und daher ist $P < N$. Also ist $|L| \le (\ln N)/\ln p_t \le t/m$ nach Definition von t.

Wir betrachten ein festes $l \in L$ und eine beliebige Wahl von q, r und s. Wenn $r \ne s$, dann gibt es kein Paar (c, d), das unsere Gleichungen löst. Wenn $r = s$, dann gibt es genau p_{2t} Paare (c, d), die unser Gleichungspaar lösen. Also ist die Anzahl der Lösungen in Gruppe 2 höchstens

$$\begin{aligned} |L| \cdot m \cdot \lceil (p_{2t}/m) \rceil \cdot p_{2t} &\le (t \cdot p_{2t}^2/m) \cdot (1 + m/p_{2t}) \\ &= (|H_2|/m) \cdot (1 + m/p_{2t}). \end{aligned}$$

Wir haben gezeigt, daß die Anzahl der Lösungen (c, d, l) durch $2(1+\epsilon)^2|H_2|/m$ beschränkt ist, wobei $\epsilon = m/p_{2t} \le 1$. Also ist H_2 8-universell. ∎

III.2.5. Erweiterbares Hashing

Unsere Ausführungen über Hashing in den Abschnitten III.2.1 bis III.2.4 beruhten auf der Annahme, daß der Hauptspeicher groß genug ist, um die Hashtafel vollständig abzuspeichern. In diesem Abschnitt diskutieren wir die Anwendung von Hashing auf Hintergrundspeicher. Wir nehmen an, daß der Hintergrundspeicher in Körbe (Seiten) der Größe b aufgeteilt ist, d.h., jeder Korb kann bis zu b Elemente des Universums aufnehmen.

Wir beginnen mit einer Hashfunktion $h : U \mapsto \{0,1\}^k$, wobei k eine ganze Zahl ist. h wird als injektiv vorausgesetzt. Für d, $0 \le d \le k$, benutzen wir h_d, um die Funktion zu bezeichnen, die $x \in U$ auf die ersten d Ziffern von $h(x)$ abbildet, d.h., $h_d : U \mapsto \{0,1\}^d$ und $h_d(x)$ ist ein Präfix von $h(x)$ für alle $x \in U$. Die Tiefe von S, i.Z. $d(S)$, bezüglich der Korbgröße b und der Hashfunktion h ist definiert als

$$d(S) = \min\left\{d;\ |\{x \in S;\ h_d(x) = a\}| \le b \text{ für alle } a \in \{0,1\}^d\right\}.$$

Wenn wir also einen TRIE benutzen, um $h(S)$ in Teilmengen der Größe höchstens b zu zerlegen, dann hat dieser TRIE die Tiefe $d(S)$.

Erweiterbares Hashing benutzt eine Tafel $T[0\,..\,2^{d(S)} - 1]$, die wir als Katalog bezeichnen, und eine Anzahl von Körben, um die Menge S abzuspeichern. Die Einträge in der Tafel T sind Zeiger auf Körbe. Wenn x ein Element von S ist, dann kann der Korb, der x enthält, wie folgt gefunden werden:

(1) Berechne $h_{d(S)}(x)$ und interpretiere es als die Binärdarstellung einer ganzen Zahl, etwa i, im Bereich $[0\,..\,2^{d(S)} - 1]$.

(2) Benutze diese ganze Zahl, um den Katalog T zu indizieren; der Zeiger $T[i]$ zeigt auf den Korb, der x enthält.

Beispiel: Sei $h(S) = \{0000,\ 0001,\ 0100,\ 1100\}$ und $b = 2$. Dann ist $d(S) = 2$. Wir erhalten die in Abbildung 45 veranschaulichte Situation. ∎

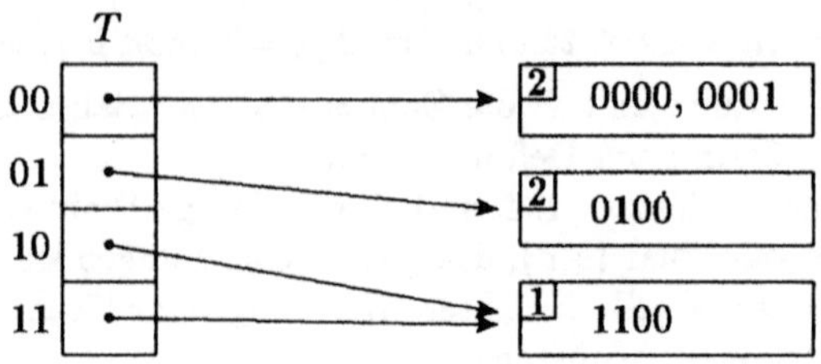

Abb. 45. Beispiel für erweiterbares Hashing

Wie wir aus Abbildung 45 ersehen können, erlauben wir verschiedenen Einträgen von T, auf denselben Korb zu zeigen. Wir verlangen jedoch, daß das Teilen der Körbe dem Buddy-Prinzip gehorcht. Das bedeutet folgendes: Jeder Korb hat eine lokale Tiefe r. Auf einen Korb der lokalen Tiefe r zeigen genau $2^{d(S)-r}$ Katalogeinträge. Ferner gibt es ein $a \in \{0,1\}^r$, so daß genau die Katalogeinträge $T[aa_1]$ auf B zeigen für $a_1 \in \{0,1\}^{d(S)-r}$. In Abbildung 45 steht die lokale Tiefe der Körbe in der linken oberen Ecke.

Der Einfüge-Algorithmus für erweiterbares Hashing ist recht einfach. Angenommen, wir wollen $x \in U$ einfügen. Zuerst berechnen wir den Korb B, der x enthalten soll. Wenn B nicht voll ist, d.h., wenn B weniger als b Schlüssel enthält, dann fügen wir x in B ein und sind fertig. Wenn B voll ist, B enthalte etwa $x_1, \ldots, x_b$, dann sind weitere Aktionen erforderlich. Sei r die lokale Tiefe der Seite B und sei B' eine neue Seite. Wenn $r = d(S)$, dann verdoppeln wir die Größe des Katalogs T, d.h., wir erhöhen $d(S)$ um 1, schaffen einen Katalog T' der Größe $2^{d(S)+1}$ und initialisieren ihn. Initialisierung von T' bedeutet im wesentlichen, zwei Kopien von T zu machen und sie zu mischen. An diesem Punkt haben wir $r < d(S)$ in beiden Fällen, d.h., wenn anfangs $r < d(S)$ galt oder wenn $r = d(S)$ war und die Kataloggröße verdoppelt wurde. Wir beenden die Einfügung, indem wir die lokale Tiefe von B und B' auf $r+1$ setzen und $x_1, \ldots, x_b, x$ in B oder B' einfügen, je nachdem, wohin die Schlüssel gehören. Beachten Sie, daß dies (in einem selten auftretenden Fall) B oder B' zum Überlauf bringen kann. In diesem Fall durchlaufen wir den Algorithmus nochmals.

Wenn wir in unserem Beispiel x mit $h(x) = 0010$ einfügen, bringt das den ersten Korb zum Überlauf. Wir erhalten Abbildung 46.

Der Streiche-Algorithmus ist ebenfalls einfach. Angenommen, wir wollen x aus S streichen. Zuerst bestimmen wir den Korb B, der x enthält, und löschen x aus B. Sei B' der Buddy von B, d.h., wenn r die lokale Tiefe von B ist und $a \in \{0,1\}^{r-1}$ und $z \in \{0,1\}$ so beschaffen sind, daß alle Katalogeinträge $T[aza_1]$ für $a_1 \in \{0,1\}^{d(S)-r}$ auf B und alle Einträge $T[a\overline{z}a_1]$ mit $\overline{z} = 1-z$ auf B' verweisen, dann ist B' der Buddy von B. Beachten Sie, daß B' nicht existieren muß. Deshalb können auch Zeiger auf leere Körbe entstehen. Wenn B' existiert und B und B' zusammen höchstens b Schlüssel enthalten, dann mischen wir B und B' zu einem Korb der lokalen Tiefe $r-1$. Wenn $r = d(S)$ ist und B und B' die einzigen Körbe der Tiefe $d(S)$ waren, dann halbieren wir zusätzlich die Größe des Katalogs.

Was können wir über die Komplexität von erweiterbarem Hashing sagen? Eine

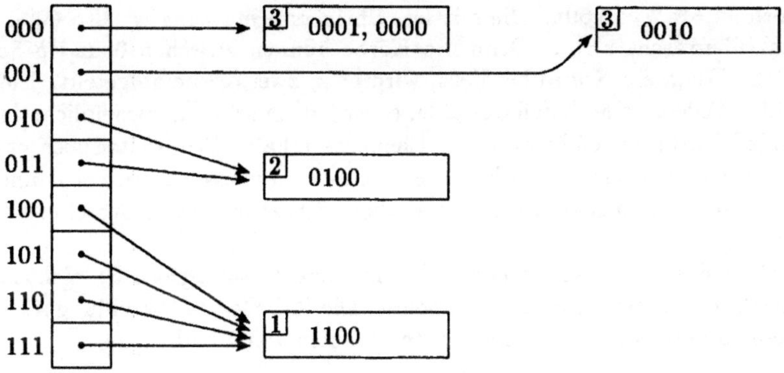

Abb. 46. Nach Einfügen von 0010 in die Beispielmenge

Zugriffs-Operation macht nur zwei Zugriffe auf den Hintergrundspeicher. Das trifft auch für eine Einfüge-Operation zu — außer im Fall des Überlaufs. In diesem Fall erhalten wir einen neuen Korb und einen dritten Zugriff, und verteilen die Elemente des Korbes, der gespalten werden muß, über die neuen Körbe. In seltenen Fällen müssen wir auch den Katalog verdoppeln. Damit sollte klar sein, daß die Zeitkomplexität von erweiterbarem Hashing sehr gut ist.

Die beiden Hauptfragen zur Platzkomplexität sind: Wie groß ist der Katalog T? Wieviele Körbe werden benutzt? Zunächst ist zu sagen, daß der schlechteste Fall — wie für alle Arten von Hashing — miserabel sein kann. Deshalb wollen wir den mittleren Fall diskutieren. Die Analyse beruht auf folgender Annahme: Es gilt $k = \infty$, d.h., die Hashfunktion h bildet U auf Bitstrings von unendlicher Länge ab. Weiterhin ist $h(x)$ auf dem Intervall $[0,1]$ gleichverteilt. Beachten Sie, daß $h(x)$ als Binärdarstellung einer reellen Zahl interpretiert werden kann.

Das mittlere Verhalten steht in Beziehung zu unserer Behandlung von universellem Hashing, denn das Verhalten von erweiterbarem Hashing hängt stark von der benutzten Hashfunktion ab, und universelles Hashing zeigt uns, wie gute Hashfunktionen gewählt werden können. Allerdings ist eine vollständige Analyse des mittleren Verhaltens von erweiterbarem Hashing schwierig und geht über den Rahmen dieses Buches hinaus. Eine vollständige Analyse von erweiterbarem Hashing kann nachgelesen werden in Flajolet/Steyaert (82). Eine approximative, einfachere Analyse von erweiterbarem Hashing steht in A. Yao (80). Es gilt

Satz 16.

a) *Die mittlere Anzahl der Körbe, die benötigt werden, um eine Menge von n Elementen abzuspeichern, ist $\approx n/(b \ln 2)$.*

b) *Die mittlere Größe eines Katalogs für eine Menge von n Elementen beträgt $\approx (e/b \ln 2) n^{1+1/b}$.* ∎

Wir beenden diesen Abschnitt mit einer Diskussion von Satz 16. Teil a) besagt, daß die mittlere Anzahl der Körbe $n/(b \ln 2)$ ist; d.h., die mittlere Anzahl der Elemente pro Korb ist $b \ln 2 \approx 0.69b$. Die mittlere Speicherausnutzung ist also 69%. Dieses Resultat überrascht nicht. Denn die Körbe können zwischen 0 und b Schlüssel enthalten. Wenn ein Korb überfließt, wird er in zwei Körbe aufgeteilt. Die Größe der beiden Teile ist eine Zufallsvariable, es ist jedoch sehr wahrscheinlich, daß jeder der beiden Körbe ungefähr 50% der Elemente erhält. Wir sollten also erwarten, daß die mittlere Anzahl der Elemente pro Korb irgendwo zwischen 0 und b mit leichter Tendenz zu b liegt. Eine sehr ähnliche Situation wird in Abschnitt III.5.3.4 untersucht.

Teil b) überrascht schon eher. Die mittlere Kataloggröße ist nicht-linear in der Anzahl der abgespeicherten Elemente. Die Tabelle aus Abbildung 47 gibt die mittleren Kataloggrößen für verschiedene Wahlen von b und n an.

b	$n = 10^5$	$n = 10^6$	$n = 10^8$	$n = 10^{10}$
2	6.2×10^7	1.96×10^8	1.96×10^{11}	1.96×10^{14}
10	1.2×10^5	1.5×10^6	2.4×10^8	3.9×10^{10}
50	9.8×10^3	1.0×10^6	1.1×10^8	1.2×10^{10}
100	4.4×10^3	4.5×10^4	4.7×10^6	4.9×10^8

Abb. 47. Mittlere Kataloggrößen bei erweiterbarem Hashing

Wir können aus Abbildung 47 ersehen, daß das nicht-lineare Wachstum für kleine b, etwa $b \approx 10$, klar erkennbar ist, und daß dann die Kataloggröße die Größe der Datei schon für mittelgroße n, etwa $n \approx 10^6$ bei $b = 50$, überschreitet. Wenn b größer ist, etwa $b \approx 100$, dann ist die Nicht-Linearität für praktische Werte von n, etwa $n \leq 10^{10}$ kaum erkennbar. Ferner beträgt dann die Größe des Katalogs nur ungefähr 5% der Größe der Datei.

Warum wächst der Katalog nicht-linear in der Größe der Datei? Im Fall $b = 1$ ist das nicht zu schwierig einzusehen und folgt aus dem Geburtstags-Paradoxon. Wenn $b = 1$ ist, dann verdoppelt sich die Kataloggröße immer, wenn zwei Elemente von S auf den gleichen Katalogeintrag abgebildet werden (den gleichen Geburtstag haben). Wenn die Kataloggröße m ist (das Jahr hat m Tage) und die Größe von S gleich n ist, dann ist die Wahrscheinlichkeit $p_{n,m}$, daß keine zwei Elemente von S auf den gleichen Katalogeintrag abgebildet werden

$$\begin{aligned} p_{n,m} &= m \cdot (m-1) \cdots (m-n+1)/m^n = \prod_{i=0}^{n-1} (1 - i/m) \\ &= e^{\sum_{i=0}^{n-1} \ln(1-i/m)} \approx e^{-\sum_{i=0}^{n-1} i/m} \approx e^{-n^2/m}. \end{aligned}$$

Also ist $p_{n,m} \leq 1/e$, wenn n größer als $\sqrt{m}$ wird; d.h., ein Katalog der Größe m genügt für eine Menge von $n = \sqrt{m}$ Elementen mit Wahrscheinlichkeit kleiner als $1/e$. Also muß die Kataloggröße nicht-linear in der Dateigröße wachsen und sollte tatsächlich quadratisch in der Dateigröße sein.

III.3. Suchen in geordneten Mengen

Wir wenden uns nun vergleichsorientierten Verfahren zum Suchen zu. Sei U eine linear geordnete Menge und "$\leq$" die lineare Ordnung auf U. Die Annahme, daß U linear geordnet ist, ist keine wirkliche Einschränkung. Es gibt immer eine Ordnung auf der internen Darstellung der Elemente von U. Die Basis für alle vergleichsorientierten Verfahren ist folgender Algorithmus zum Durchsuchen geordneter Felder: Sei $S = \{x_1 < x_2 < \cdots < x_n\}$ abgespeichert im Feld $S[1\,..\,n]$, d.h., $S[i] = x_i$, und sei $a \in U$. Um zu entscheiden, ob $a \in S$, vergleichen wir a mit einem Tafelelement und fahren dann entweder mit dem unteren oder dem oberen Teil der Tafel fort. Programm 18 zeigt diesen Algorithmus in unserer höheren Programmiersprache.

```
(1) unten ← 1; oben ← n;
(2) naechster ← eine Zahl in [unten .. oben];
(3) while a ≠ S[naechster] und oben > unten
(4) do if a < S[naechster]
(5)      then oben ← naechster − 1
(6)      else unten ← naechster + 1 fi;
(7)      naechster ← eine Zahl in [unten .. oben]
(8) od;
(9) if a = S[naechster] then "erfolgreich" else "erfolglos" fi.
```

Prog. 18

Aus dem Schema von Programm 18 kann man verschiedene Algorithmen erhalten, indem man die Zeilen (2) und (7) durch spezielle Strategien zur Auswahl von *naechster* ersetzt. Man erhält **lineare Suche** durch

$$naechster \leftarrow unten,$$

binäre Suche durch

$$naechster \leftarrow \left\lceil \frac{oben + unten}{2} \right\rceil$$

und **Interpolationssuche** durch

$$naechster \leftarrow (unten - 1) + \left\lceil \frac{a - S[unten - 1]}{S[oben + 1] - S[unten - 1]} \cdot (oben - unten + 1) \right\rceil.$$

Hierbei nehmen wir an, daß die Positionen $S[0]$ und $S[n+1]$ mit künstlichen Elementen gefüllt sind. Wir erörtern diese Strategien im folgenden genauer.

Die Korrektheit von Programm 18 ist unabhängig von der speziellen Wahl der Zeilen (2) und (7). Das kann man aus der Tatsache einsehen, daß folgendes Prädikat P eine Invariante des Rumpfes der while-Schleife ist:

$$\left(a \in S \Rightarrow a \in \{S[unten], \ldots, S[oben]\}\right) \quad \text{und}$$
$$\left(unten \leq oben \Rightarrow unten \leq naechster \leq oben\right)$$

P ist sicher vor Ausführung der Schleife erfüllt. Wenn der Schleifenrumpf betreten wird, ist $a \neq S[naechster]$ und daher entweder $a < S[naechster]$ oder $a > S[naechster]$. Wenn $a < S[naechster]$, ist sicher $a \notin \{S[naechster], \ldots, S[oben]\}$, und deshalb folgt aus $a \in S$, daß $a \in \{S[unten], \ldots, S[naechster - 1]\}$. Der Fall $a > S[naechster]$ wird ähnlich behandelt. Wenn $unten \leq oben$, wird in Zeile (7) an *naechster* eine Zahl aus $[unten\,..\,oben]$ zugewiesen.

Wenn also die while-Schleife terminiert, gilt P und $((a = S[naechster])$ oder $(oben \leq unten))$. Wenn $a = S[naechster]$, dann ist die Suche erfolgreich. Sei nun $a \neq S[naechster]$. Weil P gilt, folgt aus $a \in S$, daß $a \in \{S[unten], \ldots, S[oben]\}$. Wenn $oben < unten$, dann ist sicher $a \notin S$. Wenn $oben = unten$, dann ist $naechster = oben$ nach P und daher $a \notin S$. In beiden Fällen ist die Suche nicht erfolgreich.

Programm 18 terminiert, weil $oben - unten$ in jeder Ausführung des Schleifenrumpfes um mindestens 1 verringert wird.

III.3.1. Binäre Suche und Suchbäume

Binäre Suche erhält man, wenn man die Zeilen (2) und (7) ersetzt durch

$$naechster \leftarrow \left\lceil \frac{oben + unten}{2} \right\rceil.$$

Es ist aufschlußreich, sich das Verhalten des Algorithmus durch einen binären Baum zu veranschaulichen. Wir tun dies für $n = 6$.

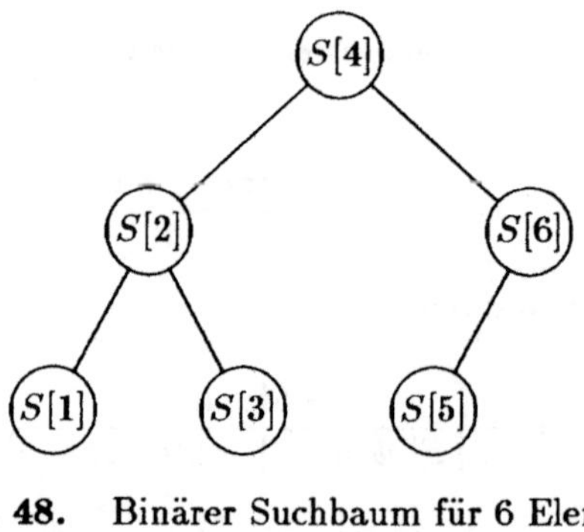

Abb. 48. Binärer Suchbaum für 6 Elemente

Im Baum aus Abbildung 48 steht der Knoten $S[4]$ für einen Vergleich mit $S[4]$. Wenn $a < S[4]$, dann gehen wir nach links, wenn $a > S[4]$, dann gehen wir nach rechts, und wenn $a = S[4]$, sind wir fertig. Wir beginnen die Suche mit einem Vergleich von a mit $S[4]$. Wenn $a > S[4]$, dann kann a nur gleich $S[5]$ oder $S[6]$

sein. Anschließend vergleichen wir a mit $S[6]$, usw. Wir können aus Abbildung 48 auch ersehen, daß eine erfolglose Suche uns Information über den **Rang** von a in S, d.h. die Anzahl der Elemente von S kleiner als a, gibt.

Da der Wert von $oben - unten + 1$ in jeder Iteration der while-Schleife halbiert wird, wird der Schleifenrumpf höchstens $(\log n)$-mal ausgeführt. Also hat die Operation Zugriff(a, S) die Zeitkomplexität $O(\log |S|)$. Die Operationen Ord(k, S) und List(S) sind in dieser Struktur trivial, Einfüge und Streiche können jedoch nicht effizient ausgeführt werden. Ein Einfügen würde das Verschieben eines Teils des Feldes bedingen — eine kostspielige Angelegenheit. Ein eleganter Ausweg ist, den obigen Baum explizit durch Zeiger und nicht implizit durch ein Feld zu realisieren. Dann können die Operationen Einfüge und Streiche ebenfalls schnell ausgeführt werden, wie wir bald sehen werden. Wir benötigen dazu folgende

Definition: Ein **binärer Suchbaum** für die n-elementige Menge $S = \{x_1 < x_2 < \cdots < x_n\}$ ist ein binärer Baum mit den n Knoten $\{v_1, \ldots, v_n\}$. Die Knoten sind mit den Elementen von S beschriftet, d.h., es gibt eine injektive Abbildung $INHALT : \{v_1, \ldots, v_n\} \mapsto S$. Die Beschriftung bewahrt die Ordnung, d.h., wenn v_i bzw. v_j ein Knoten im linken bzw. rechten Unterbaum des Baumes mit Wurzel v_k ist, dann ist $INHALT[v_i] < INHALT[v_k] < INHALT[v_j]$. ∎

Eine äquivalente Definition lautet wie folgt: Ein Durchlaufen eines Suchbaumes für S in symmetrischer Ordnung gibt die Ordnung auf S wieder. Wir werden meistens Knoten mit ihren Beschriftungen identifizieren, d.h., anstatt von Knoten v mit Beschriftung x sprechen wir von Knoten x und benutzen dafür als Zeichen ein eingekreistes x oder ein einfaches x. Der Knoten x entspricht dem Test aus Programm 19.

```
if a < x
  then gehe zum linken Sohn
  else if a = x
          then beende die Suche
          else gehe zum rechten Sohn
       fi
fi.
```

Prog. 19

Die $n + 1$ Blätter repräsentieren erfolglose Zugriffs-Operationen. Es ist nicht notwendig, die Blätter explizit abzuspeichern. Jedes Blatt repräsentiert eines der $n + 1$ offenen Intervalle von U, die durch die Elemente von S erzeugt werden. Wir zeichnen das Blatt, das dem Intervall $x_i < a < x_{i+1}$ entspricht, indem wir das Paar (x_i, x_{i+1}) durch ein rechteckiges Kästchen einrahmen (s. Abb. 49). Im Text sprechen wir einfach über das Blatt (x_i, x_{i+1}). Das Blatt $(\ , x_1)$ repräsentiert alle $a \in U$ mit $a < x_1$. Manchmal schreiben wir (x_0, x_1) statt $(\ , x_1)$. Eine analoge Bemerkung trifft auf das Blatt $(x_n,\ )$ zu.

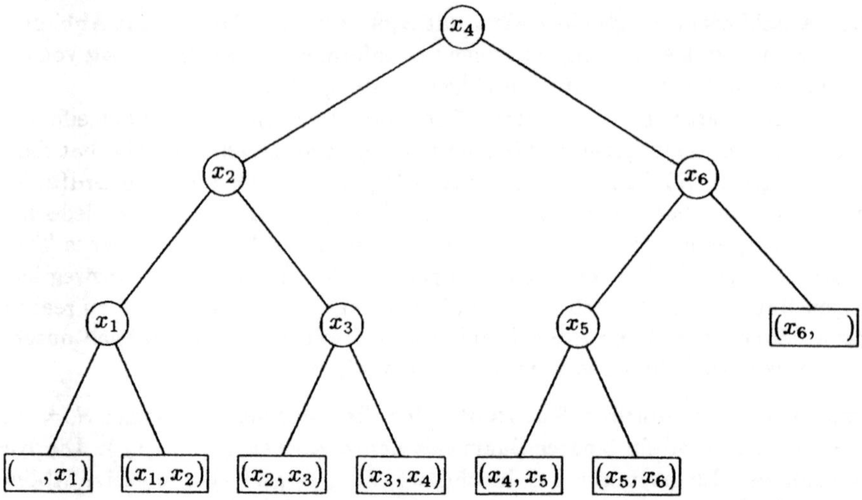

Abb. 49. Binärer Suchbaum mit Blättern

Sei T ein binärer Suchbaum für die Menge S. Dann wird die Operation Zugriff(a, S) durch Programm 20 realisiert.

```
v ← Wurzel von T;
while v ist ein Knoten und a ≠ INHALT[v]
do if a < INHALT[v]
   then v ← LSOHN[v]
   else  v ← RSOHN[v]
   fi
od.
```

Prog. 20

Wenn Programm 20 in Knoten v terminiert, dann ist $a = INHALT[v]$. Andernfalls terminiert es in einem Blatt, etwa (x_i, x_{i+1}). Dann ist $x_i < a < x_{i+1}$. Die Operation Einfüge(a, S) ist nun sehr einfach zu implementieren. Wir müssen nur das Blatt (x_i, x_{i+1}) durch den Baum aus Abbildung 50 ersetzen.

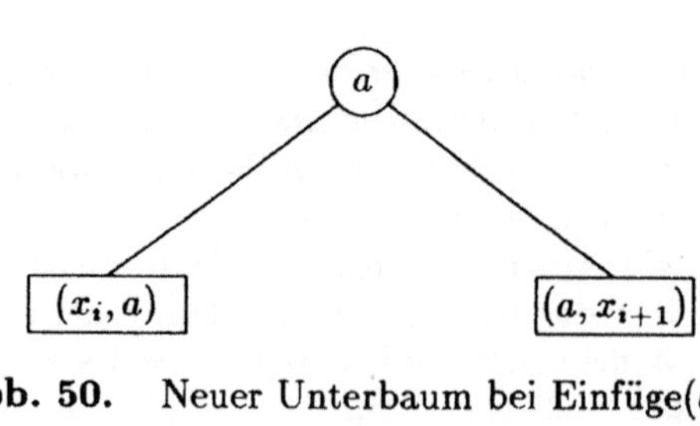

Abb. 50. Neuer Unterbaum bei Einfüge(a, S)

Streichen ist etwas schwieriger. Eine Suche nach a ende in einem Knoten v mit Inhalt a. Wir müssen zwei Fälle unterscheiden.

Fall 1: Zumindest ein Sohn von v ist ein Blatt, etwa der linke.
Dann ersetzen wir v durch seinen rechten Sohn und streichen v und seinen linken Sohn aus dem Baum.

Fall 2: Kein Sohn von v ist ein Blatt.
Sei w der rechteste Knoten im linken Unterbaum von v. Wir können w finden, indem wir dem linken Zeiger aus v heraus folgen und dann immer dem rechten Zeiger folgen, bis wir auf ein Blatt treffen. Wir ersetzen $INHALT[v]$ durch $INHALT[w]$ und streichen w wie in Fall 1 beschrieben. Beachten Sie, daß der rechte Sohn von w ein Blatt ist.

Abbildung 51 veranschaulicht beide Fälle. Der Knoten mit Inhalt 4 wird in drei verschiedenen Bäumen gestrichen. Blätter sind nicht eingezeichnet, da sie auch nicht explizit abgespeichert werden.

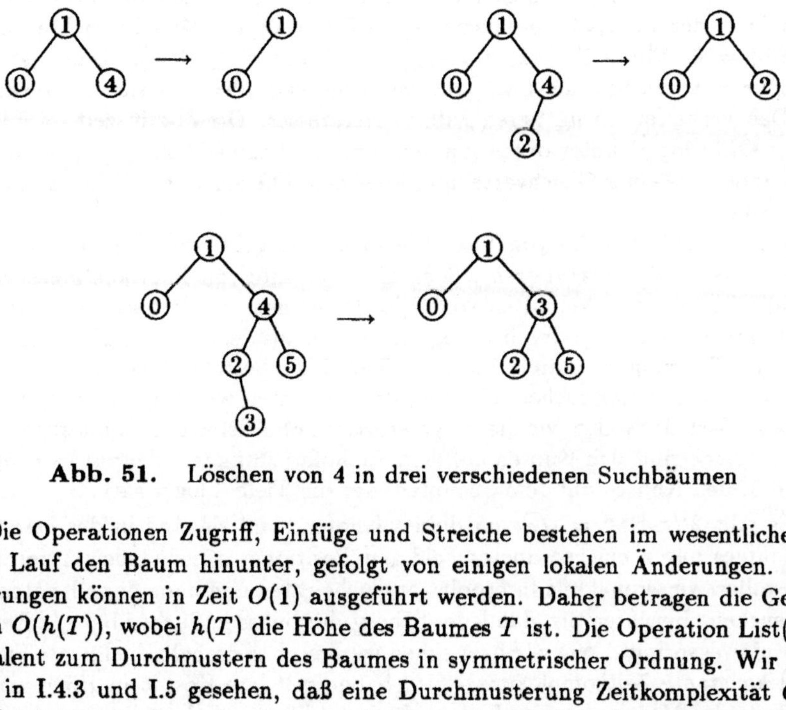

Abb. 51. Löschen von 4 in drei verschiedenen Suchbäumen

Die Operationen Zugriff, Einfüge und Streiche bestehen im wesentlichen aus einem Lauf den Baum hinunter, gefolgt von einigen lokalen Änderungen. Diese Änderungen können in Zeit $O(1)$ ausgeführt werden. Daher betragen die Gesamtkosten $O(h(T))$, wobei $h(T)$ die Höhe des Baumes T ist. Die Operation List(S) ist äquivalent zum Durchmustern des Baumes in symmetrischer Ordnung. Wir haben schon in I.4.3 und I.5 gesehen, daß eine Durchmusterung Zeitkomplexität $O(|S|)$ hat. Jetzt zeigen wir noch, wie man die Operation Ord(k, S) durch geringfügigen Ausbau der Datenstruktur in Zeit $O(h(T))$ realisieren kann. Wir speichern dazu in jedem Knoten zusätzlich die Anzahl der im linken Unterbaum abgespeicherten Elemente. Diese Zahlen können während Einfüge- und Streiche-Operationen mit geringem Aufwand berichtigt werden. Mit Hilfe dieser Zahlen hat die Operation Ord(k, S) die Zeitkomplexität $O(h(T))$.

Die obigen Betrachtungen zeigen, daß die Höhe eines Suchbaumes eine wesentliche Rolle für die Effizienz der grundlegenden Operationen spielt. In III.5 werden wir sehen, daß durch Benutzung verschiedener Arten balancierter Bäume $h(T) = O(\log |S|)$ erreicht werden kann. In Übung 9b) wird gezeigt, daß die mittlere Höhe eines zufällig gewachsenen, binären Baumes $O(\log n)$ ist.

III.3.2. Interpolationssuche

Interpolationssuche erhalten wir, wenn wir die Zeilen (2) und (7) durch

$$naechster \leftarrow (unten - 1) + \left\lceil \frac{a - S[unten - 1]}{S[oben + 1] - S[unten - 1]} \cdot (oben - unten + 1) \right\rceil$$

ersetzen. Wie oben erwähnt nehmen wir an, daß die zusätzlichen Positionen $S[0]$ und $S[n+1]$ mit künstlichen Elementen gefüllt sind. Die Komplexität des schlechtesten Falls der Interpolationssuche ist natürlich $O(n)$: Man betrachte den Fall, daß $S[0] = 0$, $S[n+1] = 1$, $a = 1/(n+1)$ und $S \subseteq (0, a)$. Dann ist immer $naechster = unten$ und die Interpolationssuche verschlechtert sich zu linearer Suche. Das Verhalten im mittleren Fall ist viel besser. Die Zugriffszeit im mittleren Fall ist $O(\log \log n)$ unter der Annahme, daß die Schlüssel $x_1, \ldots, x_n$ unabhängig voneinander aus einer Gleichverteilung über dem offenen Intervall (x_0, x_{n+1}) gezogen wurden.

Eine genaue Analyse von Interpolationssuche geht über den Rahmen dieses Buches hinaus. Wir diskutieren jedoch eine Variante von Interpolationssuche, die ebenfalls ein mittleres Verhalten von $O(\log \log n)$ hat: quadratische Binärsuche.

Binärsuche hat Zugriffszeit $O(\log n)$, weil sie aus dem Durchlaufen eines Pfades in einem vollständigen binären Baum der Tiefe $\log n$ besteht. Wenn wir auf den Pfaden des Baumes binär suchen könnten, dann könnten wir Zugriffszeit $O(\log \log n)$ erhalten. Deshalb wollen wir die Frage erörtern, ob es einen (zumindest im Mittel) schnellen Weg gibt, den Knoten auf dem Suchpfad zu finden, der auf halbem Wege liegt, d.h. den Knoten auf dem Suchpfad, der die Tiefe $\frac{1}{2} \log n$ hat.

Es gibt $2^{1/2 \log n} = \sqrt{n}$ von diesen Knoten, und sie sind in der Darstellung des Baumes durch ein geordnetes Feld $\sqrt{n}$ Positionen voneinander entfernt. Anfangs wollen wir einmal mit Interpolationssuche raten und dann diese Knoten linear durchsuchen. Beachten Sie, daß jeder Schritt der linearen Suche über $\sqrt{n}$ Elemente von S hinwegspringt. Wie wir bald sehen werden, hat deshalb die lineare Suche im Mittel konstante Zeitkomplexität. Also haben mittlere Kosten in Höhe von $O(1)$ die Größe der Menge von n auf $\sqrt{n}$ reduziert (d.h., sie haben die erste Hälfte des Suchpfades bestimmt), und deshalb ist die mittlere Suchzeit $O(\log \log n)$.

Der genaue Algorithmus für Zugriff(a, S) lautet: Seien $unten = 1$, $oben = n$ und $naechster = \lceil p \cdot n \rceil$ wie oben definiert; dabei ist $p = (a - x_0)/(x_{n+1} - x_0)$. Wenn $a > S[naechster]$, vergleichen wir a mit $S[naechster + \sqrt{n}]$, $S[naechster + 2\sqrt{n}]$, $\ldots$, bis wir ein i finden mit $a \le S[naechster + (i-1)\sqrt{n}]$. Dazu benötigen wir i

Vergleiche. Wenn $a < S[naechster]$, verfahren wir auf analoge Art. In beiden Fällen wird die dann gefundene Untertafel der Größe $\sqrt{n}$ durch rekursive Anwendung der Methode durchsucht.

Wir wollen nun die mittlere Anzahl C der Vergleiche bestimmen, die benötigt werden, um die richtige Untertafel der Größe $\sqrt{n}$ zu bestimmen. Sei p_i die Wahrscheinlichkeit, daß i oder mehr Vergleiche benötigt werden, um die Untertafel zu finden. Dann ist

$$C = \sum_{i \geq 1} i \cdot (p_i - p_{i+1}) = \sum_{i \geq 1} p_i.$$

Wir müssen jetzt p_i bestimmen. Beachten Sie zunächst, daß $p_1 = p_2 = 1$, weil immer mindestens zwei Vergleiche benötigt werden. Sei also $i > 2$. Wenn i oder mehr Vergleiche benötigt werden, dann ist

$$|\text{tatsächlicher Rang von } a - \textit{naechster}| \geq (i-2)\sqrt{n},$$

wobei der tatsächliche Rang von a die Anzahl der x_j ist, die kleiner als a sind. Deshalb ist

$$p_i \;\leq\; \text{prob}\big(|\text{tatsächlicher Rang von } a - \textit{naechster}| \geq (i-2)\sqrt{n}\big).$$

Wir benutzen die Tschebyscheff'sche Ungleichung (vgl. W. Feller, "An Introduction to Probability Theory, and its Applications", John Wiley, New York 1968), um eine Schranke für p_i herzuleiten. Sie lautet:

$$\text{prob}\big(|X - \mu| \geq t\big) \;\leq\; \sigma^2/t^2$$

für eine Zufallsvariable X mit Mittelwert μ und Varianz σ^2. Die Zufallsvariable X sei die Anzahl der x_j kleiner als a. Beachten Sie, daß wir annehmen, daß $x_1, \ldots, x_n$ unabhängig gemäß einer Gleichverteilung über (x_0, x_{n+1}) gezogen wurden. Weil die x_i unabhängig voneinander sind und $p = (a - x_0)/(x_{n+1} - x_0)$ die Wahrscheinlichkeit ist, daß ein beliebiges von ihnen kleiner als a ist, ist die Wahrscheinlichkeit, daß genau j der n Schlüssel kleiner als a sind gleich $\binom{n}{j} p^j (1-p)^{n-j}$. Also wird die mittlere Anzahl der Schlüssel, die kleiner als a sind, d.h. der mittlere Rang von a, bestimmt durch

$$\mu = \sum_{j=0}^{n} j \binom{n}{j} p^j (1-p)^{n-j} = p \cdot n \sum_{j=0}^{n} \binom{n-1}{j-1} p^{j-1} (1-p)^{n-j} = p \cdot n$$

mit Varianz

$$\sigma^2 = \sum_{j=0}^{n} (j-\mu)^2 \cdot \binom{n}{j} p^j (1-p)^{n-j} = p(1-p)n.$$

Um die letzte Gleichung zu verifizieren, schreibt man $(j-\mu)^2 = j^2 - 2j\mu + \mu^2$ und behandelt dann die 3 Summen nach dem bei der Berechnung von μ benutzten

Schema. Also gilt

$$\begin{aligned} p_i &\le \text{prob}\big(|\text{tatsächlicher Rang von } a - p \cdot n| \ge (i-2)\sqrt{n}\big) \\ &\le \frac{p(1-p)n}{((i-2)\sqrt{n})^2} \\ &= \frac{p(1-p)}{(i-2)^2} \\ &\le \frac{1}{4(i-2)^2} \end{aligned}$$

wegen $p(1-p) \le 1/4$ für $0 \le p \le 1$. Wenn wir das in unseren Ausdruck für C einsetzen, erhalten wir

$$C \le 2 + \sum_{i \ge 3} \frac{1}{4(i-2)^2} = 2 + \pi^2/24 \approx 2.4.$$

Sei schließlich $\overline{T}(n)$ die mittlere Anzahl der Vergleiche, die bei der Suche nach a in einer Tafel mit n zufälligen Schlüsseln benötigt werden. Da die Untertafeln der Größe $\sqrt{n}$ wiederum zufällig sind, gilt

$$\overline{T}(n) \le C + \overline{T}(\sqrt{n}) \qquad \text{für } n \ge 3$$

und

$$\overline{T}(1) \le 1, \; \overline{T}(2) \le 2$$

und somit

$$\overline{T}(n) \le 2 + C \log\log n \qquad \text{für } n \ge 2,$$

wie man leicht durch Induktion über n einsehen kann.

Satz 1. *Die mittleren Kosten von quadratischer Binärsuche sind* $O(\log\log n)$. ∎

Die Zugriffszeit der quadratischen Binärsuche ist im schlechtesten Fall $O(\sqrt{n})$. Beachten Sie, daß die maximale Anzahl der gemachten Vergleiche $n^{1/2} + n^{1/4} + n^{1/8} + \cdots = O(\sqrt{n})$ ist. Dieses Verhalten im schlechtesten Fall kann wie folgt auf $O(\log n)$ verbessert werden, ohne das $O(\log\log n)$ Verhalten im mittleren Fall zu opfern: Anstatt lineare Suche zu benutzen, um mit i Vergleichen das i mit $S[\mathit{naechster} + (i-2)\sqrt{n}] < a \le S[\mathit{naechster} + (i-1)\sqrt{n}]$ zu bestimmen, benutzen wir exponentielle plus binäre Suche (vgl. III.4.2, Satz 11) mit nur $O(\log i)$ Vergleichen. Da $\log i \le i$ ist, verschlechtert sich das mittlere Verhalten nicht. Die maximale Anzahl der Vergleiche ist jetzt jedoch

$$\log n^{1/2} + \log n^{1/4} + \log n^{1/8} + \ldots = (1/2 + 1/4 + 1/8 + \ldots)\log n = \log n.$$

Also ist das Verhalten im schlechtesten Fall $O(\log n)$, wenn exponentielle plus binäre Suche benutzt wird.

III.4. Gewichtete Bäume

In diesem Abschnitt betrachten wir die Operation Einfüge(x, S), angewandt auf gewichtete Mengen S. Wir geben jedem Element von S ein Gewicht (auch Zugriffswahrscheinlichkeit). Ein großes Gewicht zeigt an, daß das Element wichtig ist und oft darauf zugegriffen wird. Es ist vorteilhaft, wenn solche Elemente im Baum weit oben stehen und somit schnell auf sie zugegriffen werden kann.

Definition: Sei $S = \{x_1 < x_2 < \cdots < x_n\}$, sei β_i bzw. α_j die Wahrscheinlichkeit, daß bei einer Operation auf das Element a zugegriffen wird, wobei $a = x_i$ bzw. $x_j < a < x_{j+1}$ für $1 \le i \le n$ bzw. $0 \le j \le n$. Dabei sind x_0 und x_{n+1} zusätzliche künstliche Elemente. Dann gilt $\beta_i \ge 0$, $\alpha_j \ge 0$ und $\sum \beta_i + \sum \alpha_j = 1$. Das $(2n+1)$-Tupel $(\alpha_0, \beta_1, \alpha_1, \ldots, \beta_n, \alpha_n)$ heißt **Zugriffsverteilung**. ∎

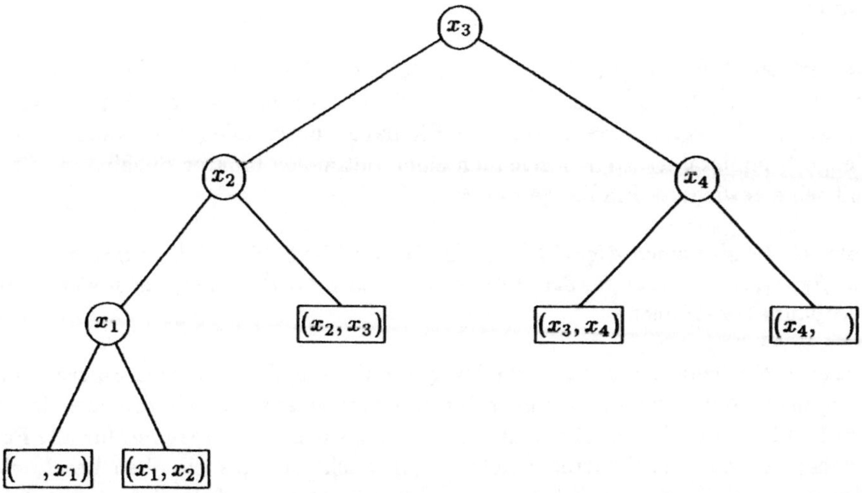

Abb. 52. Optimaler Suchbaum für (1/6, 1/24, 0, 1/8, 0, 1/8, 1/8, 0, 5/12)

Sei T ein Suchbaum für die Menge S, sei b_i^T die Tiefe des Knotens x_i und a_j^T die Tiefe des Blattes (x_j, x_{j+1}). Wir betrachten eine Suche nach Element a des Universums. Wenn $a = x_i$, dann vergleichen wir a mit $b_i^T + 1$ Elementen im Baum. Wenn $x_j < a < x_{j+1}$, dann vergleichen wir a mit a_j^T Elementen im Baum. Also ist

$$P^T = \sum_{i=1}^{n} \beta_i \cdot (1 + b_i^T) + \sum_{j=0}^{n} \alpha_j \cdot a_j^T$$

die durchschnittliche Anzahl von Vergleichen bei einer Suche. P^T heißt (normierte) **gewichtete Pfadlänge** des Baumes T. Wir benutzen P^T als unser grundlegendes Maß für die Operation Zugriff; die mittlere Suchzeit ist proportional zu P^T.

Meistens lassen wir den Index T weg, wenn der gemeinte Baum aus dem Kontext klar wird. Abbildung 52 zeigt einen Suchbaum für die Menge $S = \{x_1, x_2, x_3, x_4\}$ mit $(\alpha_0, \beta_1, \ldots, \beta_4, \alpha_4) = (1/6, 1/24, 0, 1/8, 0, 1/8, 1/8, 0, 5/12)$. In diesem Baum ist $b_1 = 1$, $b_2 = 2$, $b_3 = 0$, $b_4 = 1$, $a_0 = a_3 = a_4 = 2$ und $a_1 = a_2 = 3$. Die gewichtete Pfadlänge P ist gleich 2. Es gibt keinen Suchbaum für S mit kleinerer gewichteter Pfadlänge. Dieser Baum ist also bezüglich der angegebenen Zugriffsverteilung optimal.

III.4.1. Optimale gewichtete Bäume, dynamisches Programmieren und Mustererkennung

Wir ordnen jedem Suchbaum für die Menge S eine reelle Zahl zu, seine gewichtete Pfadlänge. Ein Baum mit minimaler gewichteter Pfadlänge optimiert die mittlere Zugriffszeit.

Definition: Sei $S = \{x_1 < x_2 < \cdots < x_n\}$ eine Menge mit der Zugriffsverteilung $(\alpha_0, \beta_1, \alpha_1, \ldots, \beta_n, \alpha_n)$. Der Baum T ist ein **optimaler binärer Suchbaum** für die Menge S, wenn seine gewichtete Pfadlänge unter allen Suchbäumen für die Menge S minimal ist. Wir bezeichnen einen optimalen binären Suchbaum mit T_{opt} und seine gewichtete Pfadlänge mit P_{opt}. ∎

Satz 1. *Es gibt einen Algorithmus, der für die Menge S und die Zugriffsverteilung* $(\alpha_0, \beta_1, \alpha_1, \ldots, \beta_n, \alpha_n)$ *in Zeit* $O(n^2)$ *und Platz* $O(n^2)$ *einen optimalen binären Suchbaum konstruiert.*

Beweis: Wir benutzen dynamische Programmierung, d.h., wir konstruieren auf systematische Art optimale Lösungen für zunehmend größere Teilprobleme. In unserem Fall bedeutet das die Konstruktion eines optimalen Suchbaumes für alle Paare, Tripel, ... von benachbarten Knoten. Ein Suchbaum für die oben beschriebene Menge S hat die Knoten $x_1, \ldots, x_n$ und die Blätter $(x_0, x_1), \ldots, (x_n, x_{n+1})$. Ein Unterbaum könnte die Knoten $x_i, \ldots, x_j$ und die Blätter $(x_{i-1}, x_i), \ldots, (x_j, x_{j+1})$ mit $1 \le i, j \le n$ und $i \le j + 1$ haben. Solch ein Unterbaum ist ein Suchbaum für die Menge $\{x_i, \ldots, x_j\}$ bezüglich des Universums (x_{i-1}, x_{j+1}). Die Zugriffswahrscheinlichkeiten innerhalb eines Unterbaumes werden durch die bedingten Wahrscheinlichkeiten

$$\overline{\beta}_k = \beta_k / w_{ij} \qquad \text{und} \qquad \overline{\alpha}_h = \alpha_h / w_{ij}$$

für $i \le k \le j$ und $i - 1 \le h \le j$ gegeben, wobei

$$w_{ij} = \alpha_{i-1} + \beta_i + \cdots + \beta_j + \alpha_j.$$

Sei T_{ij} ein optimaler binärer Suchbaum für die Menge $\{x_i, \ldots, x_j\}$ mit Zugriffsverteilung $(\overline{\alpha}_{i-1}, \overline{\beta}_i, \ldots, \overline{\beta}_j, \overline{\alpha}_j)$, P_{ij} die gewichtete Pfadlänge von T_{ij} und r_{ij} der Index der Wurzel von T_{ij}, d.h., x_m mit $m = r_{ij}$ ist die Wurzel von T_{ij}.

Lemma 1.

a) $P_{i,i-1} = 0$

b) $w_{ij} P_{ij} = w_{ij} + \min_{i \le m \le j} (w_{i,m-1} P_{i,m-1} + w_{m+1,j} P_{m+1,j})$ für $i \le j$.

Beweis: a) $T_{i,i-1}$ besteht aus dem Blatt (x_{i-1}, x_i) der Tiefe 0. Also ist $P_{i,i-1} = 0$.

b) Sei T_{ij} ein optimaler Baum für die Menge $\{x_i, \ldots, x_j\}$. Dann hat T_{ij} die gewichtete Pfadlänge P_{ij} und die Wurzel x_m mit $m = r_{ij}$. Sei T_l bzw. T_r der linke bzw. rechte Unterbaum von T_{ij} mit gewichteter Pfadlänge P_l bzw. P_r. Wegen

$$\begin{aligned} b_k^{T_{ij}} &= 1 + b_k^{T_l} && \text{für} \quad i \le k \le m-1, \\ b_m^{T_{ij}} &= 0 && \text{und} \\ b_k^{T_{ij}} &= 1 + b_k^{T_r} && \text{für} \quad m+1 \le k \le j \end{aligned}$$

und analogen Gleichungen für die Tiefe der Blätter gilt:

$$w_{ij} P_{ij} = w_{ij} + w_{i,m-1} P_l + w_{m+1,j} P_r.$$

T_l ist ein Suchbaum für die Menge $x_i, \ldots, x_{m-1}$, und deshalb ist $P_l \ge P_{i,m-1}$. Also ist $P_l = P_{i,m-1}$, weil wir andernfalls T_l durch $T_{i,m-1}$ ersetzen und einen Baum mit kleinerer gewichteter Pfadlänge erhalten könnten. ∎

Lemma 1 legt einen Weg nahe, alle Werte $w_{ij} P_{ij}$ zu berechnen. Die Initialisierung steht in Teil a) und der Iterationsschritt in Teil b). Wir benutzen im folgenden $\overline{P}_{ij}$ als Bezeichnung für $w_{ij} P_{ij}$.

---

(1) **for** i **from** 0 **to** n
(2) **do** $w_{i+1,i} \leftarrow \alpha_i$; $\overline{P}_{i+1,i} \leftarrow 0$ **od**;
(3) **for** k **from** 0 **to** $n-1$
(4) **do for** i **from** 1 **to** $n-k$
(5)   **do** $j \leftarrow i + k$;
(6) $w_{ij} \leftarrow w_{i,j-1} + \beta_j + \alpha_j$;
(7)   sei m mit $i \le m \le j$ so, daß $\overline{P}_{i,m-1} + \overline{P}_{m+1,j}$ minimal ist;
        bei Unentschieden wähle das größte solche m;
(8) $r_{ij} \leftarrow m$;
(9) $\overline{P}_{ij} \leftarrow w_{ij} + \overline{P}_{i,m-1} + \overline{P}_{m+1,j}$
(10)   **od**
(11) **od**.

Prog. 21

Programm 21 ist eine unmittelbare Implementierung der Rekursionsformel aus Lemma 1. Nach seiner Terminierung wird der optimale Suchbaum implizit durch die Matrix r_{ij} angegeben: Der Knoten x_m mit $m = r_{1,n}$ ist die Wurzel des Suchbaumes. Die Wurzel des linken Unterbaumes ist x_k mit $k = r_{1,m-1}$, usw. Es ist einfach einzusehen, daß der Suchbaum in Zeit $O(n)$ aus der Matrix r_{ij} explizit konstruiert werden kann.

Betrachten wir nun die Komplexität unseres Algorithmus. Programm 21 benutzt die drei Matrizen $\overline{P}_{ij}$, w_{ij} und r_{ij} und hat daher Platzkomplexität $O(n^2)$. Nun zur Zeitkomplexität. Eine Ausführung der Zeilen (5), (6), (8), (9) verbraucht konstante Zeit. Eine Ausführung von Zeile (7) verbraucht für feste i und k $O(j-i+1) = O(k+1)$ Zeiteinheiten. Also ist die Gesamtlaufzeit

$$\sum_{k=0}^{n-1} \sum_{i=1}^{n-k} O(k+1) = O(n^3).$$

Das ist aber noch nicht die versprochene $O(n^2)$ Schranke. Bevor wir eine Verbesserung vorstellen, veranschaulichen wir den Algorithmus an unserem Beispiel aus III.4 mit der Verteilung $(1/6, 1/24, 0, 1/8, 0, 1/8, 1/8, 0, 5/12)$. Die Matrizen $\overline{P}_{ij}$ und w_{ij} für $1 \le i \le 5$, $0 \le j \le 4$ und r_{ij} für $1 \le i \le 4$, $1 \le j \le 4$ stehen in Abbildung 53.

$$\overline{P} = \frac{1}{24} \cdot \begin{pmatrix} 0 & 5 & 11 & 25 & 48 \\ & 0 & 3 & 12 & 31 \\ & & 0 & 6 & 22 \\ & & & 0 & 13 \\ & & & & 0 \end{pmatrix} \qquad 24w = \frac{1}{24} \cdot \begin{pmatrix} 4 & 5 & 8 & 14 & 24 \\ & 0 & 3 & 9 & 19 \\ & & 0 & 6 & 16 \\ & & & 3 & 13 \\ & & & & 10 \end{pmatrix}$$

$$r = \begin{pmatrix} 1 & 1 & 3 & 3 \\ & 2 & 3 & 4 \\ & & 3 & 4 \\ & & & 4 \end{pmatrix}$$

Abb. 53. $\overline{P}_{ij}, w_{ij}$, und r_{ij} für das Beispiel aus III.4

Wir ziehen aus diesem Beispiel eine wichtige Folgerung: Die Matrix r ist monoton in jeder Zeile und Spalte, d.h., es gilt $r_{i,j-1} \le r_{i,j} \le r_{i+1,j}$ für alle i, j. Wir stellen den Beweis dafür vorläufig zurück (s. Lemma 3). Die Monotonie von r hat eine wichtige Konsequenz: Wir können für $k > 0$ Zeile (7), die Suche nach r_{ij}, abändern zu:

sei m mit $r_{i,j-1} \le m \le r_{i+1,j}$ so, daß ... ,

ohne die Korrektheit des Algorithmus zu berühren. (Für $k = 0$ ist die Suche nach m sowieso trivial.) Diese Änderung wirkt sich jedoch stark auf die Laufzeit aus.

Sie ist jetzt

$$\begin{aligned} & O\Big(n + \sum_{k=1}^{n-1}\sum_{i=1}^{n-k}(1 + r_{i+1,i+k} - r_{i,i+k-1})\Big) \\ = \; & O\Big(n + \sum_{k=1}^{n-1}(n - k + r_{n-k+1,n} - r_{1,k})\Big) \\ = \; & O\Big(n + \sum_{k=1}^{n-1} n\Big) \\ = \; & O(n^2). \end{aligned}$$

∎

Wir müssen noch die Monotonie von r nachweisen. Das tun wir in einem allgemeineren Zusammenhang: Wir definieren dynamische Programmierung mit Vierecksungleichungen.

Sei $w(i,j) \in \mathbb{R}$ für $0 \le i < j \le n$, und sei $c(i,j)$ definiert durch

$$c(i,i) = w(i,i) = 0 \qquad \text{und}$$
$$c(i,j) = w(i,j) + \min_{i<k\le j}\big(c(i,k-1) + c(k,j)\big) \quad \text{für } i < j.$$

Optimale binäre Suchbäume sind ein Spezialfall dieser Rekursionsgleichungen: Man setze $w(i,j) = w_{i+1,j} = \alpha_i + \beta_{i+1} + \cdots + \beta_j + \alpha_j$.

Der Algorithmus aus Programm 21 ermöglicht es, $c(i,j)$ für $1 \le i < j \le n$ in Zeit $O(n^3)$ zu berechnen. Es gibt jedoch eine schnellere Methode zur Berechnung von $c(i,j)$, wenn die Funktion $w(i,j)$ die Vierecksungleichung

(VU) $\qquad w(i,j) + w(i',j') \le w(i',j) + w(i,j') \quad \text{für } i \le i' \le j \le j' \qquad$ erfüllt.

Satz 2. *Wenn w (VU) erfüllt und monoton bezüglich der Teilmengenrelation auf Intervallen ist, d.h., wenn $w(i,j') \ge w(i',j)$ für $i \le i' < j \le j'$, dann kann die oben definierte Funktion c in Zeit $O(n^2)$ berechnet werden.*

Bemerkung: Bevor wir einen Beweis von Satz 2 angeben, wenden wir ihn auf optimale binäre Suchbäume an: Die Funktion $w(i,j) = w_{i+1,j}$ ist offensichtlich monoton und erfüllt (VU) sogar mit Gleichheit. ∎

Beweis: Satz 2 wird durch zwei Lemmata bewiesen:

Lemma 2. *Wenn w (VU) erfüllt und monoton ist, dann erfüllt auch die Funktion c (VU), d.h., es gilt $c(i,j) + c(i',j') \le c(i,j') + c(i',j)$ für $i \le i' \le j \le j'$.*

Wir benutzen $c_k(i,j)$ als Abkürzung für $w(i,j) + c(i,k-1) + c(k,j)$ und definieren $K(i,j) = \max\{k;\ c_k(i,j) = c(i,j)\}$ für $i < j$. Weiter soll $K(i,i) = i$ sein. $K(i,j)$ ist also der größte Index, mit dem das Minimum in der Definition von $c(i,j)$ erreicht wird. Es gilt

Lemma 3. *Wenn c (VU) erfüllt, dann ist K monoton, d.h., es gilt*

$$K(i,j) \leq K(i,j+1) \leq K(i+1,j+1) \quad \text{für } i \leq j.$$

Lemma 3 ist der Schlüssel zur Verbesserung der Laufzeit von dynamischer Programmierung auf $O(n^2)$, wie wir oben gesehen haben. Wir beweisen jetzt die Lemmata 2 und 3.

Beweis: (Lemma 2). Wir benutzen Induktion über die "Länge" $l = j' - i$ der Vierecksungleichung für c

$$\text{(VUc)} \qquad c(i,j) + c(i',j') \leq c(i,j') + c(i',j) \quad \text{für } i \leq i' \leq j \leq j'.$$

Diese Ungleichung ist trivialerweise erfüllt für $i = i'$ oder $j = j'$. Das beweist (VUc) für $l \leq 1$. Für den Induktionsschritt müssen wir zwei Fälle unterscheiden: $i' = j$ oder $i' < j$.

Fall 1: $i < i' = j < j'$.
In diesem Fall reduziert sich (VUc) auf

$$c(i,j) + c(j,j') \leq c(i,j'),$$

eine (inverse) Dreiecksungleichung. Sei $k = K(i,j')$. Wir müssen zwei symmetrische Unterfälle unterscheiden: $k \leq j$ oder $k > j$.

Fall 1.1: $k \leq j$.
Es gilt $c(i,j') = w(i,j') + c(i,k-1) + c(k,j')$ und deshalb

$$\begin{aligned} c(i,j) + c(j,j') &\leq w(i,j) + c(i,k-1) + c(k,j) + c(j,j') \\ &\qquad \text{(Definition von } c(i,j)) \\ &\leq w(i,j') + c(i,k-1) + c(k,j) + c(j,j') \\ &\qquad \text{(Monotonie von } w) \\ &\leq w(i,j') + c(i,k-1) + c(k,j') \\ &\qquad \text{(inverse Dreiecksungleichung für } k \leq j \leq j' \text{ nach I.A.)} \\ &= c(i,j'). \end{aligned}$$

Fall 1.2: $k > j$.
Dieser Fall ist symmetrisch zu Fall 1.1 und wird dem Leser überlassen.

Fall 2: $i < i' < j < j'$.
Sei $y = K(i', j)$ und $z = K(i, j')$. Wiederum müssen wir zwei symmetrische Fälle betrachten: $z \leq y$ und $z > y$. Wir behandeln nur den Fall $z \leq y$. Nach Definition von y ist $z \leq y \leq j$, und nach Definition von z ist $i < z$. Es gilt

$$\begin{aligned}
c(i',j') + c(i,j) &\leq c_y(i',j') + c_z(i,j) \\
&= w(i',j') + c(i',y-1) + c(y,j') + w(i,j) + c(i,z-1) + c(z,j) \\
&\leq w(i,j') + w(i',j) + c(i',y-1) + c(i,z-1) + c(z,j) + c(y,j') \\
&\qquad \text{(wegen (VU) für } w) \\
&\leq w(i,j') + w(i',j) + c(i',y-1) + c(i,z-1) + c(y,j) + c(z,j') \\
&\qquad \text{(nach Induktionsannahme, d.h. (VUc)} \\
&\qquad \text{angewandt auf } z \leq y \leq j \leq j') \\
&= c(i,j') + c(i',j). \qquad \text{(nach Definition von } y \text{ und } z)
\end{aligned}$$

Damit sind der Induktionsschritt und der Beweis von Lemma 2 abgeschlossen. ∎

Beweis: (Lemma 3). Die Behauptung ist trivialerweise erfüllt, wenn $i = j$, und deshalb müssen wir nur den Fall $i < j$ betrachten. Wir beweisen lediglich, daß $K(i,j) \leq K(i,j+1)$. Wir definierten $K(i,j)$ als den größten Index k, an dem das Minimum in der Definition von $c(i,j)$ angenommen wird. Es genügt deshalb, zu zeigen, daß

$$[c_{k'}(i,j) \leq c_k(i,j)] \Rightarrow [c_{k'}(i,j+1) \leq c_k(i,j+1)]$$

für alle $i < k \leq k' \leq j$ gilt, d.h., wenn $K(i,j)$ eher den Wert k' als den Wert k annimmt, dann tut das auch $K(i,j+1)$. Tatsächlich zeigen wir die schärfere Ungleichung

$$c_k(i,j) - c_{k'}(i,j) \leq c_k(i,j+1) - c_{k'}(i,j+1)$$

oder äquivalent

$$c_k(i,j) + c_{k'}(i,j+1) \leq c_{k'}(i,j) + c_k(i,j+1)$$

oder äquivalent

$$c(k,j) + c(k',j+1) \leq c(k',j) + c(k,j+1)$$

durch Expandieren aller 4 Terme mit Hilfe ihrer Definition. Das ist jedoch (VUc) angewandt auf $k \leq k' \leq j \leq j+1$. Damit sind Lemma 3 und schließlich Satz 2 bewiesen. ∎∎

Dynamische Programmierung ist eine sehr vielseitig verwendbare Problemlösungsmethode. Der Leser findet einige Anwendungen in den Übungen 10–12 und in den Abschnitten V.2 und VI.6.1. Dynamische Programmierung ist eng verwandt mit der Problemlösung durch Backtracking. Wir veranschaulichen diese Verwandtschaft durch zwei Beispiele: optimale Suchbäume und Simulation von Zwei-Weg-Deterministischen-Keller-Automaten auf RAM's.

Ein Aufruf $OSB(1, n)$ der rekursiven Prozedur aus Programm 22 berechnet die Kosten, d.h. die gewichtete Pfadlänge, eines optimalen Suchbaumes.

```
real function OSB(i, j : integer);
  co OSB berechnet die gewichtete Pfadlänge
     eines optimalen Suchbaumes für x_i, ..., x_j oc
begin
if i = j + 1
then OSB ← 0
else  OSB ← ∞;
      for k from i to j
      do OSB ← min(OSB, w_ij + OSB(i, k − 1) + OSB(k + 1, j))
      od
fi
end.
```

Prog. 22

Die Laufzeit der Prozedur *OSB* ist exponentiell. Wenn $T(n)$ die von *OSB* benötigte Zeit ist, um für eine Menge von n Elementen den Baum optimaler Kosten zu finden, dann ist $T(n) = O(n) + \sum_{i=0}^{n-1}(T(i) + T(n-i-1)) = O(n) + 2\sum_{i=0}^{n-1} T(i)$. Wenn man die Gleichungen für $T(n+1)$ und $T(n)$ voneinander subtrahiert, erhält man $T(n+1) - T(n) = O(1) + 2 \cdot T(n)$ und damit $T(n+1) = O(1) + 3 \cdot T(n)$. Dies zeigt, daß $T(n)$ exponentiell wächst.

Die exponentielle Laufzeit von *OSB* beruht darauf, daß Teilprobleme $OSB(i, j)$ mehrmals gelöst werden. Deshalb ist es ratsam, eine globale Tafel $P[i, j]$ einzuführen und die von *OSB* berechneten Werte in diese Tafel einzutragen. Dies führt zu Programm 23.

Die Zeilen (4') bis (11') werden höchstens einmal für jedes Paar (i, j) mit $i + 1 \leq j$ ausgeführt. Deshalb sind die für die Zeilen (4') bis (11') aufgewandten Gesamtkosten $O(n^3)$. Die Gesamtzahl der Aufrufe von *OSB* ist $O(n^3)$, weil *OSB* nur in Zeile (8') rekursiv aufgerufen wird. Also sind die Gesamtkosten für die Zeilen (1')–(3') und (12')–(13') von *OSB* ebenfalls $O(n^3)$.

Wir können aus diesem Beispiel ersehen, daß das Tabellieren von Funktionswerten bei Algorithmen, die vollständige Durchmusterung benutzen, einen sehr großen Einfluß auf die Laufzeit haben kann. Programm 23 ist tatsächlich im wesentlichen unser Algorithmus für dynamische Programmierung. Die einzige für den Algorith-

```
real function OSB(i, j : integer);
begin
if P[i, j] ist definiert
then OSB ← P[i, j]
else if i = j + 1
     then OSB ← 0
     else OSB ← ∞
          for k from i to j
          do OSB ← min(OSB, w_ij + OSB(i, k − 1) + OSB(k + 1, j))
          od
     fi;
     P[i, j] ← OSB
fi
end.
```

Prog. 23

mus zur dynamischen Programmierung zusätzlich benötigte Idee ist die Beobachtung, daß die Rekursion durch Iteration ersetzt werden kann.

Wir beschreiben eine weitere Anwendung dieses Ansatzes. Ein **Zwei-Weg-Deterministischer-Keller-Automat** (auch 2DPDA oder two way deterministic pushdown automaton) besteht aus einer endlichen Menge von Zuständen, einem Eingabeband mit einem Zwei-Weg-Lesekopf und einem Kellerspeicher (engl. pushdown store). Abbildung 54 zeigt das Gerippe eines 2DPDA.

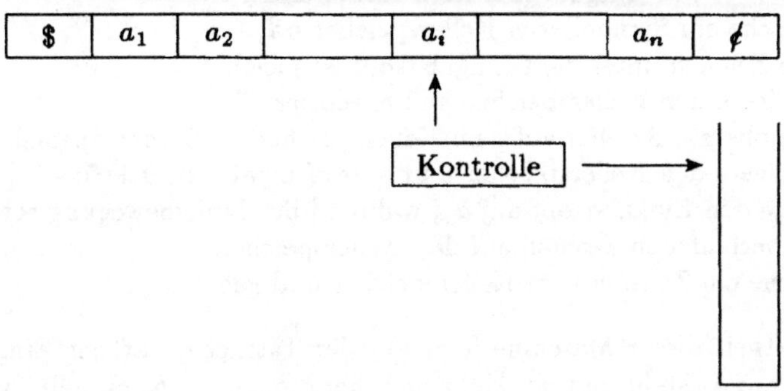

Abb. 54. Ein 2DPDA

Formal ist ein **2DPDA** ein 7-Tupel $(S, A, B, F, q_0, C, \delta)$, das aus einer endlichen Menge S von Zuständen, einem Eingabe-Alphabet A, einem Keller-Alphabet B, einer Menge $F \subseteq S$ von akzeptierenden Zuständen, einem Startzustand $q_0 \in S$, einem Keller-Anfangs-Symbol $C \in B$ und einer Übergangsfunktion

$$\delta : S \times B \times (A \cup \{\$, ¢\}) \mapsto S \times (\{\epsilon\} \cup B^2) \times \{-1, +1\}$$

besteht. An der Eingabe $a_1 a_2 \ldots a_n \in A^*$, wobei A^* die Menge aller Worte über A ist, wird die Maschine mit $\$ a_1 \ldots a_n ¢$ auf ihrem Eingabeband im Zustand q_0 gestartet, mit ihrem Lesekopf auf a_1 und C im Kellerspeicher. Dann arbeitet die Maschine, wie durch δ festgelegt: Wenn die Maschine im Zustand $q \in S$ ist, βD mit $\beta \in B^*$ und $D \in B$ in ihrem Kellerspeicher hat, $a \in A \cup \{\$, ¢\}$ liest und $\delta(q, D, a) = (q', \alpha, \Delta)$ ist, dann ist der neue Zustand q', der neue Inhalt des Kellerspeichers ist $\beta\alpha$, und der Eingabekopf wird um Δ Positionen nach rechts bewegt (für $\Delta = -1$ ist das eine Bewegung nach links). Beachten Sie, daß $\alpha \in \{\epsilon\} \cup B^2$. Wenn $\alpha = \epsilon$, dann heißt die Bewegung eine Pop-Bewegung. Wenn $\alpha \in B^2$, dann heißt die Bewegung eine Push-Bewegung. Ein 2DPDA darf den Teil des Eingabebandes, der durch \$ und ¢ begrenzt ist, nicht verlassen, d.h., $\delta(\, , \, ,\$) = (\, , \, ,+1)$ und $\delta(\, , \, ,¢) = (\, , \, ,-1)$. Ein 2DPDA hält, wenn er seinen Kellerspeicher geleert hat. Er akzeptiert, wenn er in einem akzeptierenden Zustand hält.

Beispiel: Wir beschreiben einen 2DPDA M, der Muster erkennt, d.h., der alle Strings $a_1 \ldots a_m \# b_1 \ldots b_n$ mit $a_r, b_s \in \{0,1\}$ akzeptiert, für die es ein j gibt mit $a_i = b_{j+i-1}$ für $1 \le i \le m$. M entscheidet also, ob das Muster $a_1 \ldots a_m$ im Text $b_1 \ldots b_n$ vorkommt. Folgender Algorithmus zeigt, wie die Maschine M arbeitet.

(1) bewege den Kopf auf die rechte Endmarkierung ¢;
    gehe dann nach links und speichere $b_n, b_{n-1}, \ldots, b_1$ im Kellerspeicher,
    b_1 ist der oberste Kellereintrag; positioniere den Eingabekopf auf a_1;
(2) **while** das Zeichen unter dem Eingabekopf und
        das oberste Keller-Symbol stimmen überein
    do bewege den Eingabekopf nach rechts und
        lösche ein Symbol vom Kellerspeicher **od**;
(3) **if** das Zeichen unter dem Eingabekopf ist gleich #
    then leere den Kellerspeicher und akzeptiere **fi**;
(4) **if** das oberste Symbol auf dem Kellerspeicher ist C (das Spezialsymbol)
    then leere den Kellerspeicher und weise Eingabe zurück **fi**;
(5) bewege den Eingabekopf auf a_1, während der Linksbewegung schreibe
    alle überlaufenen Zeichen auf den Kellerspeicher;
(6) entferne ein Zeichen vom Kellerspeicher und gehe zu (2).

Die Korrektheit dieser Maschine folgt aus der Tatsache, daß der Eingabekopf vor Schritt (2) auf a_1 steht und der Kellerspeicher $b_j b_{j+1} \ldots b_n$ enthält, wobei b_j oben ist. Wenn wir in Schritt (2) den Eingabekopf bis a_{i+1} bewegen und zu Schritt (3) kommen, dann ist $a_h = b_{j+h-1}$ für $1 \le h \le i$ und es gilt $a_{i+1} \ne b_{j+i}$. Aus $i = m$ folgt, daß wir ein Vorkommen des Musters gefunden haben. Aus $j + i = n + 1$ folgt, daß der Text zu kurz ist, um ein Vorkommen des Musters zu enthalten. In Schritt (5) legen wir $b_{j+i-1}, b_{j+i-2}, \ldots, b_j$ in dieser Reihenfolge wieder auf den Kellerspeicher. So wird die Anfangskonfiguration wiederhergestellt. In Schritt (6) entfernen wir b_j vom Speicher und suchen dann ein Vorkommen des Musters startend in b_{j+1}. ∎

Ein 2DPDA kann direkt auf einer RAM implementiert werden. Die Laufzeit des RAM-Programms ist dann gleich der Laufzeit des 2DPDA. In unserem Beispiel hat der 2DPDA, und daher die RAM, die Laufzeit $O(m \cdot n)$. Es geht jedoch auch wesentlich schneller:

Satz 3. *Wenn eine Sprache L von einem 2DPDA akzeptiert wird, dann gibt es eine RAM, die L in linearer Zeit akzeptiert.*

Beweis: Zuerst definieren wir eine rekursive Prozedur, die L akzeptiert, und dann verbessern wir ihre Laufzeit, indem wir die Funktionswerte tabellieren.

Sei $M = (S, A, B, F, q_0, C, \delta)$ ein 2DPDA und $a_1\ a_2\ \ldots\ a_n \in A^*$ eine Eingabe. Ein Tripel (q, D, i) mit $q \in S$, $D \in B$ und $0 \leq i \leq n+1$ heißt eine Oberflächenkonfiguration von M; hier bezeichnet i die Position des Eingabekopfes auf dem Eingabeband. Die Anzahl der Oberflächenkonfigurationen an der Eingabe $a_1\ \ldots\ a_n$ ist $|S| \cdot |B| \cdot (n+2) = O(n)$. Wir definieren eine partielle Funktion $term : S \times B \times [0..n+1] \mapsto S \times [0..n+1]$ durch $term(q, D, i) = (p, j)$, wenn M, in Konfiguration (q, D, i) gestartet, schließlich seinen Kellerspeicher leert, im Zustand p hält und mit dem Lesekopf auf Position j steht.

Es gilt: $term(q_0, C, 1) = (p, j)$ für ein $p \in F$ und ein $j \in \{0, \ldots, n+1\}$ g.d.w. M die Eingabe $a_1\ a_2\ \ldots\ a_n$ akzeptiert. Zur Simulation von M auf einer RAM genügt es deshalb, $term$ zu berechnen. Die rekursive Prozedur $TERM$ aus Programm 24 berechnet $term$, ist aber sehr ineffizient.

```
    function TERM(q, D, i);
(1) begin
(2) if δ(q, D, a_i) = (p, ε, Δ)
(3) then TERM ← (p, i + Δ)
(4) else sei δ(q, D, a_i) = (p, GH, Δ), wobei G, H ∈ B;
(5)          (r, j) ← TERM(p, H, i + Δ);
(6)          TERM ← TERM(r, G, j)
(7) fi
(8) end.
```

Prog. 24

Die Korrektheit folgt fast unmittelbar. Die Prozedur $TERM$ berechnet $term$ sicherlich, wenn Zeile (3) ausgeführt wird. Wenn die Zeilen (4)–(6) ausgeführt werden, dann beginnt die Rechnung aus der Konfiguration (q, D, i) mit einer Push-Bewegung. Wenn der Kellerspeicher zum nächsten Mal die Länge 1 hat, ist die Maschine im Zustand r und der Lesekopf steht über Position j (Zeile (5)). Der Inhalt des Kellerspeichers zu diesem Zeitpunkt ist G. Deshalb wird in Zeile (6) $term$ korrekt berechnet. Die Laufzeit dieses Programms ist gleich der Laufzeit des zugrundeliegenden 2DPDA.

Wie in unserem vorhergehenden Beispiel kann *TERM* für das gleiche Argument mehrmals aufgerufen werden. Deshalb liegt es nahe, die Funktionswerte in einer Tafel *TE* zu erfassen. In der Tafel *TE* speichern wir schon berechnete Funktionswerte, und wir speichern $*$, um anzuzeigen, daß schon ein Aufruf von *TERM* gestartet, aber noch nicht beendet wurde. Anfangs sind alle Einträge in *TE* undefiniert. Wir erhalten Programm 25.

```
        function TERM(q, D, i);
(1')    begin
(2')    if TE[q, D, i] = *
(3')    then halte und weise zurück,
             weil der 2DPDA in einer unendlichen Schleife ist
(4')    fi;
(5')    if TE[q, D, i] ist definiert
(6')    then TERM ← TE[q, D, i]
(7')    else TE[q, D, i] ← *;
(8')         if δ(q, D, a_i) = (p, ε, Δ)
(9')         then TERM ← TE[q, D, i] ← (p, i + Δ)
(10')        else sei δ(q, D, a_i) = (p, GH, Δ), wobei G, H ∈ B;
(11')             (r, j) ← TERM(p, H, i + Δ);
(12')             TERM ← TE[q, D, i] ← TERM(r, G, j)
(13')        fi
(14')   fi
(15')   end.
```

Prog. 25

Behauptung:

a) *Die Gesamtlaufzeit des Aufrufs* $TERM(q_0, C, 1)$ *ist* $O(n)$.

b) *Ein Aufruf* $TERM(q_0, C, 1)$ *berechnet* $term(q_0, C, 1)$ *korrekt.*

Beweis: a) Die Anzahl der Oberflächenkonfigurationen ist $O(n)$. Die Zeilen (7')–(13') werden höchstens einmal für jede Oberflächenkonfiguration ausgeführt. Also ist die für die Zeilen (7')–(13') aufgewandte Gesamtzeit $O(n)$, und die Gesamtzahl der Aufrufe von *TERM* ist ebenfalls $O(n)$.

b) Wenn $TERM(q, D, i)$ das Paar (r, j) ausgibt, dann ist $term(q, D, i) = (r, j)$. Es bleibt der Fall, daß die Simulation in Zeile (3') stoppt. Das kann nur der Fall sein, wenn es einen Aufruf $TERM(q', D', i')$ gibt, der (indirekt) den Aufruf $TERM(q', D', i')$ initiiert, bevor er selbst abgeschlossen ist. In diesem Fall haben wir eine unendliche Schleife in der Rechnung von M entdeckt.

Damit sind die Behauptung und Satz 3 bewiesen. ∎∎

Satz 3 hat eine schöne Anwendung: Mustererkennung läuft auf einer RAM in linearer Zeit. Jedoch ist der durch Anwendung von Satz 3 auf den oben beschriebenen 2DPDA resultierende Algorithmus verwickelt und intuitiv schwierig zu verstehen. Deshalb geben wir jetzt einen anderen Algorithmus zur Mustererkennung an, der ebenfalls in linearer Zeit läuft.

Sei $a_1 \ldots a_n$ ein Muster und $b_1 \ldots b_m$ ein Text, wobei $a_i, b_j \in \{0,1\}$. Wir wollen alle Vorkommen des Musters im Text finden. Dazu definieren wir $f : [1..n] \mapsto [0..n]$, die **Fehlerfunktion** für das Muster, durch

$$f(i) = \max\{h < i;\ a_{i-k} = a_{h-k} \text{ für } 0 \leq k < h\}.$$

Die Bedeutung der Funktion f ist folgende. Angenommen, wir sind mit einer Erkennung in Position j des Textes gestartet und erfolgreich bis zu Position i des Musters gekommen, d.h., es gilt $a_l = b_{j+l-1}$ für $1 \leq l \leq i$ und $a_{i+1} \neq b_{j+i}$ (s. Abb. 55).

$$\begin{array}{cccccccc}
\ldots\ldots & b_j & b_{j+1} & \ldots\ldots & & b_{j+i-1} & b_{j+i} & \ldots\ldots \\
 & \| & \| & & & \| & \nparallel & \\
 & a_1 & a_2 & & & a_i & a_{i+1} & \\
 & & & a_1 \ldots\ldots & & a_h & a_{h+1} &
\end{array}$$

Abb. 55. Vergleich des Musters mit dem Text

An diesem Punkt können wir den Rest des Musters überspringen und die Mustererkennung an einer weiter rechts liegenden Stelle des Textes b neu beginnen. Wenn wir das Muster nach rechts bewegen, so daß a_h unter b_{j+i-1} liegt, dann kann eine Erkennung nur erfolgreich sein, wenn $a_{i-k} = a_{h-k}$ für $0 \leq k < h$ gilt. Deshalb sollten wir für h nur die Werte $f(i)$, $f(f(i))$, ... versuchen. Dies führt zu Programm 26. Dabei nehmen wir an, daß wir ein Spezialsymbol a_{n+1} zum Muster hinzugefügt haben, das von allen Symbolen im Text verschieden ist.

Lemma 4. *Programm 26 bestimmt alle Vorkommen des Musters* $p = a_1 \ldots a_n$ *im Text* $b_1 \ldots b_m$ *in Zeit* $O(m)$.

Beweis: Um die Korrektheit zu zeigen, genügt es, die Schleifeninvariante zu verifizieren. Sie ist zu Anfang sicherlich erfüllt, d.h., wenn $i = j = 0$. Sei nun die Invariante vor der Ausführung des Schleifenrumpfes erfüllt. Wenn $a_{i+1} = b_{j+1}$, dann ist die Invariante trivialerweise nach der Ausführung des Rumpfes erfüllt. Wenn $a_{i+1} \neq b_{j+1}$ und $i = 0$, dann ist sie ebenfalls erfüllt, wie man leicht einsieht. Wenn $a_{i+1} \neq b_{j+1}$ und $i > 0$, dann ist sie nach Definition von f erfüllt.

Zur Laufzeitschranke: In jeder Iteration wird entweder Zeile (5), Zeile (8) oder Zeile (9) ausgeführt. Die Zeilen (5) und (8) erhöhen j und werden deshalb zusammen höchstens $(m+1)$-mal ausgeführt. In Zeile (9) wird der Wert von i herabgesetzt, weil $f(i) < i$. Da i nur in Zeile (5) erhöht wird und immer $i \geq 0$ ist, wird Zeile (9) höchstens $(m+1)$-mal ausgeführt. ∎

```
i ← 0; j ← 0;
while j ≤ m
do co a_1 ... a_i = b_{j-i+1} ... b_j und
        aus l > i folgt, daß a_1 ... a_l ≠ b_{j-l+1} ... b_j oc
   if a_{i+1} = b_{j+1}
   then i ← i + 1; j ← j + 1
   else if i = n then melde erkanntes Muster startend in b_{j-n+1} fi;
        if i = 0
        then j ← j + 1
        else i ← f(i)
        fi
   fi
od.
```

Prog. 26

Lemma 4 zeigt, daß Mustererkennung in linearer Zeit möglich ist, wenn die Funktion f zur Verfügung steht. Glücklicherweise kann f in Zeit $O(n)$ berechnet werden. Dazu kann man den gleichen Algorithmus benutzen, weil man f erhält, wenn man das Muster mit sich selbst vergleicht. Programm 27 tut dies.

```
i ← 0; j ← 1; f(1) ← 0;
while j ≤ n
do co a_1 ... a_i = a_{j-i+1} ... a_j, und
        aus i < l < j folgt, daß a_1 ... a_l ≠ a_{j-l+1} ... a_j oc
   if a_{i+1} = a_{j+1}
   then f(j + 1) ← i + 1; i ← i + 1; j ← j + 1
   else if i = 0
        then f(j + 1) ← 0; j ← j + 1
        else i ← f(i)
        fi
   fi
od.
```

Prog. 27

Lemma 5. *Programm 27 berechnet die Fehlerfunktion f in Zeit $O(n)$.*

Beweis: Ähnlich zu Lemma 4. ∎

Wir fassen die Lemmata 4 und 5 zusammen in

Satz 4. *Alle Vorkommen eines Musters $a_1 \ldots a_n$ in einem String $b_1 \ldots b_m$ können in linearer Zeit $O(n+m)$ gefunden werden.* ∎

Der Algorithmus für optimale binäre Suchbäume mit Hilfe dynamischer Programmierung hat quadratischen Platz- und Zeitverbrauch. Deshalb kann er nur für kleine oder mittelgroße Werte von n benutzt werden. Im nächsten Abschnitt werden wir Algorithmen diskutieren, die nahezu optimale binäre Suchbäume in linearer Zeit konstruieren. Die Optimalität aufzugeben, ist jedoch keine wesentliche Verschlechterung, da die Zugriffswahrscheinlichkeiten normalerweise nur ungefähr bekannt sind. Nahezu optimale binäre Suchbäume haben einen weiteren Vorteil: Wir werden die Kosten jeder einzelnen Zugriffs-Operation, und nicht nur die mittleren Kosten, beschränken können. Denn die Kosten im mittleren und im schlechtesten Fall können weit auseinanderliegen, wie z.B. bei Quicksort. Hier könnte eine ähnliche Situation entstehen.

Wir werden die gewichtete Pfadlänge von optimalen und nahezu optimalen Bäumen nicht direkt vergleichen können. Vielmehr benutzen wir für beide einen unabhängigen Maßstab, die Entropie der Zugriffsverteilung.

Definition: Sei $(\gamma_1, \ldots, \gamma_n)$ eine diskrete Zugriffsverteilung, d.h., es gilt $\gamma_i \geq 0$ und $\sum \gamma_i = 1$. Dann heißt

$$H(\gamma_1, \ldots, \gamma_n) = -\sum_{i=1}^{n} \gamma_i \log \gamma_i$$

die **Entropie** der Verteilung. Wir benutzen dabei die Konvention $0 \cdot \log 0 = 0$. ∎

Im Anhang sind einige grundlegende Eigenschaften der Entropiefunktion zusammengefaßt. Im folgenden betrachten wir einen festen Suchbaum T für die Menge $S = \{x_1, \ldots, x_n\}$ und die Zugriffsverteilung $(\alpha_0, \beta_1, \ldots, \beta_n, \alpha_n)$. Wir bezeichnen die Entropie der Verteilung mit H, d.h., es gilt $H = H(\alpha_0, \beta_1, \ldots, \beta_n, \alpha_n)$. Mit b_i bzw. a_j bezeichnen wir die Tiefe des Knotens x_i bzw. des Blattes (x_j, x_{j+1}) für $1 \leq i \leq n$ bzw. $0 \leq j \leq n$. P ist die gewichtete Pfadlänge von T. Wir werden untere Schranken für die Suchzeiten im Baum T beweisen. Diese unteren Schranken sind unabhängig von der Struktur von T, insbesondere gelten sie also für den optimalen Baum. Die Beweise folgen klassischen Beweisen des Noiseless-Coding-Theorems.

Lemma 6. *Sei $c \in \mathbb{R}$ mit $0 \leq c < 1$. Seien weiterhin*

$$\overline{\beta}_i = ((1-c)/2)^{b_i} \cdot c \qquad \text{für } 1 \leq i \leq n \qquad \text{und}$$
$$\overline{\alpha}_j = ((1-c)/2)^{a_j} \qquad \text{für } 0 \leq j \leq n.$$

Dann gilt $\overline{\beta}_i$, $\overline{\alpha}_j \geq 0$ und $\sum \overline{\beta}_i + \sum \overline{\alpha}_j = 1$, d.h., $(\overline{\alpha}_0, \overline{\beta}_1, \ldots, \overline{\beta}_n, \overline{\alpha}_n)$ ist eine Wahrscheinlichkeitsverteilung.

Beweis: (durch Induktion über n). Wenn $n = 0$, dann ist $a_0 = 0$ und somit $\overline{\alpha}_0 = 1$. Sei also $n > 0$. Sei x_k die Wurzel des Baumes T, sei T_l bzw. T_r der linke bzw. rechte

Unterbaum von T. Sei b'_i bzw. b''_i für $1 \le i \le k-1$ bzw. $k+1 \le i \le n$ die Tiefe von x_i im Baum T_l bzw. T_r. Analog seien a'_j und a''_j definiert. Dann ist

$$b_i = \begin{cases} b'_i + 1 & \text{für } 1 \le i \le k-1; \\ 0 & \text{für } i = k; \\ b''_i + 1 & \text{für } k+1 \le i \le n \end{cases}$$

und

$$a_j = \begin{cases} a'_j + 1 & \text{für } 0 \le j \le k-1; \\ a''_j + 1 & \text{für } k \le j \le n. \end{cases}$$

Ferner gilt nach Induktionsannahme

$$S_l = \sum_{i=1}^{k-1} ((1-c)/2)^{b'_i} \cdot c + \sum_{j=0}^{k-1} ((1-c)/2)^{a'_j} = 1.$$

Eine analoge Gleichung gilt für S_r. Weiterhin ist $\overline{\beta}_k = c$. Deshalb gilt

$$\sum_i \overline{\beta}_i + \sum_j \overline{\alpha}_j = ((1-c)/2)S_l + c + ((1-c)/2)S_r = 1. \qquad \blacksquare$$

Satz 5. (Eine untere Schranke für die gewichtete Pfadlänge). *Sei* $B = \sum \beta_i$. *Dann gilt mit obiger Notation:*

a) $\max\{(H - d \cdot B)/\log(2 + 2^{-d});\ d \in \mathbb{R}\} \le P$

b) $H \le P + B \cdot (\log e - 1 + \log(P/B))$

Beweis: a) Wir definieren $\overline{\beta}_i$ und $\overline{\alpha}_j$ wie in Lemma 6. Dann gilt

$b_i + 1 = 1 + (\log \overline{\beta}_i - \log c)/\log \overline{c}$ und

$a_j = \log \overline{\alpha}_j / \log \overline{c}$,

wobei $\overline{c} = (1-c)/2$ ist. Durch Anwenden von Eigenschaft E1) der Entropiefunktion (s. Anhang) und durch den Umstand, daß $\log \overline{c} < 0$, erhalten wir

$$\begin{aligned} P &= \sum \beta_i \cdot (b_i + 1) + \sum \alpha_j \cdot a_j \\ &= B \cdot (1 - \log c/\log \overline{c}) + (1/\log \overline{c}) \cdot \left[\sum \beta_i \log \overline{\beta}_i + \sum \alpha_j \log \overline{\alpha}_j\right] \\ &\ge B \cdot (1 - \log c/\log \overline{c}) - (1/\log \overline{c}) \cdot H \\ &= (H - B \log(\overline{c}/c))/\log(1/\overline{c}). \end{aligned}$$

Wir setzen nun $d = \log(\overline{c}/c)$. Weil schließlich $c/\overline{c} = 2c/(1-c)$ eine surjektive Funktion von $0 \le c < 1$ nach $\mathbb{R}_0^+$ ist, haben wir Teil a) bewiesen.

b) Unglücklicherweise gibt es keinen geschlossenen Ausdruck für den Wert von d, der die linke Seite von Behauptung a) maximiert. Für jede einzelne Anwendung benötigt man numerische Methoden, um d_{max} zu berechnen. Eine gute Annäherung für d_{max} ist $d = \log(P/2B)$. Damit ist

$$\begin{aligned}
H &\le P \log(2 + 2^{-d}) + d \cdot B \\
&= P \log(2 + 2B/P) + B \log(P/2B) \\
&\le P \cdot (1 + (B/P) \log e) + B \cdot (\log(P/B) - 1) \qquad (\text{da } \log x \le (x-1)\log e) \\
&= P + B \cdot (\log e - 1 + \log P/B).
\end{aligned}$$

∎

Manchmal ist der Spezialfall $d = 0$ nützlich. Er ergibt $P \ge H/\log 3$. Wir wollen uns nun dem Verhalten von einzelnen Zugriffs-Operationen zuwenden. Satz 5a) lautet in expandierter Form

$$\begin{aligned}
&\sum \beta_i \cdot \left[(-\log \beta_i - d)/\log(2 + 2^{-d})\right] + \sum \alpha_j \cdot \left[-\log \alpha_j/\log(2 + 2^{-d})\right] \\
&\le \sum \beta_i \cdot \left[(b_i + 1)\right] + \sum \alpha_j \cdot \left[a_j\right].
\end{aligned}$$

Wir zeigen, daß die obige Ungleichung für die Ausdrücke in eckigen Klammern komponentenweise "fast" wahr ist. Dazu definieren wir für $h \in \mathbb{R}$ mit $h > 0$

$$\begin{aligned}
N_h &= \{i;\ (-\log \beta_i - d - h)/\log(2 + 2^{-d}) \ge b_i + 1\} \qquad \text{und} \\
L_h &= \{j;\ (-\log \alpha_j - h)/\log(2 + 2^{-d}) \ge a_j\}.
\end{aligned}$$

Dann ist

$$\sum_{i \in N_h} \beta_i + \sum_{j \in L_h} \alpha_j \le 2^{-h},$$

d.h., für eine Menge von Blättern und Knoten, deren Gesamtgewicht $1 - 2^{-h}$ überschreitet, ist Satz 5a) komponentenweise "fast" erfüllt. "Fast" ist dabei so zu verstehen: bis auf den additiven Faktor $-h/\log(2+2^{-d})$. Wir beweisen diese Behauptung wie folgt: Sei $d = \log(\bar{c}/c)$ mit $\bar{c} = (1-c)/2$ und $0 \le c < 1$. Dann gilt $d = \log \bar{c} - \log c$ und $\log(2 + 2^{-d}) = \log(1/\bar{c})$. Eine einfache Rechnung zeigt, daß die Definitionen von N_h und L_h äquivalent sind zu

$$\begin{aligned}
N_h &= \{i;\ \beta_i \le 2^{-h}\overline{\beta}_i\} \qquad \text{und} \\
L_h &= \{j;\ \alpha_j \le 2^{-h}\overline{\alpha}_j\},
\end{aligned}$$

wobei $\overline{\beta}_i$ und $\overline{\alpha}_j$ wie in Lemma 6 definiert sind. Deshalb gilt

$$\begin{aligned}
1 &= \sum \overline{\beta}_i + \sum \overline{\alpha}_j \\
&\ge \sum_{i \in N_h} \overline{\beta}_i + \sum_{j \in L_h} \overline{\alpha}_j \\
&\ge 2^h \Big[\sum_{i \in N_h} \beta_i + \sum_{j \in L_h} \alpha_j\Big].
\end{aligned}$$

Wir fassen zusammen in

Satz 6. (Untere Schranken für einzelne Zugriffs-Operationen). *Seien $c, h \in \mathbb{R}$ mit $0 \leq c < 1$ und $h > 0$. Seien $\overline{\beta}_i, \overline{\alpha}_j$ wie in Lemma 6 definiert und seien*

$$N_h = \{i;\ \beta_i \leq 2^{-h}\overline{\beta}_i\} \qquad \text{und}$$
$$L_h = \{j;\ \alpha_j \leq 2^{-h}\overline{\alpha}_j\}.$$

Dann gilt

$$\sum_{i \in N_h} \beta_i + \sum_{j \in L_h} \alpha_j \ \leq\ 2^{-h}. \qquad \blacksquare$$

Am Ende von III.4.2 geben wir ein explizites Beispiel für die Sätze 5 und 6 an.

III.4.2. Nahezu optimale binäre Suchbäume

Bei binärer Suche (s. Abschnitt III.3.1) vergleichen wir immer das Argument der Zugriffs-Operation mit dem mittleren Element des verbliebenen Feldes und schließen daher in jedem Schritt mindestens die Hälfte der noch zu betrachtenden Menge aus.

Wir behandeln jetzt die allgemeinere Situation, daß die Elemente verschiedene Gewichte (Zugriffswahrscheinlichkeiten) haben. Also sollten wir versuchen, in jedem Schritt die Hälfte der Elemente, gemessen nach den Wahrscheinlichkeiten, auszuschließen. Abbildung 56 zeigt für das Beispiel vom Anfang von III.4 die Verteilung auf einem Maßstab der Länge 1.

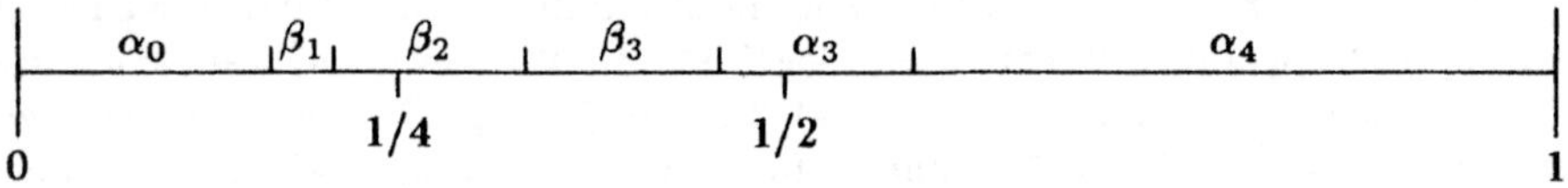

Abb. 56. Eine Zugriffsverteilung

Der Punkt 1/2 liegt in einem β_i oder einem α_j. Im ersten Fall sollten wir x_i als Wurzel des Suchbaumes wählen, im zweiten Fall sollten wir x_j wählen, wenn 1/2 in der linken Hälfte von α_j liegt, oder x_{j+1}, wenn 1/2 in der rechten Hälfte von α_j liegt. In unserem Beispiel wählen wir x_3 als Wurzel. Damit ist auch der rechte Unterbaum festgelegt. Für den linken Unterbaum müssen wir noch x_1 oder x_2 als Wurzel wählen.

Verfahren 1: Die Einschränkung unserer Zugriffsverteilung auf die Menge $\{x_1, x_2\}$ wird gegeben durch $(\frac{1}{6}W, \frac{1}{24}W, 0, \frac{1}{8}W, 0)$, wobei $W = (\frac{1}{6} + \frac{1}{24} + \frac{1}{8})^{-1}$. Wir fahren wie oben beschrieben fort und suchen die Mitte dieser Verteilung. Auf diese Art wählen wir x_1 als Wurzel des linken Unterbaumes. Verfahren 1 wird in Übung 20 analysiert.

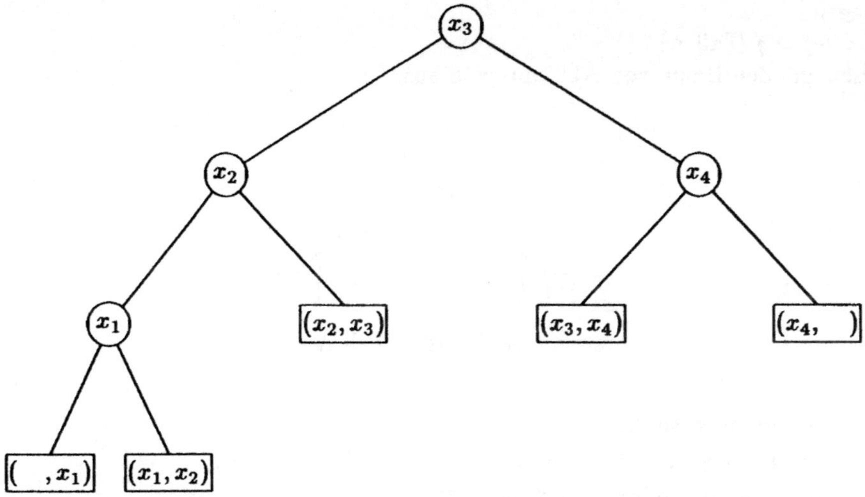

Abb. 57. Durch Verfahren 2 konstruierter Suchbaum

Verfahren 2: Wir fahren fort mit strikter Zweiteilung, d.h., wir wählen die Wurzel des linken Unterbaumes, indem wir den Bezugspunkt 1/4 betrachten. Der Punkt 1/4 ist in β_2 enthalten, und deshalb wird x_2 als Wurzel des linken Unterbaumes gewählt. Auf diese Art wird der Baum aus Abbildung 57 mit der gewichteten Pfadlänge $P_{BB} = 50/24$ konstruiert. Wir beschreiben jetzt Verfahren 2 genauer. Sei

$$s_0 = \frac{\alpha_0}{2} \quad \text{und}$$

$$s_i = s_{i-1} + \frac{\alpha_{i-1}}{2} + \beta_i + \frac{\alpha_i}{2} \qquad \text{für } 1 \le i \le n.$$

Dann konstruiert ein Aufruf von *baue_baum*$(0, n, 0, 1)$ von Programm 28 einen Suchbaum gemäß Verfahren 2.

---

procedure *baue_baum*(i, j, cut, l);

co Wir nehmen an, daß die aktuellen Parameter jedes Aufrufs von *baue_baum* die folgenden Bedingungen erfüllen:

(1) i und j sind ganze Zahlen mit $0 \le i < j \le n$;
(2) l ist eine ganze Zahl mit $l \ge 1$;
(3) $cut = \sum_{p=1}^{l-1} x_p 2^{-p}$ mit $x_p \in \{0, 1\}$ für alle p;
(4) $cut \le s_i \le s_j \le cut + 2^{-l+1}$.

Ein Aufruf von *baue_baum*$(i, j, \ , \ )$ konstruiert einen binären Suchbaum für die Knoten $i + 1, \ldots, j$ und die Blätter $i, \ldots, j$.

oc

begin
if $i + 1 = j$ (Fall A)
then gib den Baum von Abbildung 58 aus

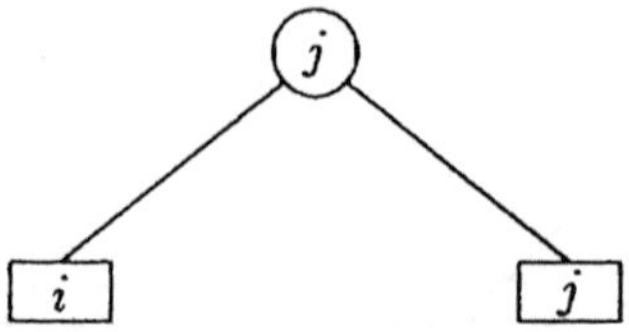

Abb. 58. Fall A

else bestimme k, so daß

(5) $i < k \leq j$;

(6) $k = i + 1$ oder $s_{k-1} \leq cut + 2^{-l}$;

(7) $k = j$ oder $s_k \geq cut + 2^{-l}$; **oc**k existiert, weil die aktuellen Parameter nach Annahme die Bedingung (4) erfüllen.

co

if $k = i + 1$ (Fall B)
then gib den Baum von Abbildung 59 aus **fi**;

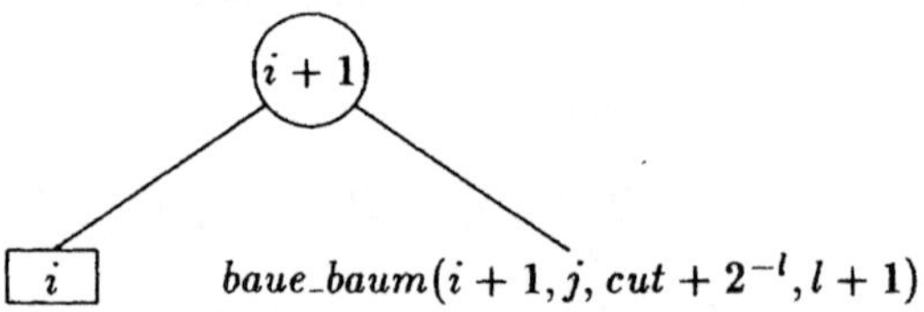

Abb. 59. Fall B

if $k = j$ (Fall C)
then gib den Baum von Abbildung 60 aus **fi**;

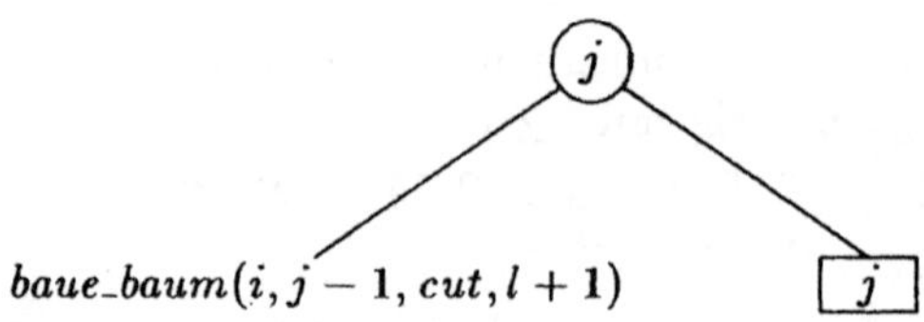

Abb. 60. Fall C

if $i + 1 < k < j$ (Fall D)
then gib den Baum von Abbildung 61 aus **fi**;

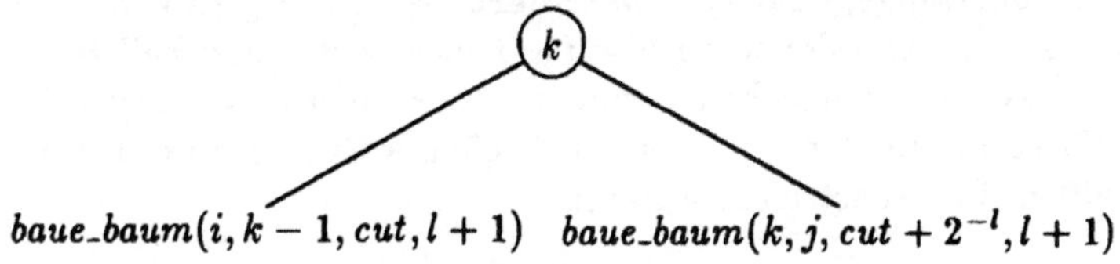

Abb. 61. Fall D

fi
end.

Prog. 28

Satz 7. *Sei b_i die Tiefe des Knotens x_i und a_j die Tiefe des Blattes (x_j, x_{j+1}) im durch baue_baum$(0, n, 0, 1)$ konstruierten Baum T_{BB}. Dann ist*

$$b_i \leq \lfloor \log 1/\beta_i \rfloor \quad und \quad a_j \leq \lfloor \log 1/\alpha_j \rfloor + 2.$$

Beweis: Zuerst zeigen wir einige einfache Aussagen.

Faktum 1. *Wenn die aktuellen Parameter eines Aufrufes baue_baum(i, j, cut, l) die Bedingungen (1)–(4) erfüllen und $i + 1 \neq j$, dann gibt es ein k, das die Bedingungen (5)–(7) erfüllt, und die aktuellen Parameter der von diesem Aufruf initiierten rekursiven Aufrufe von baue_baum erfüllen wiederum die Bedingungen (1)–(4).*

Beweis: Wir nehmen an, daß die Parameter die Bedingungen (1)–(4) erfüllen und daß $i + 1 \neq j$. Insbesondere ist $cut \leq s_j \leq cut + 2^{-l+1}$. Angenommen, es gibt kein k, $i < k \leq j$, mit $s_{k-1} \leq cut + 2^{-l}$ und $s_k \geq cut + 2^{-l}$. Dann gilt entweder für alle k, $i < k \leq j$, daß $s_k < cut + 2^{-l}$ oder $s_{k-1} > cut + 2^{-l}$. Im ersten Fall erfüllt $k = j$ die Bedingungen (6)–(7), im zweiten Fall erfüllt $k = i + 1$ die Bedingungen (6)–(7). Damit haben wir gezeigt, daß k immer existiert. Es bleibt zu zeigen, daß die Parameter der rekursiven Aufrufe wieder die Bedingungen (1)–(4) erfüllen. Dies folgt aber unmittelbar aus der Tatsache, daß k die Bedingungen (5)–(7) erfüllt und daß $i + 1 \neq j$. Also ist $s_k \geq cut + 2^{-l}$ in Fall B und $s_{k-1} \leq cut + 2^{-l}$ in Fall C. ∎

Faktum 2. *Die aktuellen Parameter aller Aufrufe von baue_baum erfüllen die Bedingungen (1)–(4), wenn die Argumente des obersten Aufrufes dies tun.*

Beweis: Der Beweis erfolgt durch Induktion und benutzt Faktum 1. ∎

Beachten Sie, daß die aktuellen Parameter des Aufrufes *baue_baum*$(0, n, 0, 1)$ die Bedingungen (1)–(4) erfüllen und damit die Voraussetzung von Faktum 2 erfüllt ist. Wir benutzen folgende Sprechweise: Der Knoten h bzw. das Blatt h wird durch den Aufruf *baue_baum*(i, j, cut, l) **konstruiert**, wenn $h = j$ bzw. $h = i$ oder $h = j$ ist und Fall A eintritt, oder wenn $h = i + 1$ bzw. $h = i$ und Fall B eintritt, oder wenn $h = j$ bzw. $h = j$ und Fall C eintritt, oder wenn $h = k$ und Fall D eintritt. Sei b_i die Tiefe des Knotens i und a_j die Tiefe des Blattes j im durch den Aufruf *baue_baum*$(0, n, 0, 1)$ konstruierten Baum.

Faktum 3. *Wenn Knoten h bzw. Blatt h durch den Aufruf baue_baum(i, j, cut, l) konstruiert wird, dann ist $b_h + 1 = l$ bzw. $a_h = l$.*

Beweis: Der Beweis erfolgt durch Induktion über l. ∎

Faktum 4. *Wenn Knoten h bzw. Blatt h durch den Aufruf baue_baum(i, j, cut, l) konstruiert wird, dann ist $\beta_h \le 2^{-l+1}$ bzw. $\alpha_h \le 2^{-l+2}$.*

Beweis: Die aktuellen Parameter des Aufrufes erfüllen nach Faktum 2 die Bedingung (4). Also gilt

$$\begin{aligned} 2^{-l+1} &\ge s_j - s_i = (\alpha_i + \alpha_j)/2 + \beta_{i+1} + \alpha_{i+1} + \cdots + \beta_j \\ &\ge \beta_h \quad \text{bzw.} \quad \alpha_h/2. \end{aligned}$$ ∎

Wir schließen aus den Fakten 3 und 4, daß $\beta_h \le 2^{-b_h}$ und $\alpha_h \le 2^{-a_h+2}$. Die Behauptung des Satzes 7 folgt dann durch Logarithmieren und aus der Beobachtung, daß b_h und a_h ganze Zahlen sind. ∎

Die Sätze 6 und 7 zusammen geben uns genaue Auskunft über den von *baue_baum* konstruierten Baum. Insbesondere gilt

$$b_i \approx \log 1/\beta_i \quad \text{und} \quad a_j \approx \log 1/\alpha_j$$

für die meisten Knoten und Blätter des Baumes T_{BB}. Durch Einsetzen der Schranken aus Satz 7 für b_i und a_j in die Definition von gewichteter Pfadlänge erhalten wir folgende 2 Sätze:

Satz 8. *Sei P_{BB} die gewichtete Pfadlänge des von baue_baum konstruierten Baumes. Dann ist*

$$\begin{aligned} P_{BB} &\le \sum \beta_i \lfloor \log 1/\beta_i \rfloor + \sum \alpha_j \lfloor \log 1/\alpha_j \rfloor + \sum \beta_i + \sum \alpha_j + \sum \alpha_j \\ &\le H(\alpha_0, \beta_1, \ldots, \beta_n, \alpha_n) + 1 + \sum \alpha_j. \end{aligned}$$ ∎

Satz 9. *Sei P_{BB} die gewichtete Pfadlänge des Baumes, der durch die Prozedur baue_baum für die Verteilung $(\alpha_0, \beta_1, \ldots, \beta_n, \alpha_n)$ konstruiert wurde und sei P_{opt} die gewichtete Pfadlänge eines optimalen Baumes. Dann gilt mit $B = \sum \beta_i$:*

a) $\max\left\{\frac{H - d \cdot B}{\log(2 + 2^{-d})};\ d \in \mathbb{R}\right\} \le P_{opt} \le P_{BB} \le H + 1 + \sum \alpha_j$

b) $P_{BB} \le P_{opt} + B \cdot (\log e + \log(P_{opt}/B)) + 2\sum \alpha_j$

Beweis: a) folgt unmittelbar aus den Sätzen 5a) und 8; b) folgt unmittelbar aus den Sätzen 5b) und 8. ∎

Satz 9 kann auf zwei Arten interpretiert werden: Auf der einen Seite zeigt er, daß die gewichtete Pfadlänge des Baumes T_{BB} immer sehr nahe beim Optimum liegt und T_{BB} deshalb ein guter Suchbaum ist. Teil b) zeigt im wesentlichen, daß

$$P_{BB} - P_{opt} \le \log P_{opt} \approx \log H.$$

Auf der anderen Seite gibt er uns ein kleines Intervall an, das sowohl P_{opt} als auch P_{BB} enthält. Dieses Intervall ist aus der Verteilung einfach zu berechnen und erlaubt uns eine A-Priori-Abschätzung für das Verhalten von Suchbäumen. Diese Abschätzung kann bei der Entscheidung herangezogen werden, ob gewichtete Bäume benutzt werden sollen oder nicht. Die Schranken aus den Sätzen 5–9 sind scharf (s. Übungen 18–19).

Wir wollen die Ergebnisse durch mit Hilfe der Worthäufigkeiten in der englischen Sprache veranschaulichen. Im Englischen ist die Wahrscheinlichkeit für das Vorkommen des i-t häufigsten Wortes [E.S. Schwartz, *JACM* **10** (1963), S. 413–439] ungefähr

$$\beta_i = c/i^{1.12} \quad \text{, wobei} \quad c = \frac{1}{\sum_{i \ge 1} (1/i)^{1.12}}.$$

Eine einfache Rechnung ergibt, daß

$$H(\beta_1, \beta_2, \beta_3, \ldots) = -\sum \beta_i \log \beta_i \approx 10.2\,.$$

Mit Blick auf Satz 9 erwarten wir, daß die gewichtete Pfadlänge eines optimalen binären Suchbaumes für *alle* englischen Wörter ungefähr 10.2 und sicherlich nicht größer als 11.2 ist. Das wurde auch in Experimenten beobachtet. Gotlieb/Walker nahmen einen Text von 10^6 Wörtern und konstruierten (nahezu) optimale Suchbäume für die N gebräuchlichsten Wörter für N = 10, 100, 1000, 10000, 100000. Sei P_N die gewichtete Pfadlänge des Baumes, der für die N gebräuchlichsten Wörter konstruiert wurde. Dann gilt $P_N \to 11$ für $N \to \infty$, wie Abbildung 62 (nach Gotlieb/Walker (72)) nahelegt. Dies steht in guter Übereinstimmung mit Satz 9.

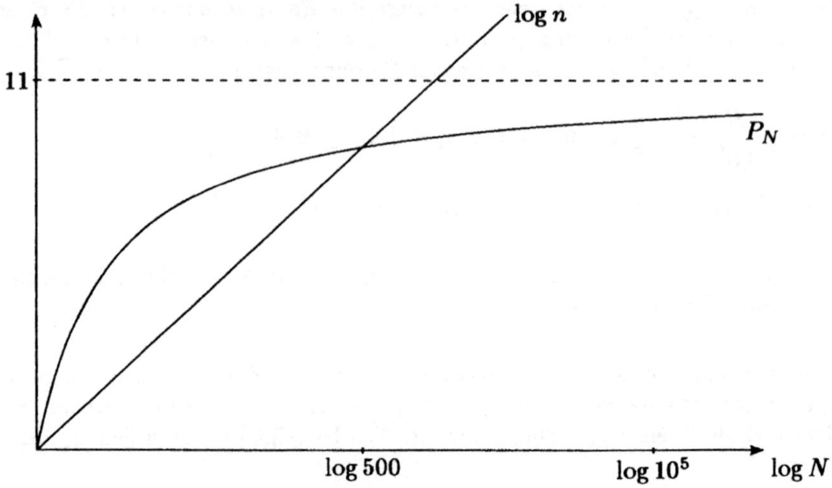

Abb. 62. Wachstum von P_N

Wir wenden uns jetzt der Zeitkomplexität der rekursiven Funktion *baue_baum* zu. Sei $T(n)$ die maximale Laufzeit von *baue_baum* für einen Baum mit n Knoten, wobei $n = j - i$. Für $n = 1$ hat der Rumpf von *baue_baum* konstante Zeitkomplexität. Deshalb ist

$$T(1) = c_1 \qquad \text{für eine Konstante } c_1.$$

Wenn $n > 1$ ist, dann muß k bestimmt werden, und einige rekursive Aufrufe müssen initiiert werden. Sei $T_S(n,m)$ die Zeit, die aufgewendet wird, um k zu finden, wobei $m = k - i$. Wir bestimmen $T_S(n,m)$ weiter unten, wenn wir einen konkreten Algorithmus zum Finden von k angeben. *baue_baum* wird im Rumpf einmal oder zweimal rekursiv aufgerufen. Im Fall D konstruiert der erste Aufruf einen Baum mit $k - 1 - i = m - 1$ Knoten und der zweite Aufruf einen Baum mit $j - k = n - m$ Knoten. Deshalb ist

$$T(n) \leq \max_m \left[T(m-1) + T(n-m) + T_S(n,m) + c_2\right].$$

Die Konstante c_2 mißt die Kosten der Parameterübergabe. Wenn wir $T(0) = 0$ definieren, dann gilt die obige Ungleichung auch in den Fällen B und C von *baue_baum*, in denen nur ein rekursiver Aufruf erfolgt. Mit der Konvention $T_S(1,m) = 0$ und $c = \max(c_1, c_2)$ können wir unsere Ungleichung weiter vereinfachen und erhalten

$$\begin{aligned} &T(0) = 0 \qquad \text{und} \\ &T(n) \leq \max_{1 \leq m \leq n} \left[T(m-1) + T(n-m) + T_S(n,m) + c\right]. \end{aligned}$$

Wir diskutieren zwei Verfahren zum Finden von k:

1) *Binäre Suche*: Zuerst versuchen wir $r = \lfloor (i+1+j)/2 \rfloor$. Wenn $s_r \geq cut + 2^{-l}$, dann ist $k \leq r$, andernfalls $k \geq r$. Wir iterieren wie in III.3.1 beschrieben und finden k in $\log n$ Schritten. Also ist $T_S(n,m) \leq d \log n$ für eine Konstante d, und wir erhalten

$$T(0) = 0 \qquad \text{und}$$
$$T(n) \leq \max_{1 \leq m \leq n} \left[T(m-1) + T(n-m) + c + d \log n \right].$$

Wir folgern mit Hilfe von Abschnitt II.1.3, daß $T(n) = O(n \log n)$. Andererseits ist

$$T(n) \geq T(n-1) + d \log n + c \geq d \sum_{i=1}^{n} \log i = \Omega(n \log n).$$

Also gilt

Satz 10. *Wenn die Suche nach k in der Prozedur baue_baum durch binäre Suche implementiert wird, dann ist $T(n) = \Theta(n \log n)$.* ∎

2) *Exponentielle plus binäre Suche*: Die Laufzeit der Prozedur *baue_baum* mit binärer Suche ist $\Omega(n \log n)$, weil die Suche nach k bis zu $\log(j-i)$ Zeiteinheiten dauert, selbst wenn $k \approx i+1$ oder $k \approx j$, d.h., selbst wenn die Größe des zu lösenden Problems nur um eine kleine Konstante reduziert wird. Wenn wir die $O(n \log n)$ Zeitschranke verbessern wollen, müssen wir einen Suchalgorithmus benutzen, der k schnell findet, wenn k nahe bei den Extremwerten liegt. Ein erster Ansatz ist, lineare Suche zu benutzen und die Suche simultan an beiden Enden zu starten. Dies ist jedoch nicht gut genug. Wenn $k = (i+1+j)/2$ ist, dann benutzt diese Methode $\Theta(j-i)$ Schritte, um k zu finden, und wieder erhalten wir einen $O(n \log n)$ Algorithmus (Übung 21). Also sollten wir die Suche zwar am Ende starten, aber nicht in Einheitsschritten:

(1) Vergleiche s_r mit $cut + 2^{-l}$ für $r = \lfloor (i+1+j)/2 \rfloor$. Wenn $s_r \geq cut + 2^{-l}$, dann ist $k \in \{i+1, \ldots, r\}$; wenn $s_r \leq cut + 2^{-l}$, dann ist $k \in \{r, \ldots, j\}$. Wir nehmen im folgenden an, daß $k \in \{i+1, \ldots, r\}$. Schritt (1) hat konstante Kosten, etwa d_1.

(2) Finde das kleinste t, $t = 0, 1, 2, \ldots$, so daß $s_{i+2^t} \geq cut + 2^{-l}$. Sei t_0 dieser Wert für t. Wir können t_0 in Zeit $d_2 \cdot (t_0 + 1)$ für eine Konstante d_2 finden. Dann ist $i + 2^{t_0 - 1} < k \leq i + 2^{t_0}$, d.h., $2^{t_0} \geq k - i = m > 2^{t_0 - 1}$ und somit $\log m > t_0 - 1$. Deshalb sind die Kosten von Schritt (2) durch $d_2 \cdot (2 + \log m)$ beschränkt.

(3) Bestimme jetzt den genauen Wert von k durch binäre Suche auf dem Intervall $i + 2^{t_0 - 1} + 1, \ldots, i + 2^{t_0}$. Schritt (3) verbraucht $d_3 \cdot (\log(2^{t_0} - 2^{t_0 - 1}) + 1) = d_3 \cdot t_0 < d_3 \cdot (1 + \log m)$ Zeiteinheiten für eine Konstante d_3.

Exponentielle Suche (Schritt (2)) und binäre Suche (Schritt (3)) ermöglichen es uns, k in $\leq d \cdot (1 + \log m)$ Zeiteinheiten zu finden, unter der Vorraussetzung, daß $i < k \leq \lfloor (i + 1 + j)/2 \rfloor$. Hierbei ist $m = k - i$ und d eine Konstante. k kann auf ähnliche Art in $\leq d \cdot (1 + \log(n - m + 1))$ Zeiteinheiten gefunden werden, wenn $\lfloor (i + 1 + j)/2 \rfloor < k$. Also ist $T_S(n, m) \leq d \cdot (1 + \log \min(m, n - m + 1))$, und wir erhalten die folgenden Rekursionsgleichungen für die Laufzeit von *baue_baum* im schlechtesten Fall:

$$T(0) = 0 \qquad \text{und}$$
$$T(n) \leq \max_{1 \leq m \leq n} \left[T(m-1) + T(n-m) + d \cdot (1 + \log \min(m, n-m+1)) + c \right].$$

Satz 11. *Wenn die Suche nach k in der Prozedur baue_baum durch exponentielle plus binäre Suche implementiert wird, dann ist $T(n) = O(n)$.*

Beweis: Wir zeigen durch Induktion über n, daß

$$T(n) \leq (2d + c)n - d \log(n + 1).$$

Das stimmt sicher für $n = 0$. Für $n > 0$ gilt

$$\begin{aligned} T(n) &\leq \max_{1 \leq m \leq n} \left[T(m-1) + T(n-m) + d \cdot (\log \min(m, n-m+1)) + d + c \right] \\ &= \max_{1 \leq m \leq (n+1)/2} \left[T(m-1) + T(n-m) + d \log m + d + c \right], \end{aligned}$$

weil der Ausdruck in eckigen Klammern symmetrisch in $m - 1$ und $n - m$ ist. Nun wenden wir die Induktionsannahme an und erhalten

$$\begin{aligned} T(n) &\leq \max_{1 \leq m \leq (n+1)/2} \left[(2d + c) \cdot (m - 1 + n - m) - d \cdot (\log m + \log(n - m + 1)) \right. \\ &\qquad \left. + d \log m + d + c \right] \\ &= (2d + c)n + \max_{1 \leq m \leq (n+1)/2} \left[-d \cdot (1 + \log(n - m + 1)) \right]. \end{aligned}$$

Der Ausdruck in eckigen Klammern ist immer negativ und wird maximal für $m = (n + 1)/2$. Deshalb ist

$$\begin{aligned} T(n) &\leq (2d + c)n - d \cdot (1 + \log((n + 1)/2)) \\ &= (2d + c)n - d \log(n + 1). \end{aligned}$$ ∎

Wir fassen zusammen: Die Prozedur *baue_baum* konstruiert Bäume, die nahezu optimal sind sowohl bezüglich mittlerer (Satz 9) als auch einzelner Suchzeiten (Sätze 6 und 7). Die Prozedur kann so implementiert werden, daß sie in linearer Zeit läuft (Satz 11).

Wir beenden diesen Abschnitt, indem wir die Sätze 8 und 9 an dem Beispiel vom Beginn von III.4 erläutern. Wir beginnen mit Satz 9, der etwas über mittlere Suchzeiten sagt. Wir haben $H \approx 2.27$, $\sum \beta_i \lfloor \log 1/\beta_i \rfloor + \sum \alpha_j \lfloor \log 1/\alpha_j \rfloor \approx 2.04$, $\sum \beta_i \approx 0.29$ und $\sum \alpha_j \approx 0.71$. $d = 1.05$ maximiert die linke Seite von Satz 9a) und ergibt $1.50 \leq P_{opt} = 2.0 \leq 2.04 \leq 2.08 = P_{BB} \leq 3.75 \leq 3.98$. Natürlich spielen die additiven Konstanten in unseren Schranken für diesen kleinen Wert von H die dominierende Rolle. Bei der Anwendung auf ein englisches Wörterbuch haben wir gesehen, daß die Abschätzungen für große Werte von H viel besser sind.

Wir wenden uns jetzt den Sätzen 6 und 7 über das Verhalten von einzelnen Such-Operationen zu. Aus der Tafel in Abbildung 63 können wir ersehen, daß die oberen Schranken aus Satz 7 die tatsächlichen Werte etwas überschreiten. Wenn wir Satz 6 anwenden mit $c = 1/2$ und $h = 2$, dann ist $N_2 = \{3,4\}$ und $L_2 = \{1,2\}$ und

$$\sum_{i \in N_2} \beta_i + \sum_{j \in L_2} \alpha_j = 1/8 \leq 1/4 = 2^{-h}.$$

Also erfüllen die Knoten und Blätter mit einer Gesamtwahrscheinlichkeit $\geq 7/8$ Satz 5a) komponentenweise (vgl. die Erörterungen vor Satz 6).

Name des Knotens oder Blattes	Tiefe in T_{opt}	Tiefe in T_{BB}	Wahrscheinlichkeit p	$\lfloor -\log p \rfloor$	$\overline{\beta}_i, \overline{\alpha}_j$ für $c = 1/2$
x_1	1	2	1/24	4	1/32
x_2	2	1	1/8	3	1/8
x_3	0	0	1/8	3	1/2
x_4	1	1	0	∞	1/8
$(, x_1)$	2	3	1/6	2	1/64
(x_1, x_2)	3	3	0	∞	1/64
(x_2, x_3)	3	2	0	∞	1/16
(x_3, x_4)	2	2	1/8	3	1/16
$(x_4,)$	2	2	5/12	1	1/16

Abb. 63. Tabelle für Beispielwerte

III.5. Balancierte Bäume

Wir nehmen die in III.3.1 begonnene Diskussion wieder auf: die Realisierung der Operationen Zugriff, Einfüge und Streiche mit Hilfe binärer Bäume. In III.3.1 sahen wir, daß die Höhe eines Baumes für die Laufzeit der Operationen sehr wichtig ist.

In diesem Abschnitt betrachten wir ungewichtete Mengen, interessieren uns also nur für die Größe der betrachteten Mengen. Dazu nehmen wir Einheits-Zugriffswahrscheinlichkeiten an, d.h., wenn T ein Suchbaum für die Menge $S = \{x_1 < x_2 < \cdots < x_n\}$ ist, dann gilt $\beta_i = 1/n$ und $\alpha_j = 0$ für $1 \le i \le n$ und $0 \le j \le n$. Wie gewohnt bezeichnen wir die Tiefe des Knotens x_i im Baum T mit b_i. Dann heißt

$$P = \frac{1}{n} \sum_i (b_i + 1)$$

die **mittlere Pfadlänge** (auch interne Pfadlänge) von T. Nach Satz 5b) aus III.4.1 ist $\log n = H \le P + \log P + 0.44$. Durch direkte Rechnung erhalten wir etwas bessere Schranken für die mittlere Pfadlänge und die Höhe:

Satz 1. *Sei T ein binärer Suchbaum für die Menge $S = \{x_1 < x_2 < \cdots < x_n\}$. Dann gilt:*

a) $P \ge \lfloor \log(n+1) \rfloor - 1$

b) Höhe$(T) \ge \lceil \log(n+1) \rceil$

Beweis: b) Weil T ein binärer Baum ist, gibt es höchstens 2^i Knoten der Tiefe i und somit höchstens $\sum_{i=0}^{k} 2^i = 2^{k+1} - 1$ Knoten der Tiefe $\le k$. Also muß es in einem Baum mit n Knoten mindestens einen Knoten der Tiefe k geben, so daß $2^{k+1} - 1 \ge n$. Da Höhe$(T) = \max\{\text{Tiefe}(v) + 1;\ v \text{ ist Knoten von } T\}$, haben wir Teil b) bewiesen.

a) Es ist offensichtlich, daß ein Baum T mit n Knoten minimale mittlere Pfadlänge hat, wenn es 2^0 Knoten der Tiefe 0, 2^1 Knoten der Tiefe 1, ... , 2^k Knoten der Tiefe k und $n - 2^{k+1} + 1$ Knoten der Tiefe $k+1$ gibt, wobei $k = \lfloor \log(n+1) \rfloor - 1$. Also ist

$$\begin{aligned} P &\ge \frac{1}{n}\left(\sum_{i=0}^{k}(i+1)2^i + (k+2)(n - 2^{k+1} + 1)\right) \\ &= \frac{1}{n}\left[k \cdot 2^{k+1} + 1 + (k+2)(n - 2^{k+1} + 1)\right] \qquad \text{(s. Anhang, S1)} \\ &\ge \lfloor \log(n+1) \rfloor - 1. \end{aligned}$$

▮

Satz 1 zeigt, daß wir sowohl im mittleren als auch im schlechtesten Fall von binären Suchbäumen höchstens logarithmisches Verhalten erwarten dürfen. Logarithmisches Verhalten ist leicht zu erreichen, solange wir uns auf Zugriffs-Operationen beschränken. Das gilt sogar für gewichtete Mengen, wie wir in Abschnitt III.4 gesehen haben.

Einfüge- und Streiche-Operationen schaffen jedoch neue Probleme, denn die naiven Einfüge- und Streiche-Algorithmen aus Abschnitt III.3.1 können stark unbalancierte Bäume schaffen und somit zu unerträglichen Suchzeiten führen. Das Einfügen von $x_1, \ldots, x_n$ mit $x_1 < x_2 < \cdots < x_n$ in einen anfangs leeren Baum schafft einen Baum mit mittlerer Pfadlänge $(n+1)/2$, wie Abbildung 64 veranschaulicht.

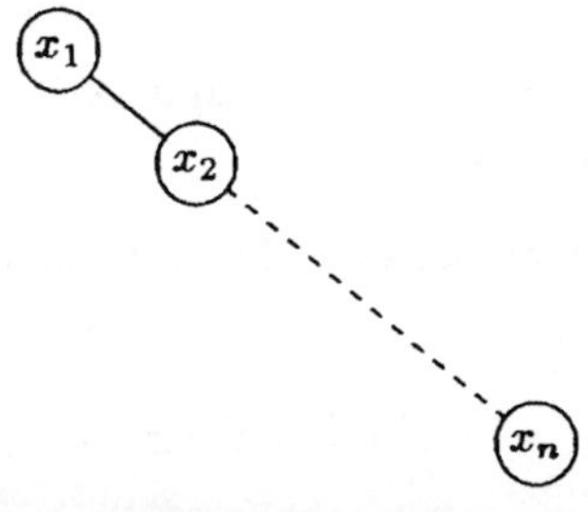

Abb. 64. Entarteter binärer Suchbaum

Somit verschlechtert sich Baumsuche zu linearer Suche. Eine so starke Verschlechterung ist nicht sehr wahrscheinlich, wenn man zufällige Einfügungen zugrundelegt (Übung 9). Eine Verschlechterung kann jedoch völlig vermieden werden, wenn der Baum nach jeder Einfüge- oder Streiche-Operation rebalanciert wird. Später werden wir sehen, daß die Rebalancierung auf lokale Änderungen der Baumstruktur entlang dem Pfad von der Wurzel zu dem eingefügten oder gestrichenen Knoten beschränkt werden kann. Damit ist die Rebalancierungszeit höchstens proportional zur Suchzeit und die Gesamtkosten bleiben logarithmisch.

Die bekannten Arten von balancierten Bäumen können in zwei Gruppen unterteilt werden: gewichtsbalancierte und höhenbalancierte Bäume. Bei gewichtsbalancierten Bäumen hält man die Anzahl der Blätter in den Unterbäumen annähernd gleich, bei höhenbalancierten Bäumen die Höhe der Unterbäume. Wir diskutieren einen Repräsentanten jeder Gruppe und erwähnen weitere in den Übungen.

III.5.1. Gewichtsbalancierte Bäume

Für diesen Abschnitt sei α eine feste reelle Zahl mit $1/4 < \alpha \leq 1 - \sqrt{2}/2$. Die Schranken für α werden später klar (vgl. den Beweis von Lemma 1).

Definition:

a) Sei T ein binärer Baum mit linkem Unterbaum T_l und rechtem Unterbaum T_r. Dann heißt

$$\rho(T) = |T_l|/|T| = 1 - |T_r|/|T|$$

die **Wurzelbalance** (oder kurz die Balance) von T. Hier bedeutet $|T|$ die Anzahl der Blätter des Baumes T.

b) Der Baum T ist von **beschränkter Balance α**, wenn für jeden Unterbaum T' von T gilt:

$$\alpha \leq \rho(T') \leq 1 - \alpha.$$

c) Die Menge aller Bäume von beschränkter Balance α heißt **BB[α]**. ∎

Im Baum aus Abbildung 65 (Blätter sind nicht eingezeichnet) haben die Unterbäume mit den Wurzeln u, v, w, x die Wurzelbalancen 1/2, 2/3, 2/5, 5/14. Der Baum ist in BB[α] für $\alpha \leq 1/3$.

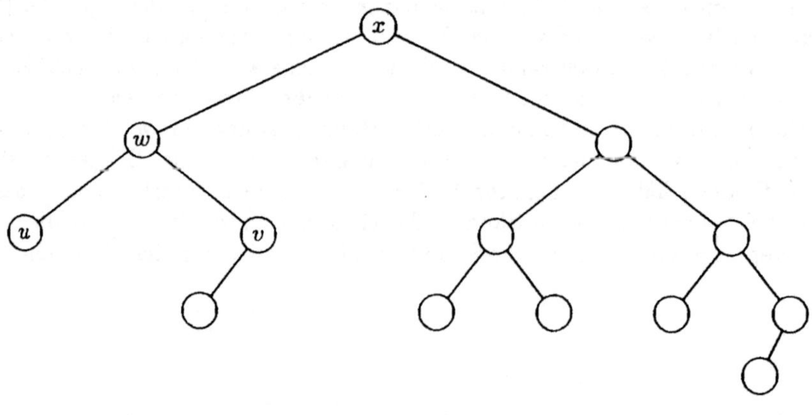

Abb. 65. Ein BB[α]-Baum

Der folgende Satz zeigt, daß Bäume von beschränkter Balance logarithmische Tiefe und im Mittel logarithmische mittlere Pfadlänge haben.

Satz 2. *Sei $T \in \mathrm{BB}[\alpha]$ ein Baum mit n Knoten. Dann gilt:*

a) $P \leq \dfrac{(1+1/n)\cdot\log(n+1)}{H(\alpha,1-\alpha)} - 1,$

wobei $H(\alpha,1-\alpha) = -\alpha\log\alpha - (1-\alpha)\cdot\log(1-\alpha)$

b) $\text{Höhe}(T) \leq 1 + \dfrac{\log(n+1)-1}{\log(1/(1-\alpha))}$

Beweis: a) Für diesen Beweis ist es einfacher, mit $\overline{P} = n\cdot P = \sum(b_i+1)$ zu arbeiten. Wir zeigen durch Induktion über n, daß $\overline{P} \leq (n+1)\cdot\log(n+1)/H(\alpha,1-\alpha) - n$. $\overline{P}$ heißt oft (interne) Gesamtpfadlänge von T. Für $n = 1$ ist $\overline{P} = 1$. Weil $0 \leq H(\alpha,1-\alpha) \leq 1$ (s. Anhang, Formel E2), beweist dies die Behauptung für $n = 1$. Sei also $n > 1$. T hat einen linken und einen rechten Unterbaum mit l bzw. r Knoten und den Gesamtpfadlängen $\overline{P}_l$ bzw. $\overline{P}_r$. Dann ist $n = l+r+1$ und $\overline{P} = \overline{P}_l + \overline{P}_r + n$ (vgl. Beweis von Lemma 1 aus III.4.1) und $\alpha \leq (l+1)/(n+1) \leq 1-\alpha$. Durch Anwendung der Induktionsannahme erhalten wir

$$\begin{aligned}
\overline{P} &= n + \overline{P}_l + \overline{P}_r \\
&\leq \frac{1}{H(\alpha,1-\alpha)}\cdot\left[(l+1)\cdot\log(l+1) + (r+1)\cdot\log(r+1)\right] + 1 \\
&= \frac{n+1}{H(\alpha,1-\alpha)}\cdot\left[\log(n+1) + \frac{l+1}{n+1}\cdot\log\frac{l+1}{n+1} + \frac{r+1}{n+1}\cdot\log\frac{r+1}{n+1}\right] + 1 \\
&= \frac{(n+1)\cdot\log(n+1)}{H(\alpha,1-\alpha)} + 1 - (n+1)\cdot\frac{H(\frac{l+1}{n+1},\frac{r+1}{n+1})}{H(\alpha,1-\alpha)} \\
&\leq \frac{1}{H(\alpha,1-\alpha)}\cdot(n+1)\cdot\log(n+1) - n,
\end{aligned}$$

weil $H(x,1-x)$ monoton steigend in x ist für $0 < x \leq 1/2$.

b) Sei $T \in \mathrm{BB}[\alpha]$ ein Baum mit n Knoten, $k = \text{Höhe}(T)$ und $v_0, v_1, \ldots, v_{k-1}$ ein Pfad von der Wurzel zu einem Knoten v_{k-1} der Tiefe $k-1$. Sei w_i die Anzahl der Blätter im Unterbaum mit Wurzel v_i für $0 \leq i \leq k-1$. Dann gilt

$$\begin{aligned}
2 &\leq w_{k-1} && \text{und} \\
w_{i+1} &\leq (1-\alpha)\cdot w_i && \text{für } 0 \leq i < k-1,
\end{aligned}$$

weil T von beschränkter Balance α ist, und deshalb ist

$$2 \leq w_{k-1} \leq (1-\alpha)^{k-1}\cdot w_0 = (1-\alpha)^{k-1}\cdot(n+1).$$

Durch Logarithmieren folgt die Behauptung. ∎

Für $\alpha = 1 - \sqrt{2}/2 \approx 0.2929$ besagt Satz 2, daß

$$P \leq 1.15(1 + 1/n)\log(n+1) - 1 \qquad \text{und}$$
$$\text{Höhe}(T) \leq 2\log(n+1) - 1.$$

Ein Vergleich mit Satz 1 zeigt, daß die mittlere Suchzeit in Bäumen der Klasse BB$[1 - \sqrt{2}/2]$ asymptotisch um höchstens 15% und die maximale Suchzeit um höchstens einen Faktor 2 über dem Optimum liegen.

Die Operationen Zugriff, Einfüge und Streiche werden implementiert wie in III.3.1 beschrieben. Einfüge- und Streiche-Operationen können jedoch die Wurzelbalance einiger Knoten auf dem Suchpfad aus dem erlaubten Bereich $[\alpha, 1-\alpha]$ bringen. Zwei Transformationen können einen solchen Schaden beheben: **Rotation** und **Doppelrotation**. In den Abbildungen 66 und 67 stehen Kreise für Knoten und Dreiecke für Unterbäume. Die Wurzelbalancen stehen neben den Knoten. Die Abbildungen zeigen Transformationen "nach links". Es gibt symmetrische Varianten "nach rechts".

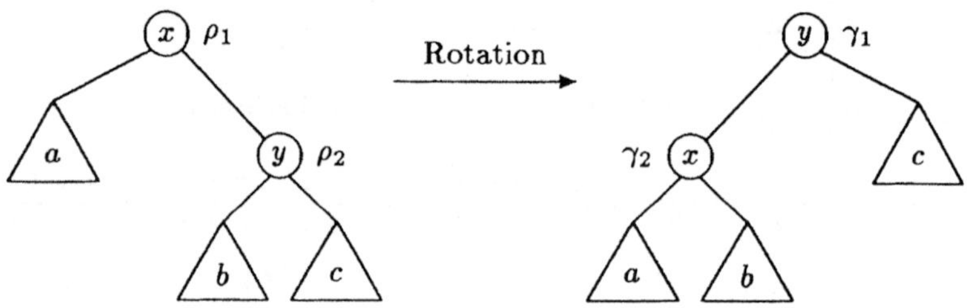

Abb. 66. Rotation nach links

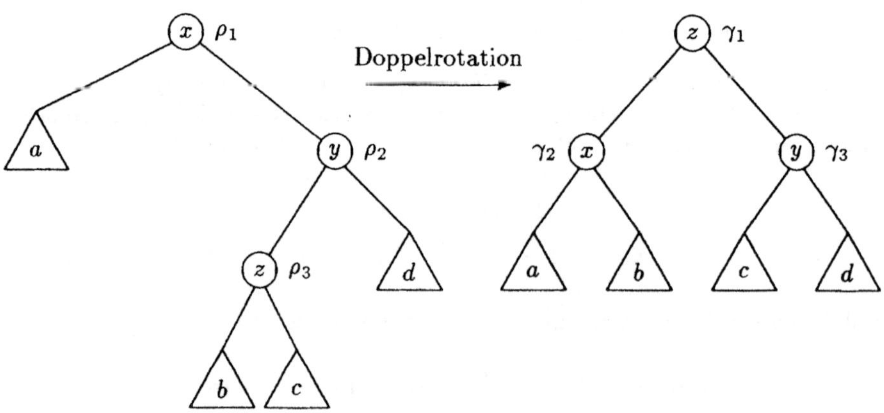

Abb. 67. Doppelrotation nach links

Die Wurzelbalancen γ_1 und γ_2 (und γ_3) der transformierten Bäume können aus den alten Balancen ρ_1 und ρ_2 (und ρ_3) wie folgt berechnet werden.

$$\gamma_1 = \rho_1 + (1-\rho_1)\rho_2 \qquad \text{und} \qquad \gamma_2 = \frac{\rho_1}{\rho_1 + (1-\rho_1)\rho_2}$$

im Fall der Rotation und

$$\gamma_1 = \rho_1 + (1-\rho_1)\rho_2\rho_3$$
$$\gamma_2 = \frac{\rho_1}{\rho_1 + (1-\rho_1)\rho_2\rho_3}$$
$$\gamma_3 = \frac{\rho_2(1-\rho_3)}{1-\rho_2\rho_3}$$

im Fall der Doppelrotation. Wir beweisen die Formel für die Rotation und überlassen die Doppelrotation dem Leser. Seien a, b, c die Anzahlen der Blätter in den gezeigten Unterbäumen. Dann ist

$$\rho_1 = \frac{a}{a+b+c} \qquad \text{und} \qquad \rho_2 = \frac{b}{b+c}.$$

Wegen

$$\begin{aligned} a+b &= \rho_1 \cdot (a+b+c) + \rho_2 \cdot (b+c) \\ &= \rho_1 \cdot (a+b+c) + \rho_2 \cdot ((a+b+c) - a) \\ &= (\rho_1 + \rho_2 \cdot (1-\rho_1)) \cdot (a+b+c) \end{aligned}$$

ist die Wurzelbalance des Knotens x nach der Rotation

$$\frac{a}{a+b} = \frac{\rho_1}{\rho_1 + \rho_2 \cdot (1-\rho_1)},$$

und die Wurzelbalance des Knotens y ist

$$\frac{a+b}{a+b+c} = (\rho_1 + \rho_2 \cdot (1-\rho_1)).$$

Wir wollen zunächst die Operation Einfüge betrachten. Angenommen, Knoten a wird zum Baum hinzugefügt. Sei $v_0, v_1, \ldots, v_k = a$ der Pfad von der Wurzel zum Knoten a nach der Einfügung. Die Operation Einfüge(a), wie sie in III.3.1 beschrieben wurde, erzeugt den Unterbaum aus Abbildung 68 mit Wurzelbalance 1/2.

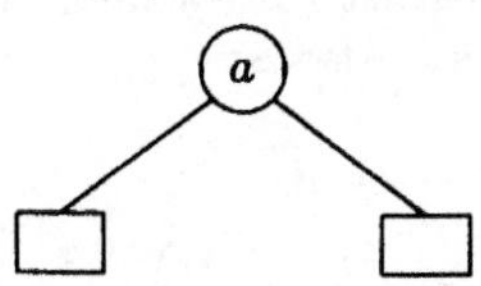

Abb. 68. Durch Einfüge(a) entstehender Unterbaum

Dann gehen wir zurück zur Wurzel und rebalancieren alle Knoten auf diesem Pfad. Nehmen wir also an, wir haben Knoten v_i erreicht und die Wurzelbalancen aller echten Nachfolger von v_i sind im Bereich $[\alpha, 1-\alpha]$. Dann ist $0 \le i \le k-1$. Wenn die Wurzelbalance von Knoten v_i noch im Bereich $[\alpha, 1-\alpha]$ ist, dann können wir zum Knoten v_{i-1} gehen. Wenn er außerhalb des Bereichs $[\alpha, 1-\alpha]$ liegt, müssen wir rebalancieren. Dies wird im folgenden Lemma beschrieben.

Lemma 1. *Für alle $\alpha \in (1/4, 1-\sqrt{2}/2]$ gibt es Konstanten $d \in [\alpha, 1-\alpha]$ und $0 \le \delta < 1$ (wenn $\alpha < 1-\sqrt{2}/2$, dann ist $\delta > 0$), so daß für einen binären Baum T mit den Unterbäumen T_l und T_r und den Eigenschaften*

(1) *T_l und T_r sind in* $\mathrm{BB}[\alpha]$,

(2) *$|T_l|/|T| < \alpha$ und entweder*

  (2.1) *$|T_l|/(|T|-1) \ge \alpha$ (es wurde in den rechten Unterbaum von T eingefügt) oder*

  (2.2) *$(|T_l|+1)/(|T|+1) \ge \alpha$ (es wurde aus dem linken Unterbaum gestrichen),*

(3) *ρ_2 ist die Wurzelbalance von T_r*

folgendes gilt:

(i) *Wenn $\rho_2 \le d$, dann rebalanciert eine Rotation den Baum, d.h., γ_1 und $\gamma_2 \in [(1+\delta)\alpha, 1-(1+\delta)\alpha]$, wobei γ_1 und γ_2 definiert sind wie in der Abbildung für Rotation festgelegt.*

(ii) *Wenn $\rho_2 > d$, dann rebalanciert eine Doppelrotation den Baum, d.h., γ_1, γ_2 und $\gamma_3 \in [(1+\delta)\alpha, 1-(1+\delta)\alpha]$, wobei γ_1, γ_2 und γ_3 definiert sind wie in der Abbildung für Doppelrotation festgelegt.*

Bemerkung: Dieses Lemma besagt, daß die Wurzelbalancen nach der Rotation bzw. Doppelrotation zumindest im Bereich $[\alpha, 1-\alpha]$ liegen. Für $\alpha < 1-\sqrt{2}/2$ liegen sie sogar in einem echt kleineren Bereich. Dies werden wir weiter unten im Beweis von Satz 4 ausnutzen.

Beweis: Ein vollständiger Beweis ist lang und nicht sehr elegant. Er kann in Blum/Mehlhorn (80) nachgelesen werden. Dort stehen auch Ausdrücke für δ und d als Funktionen von α. Um dem Leser einen Eindruck vom Beweis zu geben, verifizieren wir einige Teile der Behauptung für $\alpha = 3/11$, $d = 6/10$ und $\delta = 0.05$. Wir wollen den Fall (i) betrachten, d.h., wenn $\rho_2 \le 6/10$, also eine Rotation ausgeführt wird. Wir verifizieren nur, daß $\gamma_1 \in [(1+\delta)\alpha, 1-(1+\delta)\alpha]$ und überlassen dem Leser die übrigen Fälle. Zunächst ist zu beachten, daß $\gamma_1 = \rho_1 + (1-\rho_1)\rho_2$ eine in ρ_1 und ρ_2 steigende Funktion ist. Also ist

$$\begin{aligned} \gamma_1 &\le \alpha + (1-\alpha)\cdot d && (\rho_1 \le \alpha \text{ und } \rho_2 \le d) \\ &= \frac{78}{110} = 1 - \left(1 + \frac{1}{15}\right)\cdot\frac{3}{11} \le 1 - 1.05\alpha. \end{aligned}$$

Wir müssen noch die untere Schranke für γ_1 zeigen. Aus $|T_l|/(|T|-1) \geq \alpha$ oder $(|T_l|+1)/(|T|+1) \geq \alpha$ und $|T_l| \geq 1$ folgt $\rho_1 = |T_l|/|T| \geq \alpha/(2-\alpha)$ und weiter

$$\begin{aligned}\gamma_1 &\geq \frac{\alpha}{2-\alpha} + \left(1 - \frac{\alpha}{2-\alpha}\right) \cdot \alpha \\ &= \frac{81}{209} \geq 1.05\alpha.\end{aligned}$$ ∎

Aus Lemma 1 folgt, daß ein BB[α]-Baum nach einer Einfüge-Operation durch Rotationen und Doppelrotationen rebalanciert werden kann. Die Transformationen sind beschränkt auf die Knoten auf dem Pfad von der Wurzel zum eingefügten Element. Deshalb genügen Höhe(T) $= O(\log |S|)$ Transformationen; jede Transformation hat Kosten $O(1)$.

Wir müssen noch zwei Fragen klären: Wie finden wir den Pfad vom eingefügten Element zurück zur Wurzel? Wie stellen wir fest, ob ein Knoten außer Balance ist? Der Pfad zurück zur Wurzel ist einfach zu finden. Denn wir haben genau diesen Pfad durchquert, als wir nach der Stelle gesucht haben, an der das neue Element eingefügt werden sollte. Wir müssen die Knoten dieses Pfades in einem Keller abspeichern. Das Leeren des Kellers führt uns zurück zur Wurzel. Damit ist das erste Problem gelöst. Um das zweite Problem zu lösen, speichern wir in jedem Knoten v des Baumes nicht nur seinen Inhalt und die Zeiger zu seinem linken und rechten Sohn, sondern auch seine Größe, d.h. die Anzahl der Blätter im Unterbaum mit Wurzel v. Ein Knoten hat folgendes Format:

INHALT	*LSOHN*	*RSOHN*	*GRÖSSE*

Die Wurzelbalance ist dann einfach zu berechnen. Ebenso können die Einträge des Feldes *GRÖSSE* beim Zurückgehen zur Wurzel einfach korrigiert werden. Wir fassen zusammen: Eine Operation Einfüge(a, S) hat Zeitkomplexität $O(\log |S|)$. Das trifft auch für die Operation Streiche(a, S) zu. Streiche(a, S) entfernt einen Knoten und ein Blatt aus dem Baum, wie in III.3.1 beschrieben. (Der entfernte Knoten ist nicht notwendigerweise der Knoten mit Inhalt a.) Sei $v_0, \ldots, v_k$ der Pfad von der Wurzel v_0 zum Vater v_k des entfernten Knotens. Wir gehen diesen Pfad zurück zur Wurzel und rebalancieren den Baum, wie oben beschrieben.

Satz 3. *Sei $\alpha \in (1/4, 1-\sqrt{2}/2]$. Dann haben die Operationen Zugriff(a, S), Einfüge(a, S), Streiche(a, S), Min(S), Streichemin(S) und Ord(k, S) in* BB[α]-*Bäumen jeweils die Zeitkomplexität $O(\log |S|)$. Die Operation List(S) hat die Zeitkomplexität $O(|S|)$.*

Beweis: Die Ausführungen vor Satz 3 behandeln die Operationen Zugriff, Einfüge und Streiche. Das Minimum von S kann man finden, indem man in der Wurzel startend immer den linken Zeigern folgt. Wenn das Minimum gefunden ist, kann es ebenfalls in Zeit $O(\log |S|)$ gelöscht werden. Die Operation Ord(k, S) wird realisiert wie in III.3.1 und List(S) wie in I.5. ∎

Wir haben gezeigt, daß höchstens Höhe(T) Transformationen benötigt werden, um einen Baum in BB[α] nach einer Einfüge- oder Streiche-Operation zu rebalancieren. Man findet leicht Beispiele, in denen man tatsächlich soviele Transformationen ausführen muß: Man betrachte einen Baum, in dem fast alle Knoten Balance α haben, und führe eine Einfüge-Operation (am richtigen Platz) aus. Dann geraten alle Knoten auf dem Suchpfad aus dem Bereich $[\alpha, 1-\alpha]$ und müssen rebalanciert werden. Jedoch bringt dies die Wurzelbalancen aller an den Rebalancierungs-Operationen beteiligten Knoten in das Intervall $[(1+\delta)\alpha, 1-(1+\delta)\alpha]$, wobei $\delta > 0$, wenn $\alpha \in (1/4, 1-\sqrt{2}/2)$. Deshalb werden diese Knoten in nächster Zukunft nicht außer Balance geraten. Diese Beobachtung führt zu

Satz 4. *Sei $\alpha \in (1/4, 1-\sqrt{2}/2)$. Dann gibt es eine Konstante c, so daß die Gesamtzahl der zur Ausführung einer beliebigen Folge von m Einfüge- und Streiche-Operationen auf einem anfangs leeren* BB[α]*-Baum notwendigen Rotationen und Doppelrotationen $\leq c \cdot m$ ist.*

Beweis: Sei T_0 der BB[α]-Baum, der aus einem einzelnen Blatt und keinem Knoten besteht. Die Folge von m Einfüge- und Streiche-Operationen läßt eine Folge von Bäumen $T_1, \ldots, T_m$ entstehen, wobei T_{j+1} aus T_j durch eine Einfüge- oder Streiche-Operation und eine evtl. nachfolgende Rebalancierung entsteht. Wir vereinbaren folgende Sprechweisen.

Eine **Transaktion** ist entweder eine Einfüge- oder eine Streiche-Operation. Eine Transaktion **geht durch einen Knoten** v, wenn v auf dem Pfad von der Wurzel zu dem eingefügten oder gestrichenen Knoten liegt. **Ein Knoten v ist beteiligt** an einer Rotation bzw. Doppelrotation, wenn er einer der zwei bzw. drei explizit gezeigten Knoten aus der Abbildung ist, die die Transformation beschreibt. Weiterhin behalten Knoten ihre Identität wie in dieser Abbildung gezeigt, d.h., wenn eine Rotation nach links auf einen Unterbaum mit Wurzel x angewandt wird, dann hat der Knoten x nach der Rotation Unterbäume mit den Gewichten a und b. Die Gewichte sind dabei die Anzahlen der Blätter in den Unterbäumen. Durch Einfüge-Operationen werden Knoten neu geschaffen und haben dann Balance 1/2. Durch Streiche-Operationen werden Knoten zerstört. Ein Knoten v **verursacht** eine Rotation (Doppelrotation), wenn v der Knoten x in der Abbildung ist, die die Transformation beschreibt, d.h., wenn v der Knoten ist, der außer Balance geriet.

Jedem Knoten v ordnen wir Konten zu: Die Transaktionskonten $TA_i(v)$ und die Balancierungs-Operationskonten $BO_i(v)$ für $0 \leq i < \infty$. Alle Konten haben anfangs den Wert 0. Die j-te Transaktion, $1 \leq j \leq m$, hat folgende Auswirkungen auf die Konten des Knotens v:

a) Wenn die Transaktion nicht durch v geht, bleiben alle Konten unverändert.

b) Wenn die Transaktion durch v geht, sei w das Gewicht von v im Baum T_{j-1}. Sei i so, daß $(1/(1-\alpha))^i \leq w < (1/(1-\alpha))^{i+1}$. Beachten Sie, daß $w \geq 2$ und $1/(1-\alpha) > 1$ und $i \geq 1$. Dann addieren wir eine 1 zu den Transaktionskonten $TA_{i-1}(v)$, $TA_i(v)$ und $TA_{i+1}(v)$. Wenn v eine Rebalancierungs-Operation verursacht, addieren wir auch zu $BO_i(v)$ eine 1.

Lemma 2. *Für jeden Knoten v und jedes i gilt:*

$$BO_i(v) \le \frac{(1-\alpha)^i}{\delta\alpha} \cdot TA_i(v),$$

wobei δ wie in Lemma 1 definiert ist.

Beweis: Wir zeigen, wie man $\delta\alpha/(1-\alpha)^i$ Erhöhungen von $TA_i(v)$ für jede Erhöhung von $BO_i(v)$ zählt: Angenommen, $BO_i(v)$ wird bei der j-ten Transaktion erhöht, d.h., die j-te Transaktion geht durch v und bringt v außer Balance. Sei w die Anzahl der Blätter im Unterbaum von T_{j-1} mit Wurzel v. Dann ist $(1/(1-\alpha))^i \le w < (1/(1-\alpha))^{i+1}$.

Sei $k < j$ so, daß gilt: v nahm entweder bei der k-ten Transaktion an einer Rebalancierungs-Operation teil oder die k-te Transaktion erschuf v, und v nahm nach der k-ten und vor der j-ten Transaktion an keiner Rebalancierungs-Operation mehr teil. In beiden Fällen gilt in T_k also $\rho(v) = t'/w' \in [(1+\delta)\alpha, 1-(1+\delta)\alpha]$. Hier bedeuten t' bzw. w' die Anzahl der Blätter im linken Unterbaum von v in T_k bzw. im Baum mit Wurzel v in T_k. Da v bei der j-ten Transaktion eine Rebalancierungs-Operation verursacht, ist $\rho(v) = t/w \notin [\alpha, 1-\alpha]$, etwa $\rho(v) < \alpha$, nach der j-ten Transaktion, aber vor der Rebalancierung von v. Wir bezeichnen hierbei die Anzahl der Blätter im linken Unterbaum von v im Baum vor der Rebalancierung mit t.

Der Knoten v nahm zwischen der k-ten und der j-ten Transaktion nicht an Rebalancierungs-Operationen teil. Aber seine Balance änderte sich von t'/w' auf t/w. Deshalb gingen in dieser Zeit "viele" Transaktionen durch v. Wir nehmen an, daß zwischen der k-ten und der j-ten Transaktion a Einfüge-Operationen und b Streiche-Operationen durch v gingen. Dann ist $w = w' + a - b$ und $t \ge t' - b$.

Behauptung: $a + b \ge \delta\alpha w$.

Beweis: Wir nehmen das Gegenteil $a + b < \delta\alpha w$ an. Dann ist

$$\begin{aligned}(1+\delta)\alpha &\le t'/w' \\ &\le (t+b)/(w-a+b) \\ &< (t+b)/(w-\delta\alpha w+2b) \\ &\le (t+\delta\alpha w)/(w+\delta\alpha w) \\ &< (\alpha w+\delta\alpha w)/(w+\delta\alpha w) \\ &< (1+\delta)\alpha.\end{aligned}$$

Widerspruch! Beachten Sie dabei, daß $(t+b)/(w-\delta\alpha w+2b)$ steigend in b ist. ∎

Eine analoge Behauptung gilt für $\rho(v) > 1-\alpha$. Ihr Beweis wird dem Leser überlassen. Wir wissen jetzt also, daß zwischen der k-ten und der j-ten Transaktion mindestens $\delta\alpha w \ge \delta\alpha/(1-\alpha)^i$ Transaktionen durch v gingen. Während der letzten $\delta\alpha w$ dieser Transaktionen war das Gewicht von v mindestens $w - \delta\alpha w \ge 1/(1-\alpha)^{i-1}$ und höchstens $w + \delta\alpha w < 1/(1-\alpha)^{i+2}$ (hier wird $\delta < 1$ benutzt). Also wurden alle diese Transaktionen auf $TA_i(v)$ gezählt. Damit ist Lemma 2 bewiesen. ∎

Lemma 3. *Für alle i gilt:* $\sum_v TA_i(v) \le 3m$.

Beweis: Sei $v_0, \dots, v_k$ der Rebalancierungspfad für die j-te Transaktion und sei w_l das Gewicht des Knotens v_l. Dann ist $w_{l+1} \le (1-\alpha)w_l$ für $l \ge 0$. Also gibt es höchstens 3 Knoten auf dem Pfad mit $(1/(1-\alpha))^{i-1} \le w_l < (1/(1-\alpha))^{i+2}$. Deshalb wird für jede Transaktion höchstens 3 zu $\sum_v TA_i(v)$ addiert. ∎

Nun ist der Rest des Beweises von Satz 4 einfach. $\sum_i \sum_v BO_i(v)$ ist die Gesamtzahl der Rotationen und Doppelrotationen, die benötigt werden, um die Folge von m Transaktionen abzuarbeiten. Wir schätzen diese Summe in zwei Teilen ab: für $i < k$ und für $i \ge k$, wobei k eine natürliche Zahl ist. Es gilt:

$$\begin{aligned}
\sum_{i\ge k}\sum_v BO_i(v) &\le \sum_{i\ge k}\sum_v \frac{(1-\alpha)^i}{\delta\alpha}\cdot TA_i(v) && \text{(Lemma 2)}\\
&\le \sum_{i\ge k} \frac{(1-\alpha)^i}{\delta\alpha}\cdot 3m && \text{(Lemma 3)}\\
&\le (1-\alpha)^k \cdot 3m/\delta\alpha^2
\end{aligned}$$

und

$$\sum_{i<k}\sum_v BO_i(v) < (k-1)\cdot m,$$

weil es für beliebiges festes i und für jede Transaktion höchstens einen Knoten v gibt, so daß $BO_i(v)$ durch diese Transaktion erhöht wird. Deshalb ist für jede beliebige natürliche Zahl k die Gesamtzahl der Rotationen und Doppelrotationen durch $\left[(k-1) + 3(1-\alpha)^k/\delta\alpha^2\right]\cdot m$ beschränkt. ∎

Es ist hilfreich, die Konstante c aus Satz 4 für ein konkretes Beispiel auszurechnen. Seien $\alpha = 3/11$ und $\delta = 0.05$ (s. Beweis von Lemma 1). Wählen wir $k = 17$, so erhalten wir $c = 19.59$. Experimente mit zufälligen Einfügungen vermitteln den Eindruck, daß dies eine viel zu grobe Abschätzung ist. Der wirkliche Wert von c liegt vermutlich nahe bei 1. Dessen ungeachtet zeigt Satz 4, daß die Gesamtzahl der Rebalancierungs-Operationen linear in der Anzahl von Einfüge- und Streiche-Operationen ist. Der Beweis von Satz 4 zeigt auch, daß $\sum_v BO_i(v) = O(m\cdot(1-\alpha)^i)$, die Rebalancierungs-Operationen finden also sehr selten weit oben im Baum statt.

Diesen Umstand können wir wie folgt ausnutzen: In den Kapiteln VII und VIII werden wir BB[α]-Bäume oft durch zusätzliche Information erweitern. In diesen erweiterten Bäumen werden die Kosten einer Rotation oder Doppelrotation nicht in $O(1)$ sein. Vielmehr werden die Kosten einer durch den Knoten v verursachten Rebalancierungs-Operation von der momentanen "Dicke" des Knotens v abhängen, d.h., wenn der Unterbaum mit Wurzel v momentan w Blätter hat, dann sind die Kosten einer Rebalancierungs-Operation $f(w)$ Zeiteinheiten für eine nichtfallende Funktion f. In vielen Anwendungen ist $f(x) = x$ oder $f(x) = x \log x$.

Satz 5. *Sei $\alpha \in (1/4, 1-\sqrt{2}/2)$ und $f : \mathbb{R} \mapsto \mathbb{R}$ eine nichtfallende Funktion. Die Kosten einer Rotation oder Doppelrotation an Knoten v in einem* BB$[\alpha]$*-Baum seien $f(di(v))$, wobei $di(v)$ die Anzahl der Blätter im Unterbaum mit Wurzel v sei. Dann sind die Gesamtkosten der für eine Folge von m Einfüge- und Streiche-Operationen auf einem anfangs leeren* BB$[\alpha]$*-Baum notwendigen Rebalancierungs-Operationen*

$$O\Big(m \cdot \sum_{i=1}^{c \log m} f((1-\alpha)^{-i-1}) \cdot (1-\alpha)^i\Big),$$

wobei $c = 1/\log(1/(1-\alpha))$.

Beweis: Wenn ein Knoten v mit $(1-\alpha)^{-i} \le di(v) < (1-\alpha)^{-i-1}$ eine Rebalancierungs-Operation verursacht, dann betragen die Kosten dieser Operation höchstens $f((1-\alpha)^{-i-1})$ Zeiteinheiten, weil f nichtfallend ist. Jede solche Rebalancierungs-Operation wird auf das Konto $BO_i(v)$ gebucht. Deshalb sind die Gesamtkosten aller Rebalancierungs-Operationen

$$
\begin{aligned}
&\le \sum_v \sum_i BO_i(v) \cdot f((1-\alpha)^{-i-1}) \\
&\le \sum_v \sum_i \frac{(1-\alpha)^i}{\delta\alpha} \cdot TA_i(v) \cdot f((1-\alpha)^{-i-1}) && \text{(Lemma 2)} \\
&\le \frac{3m}{\delta\alpha} \sum_{i=1}^{c \log m} (1-\alpha)^i \cdot f((1-\alpha)^{-i-1}) && \text{(Lemma 3)}
\end{aligned}
$$

mit der Beobachtung, daß $TA_i(v) = 0$ für $i > c \log m$. ∎

Wir können aus Satz 5 einige interessante Schlüsse ziehen: Wenn $f(x) = x^a$, $a < 1$, dann sind die Gesamtrebalancierungskosten in $O(m)$. Wenn $f(x) = x(\log x)^a$ für ein $a \ge 0$, dann sind die Gesamtrebalancierungskosten in $O(m \cdot (\log m)^{a+1})$. Selbst wenn $f(x)$ recht groß ist, sind also die amortisierten Rebalancierungskosten, d.h. die Rebalancierungskosten pro Einfüge- oder Streiche-Operation, klein. Wir werden diese Tatsache in den Kapiteln VII und VIII ausgiebig benutzen.

III.5.2. Höhenbalancierte Bäume

Höhenbalancierte Bäume sind der zweite Grundtyp balancierter Bäume. Es gibt viele verschiedene Varianten: AVL-Bäume, B-Bäume, HB-Bäume, u.a.m. Hier beschreiben wir (a,b)-Bäume.

Definition: Seien a und b ganze Zahlen mit $a \geq 2$ und $b \geq 2a-1$. Ein Baum T ist ein **(a,b)-Baum**, wenn

a) alle Blätter von T die gleiche Tiefe haben;
b) alle Knoten v von T die Eigenschaft $\rho(v) \leq b$ erfüllen;
c) alle Knoten v, außer der Wurzel, $\rho(v) \geq a$ erfüllen;
d) die Wurzel r die Eigenschaft $\rho(r) \geq 2$ erfüllt.

Dabei sei $\rho(v)$ die Anzahl der Söhne des Knotens v. ∎

(a,b)-Bäume sind auch bekannt als B-Bäume, wenn $b = 2a-1$. In unseren Beispielen ist immer $a = 2$ und $b = 4$.

Wir wollen zunächst folgende Fragen klären: Wie speichern wir eine Menge in einem (a,b)-Baum ab? Wie speichern wir einen (a,b)-Baum in einem Computer? Wie suchen wir darin? Wie fügen wir in einen (a,b)-Baum ein? Wie streichen wir daraus?

Mengen werden in einem (a,b)-Baum in blattorientierter Weise abgespeichert, weil dies hier bequemer als knotenorientierte Speicherung ist, die wir bisher bevorzugt haben. Sei $S = \{x_1 < \cdots < x_n\}$ eine Teilmenge des geordneten Universums U, und sei T ein (a,b)-Baum mit n Blättern. Wir speichern S in T wie folgt ab:

1) Die Elemente von S werden den Blättern von T in aufsteigender Ordnung von links nach rechts zugeordnet.
2) Jedem Knoten v von T weisen wir $\rho(v)-1$ Elemente $k_1(v), \ldots, k_{\rho(v)-1}(v)$ von U zu, so daß $k_1(v) < k_2(v) < \cdots < k_{\rho(v)-1}(v)$ und für alle Blätter w im i-ten Unterbaum von v, $1 < i < \rho(v)$, die Relation $k_{i-1}(v) < \mathit{Inhalt}[w] \leq k_i(v)$ gilt. Für alle Blätter w im 1-ten Unterbaum gilt $\mathit{Inhalt}[w] \leq k_1(v)$, für alle Blätter w im $\rho(v)$-ten Unterbaum gilt $k_{\rho(v)-1} < \mathit{Inhalt}[w]$.

Abbildung 69 zeigt einen (2,4)-Baum für die Menge $S = \{1,3,7,8,9,10\} \subseteq \mathbb{N}$.

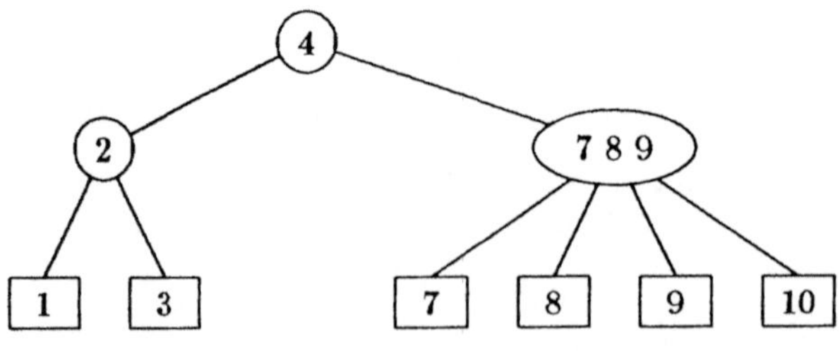

Abb. 69. (a,b)-Baum für $S = \{1,3,7,8,9,10\}$

Die einfachste Art, einen (a, b)-Baum in einem Computer abzuspeichern, besteht darin, $2b - 1$ Speicherzellen für jeden Knoten des Baumes zu reservieren, b davon für die Zeiger zu den Söhnen und $b - 1$ für die im Knoten abgespeicherten Schlüssel. Im allgemeinen sind einige dieser Speicherzellen unbenutzt, nämlich immer dann, wenn ein Knoten weniger als b Söhne hat. Wenn ein Knoten Grad $\rho(v)$ hat, dann wird der Bruchteil $(2\rho(v) - 1)/(2b - 1)$ der Speicherzellen benutzt. Weil $\rho(v) \geq a$ für alle Knoten (außer für die Wurzel) gilt, wird mindestens der Bruchteil $(2a - 1)/(2b - 1)$ der Speicherzellen genutzt. Für $(2, 4)$-Bäume kann die Speicherausnutzung also bis auf 3/7 sinken. In Abschnitt III.5.3.4 werden wir sehen, daß die durchschnittliche Speicherausnutzung viel höher ist. Eine alternative Implementierung von (2,4)-Bäumen sind die Rot-Schwarz-Bäume, die wir am Ende dieses Abschnitts diskutieren werden.

Das Suchen nach einem Element x in einem (a, b)-Baum ist sehr einfach: Wir suchen im Baum von der Wurzel abwärts, bis wir ein Blatt erreichen. Im Knoten v benutzen wir die Folge $k_1(v), \ldots, k_{\rho(v)-1}(v)$, um die Suche zum richtigen Unterbaum zu führen. Für Programm 29 nehmen wir an, daß $k_0(v) < x < k_{\rho(v)}(v)$ für jedes Element $x \in U$ und jeden Knoten $v \in T$.

$v \leftarrow$ Wurzel von T;
while v ist kein Blatt
do finde i, $1 \leq i \leq \rho(v)$, so daß $k_{i-1}(v) < x \leq k_i(x)$;
    $v \leftarrow i$-ter Sohn von v
od;
if $x = \mathit{Inhalt}[v]$
then "erfolgreich" **else** "erfolglos" **fi**.

Prog. 29

Die Kosten einer Suche in T sind offensichtlich proportional zu $b \cdot$Höhe(T), denn es gibt Höhe(T) Iterationen der while-Schleife, und in jeder Iteration werden $O(b)$ Schritte ausgeführt, um den richtigen Unterbaum zu finden. Da b eine Konstante ist, gilt $O(b \cdot \text{Höhe}(T)) = O(\text{Höhe}(T))$. Wiederum spielt also die Höhe von T eine wichtige Rolle.

Lemma 4. *Sei T ein (a, b)-Baum mit n Blättern und Höhe h. Dann gilt:*

a) $2a^{h-1} \leq n \leq b^h$

b) $\log n / \log b \leq h \leq 1 + \log(n/2)/\log a$

Beweis: Da jeder Knoten höchstens b Söhne hat, gibt es höchstens b^h Blätter. Da die Wurzel mindestens zwei Söhne hat und jeder andere Knoten mindestens a Söhne hat, gibt es mindestens $2a^{h-1}$ Blätter. Das beweist a). Teil b) folgt aus Teil a) durch Logarithmieren. ∎

Wir folgern aus Lemma 4 und der vorausgegangenen Diskussion, daß die Operation Zugriff(x, S) die Zeitkomplexität $O(\log |S|)$ hat. Wir wenden uns nun der Operation Einfüge(x, S) zu. Eine Suche nach dem Element x im Baum T ende in einem Blatt w. Sei v der Vater von w. Wenn $x = \mathit{Inhalt}[w]$, sind wir fertig. Wenn $x \neq \mathit{Inhalt}[w]$, gehen wir wie folgt vor:

1) Wir expandieren v, indem wir ihm einen zusätzlichen Sohn rechts von w geben (Sprechweise: wir **spalten** w), speichern x und $\mathit{Inhalt}[w]$ in der richtigen Reihenfolge in w und im neuen Blatt und speichern $\min(x, \mathit{Inhalt}[w])$ in v an der richtigen Stelle, d.h. zwischen den Zeigern auf w und das neue Blatt.

Beispiel: Einfügen von 6 in den Baum aus Abbildung 69 ergibt Abbildung 70. ∎

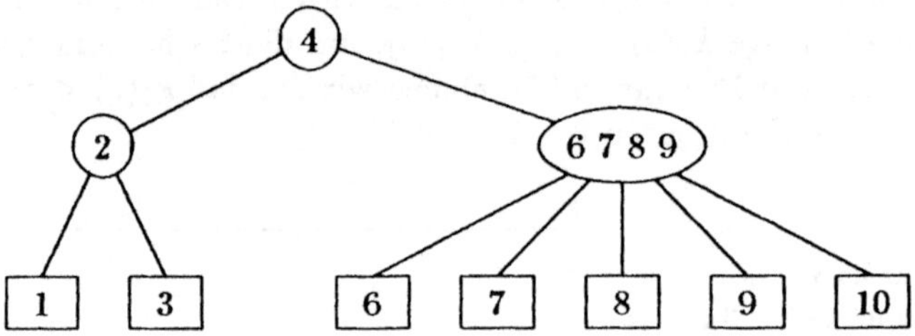

Abb. 70. Nach Einfügen von 6

2) Das Hinzufügen eines neuen Blattes erhöht den Grad von v um 1. Wenn nach Hinzufügen des neuen Blattes $\rho(v) \leq b$ ist, sind wir fertig. Andernfalls müssen wir v spalten. Weil sich eine Aufspaltung fortpflanzen kann, formulieren wir dies in Programm 30 als Schleife.

---

while $\rho(v) = b + 1$
do if der Vater von v existiert
 then sei y der Vater von v
 else sei y ein neuer Knoten und mache v zum einzigen Sohn von y
 fi;
 sei v' ein neuer Knoten;
 expandiere y, d.h., mache v' zu einem zusätzlichen
 Sohn von y unmittelbar rechts von v;
 spalte v, d.h., nehme die rechtesten $\lceil (b+1)/2 \rceil$ Söhne von v und die Schlüssel
 $k_{\lfloor (b+1)/2 \rfloor + 1}(v), \ldots, k_b(v)$ und baue sie in v' ein; bewege den Schlüssel
 $k_{\lfloor (b+1)/2 \rfloor}(v)$ von v nach y (zwischen die Zeiger auf v und v');
 $v \leftarrow y$
od.

Prog. 30

Beispiel (Fortführung): Spalten des Vaters von 6 ergibt Abbildung 71. ∎

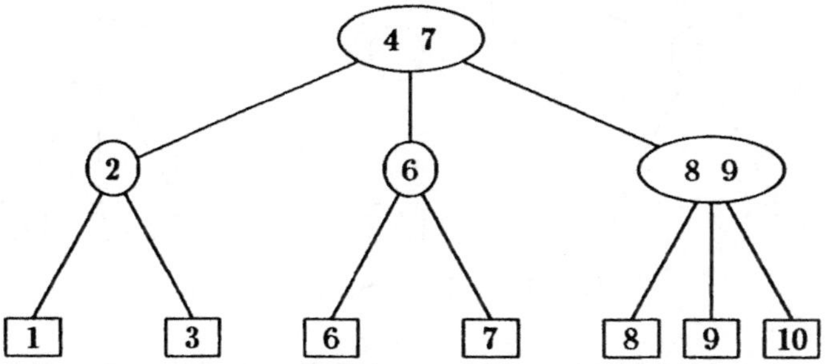

Abb. 71. Nach Spalten des Vaters von 6

Lemma 5. *Sei $a \geq 2$ und $b \geq 2a-1$. Das Einfügen eines Elementes x in einen (a,b)-Baum für eine Menge S hat Zeitkomplexität $O(\log|S|)$.*

Beweis: Die Suche nach x hat Zeitkomplexität $O(\log|S|)$. Wir speichern den Suchpfad in einem Keller-Speicher. Nach Hinzufügen des neuen Blattes, das x aufnimmt, gehen wir mit Hilfe des Keller-Speichers zurück zur Wurzel und führen einige Spalte-Operationen aus. Wenn ein Knoten v gespalten wird, hat er $b+1$ Söhne. Er wird gespalten in die Knoten v und v' mit $\lfloor (b+1)/2 \rfloor$ bzw. $\lceil (b+1)/2 \rceil$ Söhnen. Wegen $b \geq 2a-1$ ist $\lfloor (b+1)/2 \rfloor \geq a$, und wegen $b \geq 3$ ist $\lceil (b+1)/2 \rceil \leq b$. Also erfüllen v und v' nach dem Aufspalten die Gradbeschränkungen. Eine Spalte-Operation dauert $O(b) = O(1)$ Zeiteinheiten, und die Spalte-Operationen sind beschränkt auf ein Schlußstück des Suchpfades. ∎

Streiche-Operationen werden ähnlich abgearbeitet: Wieder suchen wir nach x, dem zu streichenden Element. Die Suche ende im Blatt w mit Vater v.

1) Wenn $x \neq$ *Inhalt*$[w]$, sind wir fertig. Andernfalls schrumpfen wir v, indem wir das Blatt w und einen der in v zum Zeiger auf w benachbarten Schlüssel streichen. [Sei w der i-te Sohn von v. Dann streichen wir $k_i(v)$, wenn $i < \rho(v)$, und $k_{i-1}(v)$, wenn $i = \rho(v)$.]

Beispiel (Fortführung): Streichen von 6 ergibt Abbildung 72. ∎

2) Das Schrumpfen von v vermindert $\rho(v)$ um 1. Wenn $v = r$ und $\rho(v) = 1$, wird die Wurzel gestrichen. Wenn $v \neq r$ und $\rho(v)$ noch $\geq a$ ist, sind wir fertig. Andernfalls muß v durch Verschmelzen oder Stehlen rebalanciert werden. Sei y linke oder rechte Bruder von v (ein beliebiger von beiden, falls beide existieren). Programm 31 zeigt, wie man die Rebalancierung in diesem Fall implementiert.

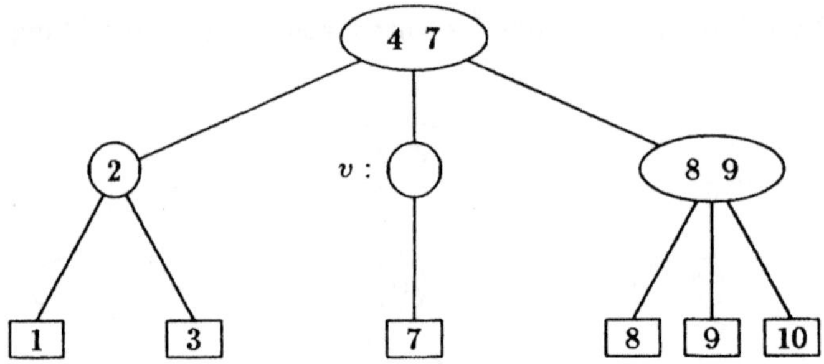

Abb. 72. Nach Streichen von 6

---

while $\rho(v) = a - 1$ **and** $\rho(y) = a$
do sei z der Vater von v;
    verschmelze v und y, d.h., mache alle Söhne von y zu Söhnen von v,
    bewege alle Schlüssel von y zu v und streiche den Knoten y;
    bewege auch den Schlüssel zwischen den Zeigern auf y und v
    von z zu v (dadurch schrumpft z, d.h., sein Grad sinkt um 1);
    if z ist die Wurzel von T
    then if $\rho(z) = 1$ **then** streiche z und mache v zur Wurzel **fi**;
        goto fertig
    fi;
    $v \leftarrow z$;
    sei y der linke oder rechte Bruder von v;
od;
co es gilt jetzt:
    entweder $\rho(v) \geq a$ und die Rebalancierung ist abgeschlossen
    oder $\rho(v) = a - 1$ und $\rho(y) > a$ und die Rebalancierung wird
    abgeschlossen durch Stehlen
oc
if $\rho(v) = a - 1$
then co wir nehmen an, daß y der rechte Bruder von v ist **oc**
    nimm den linkesten Sohn von y weg und mache ihn zu einem zusätzlichen
    (hier dem rechtesten) Sohn von v;
    bewege den Schlüssel zwischen den Zeigern auf v und y
    von z herunter zu v und ersetze ihn durch den linkesten Schlüssel von y;
fi;
fertig:

Prog. 31

Beispiel (Fortführung): Der Baum aus Abbildung 72 kann entweder durch Stehlen oder durch Verschmelzen rebalanciert werden, je nach Wahl von y. Wenn y der linke Bruder von v ist, dann ergibt Verschmelzen Abbildung 73. Wenn y der rechte Bruder von v ist, dann ergibt Stehlen Abbildung 74. ∎

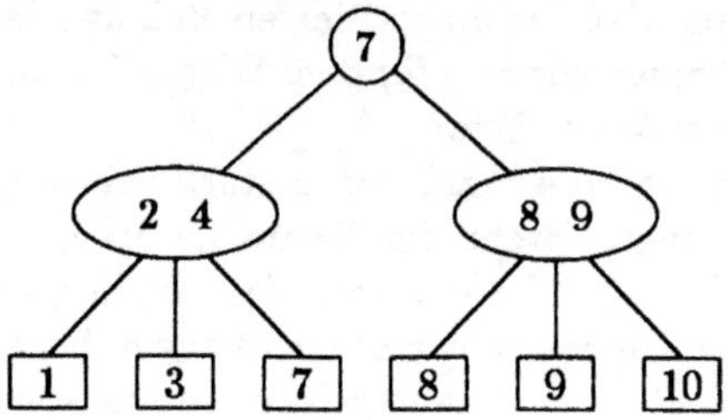

Abb. 73. Rebalancierung durch Verschmelzen

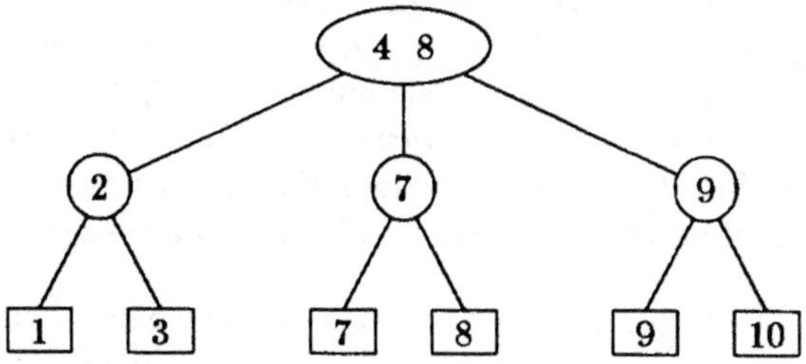

Abb. 74. Rebalancierung durch Stehlen

Lemma 6. *Sei $a \geq 2$ und $b \geq 2a - 1$. Das Streichen eines Elementes aus einem (a, b)-Baum für die Menge S dauert $O(\log |S|)$ Zeiteinheiten.*

Beweis: Die Suche nach x dauert $O(\log |S|)$ Zeiteinheiten. Ein (a, b)-Baum wird nach der Entfernung eines Blattes durch eine Folge von Verschmelzungen, gefolgt von höchstens einem Stehlen, rebalanciert. Jedes Verschmelzen oder Stehlen dauert $O(b) = O(1)$ Zeiteinheiten, und Verschmelze- und Stehle-Operationen sind auf den Suchpfad beschränkt. Eine Verschmelzung vereint einen Knoten mit $a - 1$ Söhnen mit einem Knoten mit a Söhnen und ergibt einen Knoten mit $2a - 1 \leq b$ Söhnen. ∎

Wir fassen die Lemmata 4, 5 und 6 zusammen in

Satz 6. *Sei $a \geq 2$ und $b \geq 2a-1$. Wenn die Menge S in einem (a, b)-Baum abgespeichert ist, dann haben die Operationen Zugriff(x, S), Einfüge(x, S), Streiche(x, S), Min(S) und Streichemin(S) jeweils die Zeitkomplexität $O(\log |S|)$.*

Beweis: Für die Operationen Zugriff, Einfüge und Streiche folgt die Zeitschranke direkt aus den Lemmata 4–6. Für Min und Streichemin argumentiert man wie im Beweis von Satz 3. ∎

(a, b)-Bäume führen zu vielen verschiedenen Arten von balancierten Bäumen. Für jede Wahl von $a \geq 2$ und $b \geq 2a - 1$ erhalten wir eine andere Klasse. In III.5.3.1 werden wir zeigen, daß $b \geq 2a$ besser ist als $b = 2a - 1$ (der kleinste erlaubte Wert für b), indem wir zeigen, daß die amortisierten Rebalancierungskosten für $b \geq 2a$ viel kleiner werden. Nehmen wir also für den Augenblick an, daß wir $b = 2a$ wählen wollen. Was ist ein guter Wert für a?

Wir werden sehen, daß die Wahl von a stark von der beabsichtigten Anwendung des Baumes abhängt. Steht der Baum im Hauptspeicher, oder ist er im Hintergrundspeicher abgelegt? Im letzteren Fall nehmen wir an, daß es $C_1 + C_2 m$ Zeiteinheiten kostet, um ein Segment bestehend aus m benachbarten Speicherzellen vom Hintergrundspeicher in den Hauptspeicher zu transportieren. Hierbei sind C_1 und C_2 geräteabhängige Konstanten. In Lemma 4 sahen wir, daß die Höhe eines $(a, 2a)$-Baumes mit n Blättern ungefähr $\log n / \log a$ ist. Wir wollen den Algorithmus zum Suchen in einem (a, b)-Baum näher betrachten. Der Schleifenrumpf wird ungefähr $(\log n / \log a)$-mal ausgeführt und besteht aus zwei Anweisungen: In der ersten Anweisung wird mit Kosten $c_1 + c_2 a$ der richtige Unterbaum bestimmt, in der zweiten Anweisung geht die Kontrolle mit Kosten $C_1 + C_2 a$ über zum Sohn des aktuellen Knotens. Hierbei ist $C_2 = 0$, wenn der Baum im Hauptspeicher steht. Andernfalls sind $C_1 + C_2 a$ die Kosten, um einen Knoten aus dem Hintergrundspeicher in den Hauptspeicher zu bringen. Also ist die Gesamtsuchzeit

$$(c_1 + c_2 a + C_1 + C_2 a) \log n / \log a.$$

Sie ist minimal für ein a mit

$$a \cdot (\ln a - 1) = (c_1 + C_1)/(c_2 + C_2).$$

Wenn der Baum im Hauptspeicher steht, sind typische Werte für die Konstanten $c_1 \approx c_2 \approx C_1$ und $C_2 = 0$. Somit erhalten wir $a = 2$ oder $a = 3$. Wenn der Baum in den Hintergrundspeicher ausgelagert ist, etwa auf eine Platte, dann sind typische Werte für die Konstanten $c_1 \approx c_2 \approx C_2$ und $C_1 \approx 1000 c_1$. Hier ist C_1 die Latenzzeit und C_2 die Zeit, um den Inhalt einer Speicherzelle zu bewegen. In diesem Fall erhalten wir $a \approx 100$. Aus dieser kurzen Diskussion erkennen wir, daß man in der Praxis entweder Bäume mit kleinem oder mit ziemlich großem Grad verwendet.

Wir beenden diesen Abschnitt mit einer ausführlichen Beschreibung der Implementierung von $(2, 4)$-Bäumen durch Rot-Schwarz-Bäume. Ein Baum ist **gefärbt** (mit den Farben rot und schwarz), wenn seine Kanten rot und schwarz gefärbt sind. Für einen Knoten v bezeichne $st(v)$ die Anzahl der schwarzen Kanten auf dem Pfad von der Wurzel zu v. Dies ist die **Schwarztiefe** von v. Ein **Rot-Schwarz-Baum** ist ein binärer, gefärbter Baum, der die drei folgenden Anforderungen erfüllt:

1) Alle Blätter haben die gleiche Schwarztiefe.
2) Alle Blätter hängen an schwarzen Kanten.
3) Kein Pfad von der Wurzel zu einem Blatt enthält zwei aufeinanderfolgende rote Kanten.

In den nachfolgenden Abbildungen zeichnen wir rote Kanten als Schlangenlinien und schwarze Kanten als gerade Linien.

(2,4)-Bäume und Rot-Schwarz-Bäume sind eng miteinander verwandt. Sei T ein (2,4)-Baum. Wenn wir die Knoten mit drei bzw. vier Söhnen durch die Gebilde aus Abbildung 75 ersetzen, dann erhalten wir einen Rot-Schwarz-Baum.

Abb. 75. Grundbausteine eines Rot-Schwarz-Baumes

Aus dem Beispiel vom Anfang dieses Abschnitts (s. Abbildung 69) erhalten wir den Baum aus Abbildung 76.

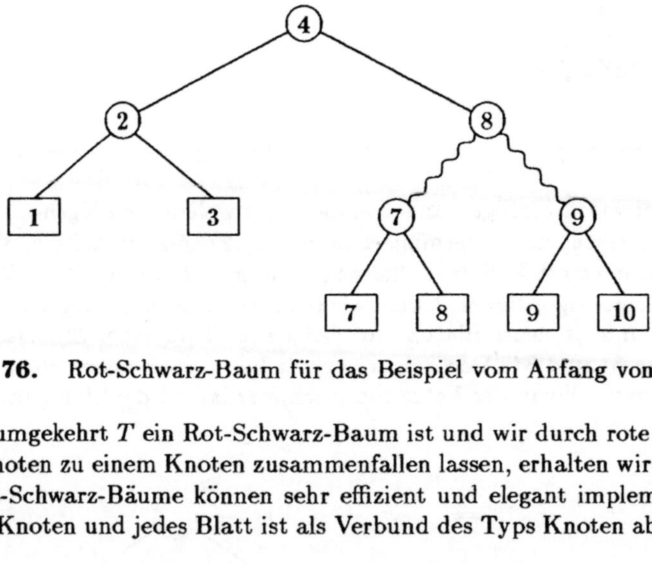

Abb. 76. Rot-Schwarz-Baum für das Beispiel vom Anfang von III.5.2

Wenn umgekehrt T ein Rot-Schwarz-Baum ist und wir durch rote Kanten verbundene Knoten zu einem Knoten zusammenfallen lassen, erhalten wir einen (2,4)-Baum. Rot-Schwarz-Bäume können sehr effizient und elegant implementiert werden. Jeder Knoten und jedes Blatt ist als Verbund des Typs Knoten abgespeichert, wobei

```
type Knoten = record Inhalt      : U;
                     Farbe       : (rot, schwarz);
                     Sohn[0..1]  : ↑Knoten
              end;
```

Die Komponente *Inhalt* speichert ein Element des zugrundeliegenden Universums ab, *Farbe* enthält die Farbe der einmündenden Kante (die Farbe der in die Wurzel mündenden Kante ist per Definition schwarz), und *Sohn*[0] und *Sohn*[1] enthalten die Zeiger auf den linken und rechten Sohn. Alle Sohnzeiger von Blättern sind nil.

In den folgenden Programmen sind die Variablen *Wurzel*, p, q und r vom Typ ↑*Knoten*, aber wir sprechen einfach von Knoten statt von Zeigern auf Knoten. Ein Knoten heißt rot bzw. schwarz, wenn die einmündende Kante rot bzw. schwarz ist.

Das Programm für die Operation Zugriff ist besonders einfach. Zum späteren Gebrauch speichern wir den Suchpfad in einem Keller, d.h., wir speichern Paare (z, d), wobei z ein Zeiger auf einen Knoten und $d \in \{0,1\}$ die Richtung ist, die die Suche aus dem Knoten z heraus nimmt. Programm 32 sucht nach $x \in U$.

```
(1)  p ← Wurzel;
(2)  while p↑.Sohn[0] ≠ nil      co Test, ob p ein Blatt ist oc
(3)  do if x ≤ p↑.Inhalt
(4)     then Push(p, 0);
(5)          p ← p↑.Sohn[0]
(6)     else Push(p, 1);
(7)          p ← p↑.Sohn[1]
(8)     fi
(9)  od;
(10) if p↑.Inhalt = x
(11) then "erfolgreich"
(12) else "erfolglos"
(13) fi.
```

Prog. 32

Zur Operation Einfüge: Angenommen, wir wollen x einfügen und haben Programm 32 ausgeführt. Es terminiert in Zeile (12), p zeigt auf ein Blatt, und der Suchpfad ist in einem Kellerspeicher abgelegt. p ist nicht gekellert. Wir initialisieren den Einfüge-Algorithmus, indem wir p durch einen roten Knoten r ersetzen, der als Söhne p und ein neues Blatt q hat, das x enthält (s. Abb. 77). Das geschieht in Programmen 33 und 34. Den Zeiger von p's Vater auf p lassen wir auf den neuen Knoten r zeigen. Wenn der Vater von p schwarz ist, ist die Einfügung beendet.

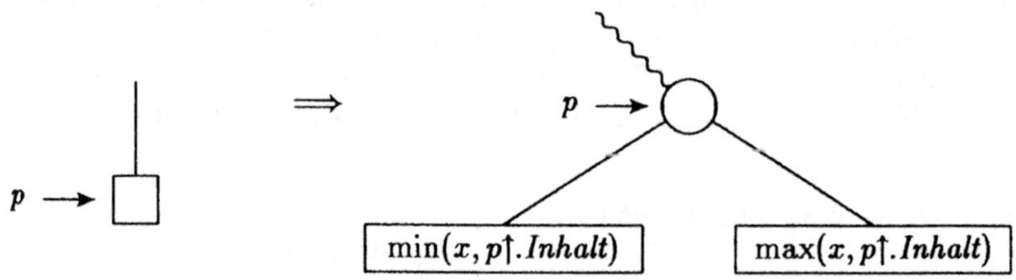

Abb. 77. Beginn der Operation Einfüge(x)

```
new(q);
q↑.Farbe ← schwarz; q↑.Sohn[0] ← q↑.Sohn[1] ← nil;
q↑.Inhalt ← x;
new(r);
r↑.Inhalt ← min(x, p↑.Inhalt);
r↑.Farbe ← rot;
```

```
 (7)  if x < p↑.Inhalt
 (8)     then r↑.Sohn[0] ← q; r↑.Sohn[1] ← p
 (9)     else  r↑.Sohn[1] ← q; r↑.Sohn[0] ← p
(10)  fi;
(11)  (q, dir2) ← pop(Keller);
(12)  q↑.Sohn[dir2] ← r;
(13)  if q↑.Farbe = schwarz
(14)  then terminiere den Einfüge-Algorithmus
(15)  fi;
```

Prog. 33

Wenn der Knoten q rot ist (der Test steht in Zeile (13)), dann haben wir zwei aufeinanderfolgende rote Kanten erzeugt und deshalb die dritte Forderung verletzt. Programm 34 stellt die Rot-Schwarz-Eigenschaften wieder her. Nach Zeile (16) sind wir in folgender Situation: Knoten p ist schwarz, weil sein Sohn q rot ist; Knoten q ist rot und hat genau einen roten Sohn, nämlich r. (Andernfalls hätten vor der Einfügung zwei aufeinanderfolgende rote Kanten existiert.) Wir werden diese Eigenschaft als Invariante der folgenden Schleife aufrechterhalten. In dieser Schleife unterscheiden wir zwei Fälle.

Wenn beide Söhne des Knotens p rot sind, dann vertauschen wir die Farben der zu p inzidenten Kanten und verlagern die Unregelmäßigkeit im Baum näher zur Wurzel. Ein Farbtausch entspricht einer Spalte-Operation in (2,4)-Bäumen. Wenn p nur einen roten Sohn hat, dann rebalancieren wir den Baum entweder durch eine Rotation ($dir1 = dir2$) oder durch eine Doppelrotation ($dir1 \neq dir2$). Beide Unterfälle entsprechen dem Expandieren des Knotens p im entsprechenden (2,4)-Baum und terminieren somit die Einfüge-Operation.

```
(16)  (p, dir1) ← pop(Keller);
(17)  while true
(18)  do if p↑.Sohn[1 − dir1]↑.Farbe = rot
(19)        then co p hat zwei rote Söhne und wir machen einen Farbtausch oc
```

```
(20)                p↑.Sohn[0].Farbe ← p↑.Sohn[1].Farbe ← schwarz;
(21)                p↑.Farbe ← rot;
(22)                if p = Wurzel
(23)                then p↑.Farbe ← schwarz;
(24)                      terminiere den Einfüge-Algorithmus
(25)                fi;
(26)                r ← p;
(27)                (q, dir2) ← pop(Keller);
```

```
            if q↑.Farbe = schwarz
            then terminiere den Einfüge-Algorithmus
            fi;
            (p, dir1) ← pop(Keller)
       else if dir1 = dir2
            then co wir rebalancieren den Baum durch eine Rotation oc
```

```
                 p↑.Sohn[dir1] ← q↑.Sohn[1 − dir1];
                 q↑.Sohn[1 − dir1] ← p;
                 p↑.Farbe ← rot; q↑.Farbe ← schwarz;
                 if p = Wurzel
                 then Wurzel ← q
                 else (r, dir2) ← pop(Keller);
                      r↑.Sohn[dir2] ← q
                 fi;
                 terminiere den Einfüge-Algorithmus
            else co wir rebalancieren den Baum durch eine Doppelrotation oc
```

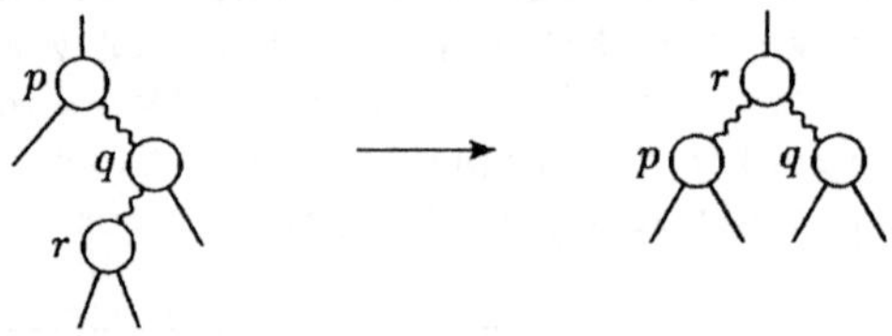


```
                 p↑.Sohn[dir1] ← r↑.Sohn[dir2];
                 q↑.Sohn[dir2] ← r↑.Sohn[dir1];
                 r↑.Sohn[dir1] ← q;
                 r↑.Sohn[dir2] ← p;
                 p↑.Farbe ← rot; r↑.Farbe ← schwarz;
                 if p = Wurzel
                 then Wurzel ← r
                 else (p, dir2) ← pop(Keller);
                      p↑.Sohn[dir2] ← r
                 fi;
                 terminiere den Einfüge-Algorithmus
            fi
       fi
   od.
```

Prog. 34

Wir wollen noch einige Bemerkungen anschließen. Wie oben schon erwähnt, entsprechen die Farbwechsel in Rot-Schwarz-Bäumen den Spalte-Operationen in (2, 4)-Bäumen. Welche Operationen entsprechen den Rotationen und Doppelrotationen? Sie haben kein direktes Gegenstück in (2,4)-Bäumen. Sie sind notwendig, weil die in Abbildung 78 gezeigten Unterbäume als Realisierungen von Knoten mit vier Söhnen nicht erlaubt sind.

Abb. 78. So dürfen 4-Knoten nicht aussehen

Wenn wir die dritte Anforderung an Rot-Schwarz-Bäume ersetzen würden durch "rote Komponenten (das sind Mengen von Knoten, die durch rote Kanten verbunden sind) bestehen aus höchstens drei Knoten", dann wären die Unterbäume aus Abbildung 78 erlaubt, und es wären keine Rotationen und Doppelrotationen notwendig. Jedoch würde das Programm für die Realisierung einer Spalte-Operation komplizierter.

Streiche-Operationen auf Rot-Schwarz-Bäumen können durch ein ähnliches Programm ausgeführt werden. Es ist jedoch länger, weil mehr Fälle unterschieden werden müssen. Die Einzelheiten werden dem Leser überlassen.

Man sollte sich jedoch vor Augen halten, daß die oben beschriebenen Algorithmen für Rot-Schwarz-Bäume (2,4)-Bäume im folgenden Sinn simulieren: Sei T ein (2,4)-Baum und T' der T entsprechende Rot-Schwarz-Baum. Angenommen, wir führen eine Einfüge- oder eine Streiche-Operation auf T und die gleiche Operation auf T' aus. Sei T_1 bzw. T_1' der resultierende (2,4)-Baum bzw. Rot-Schwarz-Baum. Dann entspricht T_1' dem Baum T_1 wie oben beschrieben. Auch ist die Anzahl der zum Abarbeiten der Operation auf T' notwendigen Farbwechsel gleich der Anzahl der zum Abarbeiten der Operation auf T notwendigen Spaltungen. Wir werden diese Beobachtung im folgenden häufig benutzen, ohne es explizit zu erwähnen. Also gelten die im nächsten Abschnitt hergeleiteten Schranken für die amortisierten Rebalancierungskosten in (2,4)-Bäumen auch für Rot-Schwarz-Bäume (wenn die obigen Programme zum Rebalancieren benutzt werden).

Mit Rot-Schwarz-Bäumen kann man auch allgemeine (a, b)-Bäume implementieren. Wir müssen dazu nur die dritte Anforderung ersetzen durch "rote Komponenten haben mindestens $a - 1$ und höchstens $b - 1$ Knoten" (s. Übung 27).

Zum Abschluß wollen wir noch erwähnen, daß es noch andere Methoden zum Rebalancieren von (a, b)-Bäumen mit $b \geq 2a$ und von Rot-Schwarz-Bäumen nach Einfüge- und Streiche-Operationen gibt. Eine interessante Alternative ist z.B. das Rebalancieren nach der Top-Down-Strategie, also von oben nach unten. Wie gewohnt folgen wir einem Pfad den Baum hinunter. Jedoch stellen wir jetzt die Invariante sicher, daß der gerade betrachtete Knoten kein b-Knoten (ein Knoten mit

b Söhnen) ist. Wenn der gerade betrachtete Knoten ein b-Knoten ist, dann spalten wir ihn sofort. Weil der Vater nach der Invariante kein b-Knoten ist, pflanzt sich ein Spalteprozeß nicht bis zur Wurzel fort. Insbesondere kann das neue Blatt ohne Probleme eingefügt werden, wenn die Suche das Blattniveau erreicht hat. Damit diese Strategie möglich ist, muß jedoch $b \geq 2a$ sein, weil wir jetzt b-Knoten statt $(b+1)$-Knoten spalten. Der Leser sollte weiter beachten, daß die Resultate aus Abschnitt III.5.3.2 für die Top-Down-Strategie *nicht* gelten. Jedoch können ähnliche Resultate für $b \geq 2a + 2$ gezeigt werden (s. Übungen 29 und 32).

Top-Down-Rebalancierung von (a, b)-Bäumen ist besonders in einer parallelen Umgebung von Nutzen. Angenommen, mehrere Prozessoren arbeiten auf demselben Baum. Parallele Such-Operationen verursachen keine Probleme, jedoch tun dies parallele Einfüge- und Streiche-Operationen. Der Grund dafür ist, daß, während ein Prozeß einen Knoten abändert, z.B. durch eine Spaltung, kein anderer Prozeß diesen Knoten benutzen kann. Das bedeutet, daß gegenseitiger Ausschluß (engl. mutual exclusion) durch geeignete Protokolle sichergestellt werden muß. Diese Protokolle sind recht einfach, wenn die Such- und die Rebalancierungs-Operationen in der gleichen Richtung vorgehen (ein Deadlock in einer Einbahnstraße ist leicht zu verhindern), d.h., wenn die Top-Down-Rebalancierung benutzt wird. Die Protokolle sind schwieriger zu entwerfen und müssen normalerweise mehr Knoten schließen, wenn die Such- und Rebalancierungs-Operationen in entgegengesetzte Richtungen voranschreiten (ein Deadlock in einer in beide Richtungen befahrbaren Straße ist schwieriger zu verhindern), d.h., wenn Bottom-Up-Rebalancierung, also von unten nach oben, benutzt wird.

Wir kommen auf die Diskussion von parallelen Operationen auf (a, b)-Bäumen am Ende von III.5.3.2 zurück. Dort beweisen wir ein Resultat über die Verteilung von Rebalancierungs-Operationen über die Niveaus eines Baumes. Insbesondere werden wir zeigen, daß Rebalancierungs-Operationen nahe der Wurzel, wo das Verschließen von Knoten besonders kritisch ist, sehr selten vorkommen.

III.5.3. Weitere Betrachtungen zu (a,b)-Bäumen

Wie wir im folgenden sehen werden, sind (a, b)-Bäume eine sehr vielseitige Datenstruktur. Zuerst beschreiben wir zwei zusätzliche Operationen auf (a, b)-Bäumen, nämlich Zerlegen und Konkatenieren, und wenden sie dann auf Warteschlangen an. Im zweiten Abschnitt untersuchen wir die **amortisierten Rebalancierungskosten** von (a, b)-Bäumen bei Folgen von Einfüge- und Streiche-Operationen. Mit amortisiert bezeichnen wir den Umstand, daß die hergeleiteten Zeitschranken für Folgen von Operationen gültig sind. Die amortisierten Kosten pro Operation sind viel kleiner als die Kosten einer einzelnen Operation im schlechtesten Fall. Diese Analyse führt in III.5.3.3 zu Fingerbäumen. Schließlich stellen wir Randanalyse vor, ein Verfahren zur teilweisen Analyse zufälliger (a, b)-Bäume.

III.5.3.1. Mischbare Warteschlangen

Wir führen zwei weitere Operationen auf Mengen ein und zeigen, wie sie mit Hilfe von (a, b)-Bäumen effizient implementiert werden können. Danach beschreiben wir die Implementierung von mischbaren Warteschlangen durch (a, b)-Bäume.

Name der Operation	*Effekt der Operation*
Konkateniere(S_1, S_2, S_3)	$S_3 \leftarrow S_1 \cup S_2$;
Zerlege(S_1, y, S_4, S_5)	$S_4 \leftarrow \{x \in S_1;\ x \leq y\}$ und $S_5 \leftarrow \{x \in S_1;\ x > y\}$.

Die Operation Konkateniere ist nur definiert, wenn $\max S_1 < \min S_2$. Beide Operationen sind zerstörend, d.h., die Mengen S_1 und S_2 bzw. S_1 werden durch eine Ausführung von Konkateniere bzw. Zerlege zerstört.

Satz 7. *Sei $a \geq 2$ und $b \geq 2a - 1$. Wenn die beiden Mengen S_1 und S_2 durch (a, b)-Bäume dargestellt werden, dann hat die Operation Konkateniere(S_1, S_2, S_3) die Zeitkomplexität $O(\log \max(|S_1|, |S_2|))$ und die Operation Zerlege(S_1, y, S_4, S_5) die Zeitkomplexität $O(\log |S_1|)$.*

Beweis: Zuerst betrachten wir die Operation Konkateniere. Seien T_1 und T_2 die (a, b)-Bäume der Höhen h_1 und h_2, die die Mengen S_1 und S_2 darstellen. Wir nehmen an, daß die Höhe und das maximale Element eines Baumes beide in der Wurzel abgespeichert sind. Man sieht leicht ein, daß diese Annahme die Zeitkomplexität keiner der bisher betrachteten Operationen berührt.

O.B.d.A. sei $h_1 \geq h_2$. Sei weiter r_2 die Wurzel von T_2 und v der Knoten der Tiefe $h_1 - h_2$ auf dem rechten Rückgrat von T_1, d.h., v wird von der Wurzel aus erreicht, indem man $(h_1 - h_2)$-mal dem Zeiger zum rechtesten Sohn folgt. Wir verschmelzen v und r_2 und fügen das maximale in T_1 abgespeicherte Element als zusätzlichen Schlüssel in den Verschmelzungs-Knoten ein. Der Verschmelzungs-Knoten hat Grad höchstens $2b$. Wenn sein Grad nicht größer als b ist, sind wir fertig. Andernfalls spalten wir ihn in der Mitte und machen weiter wie bei einer Einfüge-Operation. Das Spalten kann sich bis zur Wurzel hinauf fortpflanzen. Auf jeden Fall ist die Zeitkomplexität des Algorithmus $O(|h_1 - h_2| + 1) = O(\max(h_1, h_2)) = O(\log \max(|S_1|, |S_2|))$. Der resultierende Baum hat die Höhe $\max(h_1, h_2)$ oder $\max(h_1, h_2) + 1$. Damit sind Beschreibung und Analyse von Konkateniere beendet.

Der Algorithmus für Zerlege(S_1, y, S_4, S_5) ist etwas komplizierter. Sei dazu T_1 ein (a, b)-Baum für S_1. Zuerst suchen wir nach y und spalten alle Knoten auf dem Suchpfad an dem Zeiger, der zum nächsten Knoten auf dem Suchpfad führt. In Abbildung 79 wird entlang des Pfades zu Blatt 12 gespalten.

Der Spalte-Vorgang ergibt zwei Wälder F_1 und F_2, d.h. zwei Mengen von Bäumen. F_1 sei die Menge von Bäumen links des Pfades, F_2 sei die Menge von Bäumen rechts des Pfades. Die Vereinigung der Blätter von F_1 ergibt S_4, die Vereinigung der Blätter von F_2 ergibt S_5. Wir zeigen, wie der Baum für S_4 in Zeit $O(\log |S_1|)$ aufgebaut wird. Die Wurzel jedes Baumes in F_1 ist ein Teil eines Knotens auf dem Suchpfad. Deshalb enthält F_1 höchstens h_1 = Höhe(T_1) Bäume. Seien $D_1, \ldots, D_m$, wobei $m \leq h_1$, die Bäume in F_1, von links nach rechts durchnumeriert. Dann ist jedes D_i ein (a,b)-Baum, abgesehen von der Tatsache, daß der Grad der Wurzel 1 sein kann. Auch ist $\max D_i < \min D_{i+1}$ und Höhe(D_i) > Höhe(D_{i+1}) für $1 \leq i < m$. Also können wir einen Baum für die Menge S_4 bilden, indem wir die Folge von Konkateniere-Operationen aus Programm 35 ausführen.

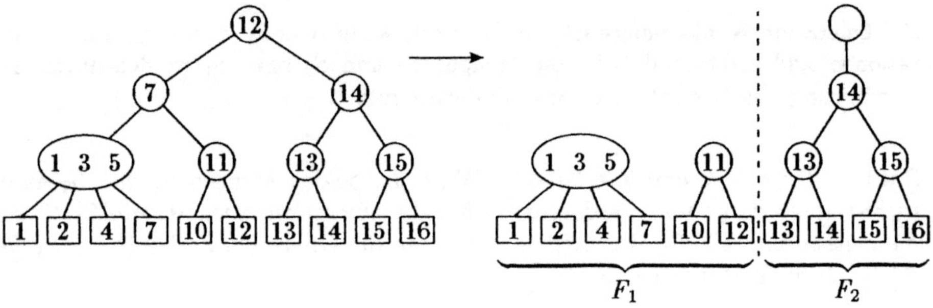

Abb. 79. Zerlege($S_1, 12, S_4, S_5$)

Konkateniere(D_{m-1}, D_m, D'_{m-1});

Konkateniere($D_{m-2}, D'_{m-1}, D'_{m-2}$);

⋮

Konkateniere(D_1, D'_2, D'_1)

Prog. 35

Man sieht leicht ein, daß eine Anwendung von Konkateniere auf (a,b)-Bäume mit dem möglichen Defekt, daß die Wurzeln Grad 1 haben, einen (a,b)-Baum ergibt, der wiederum diesen Defekt haben kann. Deshalb ist D'_1 ein (a,b)-Baum für die Menge S_4 — abgesehen von diesem Defekt. Wenn die Wurzel von D'_1 Grad 1 hat, dann brauchen wir sie lediglich zu löschen und erhalten einen (a,b)-Baum für S_4.

Zur Laufzeit: Die Aufspaltungsphase hat Zeitkomplexität $O(\log |S_1|)$. Für die Aufbauphase sei h'_i die Höhe von D'_i. Dann ist die Zeitkomplexität der Aufbauphase $O(|h_{m-1} - h_m| + \sum_{i=1}^{m-2} |h_i - h'_{i+1}| + m)$.

Behauptung: $h_{i+1} \leq h'_{i+1} \leq h_{i+1} + 1 \leq h_i$.

Beweis: Da D_{i+1} benutzt wird, um D'_{i+1} zu bilden, ist $h'_{i+1} \geq h_{i+1}$. Wir zeigen durch Induktion über (fallendes) i, daß $h'_{i+1} \leq h_{i+1} + 1 \leq h_i$. Für $i = m - 2$ gilt

$$h'_{m-1} \leq \max(h_{m-1}, h_m) + 1 \leq h_{m-1} + 1 \leq h_{m-2},$$

weil $h_m < h_{m-1} < h_{m-2}$. Für $i < m - 2$ gilt

$$\begin{aligned} h'_{i+1} &\leq \max(h_{i+1}, h'_{i+2}) + 1 && \text{(Eigenschaft von Konkateniere)} \\ &\leq h_{i+1} + 1 && \text{(da } h'_{i+2} \leq h_{i+1} \text{ nach I.A.)} \\ &\leq h_i. \end{aligned}$$

∎

Also ist

$$\begin{aligned} &|h_{m-1} - h_m| + \sum_{i=1}^{m-2} |h_i - h'_{i+1}| + m \\ &\leq h_{m-1} - h_m + \sum_{i=1}^{m-2} (h_i - h'_{i+1}) + m \\ &\leq h'_{m-1} - h_m + \sum_{i=1}^{m-2} (h'_i - h'_{i+1}) + m \\ &\leq m + h'_1 \ \leq \ m + h_1 + 1 \ = \ O(\log |S_1|). \end{aligned}$$

∎

In unserem Beispiel besteht F_1 aus zwei Bäumen. Konkateniert man sie, entsteht Abbildung 80.

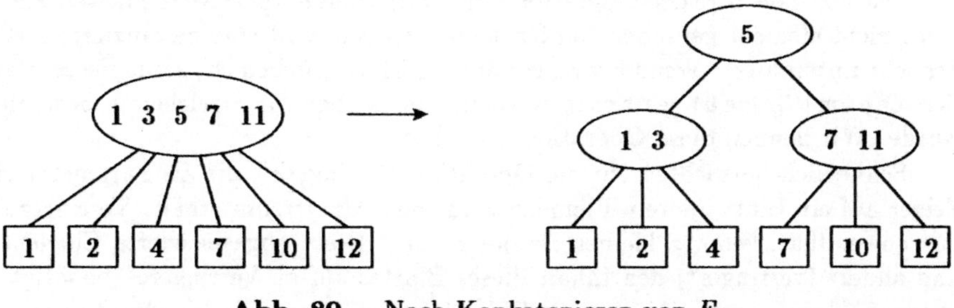

Abb. 80. Nach Konkatenieren von F_1

Konkatenieren ist eine stark eingeschränkte Form von Mengenvereinigung, da $\max S_1 < \min S_2$ gefordert wird. Allgemeine Vereinigung von geordneten Mengen wird in III.5.3.3 behandelt. Konkatenieren ist jedoch gut genug, um die Vereinigung *ungeordneter* Listen durchzuführen. Eine häufig vorkommende Aufgabe ist die Manipulation von Warteschlangen; in Abschnitt IV.7 über Kürzeste-Wege-Algorithmen werden wir dafür ein Beispiel kennenlernen.

Die Bezeichnung **mischbare Warteschlangen** steht für das Problem, eine Menge unter den Operationen Einfüge(x, S), Min(x, S), Streichemin(S) und Vereinige(S_1, S_2, S_3) zu verwalten. Später werden wir zwei weitere Operationen hinzufügen. Bemerkenswert ist, daß die Operation Zugriff nicht in dieser Liste vertreten ist. Die Operation Zugriff war der Hauptgrund dafür, die Elemente einer Menge in geordneter Reihenfolge in den Blättern eines (a, b)-Baumes abzuspeichern. Wir geben diese Forderung jetzt auf.

Definition: Eine Menge S, $|S| = n$, wird durch einen **ungeordneten (a, b)-Baum** T mit n Blättern wie folgt dargestellt:

1) Die Blätter von T enthalten die Elemente von S in beliebiger Reihenfolge.
2) Jeder Knoten v von T enthält das minimale Element des Unterbaumes mit Wurzel v und einen Zeiger auf das Blatt, das dieses Element enthält. ∎

Die Operation Min(S) ist in dieser Datenstruktur trivial und hat konstante Zeitkomplexität. Für Streichemin(S) folgen wir dem Min-Zeiger von der Wurzel zu dem minimalen Element und streichen es. Dann gehen wir zurück zur Wurzel, rebalancieren den Baum durch Verschmelzen und Stehlen und stellen die Min-Werte und Min-Zeiger auf diesem Pfad wieder richtig. Den Min-Wert und den Min-Zeiger eines Knotens kann man neu berechnen, indem man alle seine Söhne anschaut. Also geht Streichemin(S) in Zeit $O(a \log |S| / \log a)$. (Dabei haben wir $b = O(a)$ angenommen.) Wir führen das a in dieser Abschätzung explizit auf, weil wir sehen werden, daß andere Operationen eine Laufzeit proportional zu $O(\log |S| / \log a)$ haben und wir diesen Umstand in IV.7 ausnutzen werden.

Einfüge(x, S) ist ein Spezialfall von Vereinigen, wobei eine der Mengen aus einem Element besteht. Schließlich reduziert Vereinige(S_1, S_2, S_3) sich auf Konkateniere und hat damit die Zeitkomplexität $O(a \log(\max |S_1|, |S_2|)) / \log a)$.

Die normale Streiche-Operation kann nicht unterstützt werden, weil ein Element nicht effizient gefunden werden kann. Jedoch wird eine modifizierte Art von Streiche unterstützt. Wenn ein Zeiger auf ein Blatt gegeben ist, kann dieses Blatt in Zeit $O(a \log |S| / \log a)$ gestrichen werden, wie es oben für Streichemin beschrieben wurde. Wir nennen diese Operation Streiche*.

Schließlich betrachten wir die Operation Verringere*, die als Parameter einen Zeiger auf ein Blatt und ein Element x aus dem Universum erhält. Verringere* ist nur anwendbar, wenn x kleiner als das in dem Blatt abgespeicherte Element ist, und ändert (verringert) den Inhalt dieses Blattes auf x. Verringere* benötigt Zeit $O(\log |S| / \log a)$, weil man nur zur Wurzel zurückgehen, alle Min-Werte größer als x auf diesem Pfad durch x ersetzen und die Min-Zeiger richtigstellen muß.

Wir fassen zusammen in

Satz 8. *Seien $a \geq 2$, $b \geq 2a-1$ und $b = O(a)$. Wenn Mengen durch ungeordnete (a,b)-Bäume dargestellt werden, dann haben die folgenden Operationen die angeführten Laufzeiten:*

Operation	*Laufzeit*
Min(S)	$O(1)$
Streichemin(S)	$O(a \log \lvert S \rvert / \log a)$
Einfüge(x, S)	$O(a \log \lvert S \rvert / \log a)$
Vereinige(S_1, S_2, S_3)	$O(a \log(\lvert S_1 \rvert + \lvert S_2 \rvert) / \log a)$
Streiche*($, S$)	$O(a \log \lvert S \rvert / \log a)$
Verringere*(, $, S$)	$O(\log \lvert S \rvert / \log a)$

∎

III.5.3.2. Amortisierung von Rebalancierungskosten und Sortieren vorsortierter Files

In diesem Abschnitt untersuchen wir die Gesamtkosten einer Folge von Einfüge- und Streiche-Operationen in (a,b)-Bäumen unter der Annahme, daß wir mit einem leeren Baum starten. Wir werden zeigen, daß die Gesamtkosten linear in der Länge der Folge sind. Der Beweis folgt einem allgemeinen Paradigma zur Analyse der Kosten von Folgen von Operationen, dem Bankkonto-Paradigma, das wir bereits im Beweis von Satz 4 aus III.5.1 sahen. Wir ordnen jedem Baum ein Bankkonto zu. Der Stand dieses Kontos mißt die Balance des Baumes. Dann werden wir zeigen, daß Hinzufügen oder Entfernen eines Blattes der Abbuchung eines festen Betrages von diesem Konto entspricht und daß die Rebalancierungs-Operationen (Verschmelzen, Stehlen und Spalten) Einzahlungen entsprechen. Wenn wir schließlich die offensichtlichen Schranken für den Kontostand benutzen, erhalten wir das Resultat.

Satz 9. *Sei $a \geq 2$ und $b \geq 2a$. Wir betrachten eine beliebige Folge von i Einfüge- und d Streiche-Operationen ($n = i + d$) auf einem anfangs leeren (a,b)-Baum. Sei KS die Gesamtzahl von Knotenspaltungen, KV die Gesamtzahl der Knotenverschmelzungen und KD die Gesamtzahl der Stehle-Operationen (Knotendiebstähle). Dann gilt:*

a) $KD \leq d \leq n$.

b) $(2c-1) \cdot KS + c \cdot KV \leq n + c + \dfrac{c}{a+c-1} \cdot (i - d - 2)$,

wobei $c = \min\bigl(\min(2a-1, \lceil (b+1)/2 \rceil) - a, b - \max(2a-1, \lfloor (b+1)/2 \rfloor)\bigr)$.
Für $a \geq 2$ *und* $b \geq 2a$ *ist* $c \geq 1$ *und somit*
$KS + KV \leq n/c + 1 + (n-2)/a$.

Beweis: a) Das Stehlen wird höchstens einmal für jede Streiche-Operation durchgeführt. Also ist $KD \leq d$.

b) Wir folgen dem oben geschilderten Paradigma. Für einen Knoten v (verschieden von der Wurzel) eines (a,b)-Baumes sei die Balance $b(v)$ von v definiert als

$$b(v) = \min(\rho(v) - a, b - \rho(v), c),$$

wobei c wie in der Behauptung festgelegt ist. Für $a \geq 2$ und $b \geq 2a$ ist $c \geq 1$. Aus $\rho(v') = \lfloor (b+1)/2 \rfloor$ und $\rho(v'') = \lceil (b+1)/2 \rceil$ folgt $b(v') + b(v'') \geq 2c - 1$, und aus $\rho(v) = 2a - 1$ folgt $b(v) = c$. Für die Wurzel r (im folgenden steht r immer für die Wurzel) ist die Balance definiert als

$$b^*(r) = \min(\rho(r) - 2, b - \rho(r), c).$$

Definition:

(i) (T, v) ist ein **teilweise rebalancierter (a,b)-Baum**, wobei v ein Knoten von T ist, wenn

a) $a - 1 \leq \rho(v) \leq b + 1$ für $v \neq r$;
$1 \leq \rho(v) \leq b + 1$ für $v = r$;

b) $a \leq \rho(w) \leq b$ für alle $w \neq v, r$;

c) $2 \leq \rho(r) \leq b$ für $v \neq r$.

(ii) Sei (T, v) ein teilweise rebalancierter (a,b)-Baum. Dann ist die **Balance** von T definiert als die Summe der Balancen seiner Knoten

$$b(T) = b^*(r) + \sum_{\substack{v \text{ ist Knoten von } T \\ v \neq r}} b(v).$$ ∎

Faktum 1. *Sei T ein (a,b)-Baum und T' der aus T durch Hinzufügen oder Entfernen eines Blattes erhaltene Baum. Dann ist $b(T') \geq b(T) - 1$.*

Beweis: Offensichtlich. ∎

Faktum 2. *Sei (T, v) ein teilweise rebalancierter (a,b)-Baum mit $\rho(v) = b + 1$. Spalten von v und Expandieren des Vaters von v erzeugt einen Baum T' mit $b(T') \geq b(T) + (2c - 1)$.*

Beweis: Wir unterscheiden zwei Fälle.

Fall 1: v ist nicht die Wurzel von T.
Wegen $\rho(v) = b + 1$ ist $b(v) = -1$. Sei x der Vater von v. Dann wird v in die Knoten v' und v'' vom Grad $\lfloor (b+1)/2 \rfloor$ bzw. $\lceil (b+1)/2 \rceil$ gespalten, und der Grad von x wird um eins erhöht. Also sinkt die Balance von x um höchstens eins, und es gilt

$$b(T') \geq b(T) + b(v') + b(v'') - b(v) - 1.$$

Weiterhin ist nach den obigen Bemerkungen $b(v) = -1$ und $b(v') + b(v'') \geq 2c - 1$. Dies zeigt, daß

$$\begin{aligned} b(T') &\geq b(T) + (2c-1) - (-1) - 1 \\ &\geq b(T) + (2c-1). \end{aligned}$$

Fall 2: v ist die Wurzel von T.
Wegen $\rho(v) = b + 1$ ist $b^*(v) = -1$. Der Vater x von v wird neu geschaffen. Der Grad von x nach dem Spalten ist 2. Also gilt

$$\begin{aligned} b(T') &\geq b(T) + b(v') + b(v'') - b^*(v) + b^*(x) \\ &\geq b(T) + (2c-1) - (-1) + 0. \end{aligned}$$ ∎

Faktum 3. *Sei (T, v) ein teilweise rebalancierter (a,b)-Baum mit $\rho(v) = a - 1$, wobei v verschieden von der Wurzel r sei. Wenn y ein Bruder von v und x der Vater von v ist, gilt:*

a) *Wenn $\rho(y) = a$, dann sei T' der Baum nach Verschmelzen von v und y und Schrumpfen von x. Wenn x die Wurzel ist und nach dem Schrumpfen Grad 1 hat, wird x gelöscht. Dann ist $b(T') \geq b(T) + c$.*

b) *Wenn $\rho(y) > a$, dann sei T' der Baum nach dem Stehlen, d.h., nachdem y ein Sohn weggenommen und zu einem Sohn von v gemacht worden ist. Dann ist $b(T') \geq b(T)$.*

Beweis: a) y und v werden zu einem Knoten verschmolzen, etwa zum Knoten w, vom Grad $\rho(w) = 2a - 1$.

Fall 1: x ist nicht die Wurzel von T.
Dann wird der Grad von x um eins vermindert und somit die Balance von x um höchstens eins vermindert. Weiterhin ist $b(w) = c$. Also gilt

$$\begin{aligned} b(T') &\geq b(T) + b(w) - b(v) - b(y) - 1 \\ &\geq b(T) + c - (-1) - 0 - 1 \\ &= b(T) + c. \end{aligned}$$

Fall 2: x ist die Wurzel von T.
Wenn vor dem Verschmelzen $\rho(x) \geq 3$ ist, trifft die Analyse von Fall 1 zu. Andernfalls ist $\rho(x) = 2$ und somit $b^*(x) = 0$ vor dem Verschmelzen. x wird nach dem Verschmelzen gelöscht und w ist die neue Wurzel, wobei $b^*(w) = c$. Also ist

$$\begin{aligned} b(T') &= b(T) + b^*(w) - b(v) - b(y) - b^*(x) \\ &= b(T) + c - (-1) - 0 - 0 \\ &= b(T) + c + 1. \end{aligned}$$

Wir haben in beiden Fällen gezeigt, daß $b(T') \geq b(T) + c$.

b) Nehmen wir y einen Sohn weg, so sinkt die Balance von y um höchstens eins. Geben wir v (vom Grad $a-1$) einen zusätzlichen Sohn, so steigt $b(v)$ um eins. Also ist $b(T') \geq b(T)$. ∎

Faktum 4. *Sei T ein (a,b)-Baum mit m Blättern. Dann ist*

$$0 \leq b(T) \leq c + (m-2) \cdot \frac{c}{a+c-1}.$$

Beweis: Für $0 \leq j < c$ sei m_j die Anzahl der Knoten, die verschieden von der Wurzel und vom Grad $a+j$ sind. Weiterhin sei m_c die Anzahl der Knoten, die verschieden von der Wurzel und vom Grad mindestens $a+c$ sind. Dann gilt

$$b(T) \leq c + \sum_{j=0}^{c} j \cdot m_j,$$

da die Balance der Wurzel höchstens c ist. Weiter gilt

$$2 + \sum_{j=0}^{c} (a+j) \cdot m_j \leq m + \sum_{j=0}^{c} m_j,$$

da der Ausdruck auf der rechten Seite gleich der Anzahl der Kanten (= Anzahl der Blätter + Anzahl der Knoten verschieden von der Wurzel) in T und der Ausdruck links eine untere Schranke für diese Anzahl ist. Also ist

$$\sum_{j=0}^{c} (a+j-1) \cdot m_j \;\leq\; m-2.$$

Da für $0 \leq j \leq c$

$$j/(a+j-1) \;\leq\; c/(a+c-1)$$

ist, folgern wir, daß

$$\begin{aligned} b(T) &\leq c + \sum_{j=0}^{c} j \cdot m_j \\ &= c + \sum_{j=0}^{c} \frac{j}{a+j-1} \cdot (a+j-1) \cdot m_j \\ &\leq c + \frac{c}{a+c-1} \cdot (m-2). \end{aligned}$$ ∎

Um die Anwendung des Bankkonto-Paradigmas abzuschließen, bringen wir Einzahlungen, Entnahmen, Anfangs- und Endkontostand zueinander in Beziehung. Weil wir mit einem leeren Baum T_0 starten, ist die Anfangsbalance $b(T_0) = 0$. Dann führen wir i Einfüge- und d Streiche-Operationen aus und erhalten T_n, wobei $n = i + d$. Weil T_n genau $i - d$ Blätter hat, folgern wir, daß $b(T_n) \leq c + (i - d - 2)c/(a + c - 1)$. Die Gesamtentnahmen belaufen sich nach Faktum 1 auf höchstens n und die Gesamteinzahlungen auf mindestens $(2c-1) \cdot KS + c \cdot KV$ Einheiten nach den Fakten 2 und 3. Somit ist

$$b(T_0) + (2c-1) \cdot KS + c \cdot KV - n \leq b(T_n)$$

und weiter

$$(2c-1) \cdot KS + c \cdot KV \leq n + c + (i - d - 2) \cdot c/(a + c - 1).$$ ∎

Satz 9 gibt uns eine $O(1)$-Schranke für die amortisierten Rebalancierungskosten in (a, b)-Bäumen für $b \geq 2a$. Unter diesem Gesichtspunkt ist er mit Satz 4 über gewichtsbalancierte Bäume verwandt. Wir wollen konkrete Werte für a und b betrachten. Für $a = 2$ und $b = 4$ ist $c = 1$ und deshalb $KS + KV \leq 3n/2$. Für $(4, 13)$-Bäume ist $c = 3$ und deshalb $KS + KV \leq 7n/12 + 1/2$. Wie man aus Abbildung 81 erkennen kann, gilt Satz 9 jedoch *nicht* für $b = 2a - 1$. Eine Rebalancierung läuft in diesem Beispiel immer hoch bis zur Wurzel. Satz 9 stimmt jedoch auch für $b = 2a - 1$, wenn man nur Einfüge-Operationen betrachtet (vgl. Übung 30).

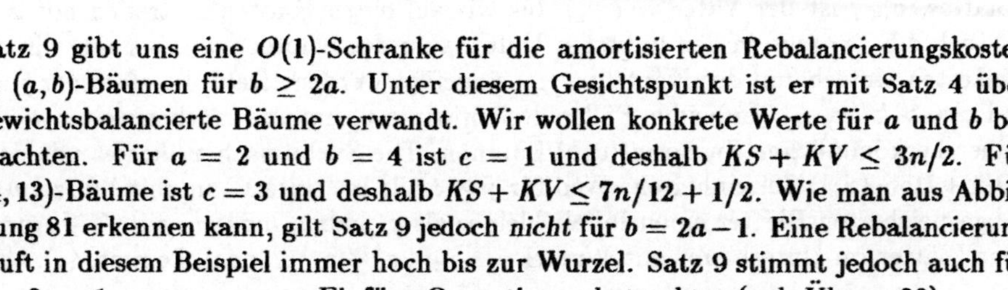

Abb. 81. Schlechtes Verhalten von (2,3)-Bäumen

Satz 9 hat eine interessante Anwendung auf das Sortier-Problem, und zwar das Sortieren vorsortierter Files. Sei $x_1, \ldots, x_n$ eine Folge, die aufsteigend sortiert werden soll. Angenommen, wir wissen, daß diese Folge nicht zufällig ist, sondern einen Grad von Sortiertheit besitzt. Ein gutes Maß für Sortiertheit ist die Anzahl der Inversionen. Sei

$$f_i = |\{x_j;\ j > i \text{ und } x_j < x_i\}|$$

und $F = \sum_{i=1}^{n} f_i$. Dann ist $0 \le F \le n(n-1)/2$. Allgemein heißt F die Anzahl der Inversionen (Fehlstände) der Folge $x_1, \ldots, x_n$. Wir nehmen F als Maß der Sortiertheit. Eine sortierte Folge hat $F = 0$, eine vollkommen unsortierte Folge hat $F \approx n^2$, und eine fast sortierte Folge hat $F \ll n^2$.

Wir können die Folge $x_1, \ldots, x_n$ sortieren durch Einfügen, d.h., wir beginnen mit der sortierten Folge x_n, dargestellt durch einen (a,b)-Baum, und fügen nacheinander $x_{n-1}, x_{n-2}, \ldots, x_1$ ein. Nach Lemma 5 hat dieser Prozeß die Zeitkomplexität $O(n \log n)$. Wenn wir jedoch $x_{i+1}, \ldots, x_n$ bereits sortiert haben und als nächstes x_i einfügen, dann wird x_i an der $(f_i + 1)$-ten Stelle von links in diese Folge eingefügt. Wenn $F \ll n^2$, dann ist $f_i \ll n$ für die meisten i, und deshalb werden die meisten x_i nahe beim Anfang der Folge eingefügt.

Was bedeutet dies für den Einfüge-Algorithmus? Er läuft eine ganze Weile das linke Rückgrat (den Pfad zum linkesten Blatt) hinunter und weicht von ihm erst ab, wenn er fast auf Blattniveau ist. Also ist es schneller, nach dem Abweichpunkt vom linken Rückgrat zu suchen, indem man sich auf dem Rückgrat vom linkesten Blatt aus nach oben bewegt. Dazu braucht man natürlich auf dem linken Rückgrat Sohn-zu-Vater-Zeiger.

Wir wollen jetzt die Einfügung von x_i genauer betrachten. Wir gehen das linke Rückgrat hinauf durch die Knoten $v_1, v_2, v_3, \ldots$ (v_1 ist der Vater des linkesten Blattes, v_{j+1} ist der Vater von v_j), bis wir auf einen Knoten v_j treffen mit $x_i \le k_1(v_j)$, d.h., x_i muß in den linkesten Unterbaum des Knotens v_j, aber nicht in den linkesten Unterbaum des Knotens v_{j-1} eingefügt werden. Dann ist entweder $j = 1$ oder $x_i > k_1(v_{j-1})$. In beiden Fällen drehen wir in v_j um und machen weiter wie bei einer herkömmlichen Suche in (a,b)-Bäumen. Die Suche nach x_i kostet uns dann $O(1 + \text{Höhe}(v_j))$ Zeiteinheiten. Weil für $j \ge 3$ alle im Unterbaum mit Wurzel v_{j-2} abgespeicherten Blätter einen Inhalt kleiner als x_i haben müssen, gilt $f_i \ge$ Anzahl der Blätter im Unterbaum mit Wurzel $v_{j-2} \ge 2a^{h(v_{j-2})-1}$ nach Lemma 4a). Also ist

$$\text{Höhe}(v_j) = O(\log f_i).$$

Die Fälle $f_i = 0$ und $f_i = 1$ vernachlässigen wir der Einfachheit halber, denn sie ändern nichts am Ergebnis. Die tatsächliche Einfügung von x_i kostet $O(s_i)$ Zeiteinheiten, wobei s_i die Anzahl der nach Hinzufügen eines neuen Blattes für x_i notwendigen Knotenspaltungen ist. Damit erhalten wir die folgende Zeitschranke für Sortieren durch Einfügen:

$$\begin{aligned}\sum_{i=1}^{n} \left[O(\log f_i) + O(s_i)\right] &= O(n + \sum_{i=1}^{n} \log f_i + \sum_{i=1}^{n} s_i) \\ &= O(n + n \log(F/n)),\end{aligned}$$

weil $\sum \log f_i = \log \prod f_i$ und $(\prod f_i)^{1/n} \leq \sum f_i/n$ (das geometrische Mittel ist nie größer als das arithmetische Mittel) und nach Satz 9 gilt $\sum s_i = O(n)$. Wir fassen zusammen in

Satz 10. *Eine Folge von n Elementen mit F Inversionen kann in Zeitkomplexität $O(n + n\log(F/n))$ sortiert werden.* ∎

Man kann den Sortieralgorithmus aus Satz 10 (sein Name ist **A-Sort**) adaptiv nennen: Je sortierter die Folge $x_1, \ldots, x_n$ ist, desto schneller ist der Algorithmus. Für $F = n\log n$ ist die Laufzeit $O(n \log\log n)$. Dies steht in bemerkenswertem Gegensatz zu allen anderen Sortieralgorithmen, wie z.B. Heapsort, Quicksort, Mergesort. Insbesondere ist er schneller als alle diese Algorithmen, falls F nicht zu groß ist. Eine sorgfältige, nicht asymptotische Analyse von A-Sort geht über den Rahmen dieses Buches hinaus; der Leser findet sie in Mehlhorn/Tsakalidis (82). Dort wird gezeigt, daß A-Sort besser als Quicksort ist, wenn $F \leq 0.02n^{1.57}$.

Wir wollen auf Satz 9 und den verwandten Satz 4 über gewichtsbalancierte Bäume zurückkommen. Im Beweis von Satz 4 haben wir erwähnt, daß die meisten Rotationen und Doppelrotationen nahe bei den Blättern stattfinden. Wir wollen jetzt einen ähnlichen Satz für höhenbalancierte Bäume zeigen. Dazu einige zusätzliche Notationen.

Wir sagen, daß ein Spalten (Verschmelzen, Stehlen) **auf Höhe h geschieht**, wenn der Knoten v, der gespalten werden, mit seinem Bruder y verschmolzen werden oder seinem Bruder y einen Sohn stehlen soll, Höhe h hat. Dabei ist die Höhe eines Blattes gleich 0. Ein Spalten bzw. Verschmelzen auf Höhe h expandiert bzw. schrumpft einen Knoten auf Höhe $h + 1$. Ein Hinzufügen bzw. Entfernen eines Blattes expandiert bzw. schrumpft einen Knoten auf Höhe 1.

Sei (T, v) ein teilweise rebalancierter (a, b)-Baum. Wir definieren die Balance von T auf Höhe h wie folgt:

$$b_h(T) = \begin{cases} \displaystyle\sum_{v \text{ Knoten von } T \text{ auf Höhe } h} b(v) & \text{wenn } h \neq \text{Höhe(Wurzel)};\\ b^*(r) & \text{wenn } h = \text{Höhe(Wurzel)}, \end{cases}$$

wobei b und b^* wie im Beweis von Satz 9 definiert sind.

Satz 11. *Sei $a \geq 2$ und $b \geq 2a$. Wir betrachten eine beliebige Folge von i Einfüge- und d Streiche-Operationen (dabei sei $n = i + d$) in einem anfangs leeren (a, b)-Baum. Sei KS_h (KV_h, KD_h) die Gesamtzahl der Knotenspaltungen (Verschmelzungen, Diebstähle) auf Höhe h. Dann ist*

$$KS_h + KV_h + KD_h \leq 2(c + 2)n/(c + 1)^h,$$

wobei c wie in Satz 9 definiert ist.

Beweis: Der Beweis verläuft analog zum Beweis von Satz 9:

Faktum 1. *Sei T ein (a,b)-Baum. Sei T' der aus T durch Hinzufügen oder Entfernen eines Blattes resultierende Baum. Dann ist $b_1(T') \geq b_1(T) - 1$ und $b_h(T') = b_h(T)$ für $h > 1$.* ∎

Faktum 2. *Sei (T,v) ein teilweise rebalancierter (a,b)-Baum mit $\rho(v) = b+1$ und Höhe$(v) = h$. Spalten von v und Expandieren des Vaters von v erzeugt einen Baum T' mit $b_h(T') \geq b_h(T) + 2c$, $b_{h+1}(T') \geq b_{h+1}(T) - 1$ und $b_l(T') = b_l(T)$ für $l \neq h, h+1$.* ∎

Faktum 3. *Sei (T,v) ein teilweise rebalancierter (a,b)-Baum mit $\rho(v) = a-1$, Höhe$(v) = h$ und $v \neq r$, wobei r die Wurzel von T sei. Sei y ein Bruder von v und x der Vater von v. Dann gilt:*

a) *Wenn $\rho(y) = a$, dann sei T' der Baum, den man aus Verschmelzen von v und y und Schrumpfen von x erhält. Wenn x die Wurzel von T ist und nach dem Schrumpfen Grad 1 hat, wird x gelöscht. Dann gilt $b_h(T') \geq b_h(T) + c + 1$, $b_{h+1}(T') \geq b_{h+1}(T) - 1$ und $b_l(T') = b_l(T)$ für $l \neq h, h+1$.*

b) *Wenn $\rho(y) > a$, dann sei T' der Baum, der aus T durch Stehlen entsteht. Dann ist $b_l(T') \geq b_l(T)$ für alle l.* ∎

Die Beweise der Fakten 1 bis 3 ähneln stark den Beweisen der entsprechenden Fakten im Beweis von Satz 9 und werden dem Leser überlassen.

Faktum 4. *Sei T_n der aus dem Anfangsbaum T_0 resultierende Baum nach i Einfüge- und d Streiche-Operationen. Wir setzen $KS_0 + KV_0 = i + d$. Dann gilt für alle $h \geq 1$*

$$b_h(T_n) \geq b_h(T_0) - (KS_{h-1} + KV_{h-1}) + (2c \cdot KS_h + (c+1) \cdot KV_h).$$

Beweis: Aus den Fakten 1 bis 3 folgt, daß Spaltungen bzw. Verschmelzungen auf Höhe h die Balance auf Höhe h um mindestens $2c$ bzw. $c+1$ erhöhen und die Balance auf Höhe $h+1$ um höchstens 1 vermindern. ∎

Weil $b_h(T_0) = 0$ für alle h und $2c \geq c+1$ (da $c \geq 1$), folgern wir aus Faktum 4, daß

$$KS_h + KV_h \leq \frac{b_h(T_n)}{c+1} + \frac{KS_{h-1} + KV_{h-1}}{c+1}.$$

Deshalb gilt

$$\begin{aligned} KS_h + KV_h &\leq \sum_{l=0}^{h-1} \frac{b_{h-l}(T_n)}{(c+1)^{l+1}} + \frac{KS_0 + KV_0}{(c+1)^h} \\ &= \frac{n}{(c+1)^h} + \sum_{l=1}^{h} \frac{b_l(T_n) \cdot (c+1)^l}{(c+1)^{h+1}}. \end{aligned}$$

Faktum 5. *Für alle $h \geq 1$ gilt:*

$$\sum_{l=1}^{h} b_l(T_n) \cdot (c+1)^l \leq (c+1) \cdot (i-d) \leq (c+1) \cdot n.$$

Beweis: Sei $m_j(h)$ die Anzahl der Knoten auf Höhe h und mit Grad $a+j$ für $0 \leq j < c$. Sei $m_c(h)$ die Anzahl der Knoten auf Höhe h und mit Grad mindestens $a+c$. Dann gilt für $h \geq 2$

$$(*) \qquad \sum_{j=0}^{c} (a+j) \cdot m_j(h) \leq \sum_{j=0}^{c} m_j(h-1),$$

weil die Anzahl der Kanten, die auf Höhe $h-1$ enden, gleich der Anzahl der Kanten ist, die von Höhe h ausgehen. Setzen wir $\sum_{j=0}^{c} m_j(0) = i-d$ (das ist die Anzahl der Blätter in T_n), dann stimmt die Ungleichung für alle $h \geq 1$. Aus $b_l(T_n) \leq \sum_{j=0}^{c} j \cdot m_j(l)$ und der Beziehung $(*)$ erhalten wir

$$\begin{aligned}
&\sum_{l=1}^{h} b_l(T_n) \cdot (c+1)^l \\
&\leq \sum_{l=1}^{h} \left[(c+1)^l \cdot \sum_{j=0}^{c} j \cdot m_j(l) \right] \\
&\leq \sum_{l=1}^{h} \left[(c+1)^l \cdot \left[\sum_{j=0}^{c} m_j(l-1) - a \cdot \sum_{j=0}^{c} m_j(l) \right] \right] \\
&= (c+1) \cdot \sum_{j=0}^{c} m_j(0) \\
&\quad + \sum_{l=2}^{h} (c+1)^l \cdot \left[\sum_{j=0}^{c} m_j(l-1) - \frac{a}{c+1} \cdot \sum_{j=0}^{c} m_j(l-1) \right] \\
&\quad - (c+1)^h \cdot a \cdot \sum_{j=0}^{c} m_j(h) \\
&\leq (c+1) \cdot (i-d),
\end{aligned}$$

da $a/(c+1) \geq 1$ und $\sum_j m_j(0) = i-d$. ∎

Setzen wir die Schranke von Faktum 5 in die Schranke von $KS_h + KV_h$ ein, so erhalten wir

$$KS_h + KV_h \leq 2n/(c+1)^h.$$

Beachten Sie, daß ein Verschmelzen auf Höhe $h-1$ entweder eine Rebalancierung abschließt oder von einem Stehlen oder Verschmelzen auf Höhe h gefolgt wird. Ferner geht einem Stehlen auf Höhe $h > 1$ stets ein Verschmelzen auf Höhe $h-1$ und einem Stehlen auf Höhe 1 stets eine Streiche-Operation voraus. Damit ist

$$KD_h \leq KV_{h-1} - KV_h \leq KS_{h-1} + KV_{h-1} \leq 2n/(c+1)^{h-1}$$

für $h \geq 2$ und

$$KD_1 \leq KD_1 + KV_1 \leq d.$$

Setzen wir dies zusammen, so erhalten wir

$$KS_h + KV_h + KD_h \leq 2(c+2)n/(c+1)^h$$

für alle $h \geq 1$, und damit ist Satz 11 bewiesen. ∎

$KS_h + KV_h + KD_h$ ist die Anzahl der Einfüge- und Streiche-Operationen, die eine Rebalancierung bis auf Höhe h oder höher hinauf erfordern. Satz 11 zeigt, daß diese Anzahl mit h exponentiell fällt. (Denn $c \geq 1$.) Das hat große Ähnlichkeit zu Lemma 2 aus III.5.1. Der Beweis stützt sich wiederum stark auf die Tatsache, daß $b \geq 2a$. In der Tat stimmt Satz 11 nicht für $b = 2a-1$, wie das auf Satz 9 folgende Beispiel gezeigt hat. Dort ist $KS_h + KV_h + KD_h = n$ für alle h.

Wir beenden diesen Abschnitt mit einer kurzen Schilderung einer Anwendung von Satz 11 auf (a, b)-Bäume in einer parallelen Umgebung. Einige Anwendungen, insbesondere Echtzeitanwendungen in Datenbanken, benötigen sehr hohe Durchsatzraten. Diese können nur durch parallel ablaufende Veränderungen des Baumes ermöglicht werden, d.h. durch viele Prozessoren, die auf demselben Baum arbeiten. Gleichzeitige Such-Operationen verursachen keine Probleme, gleichzeitige Einfüge- oder Streiche-Operationen aber sehr wohl. Rebalancierungs-Operationen (Spalten, Verschmelzen, Stehlen) verlangen das Sperren von Knoten, d.h., während der Knoten v durch einen Prozeß rebalanciert wird, können die anderen Prozesse Knoten v nicht benutzen und müssen gegebenenfalls warten. Das Sperren des Knotens v wird (im Durchschnitt) viele andere Prozesse blockieren, wenn v nahe bei der Wurzel liegt; dagegen werden wenige andere Prozesse blockiert, wenn v nahe bei den Blättern liegt. Genau hier setzt Satz 11 an. Er garantiert, daß die meisten Rebalancierungs-Operationen nahe bei den Blättern geschehen und daß deshalb das Blockieren von Prozessen kein unüberwindliches Problem darstellt. Wir verweisen den Leser auf Bayer/Schkolnik (77) für genauere Ausführungen.

III.5.3.3. Fingerbäume

In diesem Abschnitt verallgemeinern wir (a,b)-Bäume zu Fingerbäumen. Im vorhergehenden Abschnitt sahen wir, daß es manchmal besser ist, Such-Operationen auf einem (a,b)-Baum in einem Blatt zu starten. Diese Idee führte zu A-Sort. Fingerbäume verallgemeinern diese Beobachtung.

Wir benutzten (a,b)-Bäume, um geordnete Listen darzustellen. Ein **Finger** in eine Liste ist ein Zeiger auf ein Element dieser Liste. (Im folgenden identifizieren wir oft den Finger auf ein Element mit dem Element selbst.) Dies wird jeweils aus dem Kontext klar. Finger können benutzt werden, um Gebiete hoher Aktivität in der Liste anzuzeigen. Unser Ziel ist die effiziente Suche in der Nachbarschaft von Fingern. Wenn die Liste durch die Blätter eines (a,b)-Baumes dargestellt wird, dann ist ein Finger ein Zeiger auf ein Blatt. (a,b)-Bäume unterstützen effiziente Suche in der Nachbarschaft von Fingern nicht, denn benachbarte Blätter können durch einen sehr langen Pfad miteinander verbunden sein. Deshalb führen wir niveau-verbundene (a,b)-Bäume ein.

In **niveau-verbundenen (a,b)-Bäumen** können alle Baumkanten in beide Richtungen durchquert werden, d.h., es gibt auch Sohn-zu-Vater-Zeiger; zusätzlich hat jeder Knoten Zeiger auf die beiden benachbarten Knoten auf demselben Niveau. Abbildung 82 zeigt einen niveau-verbundenen (2,4)-Baum für die Liste 2, 4, 7, 10, 11, 15, 17, 21, 22, 24.

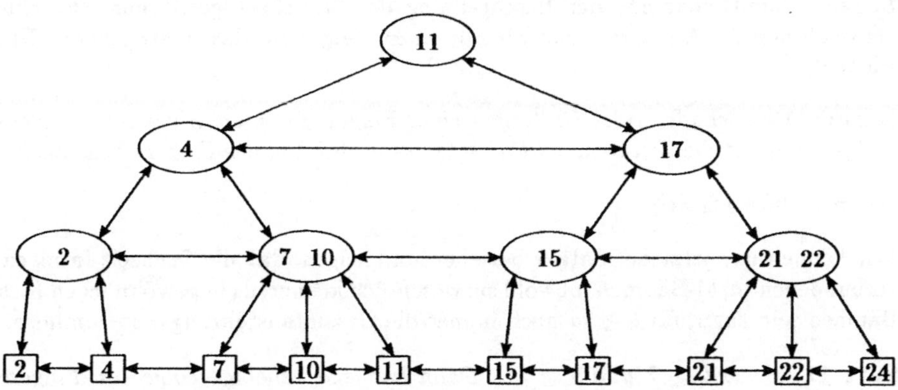

Abb. 82. Ein niveau-verbundener (2,4)-Baum

Ein **Fingerbaum** ist ein niveau-verbundener (a,b)-Baum mit Zeigern auf einige seiner Blätter, die Finger. Niveau-verbundene (a,b)-Bäume ermöglichen sehr schnelles Suchen in der Nachbarschaft von Fingern.

Lemma 7. *Sei p ein Finger in einem niveau-verbundenen (a,b)-Baum T. Eine Suche nach einem Schlüssel k, der d Schlüssel von p entfernt ist, hat die Zeitkomplexität $\Theta(1+\log d)$.*

Beweis: Zuerst überprüfen wir, ob k links oder rechts von p liegt; k liege etwa rechts von p. Dann gehen wir hoch in Richtung Wurzel und haben etwa den Knoten v erreicht. Dort überprüfen wir, ob k ein Nachfolger von v oder von v's rechtem Nachbar auf demselben Niveau ist. Wenn das nicht der Fall ist, gehen wir weiter zu v's Vater. Andernfalls drehen wir und suchen auf gewohnte Art nach k.

Angenommen, wir haben bei Knoten w auf Höhe h gedreht. Sei u der Sohn von w, der auf dem Pfad zu dem Finger p liegt. Dann liegen alle Nachfolger von u's rechtem Nachbar zwischen dem Finger p und dem Schlüssel k. Also ist die Entfernung mindestens a^{h-1} und höchstens $2b^h$. Daraus folgt die Zeitschranke. ▮

Lemma 8. *Ein neues Blatt kann an einer vorgegebenen Stelle eines niveau-verbundenen (a,b)-Baumes in Zeit $\Theta(1+s)$ eingefügt werden, wobei s die Anzahl der durch die Einfüge-Operation verursachten Spaltungen ist.*

Beweis: Die Behauptung folgt unmittelbar aus der Beschreibung des Einfüge-Algorithmus in III.5.2. Denn Teil der Behauptung ist, daß wir mit einem Zeiger auf das Blatt beginnen, neben dem eingefügt werden soll. Deshalb ist keine Suche, sondern nur Rebalancierung notwendig. ▮

Lemma 9. *Ein gegebenes Blatt kann aus einem niveau-verbundenen (a,b)-Baum in Zeit $\Theta(1+f)$ gestrichen werden, wobei f die Anzahl der durch die Streiche-Operation verursachten Verschmelzungen ist.*

Beweis: Unmittelbar aus der Beschreibung des Streiche-Algorithmus. Beachten Sie wiederum die Annahme, daß wir mit einem Zeiger auf das zu streichende Blatt starten. ▮

Lemma 10. *Schaffen oder Entfernen eines Fingers in einem niveau-verbundenen (a,b)-Baum hat die Zeitkomplexität $\Theta(1)$, wenn das Ziel des Fingers bekannt ist.*

Beweis: Offensichtlich. ▮

Wir können uns jetzt auf Satz 9 beziehen und zeigen, daß die Suchzeit in niveau-verbundenen (a,b)-Bäumen, obwohl sie wesentlich kleiner als in gewöhnlichen (a,b)-Bäumen sein kann, für $b \geq 2a$ noch immer die Gesamtausführungszeit dominiert.

Satz 12. *Seien $a \geq 2$ und $b \geq 2a$. Dann hat jede beliebige Folge von Fingererzeugungen, Fingerentfernungen, Such-, Einfüge- und Streiche-Operationen, die mit einer leeren Liste startet, die Zeitkomplexität O(Gesamtkosten der Suchen), wenn ein niveau-verbundener (a,b)-Baum benutzt wird, um die Liste darzustellen. Dabei wird vorausgesetzt, daß bei allen Operationen (außer bei Suche) das Blatt, an dem die Operation auszuführen ist, durch eine vorhergehende Suche bestimmt wird.*

Beweis: Sei n die Länge der Folge. Die Gesamtkosten der Suchen sind $\Omega(n)$. Andererseits sind die Gesamtkosten für Erzeugungen und Entfernungen von Fingern $O(n)$ nach Lemma 10 und die Gesamtkosten der Einfüge- und Streiche-Operationen $O(n)$ nach den Lemmata 8–9 und Satz 9. ▮

Satz 10 über das Sortieren vorsortierter Files ist ein Spezialfall von Satz 12. Satz 12 kann in zwei Richtungen verallgemeinert werden: Wir können mit mehreren leeren Listen beginnen und das Konkatenieren zu der Menge der Operationen hinzunehmen (Übung 33), oder wir können mit einer nichtleeren Liste beginnen. Für die letztere Vorgehensweise brauchen wir eine allgemeinere Version von Satz 9. Wir suchen eine Schranke für die Gesamtkosten, selbst wenn wir mit einem nichtleeren Baum beginnen.

Sei T ein beliebiger (a,b)-Baum. Angenommen, wir führen eine Folge von Einfüge- und Streiche-Operationen auf T aus. Es ist intuitiv klar, daß nur Knoten, die auf einem Pfad von einem der eingefügten oder gestrichenen Blätter zu der Wurzel liegen, betroffen sind. Das wird in Faktum 1 präzisiert. Wir werden in Faktum 5 eine Schranke für die Anzahl solcher Knoten herleiten. Natürlich können nur diese Knoten ihre Balance ändern, und somit gibt ihre Anzahl uns eine Schranke für die Differenz der Balancen des Baumes am Anfang und des Baumes am Ende. Eine Anwendung des Bankkonto-Paradigmas (Faktum 4) wird uns dann eine Schranke für die Anzahl der Spaltungen, Verschmelzungen und Diebstähle liefern.

Um die folgenden Ausführungen zu vereinfachen, vereinbaren wir: Wenn ein Blatt aus einem (a,b)-Baum gestrichen wird, bleibt es (konzeptuell) als ein Phantom bestehen. Die Rebalancierungs-Algorithmen sehen die Phantome nicht, d.h., der Grad der Knoten wird allein durch die Blätter bestimmt, die keine Phantome sind. In Abbildung 83 sind Phantome als gestrichelte Kästchen gezeichnet.

Satz 13. *Seien $a \geq 2$ und $b \geq 2a$. Sei T ein (a,b)-Baum mit n Blättern. Angenommen, eine Folge von s Einfüge- und t Streiche-Operationen wird ausgeführt. T' sei der resultierende Baum. Dann ist die Anzahl der Blätter von T' gleich $n+s$, wovon t Phantome sind. Die Blätter seien mit den natürlichen Zahlen $1,\ldots,n+s$ von links nach rechts durchnumeriert. Seien $p_1, p_2, \ldots, p_{s+t}$ die Positionen der $s+t$ neuen Blätter und Phantome in T', wobei $p_1 \leq p_2 \leq \cdots \leq p_{s+t}$. Sei KD (KS, KV) die Gesamtzahl der Diebstähle (Spaltungen, Verschmelzungen), die nötig sind, um diese Folge abzuarbeiten. Dann ist*

$$KD + KS + KV \leq 9(s+t) + 4\left(\lfloor \log_a(n+s) \rfloor + \sum_{i=2}^{s+t} \lfloor \log_a(p_i - p_{i-1} + 1) \rfloor\right).$$

Beweis: Zunächst erläutern wir, wie Knoten während des Rebalancierungsprozesses (konzeptuell) markiert werden.

Hinzufügen eines Blattes: Wenn ein neues Blatt hinzugefügt wird, markieren wir das neue Blatt und seinen Vater.

Spalten eines Knotens: Angenommen, Knoten v (v wird zu diesem Zeitpunkt markiert sein und einen markierten Sohn haben) wird in die Knoten v' und v'' gespalten. Dann wird v' markiert, wenn er einen markierten Sohn hat, v'' wird markiert, wenn er einen markierten Sohn hat, und wir markieren den Vater von v' und v''.

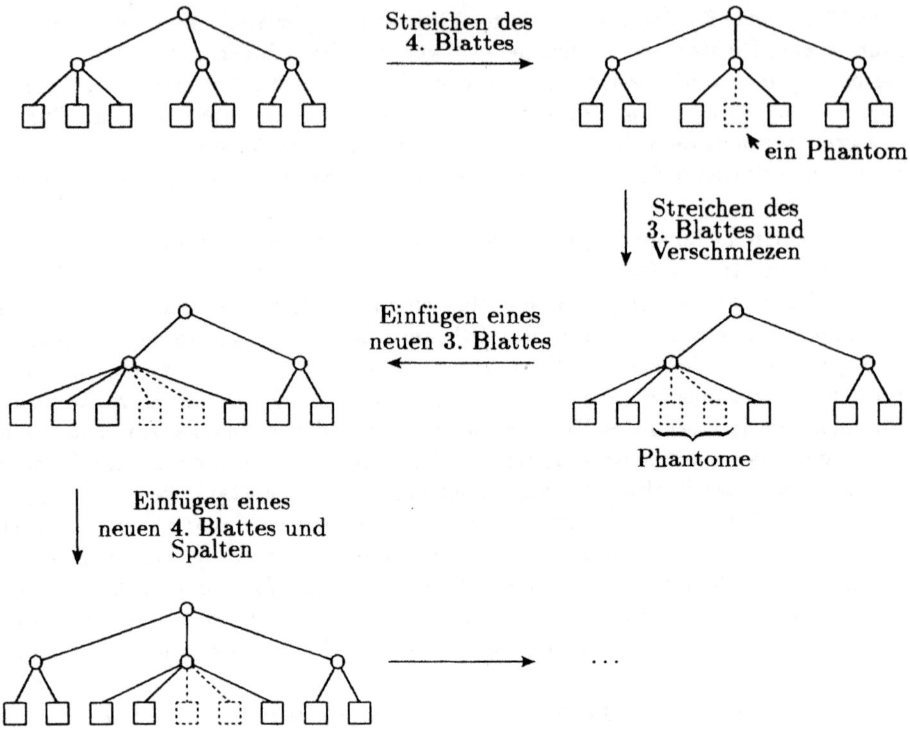

Abb. 83. Phantome in einem (2,4)-Baum

Abschneiden eines Blattes: Wir markieren das Phantom und seinen Vater.

Verschmelzen: Angenommen, Knoten v (v hat zu diesem Zeitpunkt einen markierten Sohn) wird mit seinem Bruder y verschmolzen. Dann markieren wir v und seinen Vater.

Stehlen: Angenommen, Knoten v (v hat zu diesem Zeitpunkt einen markierten Sohn) erhält von seinem Bruder y einen Sohn. Dann markieren wir v und löschen die Markierung von y (wenn y markiert war).

Faktum 1. *Wenn Knoten v markiert wird, hat er einen markierten Sohn.*

Beweis: Offensichtlich. ∎

Da die einzigen Blätter, die markiert werden, die neuen Blätter und die Phantome sind, folgern wir aus Faktum 1, daß alle markierten Knoten auf Pfaden von den neuen Blättern und den Phantomen zur Wurzel liegen. In Faktum 5 leiten wir eine obere Schranke für die Anzahl solcher Knoten her.

Wir definieren nun einige neue Begriffe: kritische und unkritische Spaltungen und markierte Balance. Ein **Spalten** des Knotens v ist **kritisch**, wenn der Vater von v existiert und Grad b hat. Alle anderen Spaltungen sind **unkritisch**. Sei KSK die Anzahl der kritischen Spaltungen und $KSNK$ die Anzahl der unkritischen Spaltungen, und sei KD bzw. KV die Anzahl der Diebstähle bzw. Verschmelzungen.

Faktum 2. $KSNK + KD \leq s + t$.

Beweis: Ein Stehlen oder eine unkritische Spaltung terminieren eine Rebalancierung. ∎

Die **markierte Balance** eines (a, b)-Baumes T ist die Summe der Balancen seiner markierten Knoten, d.h.,

$$mb(T) = \sum_{\substack{w \text{ markierter Knoten von } T \\ w \neq \text{Wurzel von } T}} b(w) + \textbf{if } \text{Wurzel markiert } \textbf{then } b^*(r) \textbf{ else } 0 \textbf{ fi},$$

wobei die Balance eines Knotens $w \neq r$ wie folgt definiert ist:

$$b(w) = \begin{cases} -1 & \text{wenn } \rho(w) \in \{a-1, b+1\}; \\ 0 & \text{wenn } \rho(w) = b; \\ 2 & \text{wenn } \rho(w) = 2a - 1; \\ 1 & \text{wenn } a \leq \rho(w) < b \text{ und } \rho(w) \neq 2a - 1 \end{cases}$$

und für die Wurzel

$$b^*(r) = \begin{cases} -1 & \text{wenn } \rho(r) \in \{+1, b+1\}; \\ 0 & \text{wenn } \rho(r) = b; \\ 2 & \text{wenn } \rho(r) = 2a - 1; \\ 1 & \text{wenn } 2 \leq \rho(r) < b \text{ und } \rho(r) \neq 2a - 1. \end{cases}$$

Faktum 3. *Sei T' der aus T resultierende Baum nach*

a) *Hinzufügen eines Blattes, dann ist* $mb(T') \geq mb(T) - 2$;
b) *Abschneiden eines Blattes, dann ist* $mb(T') \geq mb(T) - 2$;
c) *unkritischem Spalten, dann ist* $mb(T') \geq mb(T)$;
d) *kritischem Spalten, dann ist* $mb(T') \geq mb(T) + 1$;
e) *Verschmelzen, dann ist* $mb(T') \geq mb(T) + 2$;
f) *Stehlen, dann ist* $mb(T') \geq mb(T)$.

Beweis: a) Angenommen, wir fügen ein Blatt hinzu und expandieren v. Dann wird v nach Hinzufügen des Blattes markiert gewesen sein. Davor kann v markiert oder unmarkiert gewesen sein. Deshalb ist

$$\begin{aligned} mb(T') = mb(T) &+ b(v \text{ nach Hinzufügen des Blattes}) \\ &- [b(v \text{ vor Hinzufügen des Blattes})], \end{aligned}$$

wobei der Ausdruck in eckigen Klammern nur dann vorhanden ist, wenn v vor Hinzufügen des Blattes markiert ist. In beiden Fällen ist es leicht einzusehen, daß $mb(T') \geq mb(T) - 2$.

b) Ähnlich zu Teil a).

c) Angenommen, wir spalten den Knoten v (der zu diesem Zeitpunkt markiert ist) in die Knoten v' und v'' und expandieren x, den Vater von v. Da die Spaltung unkritisch ist, gilt $\rho(x) < b$ vor der Spaltung. Ferner ist nach der Spaltung mindestens einer der Knoten v' und v'' markiert; x kann davor markiert oder unmarkiert gewesen sein und ist danach markiert. Also ist

$$\begin{aligned} mb(T') \geq mb(T) &+ \min(b(v'), b(v'')) + b(x \text{ nach Spalten}) \\ &- b(v) - [b(x \text{ vor Spalten})], \end{aligned}$$

wobei der Ausdruck in eckigen Klammern nur vorhanden ist, wenn x vor dem Spalten markiert war. Da $\min(b(v'), b(v'')) \geq 1$ (denn $\lceil (b+1)/2 \rceil < b$), und weil die Balance von x höchstens um zwei abnehmen kann, folgern wir, daß

$$mb(T') \geq mb(T) + 1 + 0 - (-1) - [2].$$

d) Wir argumentieren wie in Fall c), beachten aber, daß vor dem Spalten $\rho(x) = b$ ist. Deshalb ist

$$\begin{aligned} mb(T') &\geq mb(T) + 1 + (-1) - (-1) - [0] \\ &\geq mb(T) + 1. \end{aligned}$$

e) Angenommen, wir verschmelzen v und seinen Bruder y und schrumpfen ihren gemeinsamen Vater x. Wenn x die Wurzel ist und nach dem Verschmelzen Grad 1 hat, dann wird x gestrichen. Desweiteren werden v und x nach dem Verschmelzen markiert und zumindest v war zuvor markiert. y und x können zuvor markiert gewesen sein. Also gilt

$$\begin{aligned} mb(T') &\geq mb(T) + b(v \text{ nach Verschmelzen}) \\ &\quad + b(x \text{ nach Verschmelzen}) - b(v \text{ vor Verschmelzen}) \\ &\quad - [b(x \text{ vor Verschmelzen})] - [b(y \text{ vor Verschmelzen})] \\ &\geq mb(T) + 2 + (-1) - (-1) - [0] - [0] \\ &\geq mb(T) + 2. \end{aligned}$$

f) Angenommen, v nimmt y einen Sohn weg. Dann ist v vor und nach dem Stehlen markiert, y ist nach dem Stehlen nicht markiert und kann vor dem Stehlen markiert oder unmarkiert gewesen sein. Weiterhin ist die Balance von y vor dem Stehlen höchstens 2. Deshalb ist

$$\begin{aligned} mb(T') &\geq mb(T) + b(v \text{ nach Stehlen}) \\ &\quad - b(v \text{ vor Stehlen}) - [b(y \text{ vor Stehlen})] \\ &\geq mb(T) + 1 - (-1) - [2] \\ &\geq mb(T). \end{aligned}$$

∎

Nehmen wir nun an, wir starten mit dem Baum T (kein Knoten ist markiert) und führen s Einfüge- und t Streiche-Operationen aus. Wir erhalten T_n, wobei $n = s+t$. Dann gilt

Faktum 4.

a) $mb(T_n) \geq KSK + 2KV - 2\cdot(s+t)$.

b) $mb(T_n) \leq 2m$, *wobei m die Anzahl der markierten Knoten von T_n ist.*

c) *Alle markierten Knoten liegen auf einem Pfad von einem neuen Blatt oder einem Phantom zur Wurzel.*

d) $KSK + KV \leq 2\cdot(s+t) + 2\cdot$*(Anzahl der Knoten auf den Pfaden von den neuen Blättern und den Phantomen zur Wurzel).*

Beweis: a) folgt unmittelbar aus Faktum 3, b) aus der Definition von markierter Balance, c) aus Faktum 1 und d) ist eine Folge von a), b) und c). ∎

Es bleibt, eine Schranke für die Anzahl der markierten Knoten im Baum T_n herzuleiten. In Faktum 5 benutzen wir die Bezeichnung (a,∞)-Baum für alle Bäume, in denen jeder Knoten verschieden von der Wurzel mindestens a Söhne und die Wurzel mindestens 2 Söhne hat.

Faktum 5. *Sei T ein (a,∞)-Baum mit N Blättern. Weiterhin gelte $1 \leq p_1 \leq p_2 \leq \cdots \leq p_r \leq N$. Sei m die Gesamtzahl der Knoten auf Pfaden von der Wurzel zu den Blättern mit den Positionen p_i, $1 \leq i \leq r$. Dann ist*

$$m \leq 3r + 2\left(\lfloor \log_a N \rfloor + \sum_{i=2}^{r} \lfloor \log_a (p_i - p_{i-1} + 1) \rfloor \right).$$

Beweis: Wir markieren für jeden Knoten v die von v ausgehenden Kanten mit $0, \ldots, \rho(v) - 1$ von links nach rechts, wie in Abbildung 84 gezeigt.

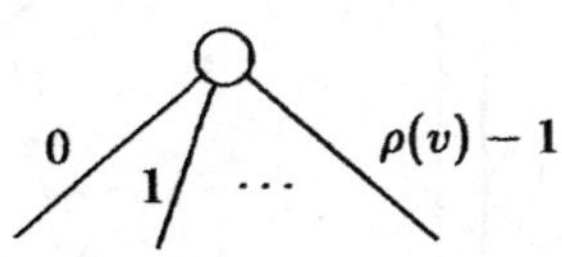

Abb. 84. Markierung der in v ausgehenden Kanten

Dann entspricht ein Pfad von der Wurzel zu einem Knoten auf natürliche Weise einem Wort über dem Alphabet $\{0, 1, 2, \ldots\}$.

Sei A_i die Anzahl der mit 0 markierten Kanten auf dem Pfad von der Wurzel zum Blatt p_i, $1 \leq i \leq r$. Da ein (a,∞)-Baum der Höhe h mindestens $2a^{h-1}$ Blätter hat, folgern wir, daß $0 \leq A_i \leq 1 + \lfloor \log_a N/2 \rfloor$. Weiter sei l_i die Anzahl der Knoten auf dem Pfad vom Blatt p_i zur Wurzel, die nicht auf dem Pfad vom Blatt p_{i-1} zur Wurzel liegen. Dann gilt

$$m \leq 1 + \lfloor \log_a N/2 \rfloor + \sum_{i=2}^{r} l_i.$$

Sei $i \geq 2$ beliebig, und sei v der niedrigste gemeinsame Knoten auf den Pfaden von den Blättern p_{i-1} und p_i, $p_{i-1} \neq p_i$, zur Wurzel. Dann wird aus Knoten v heraus auf dem Pfad zu p_{i-1} die Kante k_1 genommen, und die Kante $k_2 > k_1$ wird genommen auf dem Pfad zu p_i. Die Pfade von v zum Blatt p_{i-1} und zum Blatt p_i bestehen beide aus $l_i + 1$ Kanten, da alle Blätter gleiche Tiefe haben.

Behauptung: $A_i \geq A_{i-1} + l_i - 2\lfloor \log_a(p_i - p_{i-1} + 1) \rfloor - 3$.

Beweis: Für $p_{i-1} = p_i$ ist die Behauptung klar. Sei $p_{i-1} \neq p_i$. Dann unterscheiden sich die Pfade von p_{i-1} und p_i zur Wurzel nur unterhalb des Knotens v. Sei s minimal, so daß

a) der Pfad von v zu p_{i-1} die Form $k_1\alpha\beta$ mit $|\beta| = s$ hat und α keine 0 enthält;
b) der Pfad von v zu p_i die Form $k_2 0^{|\alpha|}\gamma$ hat für ein γ mit $|\gamma| = s$.

Beachten Sie, daß entweder β mit einer 0 oder γ mit einer von 0 verschiedenen Marke beginnt, und daß $|\alpha| + |\beta| = l_i$. Abbildung 85 zeigt die Situation. Dann gilt:

$$\begin{aligned} A_i = A_{i-1} &+ \textbf{if } k_1 = 0 \textbf{ then } -1 \textbf{ else } 0 \textbf{ fi} \\ &+ |\alpha| \\ &+ \text{Anzahl der Nullen in } \gamma \\ &- \text{Anzahl der Nullen in } \beta \\ \geq A_{i-1} &- 1 + (l_i - s) + 0 - s \end{aligned}$$

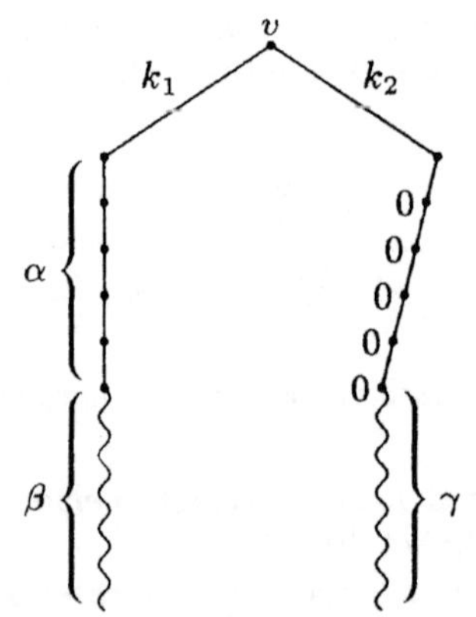

Abb. 85. Zur Definition von s

Es bleibt zu zeigen, daß $s \leq 1 + \lfloor \log_a(p_i - p_{i-1} + 1) \rfloor$. Dies ist sicherlich der Fall, wenn $s = 0$. Sei nun $s > 0$. Wir haben oben erwähnt, daß entweder β mit einer 0 oder γ mit einer von 0 verschiedenen Marke beginnt. Im ersten Fall betrachten wir den Knoten w, der von v aus über $k_1\alpha 1$ erreicht wird; im zweiten Fall betrachten wir den Knoten w, der von v über $k_2 0^{|\alpha|} 0$ erreicht wird. Alle Blattnachfolger von w liegen echt zwischen p_{i-1} und p_i. Weiterhin hat w die Höhe $s-1$ und hat daher mindestens a^{s-1} Blattnachfolger. Dies zeigt, daß

$$a^{s-1} \leq p_i - p_{i-1} - 1 \leq p_i - p_{i-1} + 1$$

und somit

$$s \leq 1 + \lfloor \log_a(p_i - p_{i-1} + 1) \rfloor.$$

Damit ist die obige Behauptung bewiesen. ∎

Durch wiederholte Anwendung der Behauptung erhalten wir

$$A_r \geq A_1 + \sum_{i=2}^{r} l_i - 2 \cdot \sum_{i=2}^{r} \lfloor \log_a(p_i - p_{i-1} + 1) \rfloor - 3 \cdot (r-1).$$

Da $A_r \leq 1 + \lfloor \log_a N/2 \rfloor$ und $A_1 \geq 0$, beweist dies, daß

$$\sum_{i=2}^{r} l_i \leq 3r - 3 + 1 + \lfloor \log_a N/2 \rfloor + 2 \cdot \sum_{i=2}^{r} \lfloor \log_a(p_i - p_{i-1} + 1) \rfloor$$

und somit

$$m \leq 3r - 1 + 2\lfloor \log_a N/2 \rfloor + 2 \cdot \sum_{i=2}^{r} \lfloor \log_a(p_i - p_{i-1} + 1) \rfloor.$$

Damit ist Faktum 5 bewiesen. ∎

Jetzt können wir alles zusammensetzen und eine Schranke für die Anzahl der Rebalancierungs-Operationen erhalten:

$$\begin{aligned} KD + KS + KV &= KD + KSNK + KSK + KV \\ &\leq s + t + KSK + KV && \text{(Faktum 2)} \\ &\leq 3(s+t) + 2m, && \text{(Faktum 4d)} \end{aligned}$$

wobei m die Gesamtzahl der Knoten auf den Pfaden von den neuen Blättern und den Phantomen zur Wurzel des resultierenden Baumes ist. Da der resultierende Baum ein (a, ∞)-Baum ist und $n + s$ Blätter (inklusive Phantome) hat, folgern wir aus Faktum 5, daß

$$m \leq 3(s+t) + 2\Big(\lfloor \log_a(n+s) \rfloor + \sum_{i=2}^{s+t} \lfloor \log_a(p_i - p_{i-1} + 1) \rfloor \Big)$$

und somit

$$KD + KS + KV \leq 9(s+t) + 4\Big(\lfloor \log_a(n+s) \rfloor + \sum_{i=2}^{s+t} \lfloor \log_a(p_i - p_{i-1} + 1) \rfloor \Big).$$

Damit ist Satz 13 bewiesen. ∎

Satz 13 gibt uns eine Schranke für die Gesamtrebalancierungskosten, wenn wir mit einem nichtleeren (a, b)-Baum starten. Wir benutzen nun Satz 13, um Satz 12 auf den Fall einer nichtleeren Liste zu verallgemeinern.

Satz 14. *Seien $a \geq 2$ und $b \geq 2a$. Sei L eine sortierte Liste von n Elementen, die durch einen niveau-verbundenen (a, b)-Baum, in dem ein Finger errichtet ist, dargestellt wird. Dann sind die Gesamtkosten einer Folge von Fingererzeugungen, Fingerentfernungen, Such-, Einfüge- und Streiche-Operationen auf L*

$$O(\log(n + s) + \textit{Gesamtkosten der Suchen}),$$

wobei s die Anzahl der Einfüge-Operationen ist.

Beweis: Sei S eine beliebige Folge von Fingererzeugungen, Fingerentfernungen, Such-, Einfüge- und Streiche-Operationen, die genau s Einfüge- und t Streiche-Operationen enthält. Sei T_{final} der (a, b)-Baum, der die Liste L nach Ausführung von S darstellt. Wir nehmen an, daß gelöschte Elemente als Phantome bestehen bleiben. Die $n + s$ Blätter (wirkliche Blätter und Phantome) von T_{final} sollen von links nach rechts die Namen $1, \ldots, n + s$ tragen. Weise jedem Blatt p eine Beschriftung $l(p)$ zu, deren Wert die Anzahl der Blätter ist, die echt links von p liegen, von Anfang an vorhanden waren und keine Phantome wurden. Diese Beschriftungen liegen im Bereich $[0 \,..\, n - 1]$.

Betrachte die Suchen in S, die entweder zur Erzeugung eines neuen Fingers oder zur Einfügung oder Streichung eines Elementes führen. Wir nennen ein Element von L **referiert**, wenn es entweder der Ausgangs- oder der Bestimmungsort einer solchen Suche ist. (Wir betrachten ein eingefügtes Element als Bestimmungsort der Suche, die entdeckt, wo es einzufügen ist.) Seien $p_1 < p_2 < \cdots < p_l$ die referierten Objekte.

Wir betrachten im folgenden Graphen, deren Knotenmenge eine Teilmenge von $\{p_i;\ 1 \leq i \leq l\}$ ist. Wir bezeichnen eine Kante, die p_i und p_j verbindet, wobei $p_i \leq p_j$, in einem solchen Graphen mit $p_i — p_j$, und wir definieren die Kosten dieser Kante als $\max(\lceil \log(l(p_j) - l(p_i) + 1) \rceil, 1)$. Für jedes Objekt p_i (außer dem ursprünglichen Finger-Objekt) sei q_i das Finger-Objekt, von dem aus die Suche nach p_i ausgeführt wurde. Auch liegt jedes q_i in $\{p_i;\ 1 \leq i \leq l\}$, weil jeder Finger außer dem ersten durch eine Suche erzeugt worden sein muß. Betrachte den Graphen G mit der Knotenmenge

$$\{p_i;\ 1 \leq i \leq l\}$$

und der Kantenmenge

$$\{(q_i, p_i);\ 1 \leq i \leq l \text{ und } p_i \text{ ist nicht das ursprüngliche Finger-Objekt}\}.$$

Eine Konstante mal die Summe der Kantenkosten in G ist eine untere Schranke für die Gesamtsuchkosten, weil $|l(p_i) - l(q_i)| + 1$ auf jeden Fall die tatsächliche

Entfernung zwischen q_i und p_i unterschätzt, wenn p_i referiert wird. Wir beschreiben eine Art, G zu modifizieren, wobei wir seine Kosten nie erhöhen, bis er zu

$$r_1 — r_2 — \cdots — r_k$$

wird, wobei $r_1 \leq r_2 \leq \cdots \leq r_k$ die $k = s + t$ eingefügten und gestrichenen Blätter sind. Die Kosten dieses Graphen sind nun

$$\sum_{1<i\leq k} \max(\lceil \log(l(r_i) - l(r_{i-1}) + 1) \rceil, 1) \geq \frac{1}{8}(k + \sum_{1<i\leq k} \log(r_i - r_{i-1} + 1)),$$

und somit dominieren die Suchkosten den ersten und den dritten Summanden der oberen Schranke aus Satz 13. [Für die Ungleichung beachte man, daß aus $r_i = r_{i-1}$ folgt $l(r_i) = l(r_{i-1})$ und daß aus $r_i > r_{i-1}$ folgt $l(r_i) - l(r_{i-1}) = r_i - r_{i-1} - 1$, da die Blätter zwischen r_i und r_{i-1} sämtlich von Anfang an vorhanden waren und nie gestrichen wurden. Daher gilt $\max(\log(l(r_i) - l(r_{i-1}) + 1), 1) \geq \frac{1}{8}(1 + \log(r_i - r_{i-1} + 1))$.] Daraus folgt die Behauptung.

Der Anfangsgraph G ist zusammenhängend, weil jedes referierte Objekt von dem anfänglichen Fingerobjekt aus erreicht werden muß. Zuerst löschen wir alle Kanten aus G bis auf $l - 1$ Stück, so daß ein aufspannender Baum übrigbleibt. Dadurch steigen die Kosten von G nicht.

Dann wiederholen wir den folgenden Schritt, bis er nicht mehr anwendbar ist: Sei $p_i — p_j$ eine Kante von G, so daß es ein referiertes Objekt p_x mit $p_i < p_x < p_j$ gibt. Entfernen der Kante $p_i — p_j$ teilt G nun in genau zwei Komponenten. Wenn p_x in derselben Zusammenhangskomponente wie p_i liegt, ersetzen wir $p_i — p_j$ durch $p_x — p_j$; andernfalls ersetzen wir $p_i — p_j$ durch $p_i — p_x$. Der neue Graph ist immer noch ein aufspannender Baum $\{p_i;\ 1 \leq i \leq l\}$ und die Kosten sind nicht gestiegen.

Schließlich eliminieren wir jedes Objekt p_j, das kein eingefügtes oder gestrichenes Blatt ist, indem wir $p_i — p_j — p_x$ in $p_i — p_x$ überführen bzw. die Kanten $p_j — p_x$ entfernen, falls keine andere zu p_j inzidente Kante existiert. Dadurch steigen die Kosten nicht, und das Resultat ist der Baum $r_1 — r_2 — \cdots — r_k$ von eingefügten oder gelöschten Objekten, wie es unser Ziel war. ∎

Fingerbäume können für viele grundlegende Operationen benutzt werden, wie z.B. Vereinigung, Schnitt, Differenz, symmetrische Differenz, usw.

Satz 15. *Seien A und B zwei durch niveau-verbundene (a,b)-Bäume dargestellte Mengen, wobei $a \geq 2$ und $b \geq 2a$. Dann gilt:*

a) *Einfüge(x, A), Streiche(x, A), Konkateniere(A, B) und Zerlege(x, A) haben logarithmische Zeitkomplexität.*

b) *Sei $n = \max(|A|, |B|)$ und $m = \min(|A|, |B|)$. Dann können $A \cup B$, $A \otimes B$, $A \cap B$ und $A \setminus B$ in Zeit $O\left(\log \binom{n+m}{m}\right)$ konstruiert werden.*

Beweis: a) Es ist leicht einzusehen, daß die Sätze 6 und 7 auch für niveau-verbundene (a, b)-Bäume gelten.

b) Wir zeigen, wie man $A \otimes B = (A - B) \cup (B - A)$ konstruiert. Wir nehmen o.B.d.A. an, daß $|A| \geq |B|$. Der Algorithmus steht in Programm 36.

---

(1) errichte einen Finger auf das erste Element von A;
(2) **while** B ist nicht erschöpft
(3) **do** nimm das nächste Element, etwa x, aus B
        und suche danach in A startend an dem Finger;
(4)   füge x in A ein oder streiche x aus A, je nachdem, ob $x \in A$ oder $x \notin A$;
(5)   errichte einen Finger an der Position von x in A;
(6)   zerstöre den alten Finger
(7) **od**.

Prog. 36

Seien $p_1, \ldots, p_m$, wobei $m = |B|$, die Positionen der Elemente von B in der Menge $A \cup B$. Sei $p_0 = 1$. Wegen Satz 14 und weil die Gesamtsuchzeit durch $\sum_{i=0}^{m-1} \log(p_{i+1} - p_i + 1)$ beschränkt ist, hat das obige Programm die Zeitkomplexität

$$O(\log(n+m) + \sum_{i=0}^{m-1} \log(p_{i+1} - p_i + 1)).$$

Dieser Ausdruck wird maximal für $p_{i+1} - p_i = (n+m)/m$ für alle i und hat dann den Wert $O(\log(n+m)) + m \log((n+m)/m)) = O(m \log((n+m)/m)) = O\left(\log \binom{n+m}{m}\right)$.

Im Fall von $A \cup B$ führen wir in Zeile (4) nur Einfüge-Operationen aus. Im Fall von $A \cap B$ sammeln wir die Elemente von $A \cap B$ in Zeile (4) auf (es gibt höchstens m Stück davon) und konstruieren danach einen niveau-verbundenen (a, b)-Baum für sie in Zeit $O(m)$.

Schließlich betrachten wir $A \setminus B$. Wenn $|A| \geq |B|$, dann benutzen wir Programm 36. Andernfalls durchlaufen wir A linear, suchen nach den Elementen von A in B, wie oben beschrieben (die Rollen von A und B vertauscht), und führen die notwendigen Steiche-Operationen von Elementen von A aus. Offensichtlich gilt wieder die gleiche Zeitschranke. ∎

Beachten Sie, daß es $\binom{n+m}{m}$ Möglichkeiten für B als Teilmenge von $A \cup B$ gibt. Also ist $\log \binom{n+m}{m}$ im Entscheidungsbaum-Modell (s. II.1.6) auch eine untere Schranke für die Komplexität der Vereinigung und der symmetrischen Differenz.

III.5.3.4. Randanalyse

Mit Hilfe von Randanalyse wollen wir einige Aspekte von zufälligen (a, b)-Bäumen abhandeln. Zuerst definieren wir genau, was wir darunter verstehen.

Ein **zufälliger (a, b)-Baum** ist durch zufällige Einfügungen startend mit einem leeren Baum gewachsen. Sei T ein (a, b)-Baum mit j Blättern. Eine Einfügung eines neuen Elementes ist zufällig, wenn jedes der j Blätter von T mit gleicher Wahrscheinlichkeit durch die Einfügung gespalten wird. Wir können das mit dem Begriff des Suchbaumes auch wie folgt ausgedrücken. Sei S eine Menge mit $j-1$ Elementen und T ein Suchbaum für $S \cup \{\infty\}$. Dann spalten die Elemente von S das Universum in j Intervalle. Die Einfügung eines neuen Elementes x ist zufällig, wenn x mit gleicher Wahrscheinlichkeit in jedem der oben definierten j Intervalle liegt.

Wir benutzen Randanalyse, um Schranken für $\overline{n}(N)$ herzuleiten, wobei $\overline{n}(N)$ die mittlere Anzahl der Knoten in einem zufälligen (a, b)-Baum mit N Blättern ist, d.h. in einem Baum, der durch N zufällige Einfügungen von Blättern in einen leeren Baum entstanden ist. Dann ist $\overline{n}(N) \cdot (2b - 1)$ die mittlere Anzahl der für einen zufälligen (a, b)-Baum mit N Blättern benötigten Speicherzellen. Ein Knoten wird dabei durch $2b-1$ aufeinanderfolgende Speicherzellen dargestellt. Weil jeder (a, b)-Baum mit N Blättern mindestens $(N-1)/(b-1)$ Knoten hat und somit mindestens $(2b - 1)(N - 1)/(b - 1)$ Speicherplätze benutzt, können wir

$$\overline{s}(N) = (N - 1)/[(b - 1) \cdot \overline{n}(N)]$$

als Speicherausnutzung eines zufälligen (a, b)-Baumes definieren. Wir werden zeigen, daß $\overline{s}(N) \approx 0.69$, wenn $b = 2a$ und a groß ist. Dies steht in bemerkenswertem Gegensatz zur Speicherausnutzung im schlechtesten Fall von $(a - 1)/(b - 1) \approx 0.5$.

Für einen (a,b)-Baum T sei $n(T)$ die Anzahl der Knoten von T und $p_N(T)$ die Wahrscheinlichkeit, daß T durch N zufällige Einfügungen aus dem leeren Baum entsteht. Sicherlich ist $p_N(T) = 0$, wenn die Anzahl der Blätter von T ungleich N ist. Dann gilt

$$\overline{n}(N) = \sum_T p_N(T) \cdot n(T).$$

Randanalyse beruht auf der Tatsache, daß die meisten Knoten eines (a, b)-Baumes nahe bei den Blättern liegen. Deshalb können wir eine gute Abschätzung für $\overline{n}(N)$ erhalten, indem wir nur die Anzahl der Knoten auf dem Niveau direkt über den Blättern abschätzen.

Sei $n_i(T)$ die Anzahl der Blätter von T, die Söhne eines Knotens vom Grad i, $a \le i \le b$, sind. Dann ist $\sum_i n_i(T) = |T|$, der Anzahl der Blätter von T. Sei

$$\overline{n}_i(N) = \sum_T n_i(T) \cdot p_N(T).$$

Dann ist $\sum_i \overline{n}_i(N) = N$.

Lemma 11.

a) *Sei T ein (a,b)-Baum und $r = \sum_i n_i(T)/i$. Dann ist*

$$\frac{-1}{b-1} + \left(1 + \frac{1}{b-1}\right) \cdot r \;\leq\; n(T) \;\leq\; 1 + \left(1 + \frac{1}{a-1}\right) \cdot r.$$

b) *Sei $\overline{r}(N) = \sum_i \overline{n}_i(N)/i$. Dann ist*

$$\frac{-1}{b-1} + \left(1 + \frac{1}{b-1}\right) \cdot \overline{r}(N) \;\leq\; \overline{n}(N) \;\leq\; 1 + \left(1 + \frac{1}{a-1}\right) \cdot \overline{r}(N).$$

Beweis: a) Sei m die Anzahl der Knoten von T der Höhe 2 oder mehr. Dann ist $n(T) = m + \sum_i n_i(T)/i$, weil $n_i(T)/i$ die Anzahl der Knoten vom Grad i und der Höhe 1 ist. Weiter gilt

$$\frac{\sum_i n_i(T)/i - 1}{b-1} \;\leq\; m \;\leq\; \frac{\sum_i n_i(T)/i - 1}{a-1} + 1,$$

weil jeder Knoten der Höhe 2 oder mehr mindestens a und höchstens b Söhne hat (lediglich die Wurzel hat mindestens 2 Söhne), und weil es in T genau $\sum_i n_i(T)/i$ Knoten der Höhe 1 gibt. Die 1 auf der rechten Seite der obigen Ungleichung kommt daher, daß der Grad der Wurzel 2 sein kann.

b) Unmittelbar aus Teil a) und den Definitionen von $\overline{n}_i(N)$ und $\overline{n}(N)$. ∎

Aus Lemma 11 folgt, daß $\overline{n}(N)$ im wesentlichen gleich $\sum_i \overline{n}_i(N)/i$ ist. Wir bestimmen diese Größe, indem wir Rekursionsgleichungen für $\overline{n}_i(N)$ aufstellen und lösen.

Lemma 12. *Sei $a \geq 2$ und $b = 2a$. Dann gelten die folgenden drei Rekursionen:*

$$\overline{n}_a(N+1) = \overline{n}_a(N) + a \cdot \frac{\overline{n}_b(N) - \overline{n}_a(N)}{N},$$

$$\overline{n}_{a+1}(N+1) = \overline{n}_{a+1}(N) + (a+1) \cdot \frac{\overline{n}_b(N) + \overline{n}_a(N) - \overline{n}_{a+1}(N)}{N},$$

$$\overline{n}_i(N+1) = \overline{n}_i(N) + i \cdot \frac{\overline{n}_{i-1}(N) - \overline{n}_i(N)}{N} \qquad \textit{für } a+2 \leq i \leq b.$$

Beweis: Wir beweisen die zweite Ungleichung und überlassen die beiden anderen dem Leser. Sei T ein (a,b)-Baum mit N Blättern. Wir betrachten eine zufällige Einfügung in T, die zum Baum T' führt. $n_{a+1}(T')-n_{a+1}(T)$ wächst um $a+1$, wenn die Einfügung in einen Knoten mit entweder genau a Blattsöhnen [die Wahrscheinlichkeit dafür ist $n_a(T)/N$] oder genau b Blattsöhnen [die Wahrscheinlichkeit dafür ist $n_b(T)/N$] gemacht wird. $n_{a+1}(T')-n_{a+1}(T)$ sinkt um $a+1$, wenn die Einfügung in einen Knoten der Höhe 1 mit $a+1$ Söhnen gemacht wird [die Wahrscheinlichkeit dafür ist $n_{a+1}(T)/N$]. Also gilt

$$\begin{aligned}\overline{n}_{a+1}(N+1) &= \sum_T p_N(T)\cdot\left[n_{a+1}(T)+(a+1)\cdot\left(\frac{n_b(T)}{N}+\frac{n_a(T)}{N}-\frac{n_{a+1}(T)}{N}\right)\right]\\ &= \overline{n}_{a+1}(N)+(a+1)\cdot\frac{\overline{n}_b(N)+\overline{n}_a(N)-\overline{n}_{a+1}(N)}{N}.\end{aligned}$$ ∎

Sei $Q(N)$ der Spaltenvektor $\left(\overline{n}_a(N),\ldots,\overline{n}_b(N)\right)^T$ und I die Einheitsmatrix. Dann kann Lemma 12 in Matrizenform folgendermaßen umgeformt werden:

$$Q(N+1)=\left(I+\frac{1}{N}\cdot B\right)\cdot Q(N),$$

wobei

$$B=\begin{pmatrix} -a & & & & a\\ a+1 & -(a+1) & & & a+1\\ & a+2 & -(a+2) & & \\ & & & \ddots \quad \ddots & \\ & & & +b & -b\end{pmatrix}.$$

Mit der Festlegung $q(N)=(1/N)\cdot Q(N)$ kann dies umgeschrieben werden zu

$$q(N+1)=\left[I+\frac{1}{N+1}\cdot(B-I)\right]\cdot q(N).$$

Die Matrix $B-I$ ist singulär, weil jede Spalte sich zu Null summiert. Wir zeigen später, daß $q(N)$ gegen einen rechten Eigenvektor q von $B-I$ zum Eigenwert 0 konvergiert, wenn N gegen ∞ geht. Auch ist $|q(N)-q|=O(N^{-c})$ für ein $c>0$. Das wird in Satz 17 bewiesen.

Als nächstes bestimmen wir $q=(q_a,\ldots,q_b)^T$. Die q_i für $a\le i\le b$ können wie folgt gefunden werden: Nimm q_b als Unbestimmte und löse $(B-I)\cdot q$ für $q_{b-1},q_{b-2},\ldots,q_{a+2},q_a,q_{a+1}$ in dieser Reihenfolge. Dann benutze $\sum_i q_i=1$, um q_b zu bestimmen. Man erhält

$$q_a=\frac{a}{(a+1)(b+1)(H_b-H_a)}$$

und

$$q_i = \frac{1}{(i+1)(H_b - H_a)} \qquad \text{für } a+1 \le i \le b,$$

wobei $H_a = \sum_{i=1}^{a} 1/i$ die a-te harmonische Zahl ist. Also ist

$$\begin{aligned}
\sum_{i=a}^{b} q_i/i &= \left(\frac{1}{(a+1)(b+1)} + \sum_{i=a+1}^{b} \frac{1}{i(i+1)}\right) \Big/ (H_b - H_a) \\
&= \left(\frac{1}{(a+1)(b+1)} + \sum_{i=a+1}^{b} \left(\frac{1}{i} - \frac{1}{i+1}\right)\right) \Big/ (H_b - H_a) \\
&= \left(\frac{1}{(a+1)(b+1)} + \frac{1}{a+1} - \frac{1}{b+1}\right) \Big/ (H_b - H_a) \\
&= \left[(b+1)(H_b - H_a)\right]^{-1}. \qquad \text{(da } b = 2a\text{)}
\end{aligned}$$

Satz 16. *Sei $a \ge 2$, $b = 2a$, $\epsilon > 0$ und $\overline{s}(N) = (N-1)/\left[(b-1) \cdot \overline{n}(N)\right]$ die Speicherausnutzung eines zufälligen (a,b)-Baumes mit N Blättern. Dann ist*

$$|\overline{s}(N) - \ln 2| \le C/a + \epsilon$$

für eine Konstante C, die unabhängig von N und a ist, und alle genügend großen N.

Beweis: Beachten Sie zuerst, daß

$$\frac{N}{(b-1)\cdot(1+1/(a-1))\cdot\overline{r}(N)} - \epsilon \le \overline{s}(N) \le \frac{N}{(b-1)\cdot(1+1/(b-1))\cdot\overline{r}(N)} + \epsilon$$

für alle genügend großen N nach Lemma 11b). Hier ist $\overline{r}(N)/N = \sum_i q_i(N)/i = \sum_i q_i/i + O(N^{-c}) = 1/\left[(b+1)\cdot(H_b - H_a)\right] + O(N^{-c})$ für ein $c > 0$. Weiterhin ist $H_b - H_a = \sum_{i=a+1}^{b} 1/i = \ln 2 - O(1/a)$, weil $\int_{a+1}^{b+1}(1/x)\,dx \le \sum_{i=a+1}^{b} 1/i \le \int_a^b (1/x)\,dx$. Also ist $|\overline{s}(N) - \ln 2| \le C/a + \epsilon$ für alle genügend großen N und eine Konstante C. ∎

Die Speicherausnutzung eines zufälligen $(a,2a)$-Baumes ist für große a ungefähr $\ln 2 \approx 69\%$. Randanalyse kann auch benutzt werden, um Satz 9 über die Gesamtrebalancierungskosten zu verschärfen. Die Schranke in Satz 9 wurde hergeleitet unter der pessimistischen Annahme, daß jede Einfüge- oder Streiche-Operation die Balance des Baumes um 1 verringert. Randanalyse gibt uns zumindest dann eine bessere Schranke, wenn wir unsere Aufmerksamkeit auf zufällige Folgen von Einfügungen beschränken (vgl. Übung 36). Es ist nicht schwierig, zu definieren, was wir unter einer zufälligen Streichung verstehen wollen: Jedes Blatt des Baumes wird mit gleicher Wahrscheinlichkeit gestrichen. Es scheint jedoch sehr schwierig zu sein, Randanalyse auf zufällige Einfügungen *und* Streichungen zu erweitern.

Wir müssen noch die Konvergenz der Folge $q(N)$, $N = 1, 2, \ldots$, beweisen. Die Antwort gibt der folgende, allgemeine Satz, der auch auf Randanalyse-Probleme für andere Baumarten anwendbar ist.

Satz 17. *Sei $H = (h_{ij})_{1 \leq i,j \leq m}$ eine Matrix mit folgenden Eigenschaften:*

1) *Alle Elemente, die nicht auf der Diagonalen liegen, sind nichtnegativ, und jede Spalte von H summiert sich zu null.*

2) *Es gibt ein i, so daß es für alle j Werte $j_0, \ldots, j_k$ gibt mit $i = j_0$, $j = j_k$ und $h_{j_l, j_{l+1}} > 0$ für $0 \leq l < k$.*

Dann gilt:

a) *Seien $\lambda_1, \ldots, \lambda_m$ die Eigenwerte von H in absteigender Reihenfolge bezüglich des reellen Teils. Dann ist $\lambda_1 = 0 > \mathrm{Re}(\lambda_2) \geq \mathrm{Re}(\lambda_3) \geq \cdots \geq \mathrm{Re}(\lambda_m)$.*

b) *Sei $q(0)$ ein beliebiger nicht-null m-Vektor und $q(N+1) = (I + \frac{1}{N+1} H) \cdot q(N)$ für $N \geq 0$. Dann konvergiert $q(N)$ gegen q, einen Rechtseigenvektor von H bezüglich des Eigenwertes 0, und es gilt $|q - q(N)| = O(N^{\mathrm{Re}(\lambda_2)})$.*

Beweis: a) H ist singulär, da jeder Spaltenvektor von H sich zu 0 summiert. Also ist 0 ein Eigenwert für H. Weiterhin sind alle Eigenwerte von H in der Vereinigung der Kreisscheiben mit Zentrum h_{jj} und Radius $\sum_{i \neq j} |h_{ij}|$, $j = 1, 2, \ldots, m$, enthalten. Das folgt aus dem bekannten Gerschgorin-Kriterium (vgl. Stoer/Bulirsch: "Numerische Mathematik II", S. 77). Also haben alle Eigenwerte von H einen nicht-positiven Realteil; Eigenwerte ungleich 0 haben sogar einen echt negativen Realteil.

Es bleibt zu zeigen, daß 0 ein Eigenwert der Vielfachheit 1 ist. Das ist der Fall g.d.w. der lineare Term im charakteristischen Polynom von H (d.h. $\det(H - \lambda I)$) nicht-null ist. Der Koeffizient des linearen Terms ist $\sum_i \det H_{ii}$, wobei H_{ii} aus H durch Streichen der i-ten Zeile und der i-ten Spalte entsteht. Anwendung des Gerschgorin-Kriteriums auf H_{ii} zeigt, daß alle Eigenwerte von H_{ii} einen nicht-positiven reellen Teil haben. Aus $\det H_{ii} = \epsilon_1 \cdots \epsilon_{m-1}$, wobei $\epsilon_1, \ldots, \epsilon_{m-1}$ die Eigenwerte von H_{ii} sind, folgern wir, daß entweder $\det H_{ii} = 0$ oder $\mathrm{sign}(\det H_{ii}) = (-1)^{m-1}$ ist. Beachten Sie, daß $\det H_{ii}$ reell ist. Also ist $\sum_i \det H_{ii} = 0$ g.d.w. $\det H_{ii} = 0$ für alle i.

Als nächstes zeigen wir, daß $\det H_{ii} \neq 0$, wobei i die Annahme 2) des Satzes erfüllt. Nehmen wir das Gegenteil an. Sei $u = (u_1, \ldots, u_{i-1}, u_{i+1}, \ldots, u_m)$ ein Linkseigenvektor von H_{ii} bzgl. des Eigenwertes 0. Sei u_t eine Komponente von maximalem absoluten Wert in u und $I = \{j;\ |u_j| = |u_t|\} \subseteq \{1, \ldots, m\} - \{i\}$. Weil $i \notin I$ und $I \neq \emptyset$, muß es $j \in I$ und $k \notin I$ geben, so daß $h_{kj} > 0$ nach Annahme 2).

Wir nehmen o.B.d.A. an, daß $u_j > 0$. Somit gilt

$$\begin{aligned}\sum_{l\neq i} u_l \cdot h_{lj} &\leq u_j \cdot \Big(\sum_{l\in I} h_{lj} + \sum_{l\notin I} \frac{|u_l|}{u_j} \cdot h_{lj}\Big)\\ &\leq u_j \cdot \Big(\sum_{l} h_{lj} + \Big(\frac{|u_k|}{u_j} - 1\Big) \cdot h_{kj}\Big)\\ &< 0.\end{aligned}$$

Widerspruch! Dabei folgt die zweite Ungleichung wegen $|u_l| \leq u_j$ und $h_{jl} \geq 0$ für $l \neq j$ und die dritte wegen $\sum_l h_{lj} = 0$, $|u_k|/u_j < 1$ und $h_{kj} > 0$. Also ist u kein Linkseigenvektor von H_{ii} bzgl. des Eigenwertes 0.

b) Sei $f_n(x) = \prod_{j=1}^n (1 + x/j)$ und $f(x) = \lim\limits_{n\to\infty} f_n(x)$. Dann ist $f(0) = f_n(0) = 1$. Weiter gilt die

Behauptung: $|f_n(x)| \leq C \cdot n^{\mathrm{Re}(x)}$ *für ein von x abhängendes C.*

Beweis: Zunächst gilt $|f_n(x)| = \prod_{j=1}^n |1 + x/j| = \exp\big(\sum_{j=1}^n \ln|1 + x/j|\big)$. Ferner ist

$$\begin{aligned}|1 + x/j|^2 &= |1 + \mathrm{Re}(x/j)|^2 + |\mathrm{Im}(x/j)|^2\\ &\leq |1 + \mathrm{Re}(x/j)|^2 (1 + c \cdot |\mathrm{Im}(x/j)|^2)\end{aligned}$$

für eine Konstante c und alle $j \geq j_0$ (c und j_0 hängen von x ab). Ziehen wir die Quadratwurzeln und setzen sie in den Ausdruck für $|f_n(x)|$ ein, erhalten wir

$$\begin{aligned}|f_n(x)| &\leq \exp\Big(\sum_{j<j_0} \ln|1 + x/j|\\ &\qquad + \sum_{j=j_0}^{n} \big[\ln(1 + \mathrm{Re}(x/j)) + \ln((1 + c \cdot |\mathrm{Im}(x/j)|^2)^{1/2})\big]\Big)\\ &\leq C \cdot n^{\mathrm{Re}(x)}\end{aligned}$$

für eine Konstante C, die von x abhängt, weil $\ln(1 + \mathrm{Re}(x/j)) \leq \mathrm{Re}(x)/j$ und $\ln((1 + c \cdot |\mathrm{Im}(x/j)|^2)^{1/2}) \leq (c/2) \cdot |\mathrm{Im}(x)|^2/j^2$ (s. Anhang). ∎

Sei $q(0)$ ein m-Vektor und $q(N+1) = (I + \frac{1}{N+1} H) \cdot q(N)$ für $N \geq 0$. Dann ist $q(N) = f_N(H) \cdot q(0)$, wobei $f_n(H) = \prod_{1\leq j\leq n} (I + \frac{1}{j} H)$. Wir betrachten die Matrix $f_n(H)$ genauer. Sei

$$J = T \cdot H \cdot T^{-1} = \begin{pmatrix} J_1 & & 0 \\ & \ddots & \\ 0 & & J_k \end{pmatrix}$$

die zu H gehörende Jordan-Matrix; $J_1, \ldots, J_k$ sind die Blöcke der Jordan-Matrix. Es gilt $J_1 = (0)$, d.h., J_1 ist eine (1×1)-Matrix, deren einziger Eintrag 0 ist. Weiter ist

$$J_l = \begin{pmatrix} \lambda_l & 1 & & 0 \\ & & \ddots & \\ & & \ddots & 1 \\ 0 & & & \lambda_l \end{pmatrix}$$

mit $\mathrm{Re}(\lambda_l) < 0$. Dann ist $f_n(H) = f_n(T^{-1} \cdot J \cdot T) = T^{-1} \cdot f_n(J) \cdot T$, wie man leicht nachprüft. Weiter ist

$$f_n(J) = \begin{pmatrix} f_n(J_1) & & & \\ & f_n(J_2) & & \\ & & \ddots & \\ & & & f_n(J_k) \end{pmatrix}.$$

Es gilt (vgl. Gantmacher, "Matrizen", Kapitel V, Beispiel 2)

$$f_n(J_l) = \begin{pmatrix} f_n(\lambda_l) & \frac{f_n^{(1)}(\lambda_l)}{1!} & \frac{f_n^{(2)}(\lambda_l)}{2!} & \cdots & \frac{f_n^{(v_l-1)}(\lambda_l)}{v_l!} \\ & \ddots & \ddots & \ddots & \\ & & f_n(\lambda_l) & & \end{pmatrix},$$

wobei v_l die Vielfachheit von λ_l und $f_n^{(h)}$ die h-te Ableitung von f_n ist. Der Leser kann diese Identität (für jedes Polynom f_n) leicht nachweisen durch Induktion über den Grad. Also ist $f_n(J_1) = (1)$, die (1×1)-Matrix, deren einziger Eintrag 1 ist und

$$f_n(J_l) = \begin{pmatrix} \epsilon_{1,1}(n) & \cdots & \epsilon_{1,v_l}(n) \\ & \ddots & \vdots \\ 0 & & \epsilon_{v_l,v_l}(n) \end{pmatrix},$$

wobei $\epsilon_{i,j} = O(n^{\mathrm{Re}(\lambda_2)})$. Also konvergiert $q(N)$ gegen $q = T^{-1} \cdot f(J) \cdot T \cdot q(0)$ für $N \to \infty$. Hier ist $f(J)$ eine Matrix mit einer 1 an Stelle (1,1); alle anderen Einträge sind gleich 0. Weiter ist $H \cdot q = (T^{-1} \cdot J \cdot T) \cdot (T^{-1} \cdot f(J) \cdot T \cdot q(0)) = T^{-1} \cdot J \cdot f(J) \cdot T \cdot q(0) = T^{-1} \cdot 0 \cdot T \cdot q(0)$, wobei 0 die Nullmatrix ist. Also ist $H \cdot q = 0$, d.h., q ist ein Rechtseigenvektor von H bzgl. des Eigenwertes 0. Schließlich ist $|q(N) - q| = O(n^{\mathrm{Re}(\lambda_2)})$. ∎

III.6. Dynamische gewichtete Bäume

In diesem Abschnitt kombinieren wir einige der Resultate aus Abschnitt III.4 über gewichtete Bäume und Abschnitt III.5 über dynamische Bäume und behandeln **dynamische gewichtete Bäume**. Die Ausgangslage stellt sich folgendermaßen dar: Wir haben eine Menge $S = \{x_1 < x_2 < \cdots < x_n\}$ von n Elementen und Gewichte $w_i \in \mathbb{N}$, $1 \le i \le n$.

In Abschnitt III.4 sahen wir, wie man gute statische Bäume für die gewichtete Menge S baut. Wir zeigten, wie man die Operation Zugriff in logarithmischer Zeit unterstützt. Denn eine Suche nach x_i hatte im wesentlichen die Kosten $O(\log(W/w_i))$, wobei $W = w_1 + w_2 + \cdots + w_n$ das Gesamtgewicht der Menge S war. Um dies zu einzusehen sei b_i die Tiefe des Elementes x_i im Suchbaum und $p_i = w_i/W$. Dann ist nach Satz 5 aus III.4.1 $\sum p_i \cdot (b_i + 1) \ge \sum p_i \log(1/p_i)/\log 3$ und somit im Mittel $b_i + 1 \ge \log(1/p_i)/\log 3$. Wegen $\log(1/p_i) = \log(W/w_i)$ dürfen wir nicht erwarten, daß Zugriffe schneller als $O(\log(W/w_i))$ sind.

Abschnitt III.5 behandelte dynamische ungewichtete Mengen. Wir zeigten dort, wie man die Operationen Einfüge, Steiche, Zugriff, Konkateniere und Zerlege auf ungewichteten Mengen in logarithmischer Zeit realisiert.

Jetzt kombinieren wir beide Ansätze und zeigen, wie man auf gewichteten Mengen einfügt, streicht, zugreift, konkateniert und zerlegt. Welches Verhalten können wir nach den Resultaten von III.4 bestenfalls erwarten?

Oben haben wir argumentiert, daß die Kosten eines Zugriffs auf ein Element des Gewichtes w in einer Menge vom Gesamtgewicht W sicherlich nicht unter $O(\log(W/w))$ liegen können.

Verringern des Gewichtes um ein $\delta > 0$ kann nicht billiger sein als der Zugriff auf das "verringerte Element". Also müssen wir die Kosten $\Omega(\log((W-\delta)/(w-\delta)))$ einkalkulieren.

Erhöhen des Gewichtes um ein $\delta > 0$ kann nicht billiger als der Zugriff auf das Element im Baum mit Gewicht $W + \delta$ sein. Also müssen wir mit den Kosten $\Omega(\log((W+\delta)/(w+\delta)))$ rechnen.

Eine Einfüge-Operation muß vielleicht ein Blatt vom Gewicht w zwischen Blättern von minimalem Gewicht hinzufügen. Deshalb erwarten wir, daß eine Einfüge-Operation Zeit $\Omega(\log(W + w))$ benötigt; tatsächlich werden wir eine etwas bessere Schranke zeigen, nämlich $O(\log((W + w)/\min(w', w, w'')))$, wobei w' und w'' die Gewichte der beiden Nachbarn des neuen Knotens sind.

Eine Konkateniere-Operation schließlich verschmilzt zwei Bäume der Gewichte W_1 und W_2. Wir hoffen auf die Zeitkomplexität $O(\log((W_1 + W_2)/\min(W_1, W_2)))$. Wir werden diese Schranke jedoch nicht erreichen können, denn selbst im ungewichteten Fall hängen die Kosten einer Konkatenation von der Höhendifferenz der zu behandelnden Bäume ab, die im allgemeinen nicht mit dem Logarithmus des Gewichtsverhältnisses korreliert ist (vgl. Übungen 28 und 38), und deshalb werden wir nur eine Schranke von $O(\log((W_1 + W_2)/w))$ zeigen können, wobei w das Gewicht des rechtesten Elementes des ersten Baumes ist.

Das Hauptresultat dieses Abschnitts ist, daß diese Zeitschranken im wesentlichen erreichbar sind. Aber wie können wir gewichtsbalancierte oder höhenbalancierte Bäume verallgemeinern, um Elemente von verschiedenen Gewichten zu handhaben? Eine erste Idee ist, Gewichte und Mächtigkeiten von Mengen in gewichtsbalancierten Bäumen auszubalancieren (vgl. die Verallgemeinerung von binärer Suche von ungewichteten auf gewichtete Mengen in III.4.1) oder die Höhe eines Blattes von seinem Gewicht in höhenbalancierten Bäumen abhängen zu lassen, z.B. die Höhe eines Blattes vom Gewicht w auf $\lfloor \log w \rfloor$ zu setzen. Das folgende Beispiel zeigt, daß diese Idee in ihrer reinen Form nicht trägt.

Beispiel: Wir betrachten eine Menge von drei Elementen mit den Gewichten 1, n und 1. In einem gewichtsbalancierten Baum hat die Wurzel die Balance $1/(n+2)$, was beliebig nahe bei 0 sein kann. In einem höhenbalancierten Baum haben wir drei Blätter der Höhe $\log 1$, $\log n$ und $\log 1$, d.h., die Höhe der Brüderknoten kann um beliebige Beträge voneinander differieren. ∎

Drei Strategien wurden betrachtet, um diesen Schaden zu beheben: Im historisch ersten Ansatz wird das Konzept, daß jedes Element $x \in S$ durch ein einzelnes Blatt dargestellt wird, aufgegeben. Vielmehr wird das Gewicht schwerer Elemente in kleinere Stücke aufgeteilt, um das Balance-Kriterium sicherzustellen.

Im Beispiel aus Abbildung 86 können wir das Objekt $x_2 \in S$ durch Blätter der Gewichte 2, 2, 4, ..., $n/4$, $n/4$, ..., 4, 2, 2 darstellen und erhalten auf diese Art einen balancierten Baum. Nur eins von diesen Blättern, nämlich eins der großen Gewichtsstücke $n/4$, stellt "wirklich" x_2 dar, und die Suchen nach x_2 werden zu diesem Blatt hin gelenkt; alle anderen Blätter sind nur vorhanden, um die Fiktion eines vollen balancierten Baumes aufrecht zu halten. Die Einzelheiten dieses Ansatzes stehen in Abschnitt III.6.2.

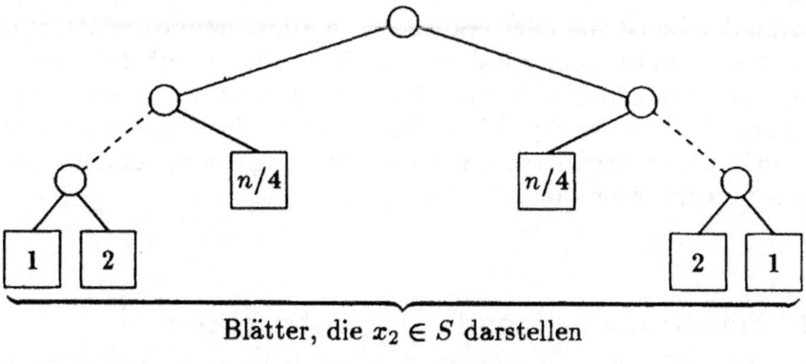

Abb. 86. Verteilen eines Elementes über viele Blätter

Der historisch zweite Ansatz (er steht in S.W. Bent, D.D. Sleator, R.E. Tarjan: "Biased 2-3 Trees", 21st *FOCS*, 1980, S. 248–254, oder H. Güting, H.P. Kriegel: "Dynamic k-dimensional search", 5th GI-Conference on Theoretical Computer Science, *LNCS* 104, S. 135–145) beginnt mit der Beobachtung, daß unbalancierte Knoten nur nahe bei den Blättern auftreten dürfen. Dies kann man wie folgt einsehen: Angenommen, wir wollen Elemente mit Gewichten $w_1, \ldots, w_n$ in den Blättern eines binären Baumes abspeichern. Sei i so gewählt, daß $w_1 + \cdots + w_{i-1} \leq W/2 \leq$

$w_1 + \cdots + w_i$, wobei $W = w_1 + \cdots + w_n$. Wenn entweder $w_1 + \cdots + w_{i-1} \geq W/3$ oder $w_1 + \cdots + w_i \leq 2W/3$, dann können wir einen Baum konstruieren, dessen Wurzelbalance im Intervall $[1/3, 2/3]$ liegt. Andernfalls muß $w_i \geq W/3$ und $1 < i < n$ oder $w_i \geq 2W/3$ und $i \in \{1, n\}$ sein. In beiden Fällen ist einer der Bäume aus Abbildung 87 ein guter Suchbaum. Sie haben jeweils eine unbalancierte Wurzel und alle nichttrivialen Unterbäume haben Gewicht höchstens $W/3$.

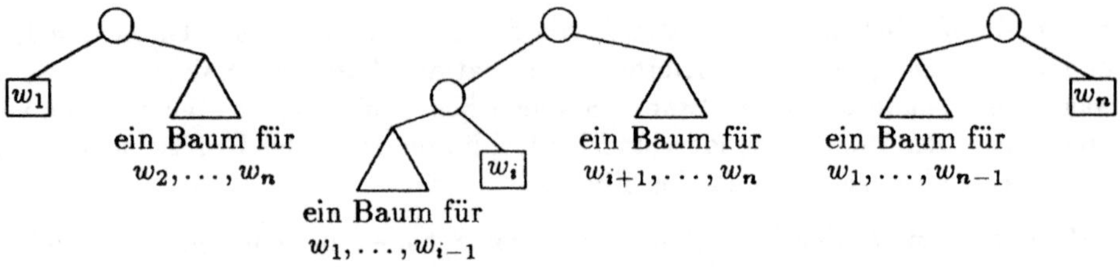

Abb. 87. Gute Suchbäume mit einem schweren Element

Somit ist logarithmische Suchzeit garantiert, und unbalancierte Knoten treten nur nahe bei den Blättern auf. Eine ähnliche Aussage kann für höhenbalancierte Bäume gemacht werden. In ihrem Artikel über "biased trees" (schiefe Bäume) zeigen Bent/Sleator/Tarjan (80), daß diese Eigenschaft dynamisch sichergestellt werden kann und daß die oben erwähnten Schranken durch schiefe Bäume erreicht werden können.

Der dritte Ansatz wird in III.6.1.2 untersucht. Er beruht auf der Idee von selbstorganisierenden Datenstrukturen und bietet sicher die eleganteste Lösung.

Abschnitt III.6 ist wie folgt gegliedert: In III.6.1 werden selbstorganisierende Datenstrukturen und ihr amortisiertes und ihr mittleres Verhalten diskutiert. Abschnitt III.6.1.1 beschäftigt sich mit selbstorganisierenden linearen Listen und Abschnitt III.6.1.2 mit selbstorganisierenden Bäumen. In III.6.2 beschreiben wir D-Bäume und in III.6.3 diskutieren wir eine Anwendung von dynamischen gewichteten Bäumen auf mehrdimensionales Suchen.

III.6.1. Selbstorganisierende Datenstrukturen — Analyse im amortisierten und im mittleren Fall

In diesem Abschnitt behandeln wir selbstorganisierende lineare Listen und Bäume. Die Idee ist recht einfach. Angenommen, wir haben eine Datenstruktur für die Menge $S = \{x_1, \ldots, x_n\}$. Wenn wir auf ein Element von S, etwa x_i, zugreifen, dann bringen wir x_i näher zum Eintrittspunkt dieser Datenstruktur. Das macht spätere Zugriffe auf x_i billiger. Auf diese Art streiten sich die Elemente von S um die "guten" Plätze in der Datenstruktur und oft referierte Elemente erreichen vermutlich einen solchen. Wir verwalten jedoch keine expliziten Gewichte oder

Häufigkeitszähler; vielmehr hoffen wir, daß die Datenstruktur sich selbst zu einer guten Datenstruktur organisiert.

Da in einer selbstorganisierenden Datenstruktur keine globale Information aufbewahrt wird, kann das Verhalten einer einzelnen Operation im schlechtesten Fall miserabel sein. Das mittlere und das amortisierte Verhalten dürften jedoch gut sein. Für eine Analyse des mittleren Falls brauchen wir Wahrscheinlichkeiten für die verschiedenen Operationen. Die Datenstruktur führt dann zu einer Markov-Kette, deren Zustände die verschiedenen Inkarnationen der Datenstruktur sind. Mit Hilfe der Wahrscheinlichkeitstheorie berechnen wir dann die stationären Wahrscheinlichkeiten der verschiedenen Zustände und benutzen diese Wahrscheinlichkeiten, um Schranken für das mittlere Verhalten der Datenstruktur herzuleiten. In III.6.1.1 führen wir eine Analyse des mittleren Falls von selbstorganisierenden linearen Listen durch.

Amortisierte Analyse ist die Analyse des schlechtesten Falls eines Algorithmus für eine Folge von Operationen, d.h., das Ziel amortisierter Analyse ist es, eine obere Schranke für die Kosten einer Folge von Operationen herzuleiten. Wir haben schon mehrere Beispiele von amortisierter Analyse kennengelernt, hauptsächlich in den Abschnitten über (a,b)- und $BB[\alpha]$-Bäume. Wir werden diese Technik noch öfter anwenden.

Bei der Analyse von (a,b)-Bäumen haben wir das Bankkonto-Paradigma benutzt. Um es in diesem Abschnitt anwenden zu können, müssen wir seine Prinzipien genauer untersuchen. Wir betrachten eine Folge $Op_1, \ldots, Op_m$ von Operationen, die von einer anfänglichen Datenstruktur D_0 zu einer abschließenden Datenstruktur D_m führt:

$$D_0 \xrightarrow{Op_1} D_1 \xrightarrow{Op_2} D_2 \xrightarrow{Op_3} \quad \cdots \quad \xrightarrow{Op_m} D_m.$$

Angenommen, wir haben eine Funktion $bal : \{D_0, D_1, \ldots\} \mapsto \mathbb{R}$ von der Menge der möglichen Datenstrukturen in die Menge der reellen Zahlen. Wenn D eine Datenstruktur ist, dann nennen wir $bal(D)$ den **Kontostand** der Struktur. Eine Zahlungseinheit auf dem Konto repräsentiert die Fähigkeit, $O(1)$ Einheiten Rechenzeit zu bezahlen. Wir definieren die **amortisierten Kosten** der Operation Op_i durch

$$(*) \qquad a_i = t_i + bal(D_i) - bal(D_{i-1}),$$

wobei t_i die tatsächliche Ausführungszeit der Operation Op_i ist.

Beispiel: In unserer Analyse von $(2,4)$-Bäumen (s. III.5.3.2 mit $a = 2$ und $b = 4$) haben wir das folgende Konto benutzt:

$$bal(T) = -|\{v;\ v \text{ ist ein Knoten von } T \text{ und hat genau drei Söhne}\}| = \sum_{v \in T} -b(v)$$

Die tatsächlichen Kosten, um ein Blatt hinzuzufügen, sind $1+s$, wobei s die Anzahl der durch Hinzufügen des Blattes verursachten Knotenspaltungen ist. Wenn das

Hinzufügen eines Blattes zum Baum T dazu führt, daß s Knoten gespalten werden und Baum T' entsteht, dann ist $bal(T') - bal(T) \leq -(s-1)$, weil es mindestens $s-1$ zusätzliche Knoten mit genau drei Söhnen in T' gibt. Deshalb betragen die amortisierten Kosten, um ein Blatt hinzuzufügen, höchstens $1 + s - (s-1) = 2$. ∎

Summieren wir die definierende Gleichung (∗) über alle Operationen, so erhalten wir

$$\sum_{i=1}^{m} t_i = \sum_{i=1}^{m} a_i + bal(D_0) - bal(D_m),$$

d.h., die tatsächlichen Gesamtkosten der Folge von Operationen sind gleich den gesamten amortisierten Kosten plus der Nettoabnahme an Balance zwischen der Anfangs- und der Endkonfiguration. Meistens werden wir das Konzept der Amortisierung wie folgt benutzen: Angenommen, wir haben die geplanten Kosten GK_i der Operation Op_i irgendwie festgelegt. In dynamischen gewichteten Bäumen z.B. sind die geplanten Kosten einer Zugriffs-Operation auf ein Element vom Gewicht w in einer Menge vom Gesamtgewicht W gleich $\log(W/w)$. Dann werden wir versuchen, ein Konto für die Datenstruktur zu finden, d.h. eine Funktion bal, so daß die amortisierten Kosten jeder Operation durch die geplanten Kosten beschränkt sind, d.h.,

$$a_i = t_i + bal(D_i) - bal(D_{i-1}) \leq GK_i\,.$$

Dann gilt

$$\sum_{i=1}^{m} t_i \leq \sum_{i=1}^{m} GK_i + bal(D_0) - bal(D_m),$$

d.h., die tatsächlichen Gesamtkosten sind beschränkt durch die geplanten Gesamtkosten plus die Nettoabnahme an Balance. Amortisierung ist ein Hilfsmittel, um die Kosten unter den Operationen aufzuteilen. Operationen, die nicht ihre geplanten Kosten in Anspruch nehmen, d.h., für die $t_i < GK_i$ ist, bezahlen für die Kosten von Operationen mit, die ihre geplanten Kosten überschreiten, d.h., für die $t_i > GK_i$ ist. Das Aufteilen der Kosten wird durch das der Datenstruktur zugeordnete Konto realisiert, d.h., eine Operation zahlt $GK_i - t_i$ Einheiten auf das Konto ein oder hebt $t_i - GK_i$ Einheiten ab, um die Kostendifferenz zwischen geplanter und tatsächlicher Zeitschranke abzudecken.

In den meisten Fällen amortisierter Analyse ist $bal(D) \geq 0$ (**positives Konto**) oder $bal(D) \leq 0$ (**negatives Konto**) für alle D.

Im Fall eines *positiven Kontos* gilt

$$\sum_{i=1}^{m} t_i \leq \sum_{i=1}^{m} GK_i + bal(D_0),$$

d.h., die tatsächlichen Kosten sind durch die geplanten Kosten plus die Anfangsbalance beschränkt. Die Interpretation eines positiven Kontos ist besonders einfach. Wir beginnen mit einer Anfangsinvestition von $bal(D_0)$ Einheiten. Durch Benutzung dieser Anfangsinvestition und der durch die geplanten Kosten bereitgestellten

Einheiten können wir die tatsächlichen Kosten abdecken. Wir benutzen also das Konto, um Operationen für die Kosten nachfolgender Operationen bezahlen zu lassen, wenn diese ihre geplanten Kosten überschreiten.

Beispiel: Ein Beispiel für ein positives Konto ist die Analyse eines BB[α]-Baumes. (Vgl. Sätze 4 und 5 aus III.5.1.) Sei $1/4 < \alpha < 1 - \sqrt{2}/2$ und $\delta > 0$ wie in Lemma 1 aus III.5.1 definiert. Für einen binären Baum T sei

$$bal(T) = \sum_{v} \max\{0, \alpha + \delta - \rho(v), \rho(v) - (1 - \alpha - \delta)\}/\delta,$$

wobei $\rho(v)$ die Balance des Knotens v ist und die Summation über alle Knoten des Baumes T läuft. Wir behaupten, daß die amortisierten Kosten, um ein Blatt hinzuzufügen oder zu streichen, $O(1)$ sind. Dies kann man wie folgt einsehen: Beachten Sie zunächst, daß die amortisierten Kosten einer Rotation oder Doppelrotation 0 sind, weil ein Knoten v, der eine Rebalancierungs-Operation verursacht, Balance $\rho(v) < \alpha$ oder $\rho(v) > 1 - \alpha$ hat und somit mindestens 1 zu $bal(T)$ beiträgt, und weil die an der Rebalacierungs-Operation beteiligten Knoten nach der Operation eine Balance aus dem Intervall $[\alpha + \delta, 1 - \alpha - \delta]$ haben und somit nichts zu $bal(T)$ beitragen. Also sinkt $bal(T)$ um 1 und kompensiert die tatsächlichen Kosten der Rebalancierungs-Operation. Wir folgern, daß die amortisierten Kosten einer Rotation oder Doppelrotation 0 sind.

Durch Hinzufügen oder Entfernen eines Blattes ändern wir die Balancen aller Knoten w auf dem Pfad vom Blatt zur Wurzel. Die Balance eines Knotes w wird um höchstens $1/di(w)$ geändert, und weil die Dicke der Knoten auf dem Pfad von einem Blatt zur Wurzel exponentiell wächst, nimmt die Gesamtbalance um $O(1)$ zu. Also sind die amortisierten Kosten, um ein Blatt hinzuzufügen oder zu entfernen, in $O(1)$. ∎

Im Fall eines *negativen Kontos* ist

$$\sum_{i=1}^{m} t_i \leq \sum_{i=1}^{m} GK_i - bal(D_m),$$

d.h., die tatsächlichen Kosten sind durch die geplanten Kosten plus die Schulden am Ende begrenzt. Im Fall eines negativen Kontos benutzen wir $bal(D_m)$, um den Kostenüberlauf festzustellen, d.h., $|bal(D_m)|$ mißt den Betrag, um den die tatsächlichen Kosten die geplanten Kosten überschreiten. Wir benutzen also das Konto, um spätere Operationen für die Kosten von vorausgehenden Operationen bezahlen zu lassen, und wir benutzen $bal(D_m)$, um die Schulden am Ende zu messen.

Beispiel: Zwei Beispiele für ein negatives Konto sind die Analyse von (a, b)-Bäumen in III.5.3.2 und der Beweis des Faktums 5 in III.5.3.3, das die Anzahl der Knoten auf den Pfaden von der Wurzel zu den Blättern mit den Positionen p_i, $0 \leq i \leq r$, in einem (a, ∞)-Baum mit N Blättern beschränkt, wobei $p_0 \leq p_1 \leq \cdots \leq p_r$. Sei dazu D_i der Pfad von der Wurzel zur Position p_i, sei

$-bal(D_i)$ die Anzahl der Kanten auf dem Pfad D_i, die mit 0 beschriftet sind ($-bal(D_i)$ wird im Beweis von Faktum 5 mit A_i bezeichnet), t_i (im Beweis von Faktum 5 mit l_i bezeichnet) sei die Anzahl der Knoten auf Pfad D_i, die nicht auf D_{i-1} liegen, und $GK_i = 2\lfloor \log_a(p_i - p_{i-1} + 1) \rfloor + 3$. Dann gilt

$$t_i \leq GK_i + bal(D_{i-1}) - bal(D_i),$$

wie im Beweis von Faktum 5 gezeigt wurde. ∎

III.6.1.1. Selbstorganisierende lineare Listen

Selbstorganisierende lineare Suche ist sehr einfach. Sei $S = \{x_1, \ldots, x_n\}$. Wir betrachten die Operationen Zugriff(x), wobei wir $x \in S$ annehmen, Einfüge(x), wobei wir $x \notin S$ annehmen, und Streiche(x), wobei wir wiederum $x \in S$ annehmen. Wir verwalten S immer als eine Folge, die als eine durch Zeiger verbundene Liste realisiert werden kann. Wir benutzen $pos(i)$ für die Position von x_i in der Folge. Wir treffen die Annahme, daß die Kosten der Operationen Zugriff(x_i) und Streiche(x_i) gleich $pos(i)$ und daß die Kosten der Operation Einfüge(x_i) gleich $|S| + 1$ sind. Beachten Sie, daß wir dabei die Kosten für den Test $x \in S$ implizit der Einfüge-Operation zuschlagen.

Es gibt viele Strategien für selbstorganisierende lineare Suche. Zwei sehr populäre Strategien sind die **Nach-Vorne-Schieben-Regel** (NVSR oder NVS-Regel) und die **Vertauschungs-Regel** (VR oder V-Regel).

NVSR: Die Operationen Zugriff(x) und Einfüge(x) machen x zum ersten Element der Liste und lassen die Reihenfolge der übrigen Elemente unverändert; Operation Streiche(x) entfernt x aus der Liste.

VR: Die Operation Zugriff(x) vertauscht x mit dem Element vor x in der Liste; Einfüge(x) macht x zum vorletzten Element der Liste; Streiche(x) entfernt x aus der Liste.

Beispiel: Wir geben ein Beispiel für die NVS-Regel. Die Kosten der Operationsfolge

$$1\,3\,4 \xrightarrow{\text{Einfüge}(2)} 2\,1\,3\,4 \xrightarrow{\text{Zugriff}(3)} 3\,2\,1\,4 \xrightarrow{\text{Streiche}(1)} 3\,2\,4$$

sind $4 + 3 + 3 = 10$. ∎

Das erste Ziel dieses Abschnitts ist, zu beweisen, daß *kein* Algorithmus sich amortisiert besser als NVSR verhalten kann. Wir leiten dieses Resultat in drei Schritten her. Im ersten Schritt vergleichen wir NVSR mit der Strategie, nach absteigenden Häufigkeiten der Zugriffe zu ordnen, und motivieren das im dritten Schritt benutzte Konto. Im zweiten Schritt definieren wir das allgemeine Konzept eines Algorithmus zum Verwalten linearer Listen und seine Kosten. Im dritten Schritt leiten wir das Resultat her.

Für den ersten Schritt beschränken wir uns auf Folgen, in denen nur Zugriffs-Operationen vorkommen. Sei s eine solche Folge und k_i, $1 \leq i \leq n$, die Anzahl der Zugriffe auf das Element x_i in der Folge s. Wir nehmen o.B.d.A. an, daß $k_1 \geq k_2 \geq \cdots \geq k_n$. In der **Absteigende-Häufigkeits-Regel** (AHR oder AH-Regel) organisieren wir S als Liste $x_1, \ldots, x_n$ und ändern diese Anordnung nie. Seien $C_{\mathrm{AHR}}(s)$ die Kosten, um die Folge s unter der AH-Regel abzuarbeiten. Dann gilt:

$$C_{\mathrm{AHR}}(s) = \sum_{i=1}^{n} i \cdot k_i$$

Im folgenden Lemma zeigen wir, daß C_{NVSR} höchstens zweimal so groß ist.

Lemma 1. *Seien $C_{\mathrm{NVSR}}(s)$ die Kosten zum Abarbeiten der Folge s von Zugriffs-Operationen unter der* NVS*-Regel startend mit der Liste $x_1, \ldots, x_n$. Dann ist*

$$C_{\mathrm{NVSR}}(s) \leq 2 \cdot C_{\mathrm{AHR}}(s) - m,$$

wobei m die Länge der Folge s ist.

Beweis: Seien t_j^i, $1 \leq j \leq k_i$, die Kosten des j-ten Zugriffs auf das Element x_i unter der NVS-Regel. Wir leiten eine Schranke für

$$\begin{aligned} C_{\mathrm{NVSR}}(s) - C_{\mathrm{AHR}}(s) &= \sum_{i=1}^{n} \sum_{j=1}^{k_i} t_j^i - \sum_{i=1}^{n} i \cdot k_i \\ &= \sum_{i=1}^{n} \Big(\sum_{j=1}^{k_i} (t_j^i - i) \Big) \end{aligned}$$

her. Wir betrachten dazu ein Paar (i, j). Wenn $t_j^i > i$, dann müssen zwischen dem $(j-1)$-ten und dem j-ten Zugriff auf das Element x_i mindestens $t_j^i - i$ Zugriffe auf Elemente x_h mit $h > i$ geschehen sein. (Der 0-te Zugriff ist die Anfangskonfiguration.) Also ist

$$\sum_{j=1}^{k_i} (t_j^i - i) \leq k_{i+1} + \cdots + k_n$$

für alle i, $1 \leq i \leq n$, und deshalb weiter

$$\begin{aligned} C_{\mathrm{NVSR}}(s) - C_{\mathrm{AHR}}(s) &\leq \sum_{i=1}^{n} (k_{i+1} + \cdots + k_n) \\ &= \sum_{i=1}^{n} (i-1) \cdot k_i = C_{\mathrm{AHR}}(s) - m. \end{aligned}$$

∎

Man kann den Beweis von Lemma 1 auf eine andere Art interpretieren, was uns zu einem später benutzten Konto führt. Die obige Argumentation "Wenn $t_j^i > i$, dann müssen ... mindestens $t_j^i - i$ Zugriffe ... auf x_h mit $h > i$ geschehen sein" legt es nahe, die "Kostenüberschreitung" des j-ten Zugriffs auf x_i auf die Operationen Zugriff(x_h), $h > i$, zu verteilen, die zwischen dem $(j-1)$-ten und dem j-ten Zugriff auf x_i abgearbeitet wurden, d.h. auf diejenigen Elemente x_h, $h > i$, die bei dem j-ten Zugriff auf x_i in der linearen Liste vor x_i stehen. Wann immer wir also auf x_h zugreifen, berechnen wir zusätzliche $h - 1$ Zeiteinheiten für diesen Zugriff und benutzen diese Zeiteinheiten, um die Kostenüberschreitung der Zugriffe auf die Elemente x_i, $i < h$, zu bezahlen. Die amortisierten Kosten der Zugriffe auf x_h betragen auf diese Art $2h - 1$ Einheiten. Wir können diese Idee formalisieren, indem wir ein Konto benutzen mit der Balance

$$\sum_{i=1}^{n} |\{x_h;\ h > i \text{ und } x_h \text{ steht vor } x_i \text{ in der aktuellen Liste}\}|.$$

Damit ist der erste Schritt abgeschlossen.

Im zweiten Schritt definieren wir das allgemeine Konzept eines Algorithmus zum Verwalten linearer Listen und die Laufzeit eines solchen Algorithmus. Wir nehmen an, daß alle Algorithmen wie folgt arbeiten: Um auf ein Element zuzugreifen, wird die Liste von vorne durchlaufen, bis das Element lokalisiert ist. Die Kosten, um auf das Element x zuzugreifen, sind gleich der Position von x in der Liste. Um x einzufügen, wird das Element x hinten an die Liste angehängt, und um x zu streichen, wird das Element aus der Liste entfernt. Die Kosten einer Einfüge-Operation sind gleich der Länge der Folge nach der Einfüge-Operation, und die Kosten des Streichens von x sind gleich der Position von x.

Schließlich kann ein Algorithmus die Reihenfolge in der Liste zu jeder Zeit umstellen. Nach den Operationen Zugriff(x) und Einfüge(x) erlauben wir, daß x schrittweise durch Vertauschen mit seinem Vorgänger näher zum Anfang der Liste gebracht wird. Jeder solche Austausch heißt **freier Austausch** und kostet nichts. Jeder andere Austausch eines Paares aufeinanderfolgender Objekte heißt **bezahlter Austausch** und hat Kosten eins. Beachten Sie, daß die NVS-Regel und die V-Regel nur freie Austausche benutzen. Wir haben jetzt die Grundlage für den zentralen Satz dieses Abschnitts gelegt.

Satz 1. *Sei s eine beliebige Folge von Zugriffs-, Streiche- und Einfüge-Operationen startend mit einer leeren Liste, und sei A ein beliebiger Algorithmus zur Abarbeitung von s. Weiter bezeichne $C_A(s)$ die Kosten von Algorithmus A an der Folge s, ohne die bezahlten Austausche zu rechnen. $X_A(s)$ sei die Anzahl der bezahlten Austausche, $F_A(s)$ die Anzahl der freien Austausche und m die Länge der Folge s. Dann ist*

$$C_{\text{NVSR}}(s) \le 2 \cdot C_A(s) + X_A(s) - F_A(s) - m.$$

Beweis: Wir benutzen das Bankkonto-Paradigma. Sei s' ein Präfix von s, und seien L_{NVSR} und L_A die Folgen, die durch Abarbeitung von s' unter Algorithmus NVSR bzw. A entstehen. Wir nehmen o.B.d.A. an, daß $L_A = x_1 x_2 \ldots x_n$. Wir definieren unser Konto durch

$$\begin{aligned} bal(L_{\mathrm{NVSR}}) &= \sum_{i=1}^{n} |\{x_h;\ h > i \text{ und } x_h \text{ steht vor } x_i \text{ in } L_{\mathrm{NVSR}}\}| \\ &= \sum_{h=1}^{n} |\{x_i;\ h > i \text{ und } x_i \text{ steht hinter } x_h \text{ in } L_{\mathrm{NVSR}}\}|. \end{aligned}$$

Die Balance von L_{NVSR} ist definiert bezüglich der durch die Liste L_A definierten Numerierung der Elemente. Sie ist gerade die Anzahl der Inversionen in der Folge L_{NVSR} bzgl. dieser Numerierung. Wenn wir diese Abhängigkeit betonen wollen, schreiben wir $bal(L_{\mathrm{NVSR}}, L_A)$ anstatt $bal(L_{\mathrm{NVSR}})$. Sei Op die Operation hinter s' in der Folge s. Da eine Einfüge-Operation als ein Zugriff auf ein fiktives Element x_{n+1} angesehen werden kann, nehmen wir o.B.d.A. an, daß Op entweder Zugriff(x_i) für ein i, $1 \leq i \leq n{+}1$, oder Streiche(x_i) für ein i ist. Sei t die Position des Elementes x_i in der Liste L_{NVSR}. Dann sind die Kosten der Operation Op bei der NVS-Regel t Einheiten und i Einheiten bei Algorithmus A. Beachten Sie, daß Algorithmus A die Liste L_A nur auf eine triviale Weise ändert, wenn er Op abarbeitet (entweder durch Hinzufügen von x_i am Ende oder Streichen von x_i). Wir zählen den Effekt der durch Algorithmus A ausgeführten freien und bezahlten Austausche getrennt. Wir beweisen folgende

Behauptung:

a) *Die amortisierten Kosten der Operation Op sind höchstens* $2i - 1$, *wobei* i *seine Kosten unter Algorithmus A sind.*

b) *Die amortisierten Kosten eines freien Austauschs von Algorithmus A sind* -1.

c) *Die amortisierten Kosten eines bezahlten Austauschs von Algorithmus A sind höchstens* $+1$.

Beweis: a) Sei $bal' = bal(L'_{\mathrm{NVSR}}, L'_A)$ und $bal = bal(L_{\mathrm{NVSR}}, L_A)$, wobei $'$ die Listen nach Ausführung der Operation Op kennzeichnet. Da die tatsächlichen Kosten von Op gleich t sind, sind ihre amortisierten Kosten gleich $t + bal' - bal$. Deshalb genügt es zu zeigen, daß $t + bal' - bal \leq 2i - 1$. Sei k die Anzahl der Elemente x_h mit $h > i$ und x_h vor x_i in L_{NVSR}. Dann ist $k + (i-1) \geq t - 1$ und somit $k \geq t - i$.

Wenn die Operation Op auf Element x_i zugreift, ist $bal' - bal \leq -k + (i-1)$, weil es k Objekte x_h mit $h > i$ gibt, so daß x_h vor x_i in L_{NVSR} (aber nicht in L'_{NVSR}) steht, und weil es höchstens $i{-}1$ Objekte x_j mit $j < i$ gibt, so daß x_i vor x_j in L'_{NVSR} (aber nicht in L_{NVSR}) steht. Das beweist, daß $bal' - bal \leq -k + (i-1) \leq 2i - 1 - t$, wenn Op auf Element x_i zugreift. Wenn die Operation Op das Element x_i streicht, dann zeigt das gleiche Argument, daß $bal' - bal = -k \leq i - t$. In beiden Fällen folgern wir, daß $t + bal' - bal \leq 2i - 1$.

b) und c) Die tatsächlichen Kosten eines freien oder eines bezahlten Austauschs von Algorithmus A sind 0, weil keine Aktion des Algorithmus NVSR erfolgt. Auch vermindert ein freier Austausch die Balance der Liste L_{NVSR} um eins und ein bezahlter Austausch kann die Balance um höchstens eins erhöhen. ∎

Wir können jetzt den Beweis des Satzes beenden. Da die Balance der anfänglichen Liste 0 ist und wir es mit einem positiven Konto zu tun haben, können wir durch Anwendung des Bankkonto-Paradigmas folgern, daß

$$C_{\mathrm{NVSR}}(s) \leq 2 \cdot C_A(s) + X_A(s) - F_A(s) - m. \quad ∎$$

Satz 1 ist eine recht starke Aussage über die Qualität der NVS-Regel: Kein denkbarer Algorithmus, nicht einmal ein Algorithmus, der im voraus die ganze Folge von auszuführenden Operationen kennt, kann die NVS-Regel um mehr als einen Faktor zwei schlagen. Für die V-Regel gibt es kein solches Resultat. Dazu betrachten wir die nachstehende Folge von Operationen: Zuerst fügen wir $x_1, x_2, \ldots, x_n$ in dieser Reihenfolge ein; das erzeugt die Folge $x_2 \ldots x_n x_1$ unter der V-Regel. Wir greifen nun abwechselnd auf x_1 und x_n zu. Die Kosten dieser Folge von Operationen sind $\Omega(n^2 + (m-n)n)$ unter der V-Regel. Die Kosten unter der NVS-Regel sind jedoch nur $O(n^2 + m)$, also um einen beliebigen Faktor kleiner.

Es ist auch aufschlußreich, Satz 1 für den Fall nichtleerer Anfangslisten zu betrachten. Angenommen, wir arbeiten die Folge s ab und starten mit den Anfangslisten L_{NVSR} und L_A, die jeweils n Objekte enthalten. Dann gilt

$$\begin{aligned} C_{\mathrm{NVSR}}(s) &\leq 2 \cdot C_A(s) + X_A(s) - F_A(s) - m + bal(L_{\mathrm{NVSR}}, L_A) \\ &\leq 2 \cdot C_A(s) + X_A(s) - F_A(s) - m + n^2 \end{aligned}$$

nach dem Beweis von Satz 1 und wegen $bal(L_{\mathrm{NVSR}}, L_A) \leq n^2$. Diese Ungleichung kann wie folgt interpretiert werden: Die NVS-Regel macht in $O(n^2)$ Zeiteinheiten die ungünstige Ausgangskonfiguration wett; danach sind ihre Kosten höchstens zweimal so groß wie die Kosten des Algorithmus A.

Für den Rest dieses Abschnitts wenden wir uns dem mittleren Verhalten zu. Dafür gibt es zwei Gründe:

- Wir wollen den Gebrauch von Markov-Ketten für die Analyse des mittleren Falls von Algorithmen demonstrieren.
- Wir wollen zeigen, daß die NVS-Regel und die V-Regel ein sehr gutes mittleres Verhalten aufweisen.

Für die Analyse des mittleren Falls betrachten wir nur Folgen von Zugriffs-Operationen. Sei $S = \{x_1, \ldots, x_n\}$ und β_i die Wahrscheinlichkeit eines Zugriffs auf x_i, $1 \leq i \leq n$. Wir nehmen o.B.d.A. an, daß $\beta_1 \geq \beta_2 \geq \cdots \geq \beta_n$. Die AH-Regel ordnet S als Liste $x_1 x_2 \ldots x_n$ an und hat die mittlere Zugriffszeit $P_{\mathrm{AHR}} = \sum_{i=1}^{n} i \cdot \beta_i$. Wir benutzen den Buchstaben P (von probability) statt C (von cost), um zu betonen, daß wir von jetzt an mittleres Verhalten untersuchen. Die mittlere Zugriffszeit der

AH-Regel kann leicht als optimal nachgewiesen werden: Wir betrachten eine Folge $\ldots x_j x_i \ldots$, in der x_j direkt von x_i steht und $j > i$ ist. Vertauschen dieses Paares verringert die mittlere Zugriffszeit um $\beta_i - \beta_j$. Das zeigt uns, daß die mittlere Zugriffszeit der AH-Regel optimal ist.

Für die Analyse der NVS- und der V-Regel benutzen wir Markov-Ketten. Abbildung 88 veranschaulicht die V-Regel für eine Menge von drei Elementen. Das Diagramm hat $3! = 6$ Zustände. 123 steht für die Liste $x_1x_2x_3$. Wenn auf x_3 zugegriffen wird (die Wahrscheinlichkeit dafür ist β_3), dann ändert sich die Liste $x_1x_2x_3$ zu $x_1x_3x_2$. Die V-Regel wird in Übung 44 analysiert.

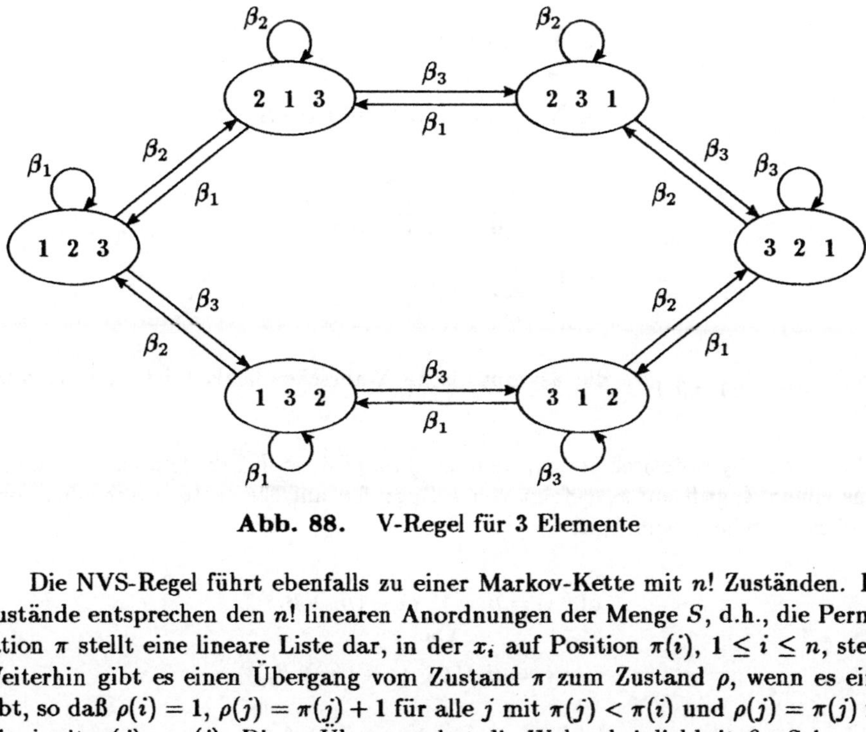

Abb. 88. V-Regel für 3 Elemente

Die NVS-Regel führt ebenfalls zu einer Markov-Kette mit $n!$ Zuständen. Die Zustände entsprechen den $n!$ linearen Anordnungen der Menge S, d.h., die Permutation π stellt eine lineare Liste dar, in der x_i auf Position $\pi(i)$, $1 \le i \le n$, steht. Weiterhin gibt es einen Übergang vom Zustand π zum Zustand ρ, wenn es ein i gibt, so daß $\rho(i) = 1$, $\rho(j) = \pi(j) + 1$ für alle j mit $\pi(j) < \pi(i)$ und $\rho(j) = \pi(j)$ für alle j mit $\pi(j) > \pi(i)$. Dieser Übergang hat die Wahrscheinlichkeit β_i. Sei γ_π die asymptotische Wahrscheinlichkeit, daß die Kette im Zustand π ist, d.h., daß x_i auf Position $\pi(i)$ ist für $1 \le i \le n$. Dann ist

$$P_{\mathrm{NVSR}} = \sum_\pi \gamma_\pi \sum_i \beta_i \cdot \pi(i)$$

die asymptotische mittlere Suchzeit unter der NVS-Regel. [Die Existenz der γ_π folgt aus der Theorie der Markovketten; vgl. z.B. W. Feller, "An Introduction to Probability Theory, and its Applications", John Wiley, New York 1968. Unsere Markovkette ist nämlich irreduzibel und aperiodisch. Das Folgende ist auch ohne Kenntnis dieser Theorie verständlich.]

Lemma 2. *Sei $\delta(j,i)$ die asymptotische Wahrscheinlichkeit, daß x_j vor x_i steht. Dann gilt:*

a) $P_{\text{NVSR}} = \sum_i \beta_i \cdot \left(1 + \sum_{j \neq i} \delta(j,i)\right).$

b) $\delta(j,i) = \beta_j / (\beta_i + \beta_j).$

Beweis: a) Sei $p_i = \sum_\pi \gamma_\pi \cdot \pi(i)$. Dann ist $P_{\text{NVSR}} = \sum_i \beta_i \cdot p_i$ und p_i die erwartete Position des Elements x_i. Weiter gilt

$$\begin{aligned} p_i &= \sum_\pi \gamma_\pi \cdot \pi(i) \\ &= \sum_\pi \gamma_\pi \cdot (1 + |\{j;\ \pi(j) < \pi(i)\}|) \\ &= 1 + \sum_{j \neq i} \sum_{\{\pi;\ \pi(j) < \pi(i)\}} \gamma_\pi \\ &= 1 + \sum_{j \neq i} \delta(j,i), \end{aligned}$$

weil $\sum_{\{\pi;\ \pi(j)<\pi(i)\}} \gamma_\pi$ die asymptotische Wahrscheinlichkeit ist, daß x_j vor x_i steht.

b) x_j steht asymptotisch vor x_i, wenn es ein k gibt, so daß die letzten $k+1$ Zugriffe aus einem Zugriff auf x_j gefolgt von k Zugriffen auf Elemente verschieden von x_j und x_i bestehen. Somit gilt

$$\begin{aligned} \delta(j,i) &= \beta_j \cdot \sum_{k \geq 0} (1 - (\beta_i + \beta_j))^k \\ &= \beta_j / (1 - (1 - (\beta_i + \beta_j))) \\ &= \beta_j / (\beta_i + \beta_j). \end{aligned}$$ ∎

Satz 2. *Sei $\beta_1 \geq \beta_2 \geq \cdots \geq \beta_n$. Dann gilt:*

a) $P_{\text{NVSR}} = 1 + 2 \cdot \sum_{1 \leq j < i \leq n} \dfrac{\beta_i \cdot \beta_j}{\beta_i + \beta_j}.$

b) $P_{\text{NVSR}} \leq 2 \cdot P_{\text{AHR}} - 1.$

Beweis: a) Es gilt

$$\begin{aligned} P_{\text{NVSR}} &= \sum_i \beta_i \cdot \Big(1 + \sum_{j\neq i} \delta(j,i)\Big) && \text{(nach Lemma 2a))} \\ &= \sum_i \beta_i \cdot \Big(1 + \sum_{j\neq i} \frac{\beta_j}{\beta_i + \beta_j}\Big) && \text{(nach Lemma 2b))} \\ &= 1 + \sum_i \sum_{j\neq i} \frac{\beta_i \cdot \beta_j}{\beta_i + \beta_j} \\ &= 1 + 2 \cdot \sum_{1\leq j<i\leq n} \frac{\beta_i \cdot \beta_j}{\beta_i + \beta_j}. \end{aligned}$$

b) Da $\beta_j/(\beta_i + \beta_j) \leq 1$ und $\sum \beta_i = 1$, folgern wir aus Teil a), daß

$$P_{\text{NVSR}} \leq 1 + 2\sum_i \beta_i \cdot (i-1) = 2 \cdot P_{\text{AHR}} - 1.$$ ∎

Satz 2 gibt uns einen geschlossenen Ausdruck für P_{NVSR}, der für spezielle Verteilungen β leicht ausgewertet werden kann (Übung 45). Für viele konkrete Verteilungen kann der Faktor 2 in Satz 2b) durch einen Faktor sehr nahe bei 1 ersetzt werden. Satz 2 zeigt auch, daß P_{NVSR} nie mehr als doppelt so groß wie das Optimum ist— ein Resultat, das auch als direkte Folgerung aus Lemma 1 erzielt werden kann. In Übung 44 wird das mittlere Verhalten der V-Regel untersucht und es wird gezeigt, daß es nie schlechter ist als das mittlere Verhalten der NVS-Regel. Also zeigt die V-Regel einen drastischen Unterschied zwischen mittlerem und amortisiertem Verhalten: Mittleres Verhalten ist sehr gut, amortisiertes sehr schlecht.

III.6.1.2. Splay-Bäume

Splay-Bäume sind eine spezielle Art selbstorganisierender Baumstrukturen, die uns eine sehr elegante Lösung für das gewichtete Wörterbuchproblem liefern. Sei U eine geordnete Menge und $g : U \mapsto \mathbb{N}$ eine Gewichtsfunktion. Wir benutzen Splay-Bäume zur Darstellung von Teilmengen von U. Im einzelnen bedeutet dies, daß Splay-Bäume die folgenden Operationen unterstützen. Mit x bezeichnen wir dabei ein beliebiges Element von U. Mit T bezeichnen wir binäre Bäume. Splay-Bäume benutzen knotenorientierte Speicherorganisation, d.h., die Einträge sind in den Knoten abgespeichert.

Zugriff(x,T): Wenn Objekt x im Baum T ist, gib einen Zeiger auf seine Position aus; andernfalls gib nil aus.

Einfüge(x,T): Füge x in den Baum T ein, und gib den resultierenden Baum (d.h. einen Zeiger auf seine Wurzel) aus.

Streiche(x, T): Streiche x aus dem Baum T, und gib den resultierenden Baum aus.

Verbinde2(T_1, T_2): Gib einen Baum aus, der die Objekte in T_1 gefolgt von den Objekten in T_2 darstellt. Diese Operation zerstört T_1 und T_2 und ist nur definiert, wenn alle Elemente von T_1 kleiner als alle Elemente von T_2 sind.

Verbinde3(T_1, x, T_2): Gib einen Baum aus, der die Objekte in T_1 gefolgt von x, gefolgt von den Objekten in T_2 darstellt. Diese Operation zerstört T_1 und T_2 und ist nur definiert, wenn alle Elemente von T_1 kleiner als x sind und x wiederum kleiner als alle Elemente von T_2 ist.

Gewichtsänderung(x, T, δ): Ändere das Gewicht von Element x um δ. Dabei gehöre x zum Baum T. Gib einen Baum aus, der dieselbe Menge von Elementen darstellt wie der Baum T.

Zerlege(x, T): Gib zwei Bäume T_1 und T_2 aus; T_1 enthalte alle Elemente von T kleiner als x; T_2 enthalte alle Elemente von T größer als x. Diese Operation zerstört T und ist nur definiert, wenn x in T ist.

Wir implementieren die oben angeführten Operationen mit Hilfe der folgenden Operation Schüttle(x, T), die nur bei Splay-Bäumen vorkommt und ihnen ihren Namen gibt.

Schüttle(x, T): Gib einen Baum aus, der dieselbe Menge von Elementen wie T darstellt. Wenn x im Baum ist, dann mache x zur Wurzel. Wenn x nicht im Baum ist, dann mache entweder den unmittelbaren Vorgänger x^- von x oder den unmittelbaren Nachfolger x^+ von x in T zur Wurzel.

Wir zeigen jetzt, wie man die oben genannten Operationen (bis auf Verbinde3 und Schüttle selbst) auf die Operation Schüttle zurückführen kann.

Um Zugriff(x, T) auszuführen, führen wir Schüttle(x, T) aus und inspizieren die Wurzel. Wichtig ist, daß x im Baum T abgespeichert ist g.d.w. x die Wurzel des durch Schüttle(x, T) ausgegebenen Baumes ist.

Um Einfüge(x, T) auszuführen, führen wir zuerst Schüttle(x, T) aus, spalten dann den resultierenden Baum in einen, der alle Objekte kleiner als x, und einen, der alle Objekte größer als x enthält (das ist gleichbedeutend damit, eine der die Wurzel verlassenden Verbindungen aufzubrechen), und bauen dann einen neuen Baum mit der Wurzel x und den beiden Bäumen als linkem und rechtem Unterbaum.

Um Streiche(x, T) auszuführen, führen wir Schüttle(x, T) aus, zerstören die Wurzel und verbinden die zwei Unterbäume T_1, T_2 durch Verbinde2(T_1, T_2).

Um Verbinde2(T_1, T_2) auszuführen, führen wir Schüttle($+\infty, T_1$) aus, wobei wir $+\infty$ als größer als alle anderen Elemente von U betrachten. Dann machen wir T_2 zum rechten Unterbaum der Wurzel des resultierenden Baumes. Beachten Sie, daß Schüttle($+\infty, T_1$) das größte Element von T_1 zur Wurzel macht und deshalb einen Baum mit einem leeren rechten Unterbaum erzeugt.

Um Verbinde3(T_1, x, T_2) auszuführen, machen wir T_1 und T_2 zu Unterbäumen des Baumes mit Wurzel x.

Um Zerlege(x, T) auszuführen, rufen wir Schüttle(x, T) auf und brechen dann die zwei Verbindungen aus der Wurzel heraus auf.

Um schließlich Gewichtsänderung(x, T, δ) auszuführen, rufen wir Schüttle(x, T) auf und verändern das Gewicht der Wurzel um δ.

Abbildung 89 illustriert, wie alle anderen Operationen auf Schüttle zurückgeführt werden.

Wir müssen noch die zentrale Operation Schüttle(x, T) beschreiben. Zuerst suchen wir mit Hilfe von Programm 37 den Knoten, der durch die Schüttle-Operation zur Wurzel gemacht wird.

```
v ←↑Wurzel;
while v ≠ nil und v↑.Inhalt ≠ x
do u ← v;
   if x < v↑.Inhalt
   then v ← v↑.lsohn else v ← v↑.rsohn fi
od;
if v ≠ nil then u ← v fi.
```

Prog. 37

Wenn x im Baum T abgespeichert ist, dann zeigt u auf den Knoten, der x enthält. Wenn x nicht im Baum T abgespeichert ist, dann zeigt u auf den letzten nicht-nil Knoten auf dem Suchpfad, d.h. auf einen Knoten, der entweder den Vorgänger oder den Nachfolger von x enthält.

Durch eine Folge von Rotationen machen wir den Knoten u zur Wurzel des Baumes. Das bedeutet, daß wir u durch eine Folge von Schüttle-Schritten zur Wurzel hin bewegen. Für den Schüttle-Schritt unterscheiden wir drei Fälle.

Fall 1: Knoten u hat einen Vater, aber keinen Großvater.
Dann führen wir eine Rotation an v = Vater(u) aus und beenden die Schüttle-Operation (s. Abb. 90).

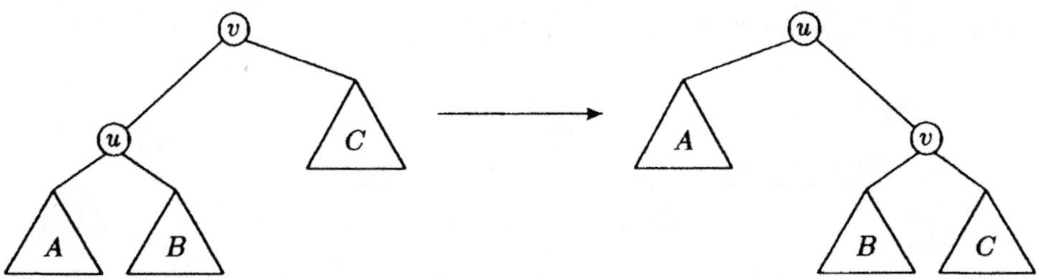

Abb. 90. Fall 1 in Operation Schüttle

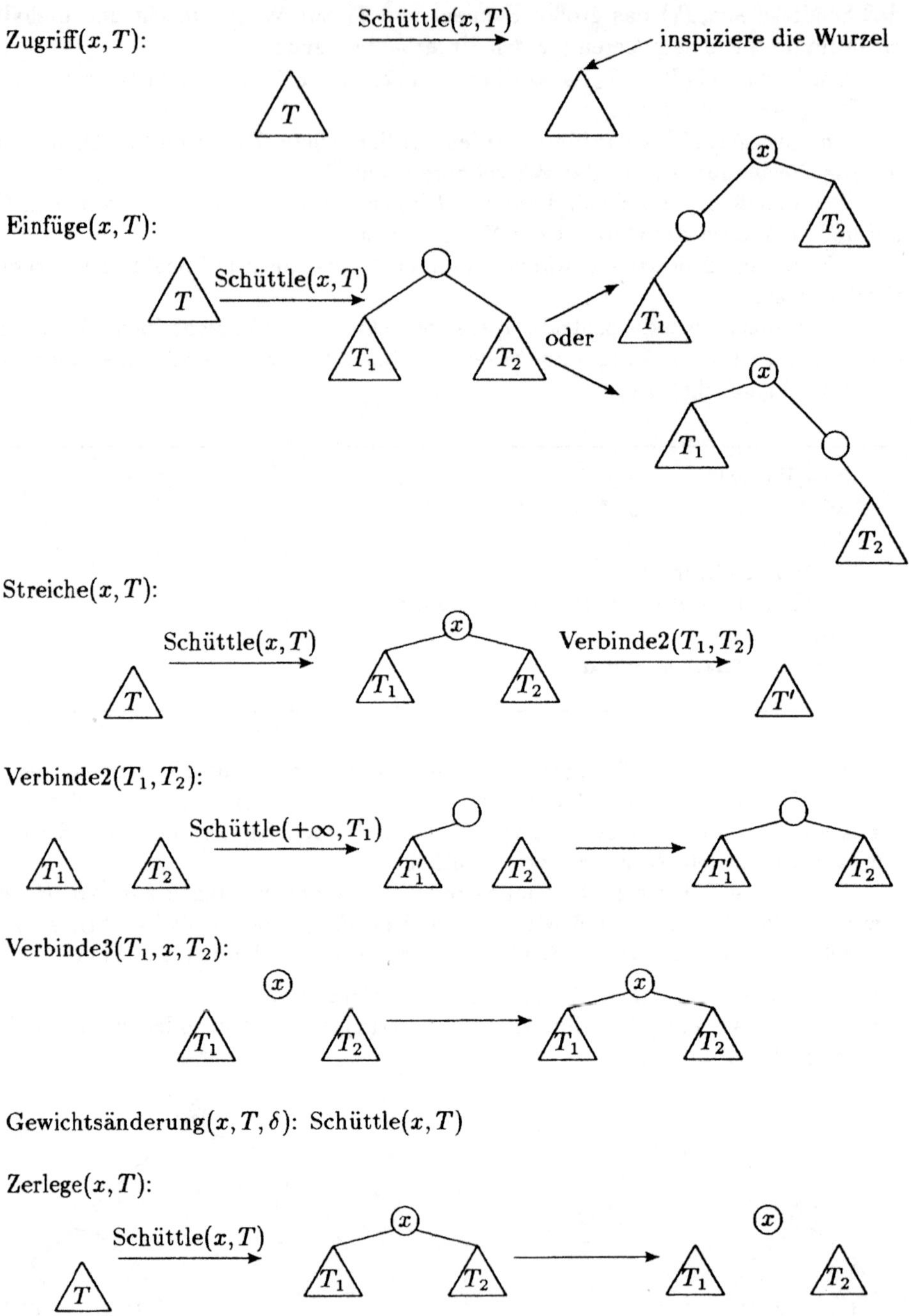

Abb. 89. Rückführung auf Operation Schüttle

Fall 2: Knoten u hat einen Vater v und einen Großvater w.
Sei v der a-Sohn von w und u der b-Sohn von v, wobei $a, b \in$ {links, rechts}.

Fall 2.1: $a \neq b$.
Wir führen eine Rotation an v aus, gefolgt von einer Rotation an w. Das ist gleichbedeutend mit einer Doppelrotation an w (s. Abb. 91).

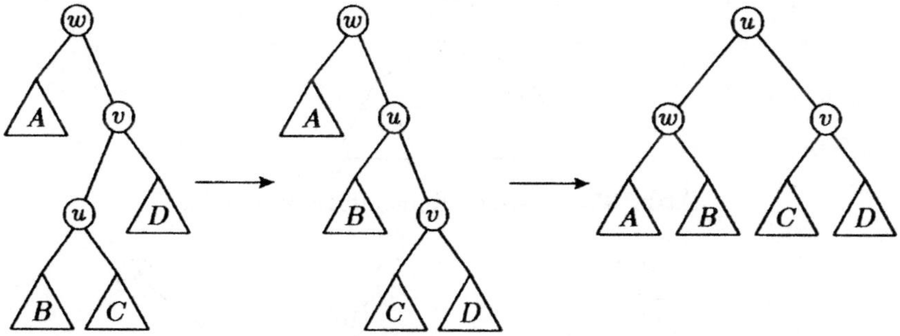

Abb. 91. Fall 2.1 in Operation Schüttle

Fall 2.2: $a = b$.
Wir führen eine Rotation an w aus, gefolgt von einer Rotation an v (s. Abb. 92).

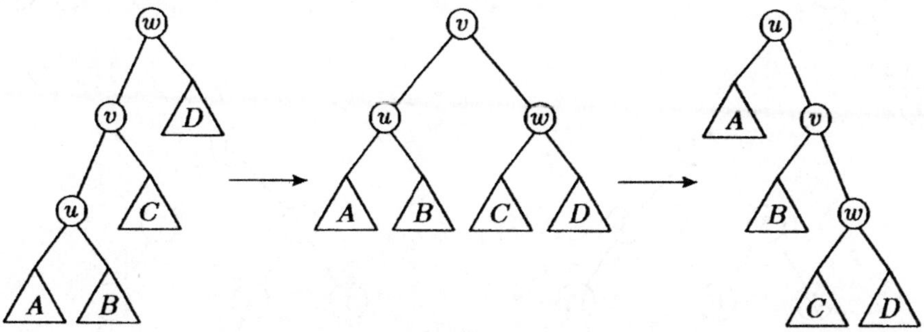

Abb. 92. Fall 2.2 in Operation Schüttle

Bemerkung: Es ist von entscheidender Bedeutung, daß die Rotationen in Fall 2.2 in dieser ungewöhnlichen Reihenfolge ausgeführt werden. Beachten Sie, daß diese Reihenfolge den Knoten u und seine Unterbäume A und B näher zur Wurzel bringt. Das stimmt auch für den Fall 2.1 und wird für die Analyse wesentlich sein. Wenn die Rotationen im Fall 2.2 in der umgekehrten Reihenfolge ausgeführt würden, dann würde der Baum aus Abbildung 93 entstehen, und die Behauptung wäre *nicht* wahr.

Damit ist die Beschreibung der Schüttle-Operation beendet. Abbildung 94 zeigt mehrere Beispiele.

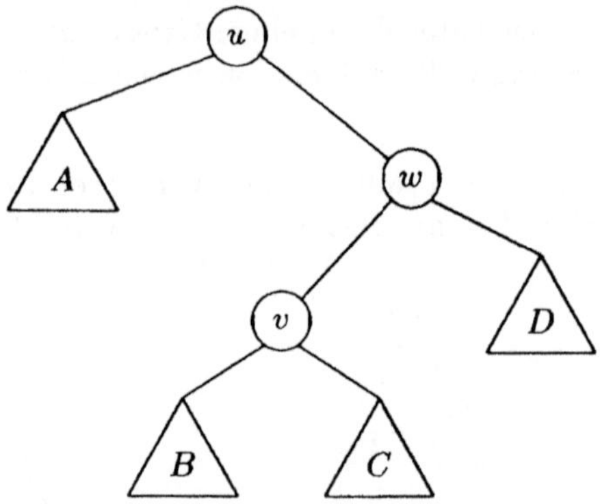

Abb. 93. Falsche Reihenfolge im Fall 2.2

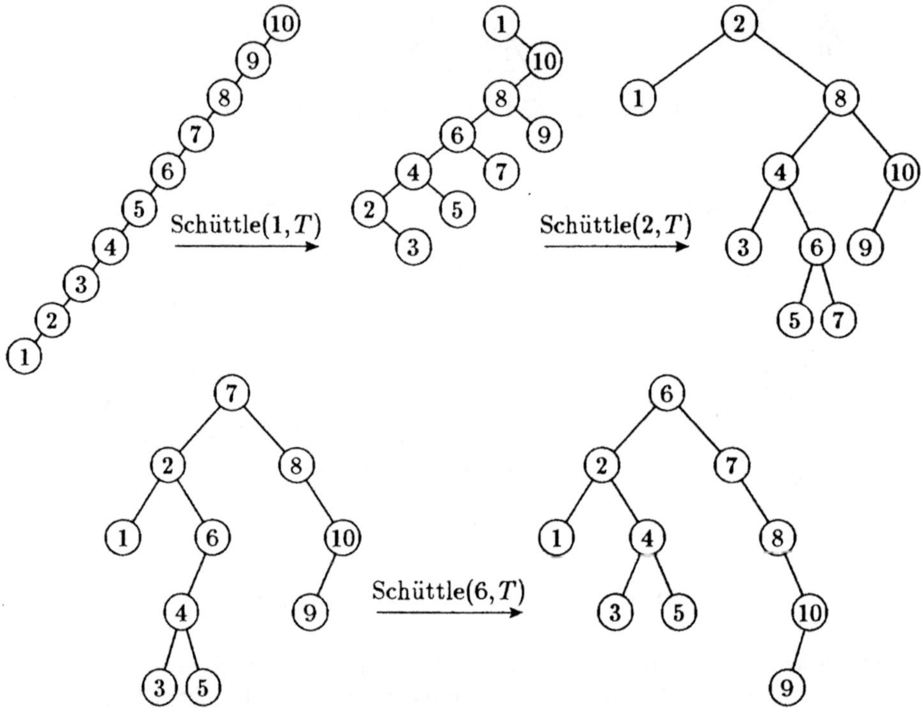

Abb. 94. 4 Schüttle-Operationen

Zur Analyse von Splay-Bäumen führen wir zusätzliche Notationen ein. Für $x \in U$ bezeichnen wir mit $g(x)$ das Gewicht des Elementes x. Für einen Knoten v eines Splay-Baumes bezeichnen wir mit $gg(v)$ das Gesamtgewicht von v, d.h. die Summe der Gewichte aller Elemente, die im Unterbaum mit Wurzel v abgespeichert sind. Beachten Sie, daß sich das Gesamtgewicht eines Knotens mit der Zeit ändern kann. Wenn T ein Splay-Baum ist, schreiben wir $gg(T)$ statt $gg(\text{Wurzel}(T))$. Ferner schreiben wir statt $gg(v)$ auch $gg(x)$, wobei x der Inhalt des Knotens v ist.

Sei u ein Knoten eines Splay-Baumes und $x \in U$ das in u abgespeicherte Element. Wenn Splay-Bäume eine gute Implementierung von dynamischen gewichteten Wörterbüchern sind, dann sollten die (amortisierten) Kosten der Operation Zugriff(x,T), und deshalb der Operation Schüttle(x,T), in $O(\log(gg(T)/g(x)))$ liegen. Wir wollen die schärfere Schranke $O(\log(gg(T)/gg(u)))$ zeigen, wobei u der Knoten mit Inhalt x ist.

Welches Konto sollten wir benutzen, um eine solche Schranke herzuleiten? Wir betrachten dazu einen Splay-Baum T. Wenn T gewichtsbalanciert wäre, d.h., $\alpha \leq gg(\text{lsohn}(v))/gg(v) \leq 1-\alpha$ für eine Konstante $\alpha > 0$ und jeden Knoten v, dann wären die Kosten einer Zugriffs-Operation in T logarithmisch. Nichtlogarithmische Zugriffszeit kommt also von unbalancierten Knoten, d.h. Knoten v mit $gg(\text{lsohn}(v))/gg(v) \approx 1$ oder $gg(\text{rsohn}(v))/gg(v) \approx 1$.

Sei v ein unbalancierter Knoten. Wir betrachten eine Zugriffs-Operation, die durch v geht und etwa zu lsohn(v) verzweigt. Wenn $gg(\text{rsohn}(v))/gg(v) \approx 1$ und deshalb $gg(\text{lsohn}(v))/gg(v) \approx 0$, dann reduziert dieser Suchschritt das Gesamtgewicht des Teilproblems stärker als wir hofften, d.h., statt der kalkulierten Kosten $O(\log gg(v)/gg(\text{lsohn}(v))$ zum Reduzieren des Gewichtes von $gg(v)$ auf $gg(\text{lsohn}(v))$ sind die tatsächlichen Kosten nur 1. Wir sollten die Differenz zwischen den kalkulierten und den tatsächlichen Kosten in einem Konto halten, um spätere Kostenüberschreitungen zu bezahlen. Es liegt nahe, die Differenz zwischen den beabsichtigten und den tatsächlichen Kosten konzeptuell an die Kante von v zu lsohn(v) zu schreiben.

Angenommen, $gg(\text{lsohn}(v))/gg(v) \approx 1$. Dann bringt der Suchschritt von v zu lsohn(v) kaum einen Fortschritt, und deshalb sollten wir ihn aus dem Konto bezahlen, etwa indem wir eine Einheit von der Kante von v zu lsohn(v) entfernen. Wir sollten auch versuchen, die Anzahl der unbalancierten Knoten zu reduzieren. Genau das tun die Schüttle-Schritte.

Diese Überlegungen legen nahe, daß wir ein Konto von der folgenden Form benutzen sollten:

$$\sum_{\substack{v \text{ Knoten von } T\\ v\neq \text{Wurzel}}} \log\frac{gg(\text{Vater}(v))}{gg(v)} + \sum_{v \text{ Blatt von } T} \log\frac{gg(\text{Vater}(v))}{gg(v)}$$

$$= \sum_{v \text{ Knoten von } T} \log gg(v) - \sum_{v \text{ Blatt von } T} \log gg(v) + \log gg(\text{Wurzel von } T)$$

Wenn wir die Gesamtgewichte der Blätter auf 1 setzen (die Blätter enthalten keine Elemente von u), vernachlässigen, daß die Wurzel zweimal gezählt wird, und der Einfachheit halber mit ganzen statt mit reellen Zahlen arbeiten, kommen wir zu

$$bal(T) = \sum_{v \text{ Knoten von } T} \lfloor \log gg(v) \rfloor$$

oder mit der Definition von **Rang** $r(v) = \lfloor \log gg(v) \rfloor$ eines Knotens v zu

$$bal(T) = \sum_{v \text{ Knoten von } T} r(v).$$

Für das folgende Lemma nehmen wir an, daß jeder Schüttle-Schritt eine Einheit Rechenzeit verbraucht. Dann gilt

Lemma 3. *Die amortisierten Kosten der Operation Schüttle(x, T) betragen höchstens $1 + 3(r(T) - r(u))$, wobei u der Knoten von T ist, der durch die Schüttle-Operation zur Wurzel gemacht wird.*

Beweis: Es genügt, die folgende Behauptung zu beweisen.

Behauptung: *Seien u, v und w wie in den Abbildungen zu den drei Fällen des Schüttle-Schrittes definiert. Die amortisierten Kosten von Fall 1 sind höchstens $1 + 3(r(v) - r(u))$, die der Fälle 2.1 und 2.2 sind höchstens $3(r(w) - r(u))$.*

Beweis: In diesem Beweis benutzen wir $r'(u)$, $r'(v)$, $r'(w)$, um die Ränge der verschiedenen Knoten nach dem Schüttle-Schritt zu bezeichnen. In Fall 1 ist $r'(u) = r(v)$ und in den Fällen 2.1 und 2.2 ist $r'(u) = r(w)$.

Wir werden oft die folgende, einfache Beobachtung über Ränge benutzen. Wenn z ein Knoten mit den Söhnen z_1 und z_2 ist und $r(z_1) = r(z_2)$, dann ist $r(z) \geq r(z_1) + 1$. Denn aus $r(z_1) = r(z_2) = k$ folgt $2^k \leq gg(z_1)$, $gg(z_2) < 2^{k+1}$ und deshalb $gg(z) \geq gg(z_1) + gg(z_2) \geq 2^{k+1}$. Desweiteren gilt $r(\text{Vater}(z)) \geq r(z)$ für alle Knoten z.

Wir können jetzt die verschiedenen Fälle des Schüttle-Schrittes untersuchen. Beachten Sie, daß die tatsächlichen Kosten in allen drei Fällen 1 sind.

Fall 1:
Die amortisierten Kosten dieses Schüttle-Schrittes sind

$$\begin{aligned}
& 1 + r'(v) + r'(u) - r(v) - r(u) \\
\leq\ & 1 + r'(v) - r(u) && \text{(wegen } r'(u) = r(v)) \\
\leq\ & 1 + r(v) - r(u) && \text{(wegen } r'(v) \leq r'(u) = r(v)) \\
\leq\ & 1 + 3(r(v) - r(u)). && \text{(wegen } r(v) \geq r(u))
\end{aligned}$$

Fall 2.1:
Die amortisierten Kosten dieses Schüttle-Schrittes sind

$$\begin{aligned}
& 1 + r'(u) + r'(v) + r'(w) - r(v) - r(u) - r(w) \\
\leq\ & 1 + r'(v) + r'(w) - r(u) - r(v). && \text{(wegen } r'(u) = r(w))
\end{aligned}$$

Zuerst nehmen wir an, daß $r(w) > r(u)$. Aus $r'(v) \leq r'(u) = r(w)$, $r'(w) \leq r'(u) = r(w)$, $r(v) \geq r(u)$ und $1 \leq r(w) - r(u)$ folgern wir weiter, daß die amortisierten Kosten beschränkt sind durch

$$\begin{aligned} & r(w) - r(u) + r(w) + r(w) - r(u) - r(u) \\ = & \ 3(r(w) - r(u)). \end{aligned}$$

Das beendet den Beweis, wenn $r(w) > r(u)$. Jetzt nehmen wir an, daß $r(w) = r(u)$. Dann ist $r(w) = r(v) = r(u) = r'(u)$. Weiter ist $r'(w) \leq r'(u) = r(u)$ und $r'(v) \leq r'(u) = r(u)$. Wenn $r'(w) = r'(v)$, dann ist $r'(u) \geq r'(w) + 1$, und wenn $r'(w) \neq r'(v)$, dann ist entweder $r'(v) < r'(u)$ oder $r'(w) < r(u)$. Deshalb ist $r'(w) + r'(v) \leq 2r(u) - 1$. Dies zeigt, daß die amortisierten Kosten durch 0 $(= 3(r(w) - r(u)))$ beschränkt sind.

Fall 2.2:
Die amortisierten Kosten dieses Schüttle-Schrittes sind

$$\begin{aligned} & 1 + r'(u) + r'(v) + r'(w) - r(u) - r(v) - r(w) \\ \leq & \ 1 + r'(v) + r'(w) - r(u) - r(v). \qquad \text{(wegen } r'(u) = r(w)\text{)} \end{aligned}$$

Zuerst nehmen wir an, daß $r(w) > r(u)$. Aus $1 \leq r(w) - r(u)$, $r(u) \leq r(v) \leq r(w)$, und $r'(w) \leq r'(v) \leq r'(u) = r(w)$ folgern wir weiter, daß die amortisierten Kosten beschränkt sind durch

$$\begin{aligned} & r(w) - r(u) + r(w) + r(w) - r(u) - r(u) \\ = & \ 3(r(w) - r(u)). \end{aligned}$$

Sei nun $r(w) = r(u)$. Dann ist $r(w) = r(v) = r(u) = r'(u)$ und $r'(u) \geq r'(v) \geq r'(w)$. Wenn $r'(u) > r'(w)$, sind die amortisierten Kosten beschränkt durch 0 $(= 3(r(w) - r(u))$ und wir sind fertig. Angenommen, $r'(u) = r'(w)$. Wir betrachten den mittleren Baum in der Abbildung zu Fall 2.2. Wir benutzen $F(u)$, $F(v)$, $F(w)$ für die Ränge in diesem Baum. Es gilt $F(u) = r(u)$, $F(w) = r'(w)$, und $F(v) = r(w)$. Wenn $r'(w) = r'(u)$, dann ist $F(w) = r'(w) = r'(u) = r(w) = r(u) = F(u)$ und deshalb $F(v) > F(w)$ und weiter $r'(u) > r'(w)$, Widerspruch. Also gilt immer $r'(u) > r'(w)$. Damit ist der Beweis für Fall 2.2 vollständig. ∎

Der Beweis von Lemma 3 wird durch Summation der Kosten der einzelnen Schüttle-Schritte vervollständigt. Beachten Sie, daß sich alle Summanden bis auf den ersten und den letzten gegenseitig aufheben. ∎

Die amortisierten Kosten der anderen Operationen können jetzt leicht berechnet werden. Wir fassen zusammen in

Satz 3. *Es gilt:*

a) *Die amortisierten Kosten von Schüttle(x, T) betragen*

$$O\left(\log \frac{gg(T)}{gg(x)}\right).$$

b) *Die amortisierten Kosten von Zugriff(x, T) betragen*

$$O\left(\log \frac{gg(T)}{gg(x)}\right).$$

c) *Die amortisierten Kosten von Zerlege(x, T) betragen*

$$O\left(\log \frac{gg(T)}{gg(x)}\right).$$

d) *Die amortisierten Kosten von Verbinde2(T_1, T_2) betragen*

$$O\left(\log \frac{gg(T_1) + gg(T_2)}{gg(x)}\right),$$

wobei x das größte Element im Baum T_1 ist.

e) *Die amortisierten Kosten von Verbinde3(T_1, x, T_2) betragen*

$$O\left(\log \frac{gg(T_1) + gg(T_2)}{gg(x)}\right).$$

f) *Die amortisierten Kosten von Einfüge(x, T) betragen*

$$O\left(\log \frac{gg'(T)}{\min(gg(x^-), gg(x^+), w(x))}\right),$$

wobei x^- der Vorgänger und x^+ der Nachfolger von x im Resultatsbaum und $gg'(T)$ das Gewicht von T nach der Operation ist.

g) *Die amortisierten Kosten von Streiche(x, T) betragen*

$$O\left(\log \frac{gg(T)}{\min(gg(x), gg(x^-))}\right),$$

wobei x^- der Vorgänger von x im Baum T ist.

h) *Die amortisierten Kosten von Gewichtsänderung(x, T, δ) betragen*

$$O\left(\log \frac{gg(T) + \delta}{gg(x)}\right).$$

i) *Die tatsächlichen Kosten einer Folge $Op_1, \ldots, Op_m$ von Operationen, die mit einer Gewichtsfunktion $g : U \mapsto \mathbb{N}$ und einem Wald aus Bäumen, die nur einen Knoten haben, startet, ist beschränkt durch die Summe der amortisierten Kosten der Operationen und der Anfangsbalance $\sum_{x \in U} \lfloor \log g(x) \rfloor$.*

Beweis: Die Schranken für die amortisierten Kosten der verschiedenen Operationen folgen aus der Schranke für die amortisierten Kosten der Schüttle-Operation und der Realisierung der verschiedenen Operationen durch die Schüttle-Operation. Wir erörtern die verschiedenen Operationen kurz.

a) Die Schranke für die Schüttle-Operation wurde in Lemma 3 gezeigt.

b) Die Operation Zugriff ist identisch mit Schüttle.

c) Die Kosten von Zerlege(x, T) sind die Kosten von Schüttle(x, T) plus 1.

d) Die Schranke für die amortisierten Kosten von Verbinde2(T_1, T_2) sind

$$\begin{aligned} &O(\log(gg(T_1)/gg(x)) + 1 + (\log(gg(T_1) + gg(T_2)) - \log gg(T_1))) \\ &= O(\log((gg(T_1) + gg(T_2))/gg(x)), \end{aligned}$$

wobei x das größte Element im Baum T_1 ist. In dieser Schranke steht der erste Term für die Kosten von Schüttle$(+\infty, T_1)$, der zweite für die tatsächlichen Kosten, um T_2 zu einem Unterbaum von x zu machen, und dritte Term für die Änderung des Ranges von x, die verursacht wurde, indem T_2 zu einem Unterbaum von x wurde.

e) Die Kosten von Verbinde3(T_1, x, T_2) sind

$$O(1 + (\log(gg(T_1) + g(x) + gg(T_2)) - \log g(x)),$$

wobei der letzte Term von der Rangänderung von x stammt.

f) Die Kosten von Einfüge(x, T) betragen

$$\begin{aligned} &O(\log(gg(T)/\min(gg(x^-), gg(x^+))) + 1 + \log(gg(T) + g(x)) - \log g(x)) \\ &= O(\log(gg(T) + g(x)/\min(gg(x^-), gg(x^+), g(x)))), \end{aligned}$$

wobei der erste Term für die Schüttle-Operation und der letzte Term für die Rangänderung von x steht.

g) Die amortisierten Kosten von Streiche(x, T) sind

$$O(\log(gg(T)/gg(x)) + \log(gg(T)/gg(x^-))),$$

wobei der erste Term von den Kosten von Schüttle(x, T) und der zweite Term von der Verbinde2-Operation stammt.

h) Die Kosten von Gewichtsänderung(x, T, δ) sind schließlich

$$\begin{aligned} &O(\log(gg(T)/gg(x)) + (\log(gg(T) + \delta) - \log gg(T))) \\ &= O(\log((gg(T) + \delta)/gg(x))), \end{aligned}$$

wobei der erste Term für die Schüttle-Operation und der zweite Term für die Rangänderung von x steht.

i) Die Schranke für die Kosten einer Folge von Operationen folgt aus der Beobachtung, daß die Balance eines Waldes von Bäumen bestehend aus einzelnen Knoten $\sum_{x \in U} \lfloor \log g(x) \rfloor$ beträgt und das Konto positiv ist. ∎

Die Aussage von Satz 3 ist bemerkenswert. Denn Splay-Bäume haben *keine Kenntnis* über die Gewichte und erreichen dennoch logarithmisches Verhalten. Darüberhinaus stimmen die Schranken von Satz 3 für *alle* Gewichtsfunktionen. Wir beenden diesen Abschnitt mit einem Vergleich von Splay-Bäumen und statischen Bäumen.

Satz 4. *Wir betrachten eine Folge von Zugriffs-Operationen auf einer Menge von n Elementen. Sei t die Anzahl der Vergleiche, die benötigt werden, um diese Folge in einem statischen, binären Suchbaum abzuarbeiten. Dann sind die Kosten, um diese Folge mit Splay-Bäumen abzuarbeiten, in $O(t+n^2)$. Das gilt für jeden Startbaum.*

Beweis: Sei U die Menge der im statischen Baum abgespeicherten Elemente, d die Tiefe des statischen Baumes und $d(x)$ die Tiefe des Elements $x \in U$ im statischen Baum. Wir benutzen die Gewichtsfunktion $g(x) = 3^{d-d(x)}$.

Sei T ein beliebiger Splay-Baum für die Menge U. Das Gesamtgewicht von T ist höchstens $\sum_{x\in U} g(x) = \sum_{x\in U} 3^{d-d(x)} \leq \sum_{i=0}^{d} 2^i 3^{d-i} \leq 3^{d+1}$. Dann ist die Balance $bal(T)$ höchstens $\sum_{x\in U} r(x) \leq \sum_{x\in U}(d+1) = O(n^2)$. Also sind die amortisierten Kosten der Operation Zugriff(x,T) in $O(\log(gg(T)/gg(x))) = O(d(x)+1)$. Weil $d(x)+1$ Vergleiche benötigt werden, um im statischen Baum nach x zu suchen, folgt daraus, daß die amortisierten Kosten der Folge von Zugriffs-Operationen in $O(t)$ sind. Damit ist die Schranke bewiesen. ∎

Wir folgern aus Satz 4, daß die Kosten einer langen Folge von Zugriffs-Operationen in einem Splay-Baum von der gleichen Größenordnung wie die Kosten im optimalen Baum für diese Folge sind. Der Splay-Baum benötigt jedoch Zeit, um die Verteilung "kennenzulernen". Das kommt in dem Term $O(n^2)$ zum Ausdruck.

III.6.2. D-Bäume

In diesem Abschnitt beschreiben wir eine zweite Realisierungsmöglichkeit für dynamische gewichtete Bäume: gewichtete BB[α]-Bäume oder D-Bäume. Gewichtete BB[α]-Bäume sind nicht so elegant wie Splay-Bäume und in vieler Hinsicht weniger flexibel. Insbesondere werden wir die Operationen Schüttle und Gewichtsänderung überhaupt nicht erörtern, Erhöhe und Verringere auf Gewichtsänderungen um 1, d.h., $\delta = 1$, und Streichen auf Elemente vom Gewicht 1 beschränken. Für die allgemeineren Operationen verweisen wir auf die Übungen. Gewichtete BB[α]-Bäume haben jedoch auch einen Vorteil gegenüber Splay-Bäumen, nämlich ihre beschränkten Änderungskosten. Diese Tatsache wird für die Anwendungen auf gewichtete dynamische Bäume in Kapitel VIII wesentlich sein.

Wir haben die amortisierten Rebalancierungskosten von gewichtsbalancierten und von höhenbalancierten Bäumen in den Abschnitten III.5.3.1 und III.5.3.2 diskutiert. In beiden Fällen waren die amortisierten Rebalancierungskosten konstant und die Rebalancierungskosten auf Höhe h nahmen exponentiell mit h ab. Die

Basis der Exponentialfunktion war jedoch verschieden. In BB[α]-Bäumen verursacht ein Knoten vom Gewicht w (d.h., er hat w Blattnachkommen) nur eine Rebalancierungs-Operation pro $\Omega(w)$ Transaktionen, die durch den Knoten gehen. Für (a, b)-Bäume gilt keine solche Aussage. In den Anwendungen von Kapitel VIII werden wir die Suchbäume um zusätzliche Informationen erweitern. Das Verwalten der zusätzlichen Informationen beim Rotieren an einem Knoten vom Gewicht w wird Kosten $O(w)$ oder sogar $O(w \log w)$ haben. Mit der guten Schranke für die Änderungskosten von BB[α]-Bäumen werden wir weiterhin in der Lage sein, die amortisierten Rebalancierungskosten der erweiterten Bäume zu kontrollieren; bei Splay-Bäumen können wir sie nicht kontrollieren.

D-Bäume sind eine Erweiterung von BB[α]-Bäumen. Wir stellen uns ein Objekt x_i vom Gewicht w_i so vor, als ob es aus w_i Blättern vom Gewicht 1 bestünde. Ein **D-Baum** für die Menge S ist dann ein BB[α]-Baum T mit $W = w_1 + \cdots + w_n$ Blättern. Die linkesten w_1 Blätter sind mit x_1 beschriftet, die nächsten w_2 sind mit x_2 beschriftet, usw.

Definition: Sei T ein D-Baum für $S = \{x_1, \ldots, x_n\}$ und $w(x_i) = w_i$.

a) Ein mit x_j markiertes Blatt ist ein ***j*-Blatt**.

b) Ein Knoten v von T ist ein ***j*-Knoten** g.d.w. alle Blätter im Unterbaum mit Wurzel v j-Blätter sind und der Vater von v diese Eigenschaft nicht besitzt.

c) Ein Knoten v von T ist ein ***j*-Gelenk** g.d.w. alle j-Blätter Nachkommen von v sind und keiner der beiden Söhne von v diese Eigenschaft besitzt.

d) Wir betrachten das j-Gelenk v und nehmen an, daß w_j' der j-Blätter links von v und w_j'' der j-Blätter rechts von v liegen. Wenn $w_j' \geq w_j''$, dann heißt der j-Knoten minimaler Tiefe links von v **aktiv**, andernfalls heißt der j-Knoten minimaler Tiefe rechts von v aktiv.

e) Die **Dicke** $di(v)$ eines Knotens v ist die Anzahl der Blätter im Unterbaum mit Wurzel v. ∎

Nur Teile des zugrundeliegenden BB[α]-Baumes müssen wirklich abgespeichert werden, insbesondere können alle echten Nachkommen von j-Knoten abgeschnitten werden. Nur ihre Anzahl ist wesentlich und wird im j-Knoten abgespeichert. Das genaue Verfahren, um einen D-Baum aus einem BB[α]-Baum zu erhalten, besteht aus folgenden Schritten:

1) Schneide alle echten Nachkommen von j-Knoten ab.
2) Speichere in jedem Knoten folgendes ab:
   a) eine Abfrage der Form "**if** $X \leq x_j$ **then** gehe nach links **else** gehe nach rechts **fi**";
   b) den Typ des Knotens: Gelenkknoten, j-Knoten oder keins von beidem;
   c) seine Dicke;
   d) im Fall des j-Gelenks die Anzahl der j-Blätter in seinem linken und in seinem rechten Unterbaum.

Die Abfragen werden so zugewiesen, daß sie eine Suche nach x_i zum aktiven i-Knoten lenken. Zur Präzisierung: Sei v ein beliebiger innerer Knoten des D-Baumes und die aktiven 1-Knoten, ..., j-Knoten seien links von v. Dann wird in v die Abfrage "**if** $X \leq x_j$ **then** gehe nach links **else** gehe nach rechts" abgespeichert.

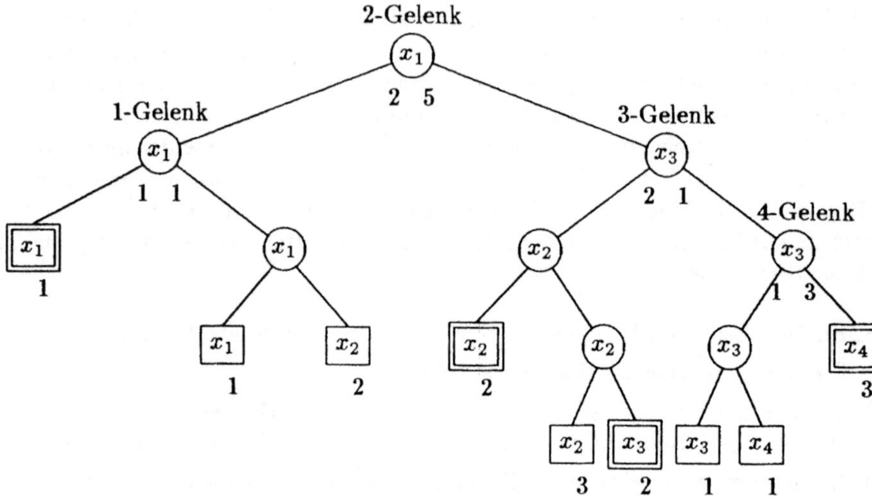

Abb. 95. D-Baum für $(w_1, w_2, w_3, w_4) = (2, 7, 3, 4)$

Abbildung 95 zeigt uns einen D-Baum, der auf einem Baum in BB[1/4] beruht. Die j-Knoten sind in der Abbildung durch rechteckige Kästchen, die aktiven j-Knoten durch doppelte Striche gekennzeichnet; die Dicke der j-Knoten steht unter ihnen und die Verteilung der j-Blätter bezüglich der j-Gelenke unter den Gelenkknoten. Das folgende Lemma zeigt, daß D-Bäume gute Suchbäume sind.

Lemma 4. *Sei b_j die Tiefe des aktiven j-Knotens in Baum T. Dann ist*

$$b_j \leq c_1 \log(W/w_j) + c_2,$$

wobei $c_1 = 1/\log(1/(1-\alpha))$ und $c_2 = 1 + c_1$.

Beweis: Sei v der Vater des aktiven j-Knotens. Dann sind alle j-Knoten, die auf der gleichen Seite des j-Gelenks wie der aktive j-Knoten liegen, Nachkommen von v. Also ist $di(v) \geq w_j/2$. Das Argument von Satz 2 aus III.5.1 vervollständigt den Beweis. ∎

Nun wenden wir uns der Frage zu, wie D-Bäume verwaltet werden können. Die Antwort ist die gleiche wie für BB[α]-Bäume, wir müssen jedoch mit der zusätzlichen D-Baum-Information vorsichtig sein. Angenommen, wir führen einen Befehl aus und die Suche endet in dem aktiven j-Knoten. Wir müssen die Dicke aller Knoten auf dem Suchpfad und die Verteilung der j-Blätter bezüglich des j-Gelenks richtigstellen. Das j-Gelenk liegt auf dem Suchpfad, und somit kann dies leicht getan werden. Dann müssen wir den Suchpfad vom aktiven j-Knoten zur Wurzel hochsteigen und die notwendigen Rotationen und Doppelrotationen ausführen. Weil eine Doppelrotation aus zwei Rotationen besteht, brauchen wir nur den Fall einer Rotation zu behandeln (s. Abb. 96).

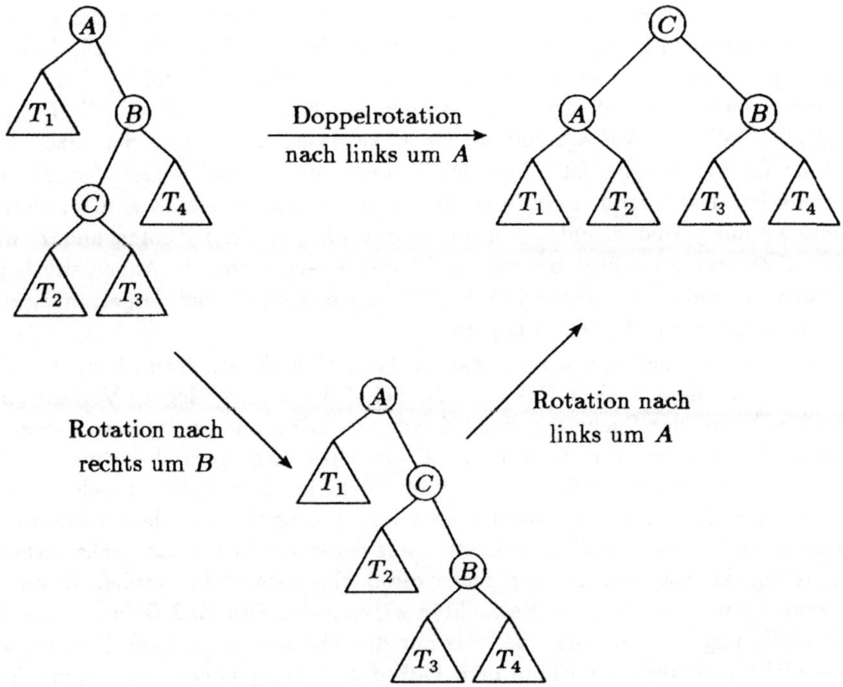

Abb. 96. Doppelrotation = 2 Rotationen

Wir nehmen dabei o.B.d.A. an, daß es sich um eine Rotation nach links handelt. Die Situation ist in Abbildung 97 dargestellt.

Wir bezeichnen Gelenkknoten und j-Knoten als **Sonderknoten**. Wenn kein Sonderknoten an der Rotation beteiligt ist, sind keine zusätzlichen Aktionen erforderlich. Sei nun also ein Sonderknoten an der Rotation beteiligt.

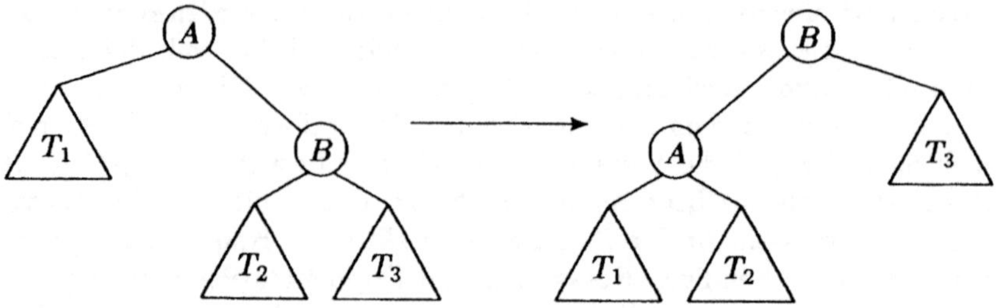

Abb. 97. Ein j-Knoten ist an Rotation beteiligt

Fall 1: Ein j-Knoten ist an der Rotation beteiligt.

D.h., entweder ist der Knoten B ein j-Knoten vor der Rotation oder der Knoten A ist ein j-Knoten nach der Rotation. Wir behandeln zunächst den Fall, daß B ein j-Knoten vor der Rotation ist. Dann existieren die Bäume T_2 und T_3 nicht explizit. Wir erzeugen sie durch Spalten von B in zwei j-Knoten der Dicke $\lfloor di(B)/2 \rfloor$ und $\lceil di(B)/2 \rceil$. Welche Abfrage sollten wir B zuweisen? Beachten Sie dazu, daß B jetzt ein innerer Knoten ist. Zunächst nehmen wir an, daß weder A noch B das j-Gelenk ist. Dann muß A ein linker Nachkomme des j-Gelenks sein. Andernfalls könnte T_1 nur j-Blätter enthalten und somit wäre A ein j-Knoten und B würde nicht existieren. Also liegt der aktive j-Knoten rechts von A. Aber dann liegt er nach der Rotation auch rechts von B (T_3 könnte es sein), und deshalb müssen wir nur die Abfrage von A nach B kopieren.

Als nächstes nehmen wir an, daß A das j-Gelenk ist. Dann liegt der aktive j-Knoten nach dem Spalten links von B. Sei Z der nächstgelegene Vorfahr von A, so daß während der Suche der linke Zeiger aus Z heraus genommen wurde. Wir kopieren die Abfrage von Z nach B. Z kann wie folgt gefunden werden: Wenn die Knoten auf dem Suchpfad während der Suche in einem Keller abgelegt werden, werden sie auch in eine von zwei linearen Listen eingetragen: die L-Liste oder die R-Liste. Die L-Liste enthält alle Knoten, aus denen die Suche nach links verlief; die R-Liste enthält alle Knoten, aus denen die Suche nach rechts verlief. Dann ist Z der erste Knoten der L-Liste. Betrachten wir nun den Fall, daß B das j-Gelenk ist. Falls $di(B)$ ungerade ist, brauchen wir nur die Abfrage von A nach B zu kopieren. Andernfalls verfahren wir wie in dem Fall, daß A das j-Gelenk ist. Damit ist die Diskussion des Falls, daß B ein j-Knoten ist, abgeschlossen.

Beispiel: Rotation nach links am 4-Gelenk ergibt als Resultat Abbildung 98. ▮

Wenn A nach der Rotation ein j-Knoten ist, d.h., die Bäume T_1 und T_2 sind j-Knoten, werden T_1 und T_2 nach der Rotation gelöscht.

Beispiel: Rotation nach links am Vater des aktiven 2-Knotens ergibt als Resultat Abbildung 99. ▮

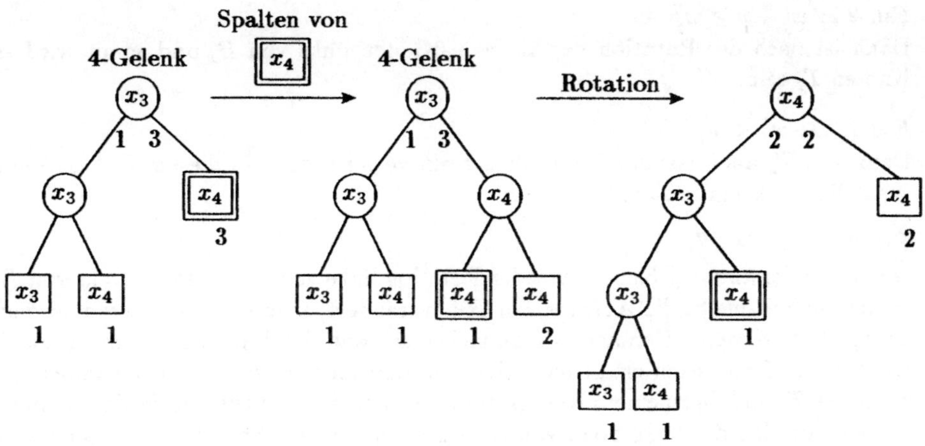

Abb. 98. Rotation am 4-Gelenk

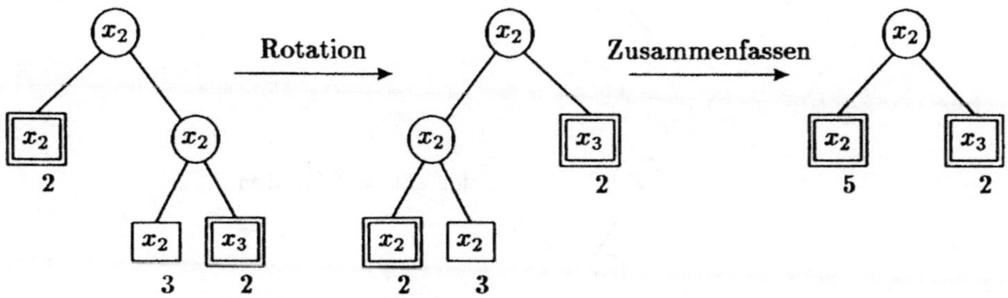

Abb. 99. Rotation am Vater des aktiven 2-Knotens

Fall 2: Ein Gelenkknoten, aber kein j-Knoten ist beteiligt.
D.h., entweder A oder B oder beide sind Gelenkknoten. Wenn B ein Gelenkknoten ist, dann sind keine zusätzlichen Aktionen erforderlich. Betrachten wir also den Fall, daß A das j-Gelenk ist. Sei w'_j, w''_j die Verteilung der j-Blätter bezüglich des j-Gelenks A und sei s die Dicke der Wurzel von T_2.

Wenn $s \geq w''_j$, dann enthält T_3 keine j-Blätter und somit wird A auch nach der Rotation das j-Gelenk sein. In diesem Fall ist nichts zu tun. Wenn $s < w''_j$, dann wird B nach der Rotation das j-Gelenk sein. Die Verteilung der j-Blätter bezüglich B ist $w'_j + s, w''_j - s$.

Fall 2.1: $w'_j + s < w''_j - s$.
Dann ist $w'_j < w''_j$ und der aktive j-Knoten war rechts von A, tatsächlich war es Knoten T_2. Nach der Rotation ist der aktive j-Knoten (nämlich T_3) rechts von B und ist noch rechts von A. Also müssen wir nur die Abfrage von A nach B kopieren.

Fall 2.2: $w'_j + s \geq w''_j - s$.
Dann ist nach der Rotation der aktive j-Knoten links von B, und somit wird es Knoten T_2 sein.

Fall 2.2.1: $w'_j < w''_j$.
Dann war T_2 auch vor der Rotation der aktive j-Knoten. In diesem Fall ist keine zusätzliche Aktion notwendig.

Fall 2.2.2: $w'_j \geq w''_j$.
Dann war der aktive j-Knoten vor der Rotation links von A und somit links von B. In diesem Fall bleibt die Abfrage von B unverändert, aber die Abfrage von A muß abgeändert werden. Nehmen wir zunächst an, daß der linke Sohn von A ein j-Knoten ist. Dann existiert A nach der Rotation nicht mehr, weil wir nämlich die j-Knoten T_1 und T_2 zu einem Knoten zusammenfassen, und wir sind fertig. Nehmen wir nun an, daß der linke Sohn von A kein j-Knoten ist. Abbildung 100 zeigt eine Nahaufnahme von Baum T_1.

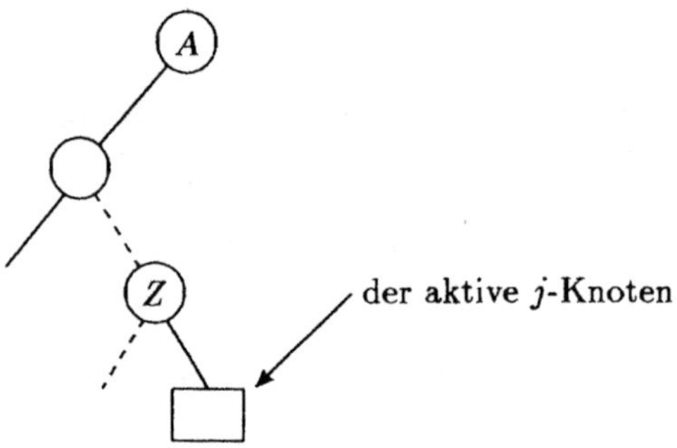

Abb. 100. Großaufnahme von T_1

Wir müssen nur die Abfrage von Z nach A kopieren. Z kann durch vollständiges Durchsuchen gefunden werden. Beachten Sie, daß $di(Z) \geq w'_j \geq w_j/2$, da alle j-Knoten im linken Unterbaum von A Nachfolger von Z sind, und weiter, daß die Dicke s von T_3 kleiner als $w''_j \leq w_j/2$ ist. Weil $s = di(T_3) \geq \alpha \cdot di(B)$ (der zugrundeliegende Baum ist in BB[α]) und $di(B) \geq (1-\alpha) \cdot di(A)$ (eine Rotation nach links um A wird ausgeführt), gilt $s \geq \alpha \cdot (1-\alpha) \cdot di(A)$ und somit $di(A) \leq w_j/(2\alpha \cdot (1-\alpha))$. Das im Beweis von Satz 2 aus III.5.1 benutzte Argument zeigt, daß die Tiefe von Z bezüglich A höchstens $\log(\alpha \cdot (1-\alpha))/\log(1-\alpha)$ ist. Wir fassen zusammen in

Satz 5. *Wir betrachten einen D-Baum, der auf einem* BB[α]*-Baum mit* $1/4 < \alpha \leq 1 - \sqrt{2}/2$ *beruht. Sei* w_i *das Gewicht von* x_i, $1 \leq i \leq n$, *und* $W = \sum_i w_i$. *Dann hat eine Suche nach* x_i *die Zeitkomplexität* $c_1 \log(W/w_i) + c_2$ *für kleine Konstanten* c_1 *und* c_2. *Eine Gewichtsänderung von* x_i *um* ± 1 *hat die gleiche Zeitkomplexität.* ∎

Beispiel: Wir erhöhen in unserem Beispiel x_2 um 1. Das erhöht die Dicke des aktiven 2-Knotens von 2 auf 3 und bringt den Balanceparameter der Wurzel (des 2-Gelenks) aus dem Bereich $[1/4, 3/4]$ heraus. Eine Doppelrotation (nach links) um die Wurzel ist erforderlich. Sie wird simuliert duch eine Rotation nach rechts um das 3-Gelenk, gefolgt von einer Rotation nach links um das 2-Gelenk. Die Rotation um das 3-Gelenk erfordert keine besondere Aktion, weil $s = di$(Vater des aktiven 3-Knotens) $= 5 > 2 =$ Anzahl der 3-Blätter links vom 3-Gelenk. Wir erhalten Abbildung 101. Danach müssen wir um das 2-Gelenk rotieren. Es ist $w_2' = 2$, $w_2'' = 6$ und $s = 3$ und somit trifft Fall 2.2.1 zu. Wir erhalten Abbildung 102. ∎

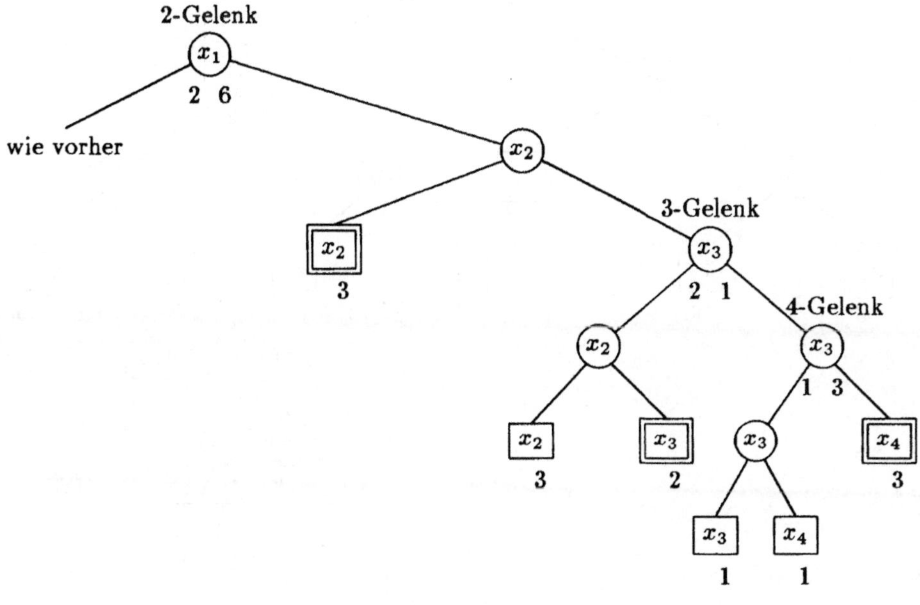

Abb. 101. Nach Erhöhung des aktiven 2-Knotens

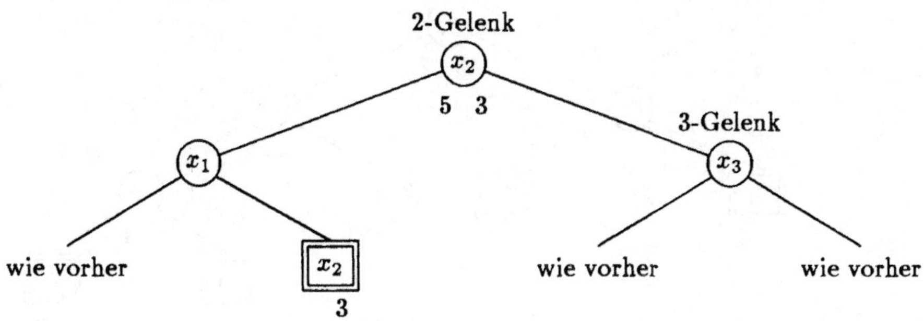

Abb. 102. Nach Rotation um das 2-Gelenk

Wir beenden den Abschnitt mit einer kurzen Diskussion des Platzbedarfs und der Änderungskosten von D-Bäumen. Der Platzbedarf ist $O(W)$, weil es höchstens W Blätter gibt. Da ein Element x_i durch bis zu $2 \log w_i$ i-Knoten dargestellt wird, kann der Platzbedarf nicht linear in n sein. Es gibt eine Version von D-Bäumen, kompakte D-Bäume, die dieses Problem lösen. Außerdem ist in den Anwendungen in Kapitel VIII die Größe W und nicht n der relevante Parameter.

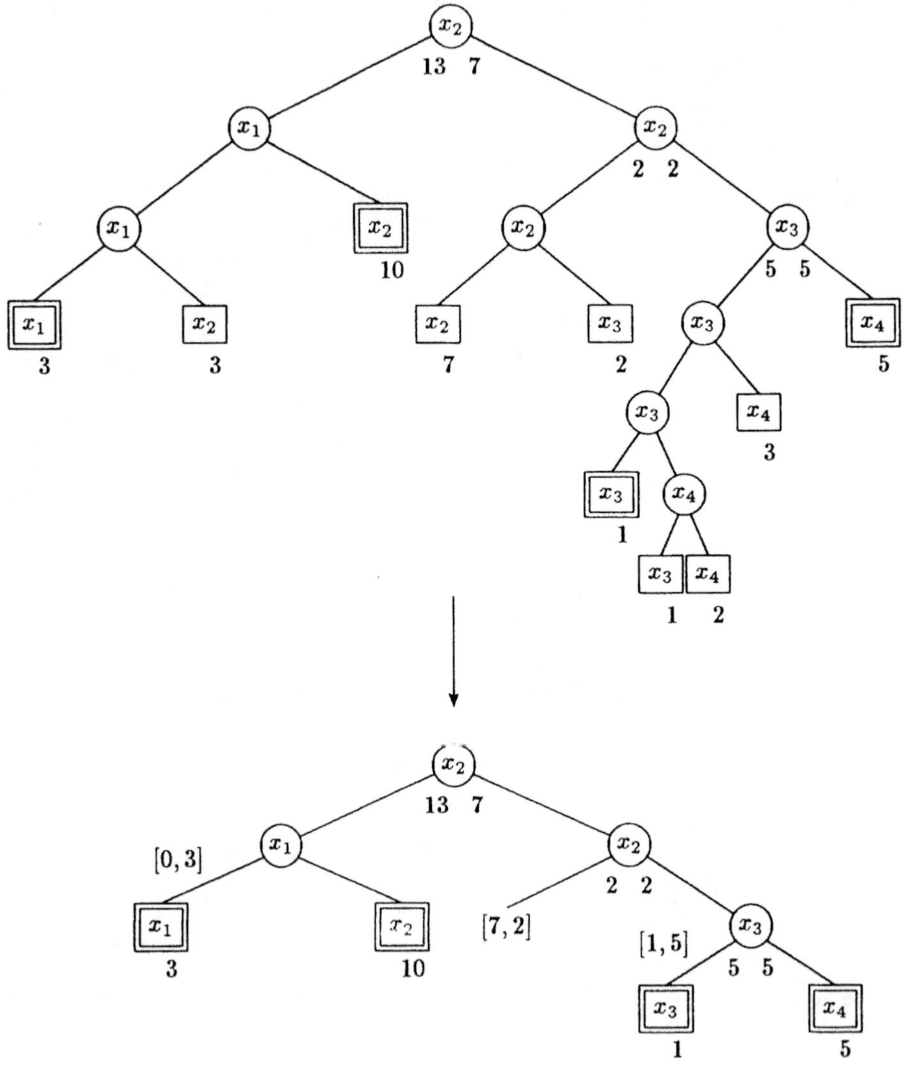

Abb. 103. Normaler und kompakter D-Baum für $\{3, 20, 4, 10\}$

Die grundlegende Idee für **kompakte D-Bäume** ist, nur Sonderknoten (d.h. aktive Knoten und Gelenke) und Knoten, die Sonderknoten in *beiden* Unterbäumen haben, abzuspeichern. Es gibt offensichtlich nur $O(n)$ solche Knoten. Alle anderen Knoten werden gelöscht und nur Information über ihre Größe wird aufbewahrt. Abbildung 103 zeigt einen D-Baum für die Verteilung $\{3, 20, 4, 10\}$ und seine kompaktierte Version. Im kompakten Baum wird die Größe der gelöschten Unterbäume durch die Ausdrücke in eckigen Klammern in Erinnerung gebracht. Zum Beispiel stellt der Ausdruck $[1, 5]$ an der Kante vom 4-Gelenk zum aktiven 3-Knoten Unterbäume dar, die nach rechts von dieser Kante weggehen und insgesamt ein 3-Blatt und fünf 4-Blätter enthalten. Man kann zeigen, daß kompakte D-Bäume noch immer effizient rebalanciert werden können. Für Einzelheiten verweisen wir den Leser auf die Literatur.

Wir wollen uns nun den amortisierten Änderungskosten zuwenden. Rotationen und Doppelrotationen in D-Bäumen werden nur durch den zugrundeliegenden BB$[\alpha]$-Baum verursacht. Also lassen sich die Resultate aus III.5.1 unverändert übernehmen. Insbesondere bleibt Satz 5 aus III.5.1 wahr.

Satz 6. *Sei $1/4 < \alpha < 1 - \sqrt{2}/2$ und $f : \mathbb{R} \mapsto \mathbb{R}$ eine nichtfallende Funktion. Angenommen, die Kosten einer Rotation oder Doppelrotation am Knoten v eines auf einem BB$[\alpha]$-Baum beruhenden D-Baumes sind $f(di(v))$. Dann sind die Gesamtkosten der Rebalancierungs-Operationen für eine Folge von m Einfüge-, Streiche-, Erhöhe- und Erniedrige-Operationen in einem anfangs leeren D-Baum*

$$O\left(m \sum_{i=1}^{c \log m} f((1-\alpha)^{-i-1}) \cdot (1-\alpha)^i\right),$$

wobei $c = 1/\log(1/1 - \alpha))$. ∎

Wir werden Satz 6 in Kapitel VIII über algorithmische Geometrie oft benutzen.

III.6.3. Eine Anwendung auf mehrdimensionales Suchen

Dynamische gewichtete Bäume haben zahlreiche Anwendungen. Die offensichtlichste ist die Organisation von Mengen bei sich ändernden oder unbekannten Zugriffswahrscheinlichkeiten. In diesem Abschnitt beschreiben wir eine Anwendung auf TRIES und Exact-Match-Anfragen in mehrdimensionalen Räumen.

Sei U eine geordnete Menge, d eine ganze Zahl (die Dimension) und $S \subseteq U^d$. Wir wollen die Menge S unter Such-, Einfüge- und Streiche-Operationen verwalten und dabei *Vergleiche zwischen Elementen von U* als unsere grundlegende Operation benutzen. Eine Lösungsmöglichkeit ist offensichtlich: Sortiere U^d lexikographisch, d.h., so, daß $(x_1, \ldots, x_d) < (y_1, \ldots, y_d)$, wenn es ein i gibt, so daß $x_j = y_j$ für $j < i$ und $x_i < y_i$, und benutze normale balancierte Bäume. Dann können wir alle drei Operationen in Zeit $O(d \log |S|)$ ausführen, weil zwei Elemente von S in Zeit $O(d)$ verglichen werden können. Wir zeigen jetzt, daß dies auf Zeit $O(d + \log |S|)$ verbessert werden kann.

Satz 7. *Sei $S \subseteq U^d$ mit $|S| = n$. Dann können die Operationen Zugriff, Einfüge und Streiche in (amortisierter) Zeit $O(d + \log n)$ unterstützt werden, wobei wir annehmen, daß ein Vergleich zwischen zwei Elementen von U in einer Zeiteinheit ausgeführt werden kann.*

Beweis: Sei W die Menge aller Präfixe von Elementen aus S, d.h.,

$$W = \{(x_1, \ldots, x_k);\ 0 \le k \le d \text{ und } (x_1, \ldots, x_d) \in S\}.$$

Für $w \in W$ mit $|w| = k$, sei $p_w = |\{(x_1, \ldots, x_d) \in S;\ (x_1, \ldots, x_k) = w\}|$. Dann ist $p_\epsilon = |S|$ und $\sum_{a \in U} p_{wa} = p_w$ für alle w mit $|w| < d$ und $p_w = 1$ für $|w| = d$. Wir stellen S durch einen Baum von dynamischen gewichteten Bäumen, z.B. Splay- oder D-Bäumen, dar. Genauer heißt das, daß wir für jedes $w \in W$ mit $|w| < d$ einen Baum T_w für die Menge $\{wa;\ a \in U \text{ und } wa \in W\}$ entsprechend den Gewichten p_{wa} verwalten. Weiterhin zeigt das Blatt wa des Baumes T_w auf die Wurzel des Baumes T_{wa}, und die Wurzel des Baumes T_ϵ ist der Eintrittspunkt der Datenstruktur.

Ein Zugriff auf $x = (x_1, \ldots, x_d)$ wird folgendermaßen ausgeführt: Wir starten im Baum T_ϵ und suchen in diesem Baum nach x_1. Nachdem wir x_1 in T_ϵ lokalisiert haben, lokalisieren wir x_2 in T_{x_1}, dann x_3 in $T_{x_1 x_2}$, usw., bis die Suche durch Lokalisieren von x_d in $T_{x_1 x_2 \ldots x_{d-1}}$ abgeschlossen ist. Bei Verwendung von Splay- oder D-Bäumen sind die (amortisierten) Gesamtkosten der Operation Zugriff

$$\begin{aligned}
&\sum_{i=1}^{d} (\text{Zeit um } x_i \text{ in } T_{x_1 \ldots x_{i-1}} \text{ zu lokalisieren}) \\
&= \sum_{i=1}^{d} O(1 + \log(p_{x_1 \ldots x_{i-1}} / p_{x_1 \ldots x_i})) \qquad \text{(nach Satz 3 oder 5)} \\
&= O\Big(\sum_{i=1}^{d} (1 + \log p_{x_1 \ldots x_{i-1}} - \log p_{x_1 \ldots x_i})\Big) \\
&= O(d + \log p_\epsilon - \log p_x) \\
&= O(d + \log n - \log 1) = O(d + \log n).
\end{aligned}$$

Einfügen von $(x_1, \ldots, x_d)$ in die Menge S kann ebenfalls leicht ausgeführt werden: Zuerst wird ein Zugriff ausgeführt und das maximale i bestimmt, so daß x_i in $T_{x_1 \ldots x_{i-1}}$ vorkommt. Dann erzeugen wir triviale Bäume $T_{x_1 \ldots x_{i+1}}, \ldots, T_{x_1 \ldots x_{d-1}}$, fügen x_{i+1} in $T_{x_1 \ldots x_i}$ ein und erhöhen das Gewicht von x_j in $T_{x_1 \ldots x_{j-1}}$ um 1 für $j \le i$. Also sind die (amortisierten) Kosten einer Einfüge-Operation

$$\begin{aligned}
&\sum_{j=1}^{i} O(1 + \log((p_{x_1 \ldots x_{j-1}} + 1) / p_{x_1 \ldots x_j})) + O(\log p_{x_1 \ldots x_i}) + O(d - i) \\
&= O(d + \sum_{j=1}^{i} (\log 2p_{x_1 \ldots x_{j-1}} - \log p_{x_1 \ldots x_j}) + \log p_{x_1 \ldots x_i}) \\
&= O(d + \log n).
\end{aligned}$$

Streichen von $(x_1, \ldots, x_d)$ aus der Menge S entspricht einer Folge von Verringere-Operationen. Man sieht leicht ein, daß die Zeitschranke $O(d + \log n)$ auch für Streiche-Operationen zutrifft. ∎

Satz 7 kann leicht auf gewichtete mehrdimensionale Mengen und die Operationen Konkateniere und Zerlege erweitert werden (Übungen 39 und 40). Die im Beweis von Satz 7 benutzte Datenstruktur ist eine Symbiose von Bäumen und TRIES. Die globale Datenstruktur ist ein TRIE, d.h., die "Zeichen" von $x \in U^d$ werden nacheinander bestimmt. Die lokalen Datenstrukturen sind gewichtete dynamische Bäume, d.h., jeder Knoten des TRIES wird entweder durch einen Splay-Baum oder einen D-Baum realisiert.

III.7. Ein Vergleich von Suchstrukturen

In diesem Abschnitt versuchen wir, die wesentlichen Ergebnisse dieses Kapitels zusammenzufassen und die verschiedenen vorgestellten Datenstrukturen zu vergleichen. In Abbildung 103 bedeutet N die Größe des Universums, n die Größe der in der Datenstruktur abgespeicherten Menge, p die Wahrscheinlichkeit des Elementes, auf das zugegriffen werden soll, k den Verzweigungsfaktor des TRIES und β den Belegungsfaktor der Hashtafel.

	Ungewichtete Daten	Gewichtete Daten	Zugriff	Einfüge Streiche	Konkateniere Zerlege	Hintergrundspeicher	Finger-Suchen	Sequentieller Zugriff
TRIES	x		$O(\log_k N)$	x		x		x
Hashing	x		$O(\beta)$ im Mittel	x		x		
Perfektes Hashing	x		$O(1)$			x		
Interpolationssuche	x		$O(\log\log n)$ im Mittel					x
statische gewichtete Suchbäume		x	$O(\log(1/p))$			(x)		x
BB[α]-Bäume	x		$O(\log n)$	x	x			x
(a, b)-Bäume	x		$O(\log n)$	x	x	x	x	x
Splay-Bäume		x	$O(\log(1/p))$ amortisiert	x	x			x
D-Bäume		x	$O(\log(1/p))$	x				x

Abb. 104. Übersichtstabelle

Drei Datenstrukturen unterstützen nur die Operation Zugriff: perfektes Hashing, Interpolationssuche und statische gewichtete Suchbäume.

Perfektes Hashing garantiert eine Zugriffszeit von $O(1)$ und benutzt ungefähr $3n$ Speicherworte für die Hashtafel und im wesentlichen n zusätzliche Worte für das Hashprogramm. Es kann für Hintergrundspeicher benutzt werden und führt dann zwei Zugriffe auf den Hintergrundspeicher aus, nämlich einen, um den relevanten Teil des Hashprogramms herauszugreifen, und einen, um auf die tatsächlichen Daten zuzugreifen. Perfektes Hashing — wie alle Hashmethoden — unterstützt nicht den sequentiellen Zugriff auf die Daten in ihrer natürlichen Reihenfolge. Jedoch ist sequentieller Zugriff in "gehashter Reihenfolge" möglich. Die beiden anderen Methoden unterstützen sequentiellen Zugriff.

Interpolationssuche gibt uns eine mittlere Zugriffszeit von $O(\log\log n)$ und erfordert keinen zusätzlichen Speicherplatz.

Statische gewichtete Bäume unterstützen gewichtete Daten und ermöglichen es uns, auf ein Objekt mit Zugriffswahrscheinlichkeit p in Zeit $O(\log(1/p))$ zuzugreifen. Wir haben auch gesehen, daß die mittlere Zeitkomplexität für Zugriff $O(1)$ ist für eine Vielzahl von Häufigkeitsverteilungen.

Für Hintergrundspeicher können gewichtete Vielwegbäume, die wir nicht behandelt haben, benutzt werden.

TRIES, Hashing und balancierte Bäume (gewichts- oder höhenbalancierte) können für dynamische ungewichtete Daten benutzt werden.

Hashing (mit Verkettung) hat mittlere Zugriffszeit $O(\beta)$, obwohl die Zugriffszeit im schlechtesten Fall $O(n)$ und die mittlere Zugriffszeit im schlechtesten Fall $O(\log n)$ ist, und unterstützt Zugriff, Einfüge und Streiche. Das mittlere Verhalten von Hashing mit Verkettung kann durch die Verwendung von universellem Hashing zu probabilistischem Verhalten gemacht werden.

Für Hintergrundspeicher ist erweiterbares Hashing besonders geeignet. Es benötigt nur zwei Zugriffe auf den Hintergrundspeicher. Erweiterbares Hashing ist eng mit Suchen in einem TRIE auf den gehashten Schlüsseln verwandt.

TRIES für die ungehashten Schlüssel unterstützen auch sequentiellen Zugriff. Der Verzweigungsfaktor k kann benutzt werden, um Zugriffszeit und Speicherbedarf gegeneinander auszubalancieren.

Balancierte Bäume haben im schlechtesten Fall logarithmische Zugriffzeit und unterstützen zusätzliche Operationen wie Zerlegen, Konkatenieren und Fingersuchen. Unter den balancierten Bäumen sind (a, b)-Bäume die flexibelsten und elegantesten. Ihre Implementierung durch gefärbte Bäume ist besonders geschickt. (a, b)-Bäume mit $b \geq 2a$ haben kleine amortisierte Rebalancierungskosten, was wir an mehreren Stellen ausgenutzt haben, insbesondere für A-Sort und Fingerbäume. Gewichtsbalancierte Bäume sind nicht so elegant wie (a, b)-Bäume, brauchen etwas mehr Platz (in jedem Knoten muß eine ganze Zahl statt eines Bits wie bei gefärbten Bäumen abgespeichert werden), und sind normalerweise um einen konstanten Faktor langsamer. Sie haben jedoch auch Vorteile: Die Operation Konkateniere zum Vereinigen zweier Bäume der Größen n_1 und n_2 ist mit $O(\log((n_1 + n_2)/\min(n_1, n_2)))$ schneller als bei (a, b)-Bäumen, die $O(\min(|h_1 - h_2|, h_1, h_2)) = O(\log \max(n_1, n_2))$ Zeiteinheiten verbrauchen. Wichtiger noch ist, daß die amortisierte Anzahl von Rotationen und Doppelrotationen ein sehr kontrolliertes Verhalten zeigt. Das macht BB[α]-Bäume zur idealen Grundlage für erweiterte Bäume, in denen Rotationen (und Doppelrotationen) nichtkonstante Kosten haben. Für Hintergrundspeicher sind (a, b)-Bäume mit einem großen Wert von a vorzuziehen.

Balancierte Bäume können auf gewichtete Daten erweitert werden. Splay-Bäume sind eine sehr elegante Lösung für das gewichtete Wörterbuchproblem und zeigen auch die Mächtigkeit von selbstorganisierenden Datenstrukturen und amortisierter Analyse. D-Bäume sind weniger elegant, übernehmen aber von BB[α]-Bäumen die guten Schranken für die Änderungskosten.

III.8. Teilmengen eines kleinen Universums

Bisher haben wir Teilmengen S eines sehr großen oder unendlichen Universums U betrachtet. In diesem Abschnitt behandeln wir das andere Extremum: Das Universum U ist relativ klein und somit werden Lösungen mit Platzkomplexität $O(|U|)$ akzeptabel. Während im ersten Fall die Operation Zugriff nichttrivial ist und wir ihr einen großen Teil der vorausgehenden Abschnitte gewidmet haben, ist Zugriff im letzteren Fall trivial: Es ist ein direkter Zugriff mit Hilfe von Feldern möglich; wir können aber auch alternativ annehmen, daß das Argument $x \in U$ einer Operation durch einen Zeiger auf den x darstellenden Verbund gegeben ist. Kleine Universen kommen in der Praxis oft vor. Ein Beispiel ist die Menge der Konten einer Bank, auf die über Kontonummern zugegriffen wird. Weitere Beispiele finden wir bei Graphenalgorithmen (Kapitel IV und V).

III.8.1. Das boolesche Feld (Bitvektor)

Offensichtlich kann eine Menge $S \subseteq U = \{0, \ldots, N-1\}$ durch ein boolesches Feld $BV[0\,..\,N-1]$ mit

$$BV[i] = \begin{cases} 1 & \text{wenn } i \in S; \\ 0 & \text{wenn } i \notin S \end{cases}$$

dargestellt werden. Dann haben die Operationen Zugriff, Einfüge und Streiche konstante Zeitkomplexität — besser geht es nicht.

Boolesche Felder haben einen kleinen Nachteil. Die Initialisierung verbraucht $O(N)$ Zeiteinheiten. Wenn $\Omega(N)$ Operationen auf S ausgeführt werden, wie es in Anwendungen oft der Fall ist, kann die Initialisierung über die Folge von Operationen amortisiert werden.

Die Initialisierung kann jedoch ganz vermieden werden, wenn mehr Platz zur Verfügung steht. Dann benutzen wir zwei Felder $\overline{BV}[0\,..\,N-1]$ und $A[0\,..\,N-1]$ und einen Kellerspeicher. Der Keller wird durch das Feld $K[0\,..\,N-1]$ und die Variable TOP realisiert (s. Abschnitt I.4). Anfangs ist $TOP = -1$. Wir nehmen an, daß $BV[i] = 0$ für alle i die beabsichtigte Initialisierung ist. Wir stellen die folgende Invariante sicher:

$$BV[i] = 1 \quad \text{g.d.w.} \quad \overline{BV}[i] = 1 \text{ und } 0 \le A[i] \le TOP \text{ und } K[A[i]] = i$$

Anfangs ist $TOP = -1$ und somit $BV[i] = 0$ für alle i, genau wie es sein sollte. Offensichtlich kann der Wert von $BV[i]$ durch Benutzung der Invariante noch immer in konstanter Zeit bestimmt werden. Nehmen wir nun an, daß wir den booleschen Wert b in $BV[i]$ hineinschreiben wollen. Wenn $0 \le A[i] \le TOP$ und $K[A[i]] = i$, dann schreiben wir b in $\overline{BV}[i]$ und sind fertig. Andernfalls führen wir Programm 38 aus.

$TOP \leftarrow TOP + 1;$
$A[i] \leftarrow TOP;$
$K[TOP] \leftarrow i;$
$\overline{BV}[i] \leftarrow b.$

Prog. 38

Man sieht leicht ein, daß diese vier Zeilen die Invariante aufrechterhalten. Also haben die Initialisierung und die Operationen Zugriff, Einfüge und Streiche jeweils die Zeitkomplexität $O(1)$.

III.8.2. Verwaltung dynamischer Partitionen von linearen Listen

In diesem Abschnitt beschäftigen wir uns mit dem Problem, eine dynamische Partition einer linearen Liste in Intervalle zu verwalten. Sei B eine lineare Liste von Objekten, von denen einige markiert sind. Die markierten Objekte partitionieren die lineare Liste in Intervalle. Wir wollen folgende Operationen auf der linearen Liste ausführen:

Find(x)	berechne das nächste markierte Objekt echt rechts von x in der Liste;
Split(x)	markiere das Objekt x;
Union(x)	lösche die Markierung des markierten Objektes x;
Add(y, x)	füge ein neues unmarkiertes Objekt y unmittelbar vor dem Objekt x in die Liste ein;
Erase(x)	entferne das unmarkierte Objekt x aus der Liste.

Für alle fünf Operationen nehmen wir an, daß die Eingabe für die Operation ein Zeiger auf das Objekt x ist; in der statischen Version des Problems (dort sind die Operationen Add und Erase nicht erlaubt) könnten wir auch die lineare Liste B mit einem Anfangsstück der ganzen Zahlen identifizieren. In diesem Abschnitt bezeichnen wir die Länge der Folge B mit N.

Wir werden mehrere Anwendungen des Problems der Intervallzerlegung kennenlernen: z.B. in den Kapiteln über Graphenalgorithmen und mehrdimensionales Suchen. Das Problem der Intervallzerlegung ist eine Variante des Warteschlangenproblems. Sei $S \subseteq B$ die Menge der markierten Objekte in der Folge B. Dann gibt Find(x) den Nachfolger von x in der Menge S aus (beim Warteschlangenproblem können wir nur nach dem kleinsten Element der Menge S fragen), Split(x) fügt x in S ein, und Union(x) löscht x aus S; die Operationen Add und Erase "modifizieren das Universum" und haben keine Analogie im Warteschlangenproblem.

Das Problem der Intervallzerlegung hat eine einfache Lösung mit Laufzeit $O(\log |S|)$ pro Operation: Halte die Menge der markierten Objekte in einem balancierten Baum. In diesem Abschnitt beschreiben wir eine Lösung mit Laufzeit $O(\log\log N)$; die Zeitschranke gilt bei den Operationen Find, Split und Union für den schlechtesten Fall und ist bei den Operationen Add und Erase amortisiert. Also ist die neue Lösung überlegen, wenn die Menge der markierten Objekte in der Folge B dicht genug ist.

Die neue Lösung beruht auf dem Teile-und-Beherrsche-Paradigma. Angenommen, wir teilen die Folge B in ungefähr $\sqrt{N}$ Teillisten der Länge ungefähr $\sqrt{N}$. Für jede Teilliste erzeugen wir einen Repräsentanten, den wir markieren, wenn ein Objekt in der Teilliste markiert ist. Die Repräsentanten werden in einer linearen Liste von Repräsentanten zusammengefaßt. Beachten Sie, daß diese Liste die Länge ungefähr $\sqrt{N}$ hat. Nehmen wir nun an, daß wir einen Zeiger auf das Objekt x zur Verfügung haben und Find(x) berechnen wollen. Wir betrachten zwei Fälle: Entweder enthält die Teilliste, die x enthält, auch das Resultat der Operation Find(x) oder nicht. Beide Fälle können in Zeit $O(1)$ unterschieden werden, wenn jeder Repräsentant einen Zeiger auf das maximale markierte Objekt in der Teilfolge hat, die durch ihn repräsentiert wird. Beachten Sie weiter, daß wir im ersten Fall die Länge der zu betrachtenden Folge von N auf $\sqrt{N}$ reduziert haben. Das stimmt auch für den zweiten Fall, weil wir nur den markierten Nachfolger des Repräsentanten von x (d.h. der x enthaltenden Teilfolge) in der Liste der Repräsentanten finden und dann das erste markierte Objekt (wir verwalten einen Zeiger darauf) in seiner Teilfolge finden müssen. Also genügt in beiden Fällen Zeit $O(1)$, um die Länge der zu betrachtenden Folge von N auf $\sqrt{N}$ zu reduzieren. Daraus folgt die Zeitkomplexität $O(\log\log N)$; beachten Sie, daß die Rekursionsgleichung $T(N) = T(\sqrt{N}) + O(1)$ die Lösung $T(N) = O(\log\log N)$ hat, wie wir unten sehen werden. Kommen wir zu den Details.

Definition 1: Ein **geschichteter Baum** T für eine Folge B von N Objekten besteht aus:

1) Einem **Repräsentanten** $r(T)$ mit Komponenten *mark*, *min* und *max* (die Werte dieser Komponenten werden unten spezifiziert);

und wenn $N > 4$:

2) Einer **Kopie** B' von B, die in Teilfolgen $B'_1, \ldots, B'_m$ zerlegt ist, wobei $\frac{1}{2}\sqrt{N} \leq m \leq 2\sqrt{N}$ und jedes B'_i zwischen $\frac{1}{2}\sqrt{N}$ und $2\sqrt{N}$ Elementen hat;

3) geschichteten Bäumen $T'_1, \ldots, T'_m$ für die Folgen $B'_1, \ldots, B'_m$;

4) einem geschichteten Baum T_0 für die Folge R von Repräsentanten $r(T'_1), \ldots, r(T'_m)$. ∎

Wir nennen $T'_1, \ldots, T'_m$ und T_r die **Unterstrukturen** von T und T die **Oberstruktur** von $T'_1, \ldots, T'_m$ und T_r.

Abbildung 105 zeigt einen geschichteten Baum, in dem die Zeiger, die die Objekte verbinden, der Übersichtlichkeit halber weggelassen wurden.

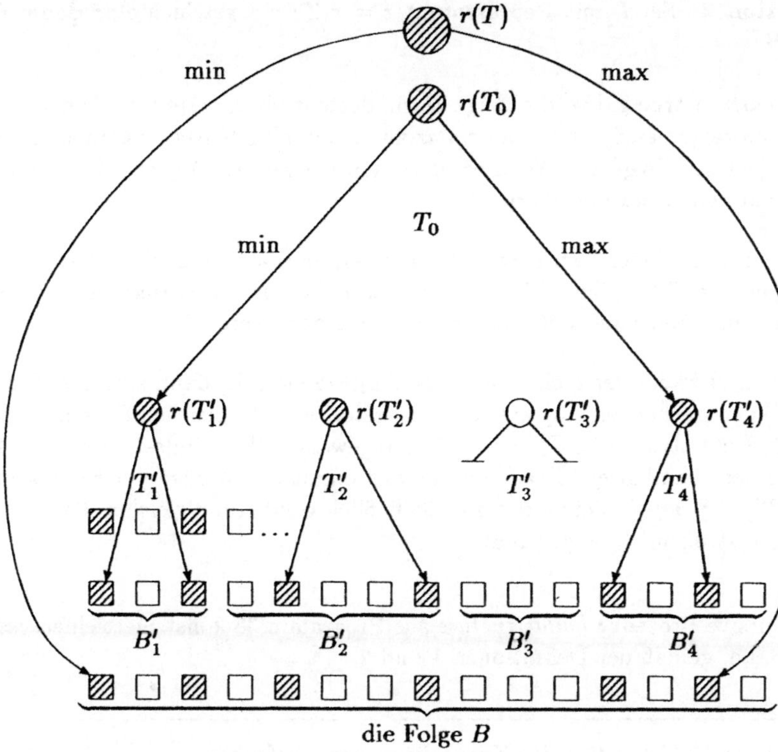

Abb. 105. Ein geschichteter Baum

Wir realisieren geschichtete Bäume durch Zeigerstrukturen wie folgt. Jedes Objekt und jeder Repräsentant wird durch einen Verbund vom Typ Knoten dargestellt und hat zehn Komponenten:

mark	: boolean	*pred*	: ↑Knoten
succ	: ↑Knoten	*low*	: ↑Knoten
high	: ↑Knoten	*rep*	: ↑Knoten
list	: ↑Knoten	*size*	: integer
min	: ↑Knoten	*max*	: ↑Knoten

Die Komponenten *pred* und *succ* organisieren die Folge B als doppelt verkettete, lineare Liste. Die Komponenten *low* und *high* sind Zeiger, die Knoten mit ihren Kopien in Unterstrukturen verbinden und umgekehrt. *rep* verbindet jeden Knoten mit seinem Repräsentanten.

Die Komponenten *list* und *size* sind nur für Repräsentanten definiert: *list* ist ein Zeiger auf das erste Element der doppelt verketteten Liste für B und *size* enthält die Länge der Liste. Wir müssen noch die Komponenten *mark*, *min* und *max* definieren.

Definition 2: Sei T mit Repräsentant $r = r(T)$ ein geschichteter Baum für die Folge B.

1) *r.mark* ist true g.d.w. die Folge B mindestens ein markiertes Element enthält. Dann zeigen auch *r.min* und *r.max* auf das minimale bzw. maximale markierte Objekt der Folge B. Wenn es in B kein markiertes Objekt gibt, dann haben *r.min* und *r.max* den Wert nil.

2) Wenn B höchstens ein markiertes Element enthält, dann sind alle Unterstrukturen von T "trivial", d.h., alle Knoten in diesen Unterstrukturen sind unmarkiert und alle *min*- und *max*-Zeiger haben den Wert nil.

3) Wenn B zwei oder mehr markierte Objekte enthält, dann sind die Kopien (in B') der markierten Objekte von B markiert und die gleichen Regeln werden auf alle Unterstrukturen T_i', $1 \le i \le k$, angewandt, die mindestens ein markiertes Element beinhalten. Beachten Sie, daß damit die Marken der Repräsentanten $r(T_i')$, $1 \le i \le k$, definiert sind. Schließlich werden die gleichen Regeln auf die Unterstruktur T_0 angewandt. ∎

Die rekursive Prozedur *buildstructure* aus Programm 38 konstruiert einen geschichteten Baum gemäß der Definitionen 1 und 2.

```
procedure buildstructure(B : Knotenliste; var r : Knoten;
                         const triv : boolean);
co Eingabe:   Eine doppelt verkettete lineare Liste B von Objekten
   Effekt:    Aufbau eines geschichteten Baumes für B und
              Ausgabe des Repräsentanten r
   Laufzeit:  O(|B| log log |B|)
   Der geschichtete Baum ist trivial, wenn triv true ist.
oc
begin
N ← |B|;
r ← neuer Knoten;
if triv
then r.mark ← false; r.min ← r.max ← nil
else r.mark ← ∨_{k∈B} k.mark;
     r.min ← linkestes markiertes Element von B;
     r.max ← rechtestes markiertes Element von B;
     s ← Anzahl der markierten Elemente von B
fi;
r.high ← nil;
r.size ← N;
for all k ∈ B do k.rep ← r; k.low ← nil od;
```

```
if N > 4
then B' ← ∅;
     for all k ∈ B
     do k' ← neuer Knoten;
        if triv
        then k'.mark ← false
        else k'.mark ← k.mark
        fi;
        k'.min ← nil;
        k'.max ← nil;
        k'.high ← k;
        k.low ← k';
        B' ← B' ∪ {k'}
     od;
     teile B' in Blöcke B'_1, B'_2, ..., B'_n der Größe zwischen √N und 3/2 √N;
     co dann gilt 2/3 √N ≤ n ≤ √N oc
     R ← ∅;
     for i = 1 to n
     do organisiere B'_i als doppelt verkettete, lineare Liste;
        buildstructure(B'_i, triv or s ≤ 1, r');
        R ← R ∪ {r'}
     od;
     buildstructure(R', triv or s ≤ 1, r)
fi
end.
```

Prog. 39

Lemma 1. *Sei B eine Folge von N Objekten. Ein geschichteter Baum für T verbraucht $O(N \log\log N)$ Speicherplatz und kann in Zeit $O(N \log\log N)$ konstruiert werden.*

Beweis: Wir zeigen, daß ein geschichteter Baum für eine Folge von N Objekten höchstens $O(N \log\log N)$ Knoten enthält. Daraus folgt die Platzschranke und auch die Zeitschranke, weil die Prozedur *buildstructure* $O(1)$ Zeiteinheiten pro Knoten verbraucht. Um die Schranke für die Anzahl der Knoten zu beweisen, zeigen wir, daß es nur $O(\log\log N)$ Kopien pro Knoten gibt, d.h., es gibt nur $O(\log\log N)$ Hierarchieniveaus. Sei $g : \mathbb{R} \mapsto \mathbb{R}$ definiert durch

$$g(x) = \begin{cases} 1 & \text{wenn } x \leq 4; \\ 1 + g(\lfloor 2\sqrt{x} \rfloor) & \text{wenn } x > 4. \end{cases}$$

Dann ist $g(N)$ eine obere Schranke für die Hierarchieniveaus in einem geschichteten Baum für eine Folge von N Objekten. Ein einfaches, induktives Argument zeigt, daß $g(x) \le 2 + (\log\log x)/\log(4/3)$. Tatsächlich ist $g(x) \le 3$ für $x < 9$. Für $x \ge 9$ gilt:

$$\begin{aligned}
g(x) &= 1 + g(\lfloor 2\sqrt{x} \rfloor) \\
&\le 1 + g(x^{3/4}) && (\text{da } 2\sqrt{x} \le x^{3/4}) \\
&\le 1 + 2 + (\log\log x^{3/4})/\log(4/3) && (\text{Induktionsannahme}) \\
&\le 2 + 1 + \log((3/4)\log x)/\log(4/3) \\
&\le 2 + 1 + (\log(3/4) + \log\log x)/\log(4/3) \\
&\le 2 + (\log\log x)/\log(4/3)
\end{aligned}$$ ∎

Als nächstes wenden wir uns den Operationen Find, Split und Union zu. Für die Formulierung dieser Algorithmen nehmen wir die Existenz einer für zwei markierte Objekte x und y definierten booleschen Funktion leftof(x, y) an. Sie ergibt true g.d.w. x vor y steht in der Folge B. In allen unseren Anwendungen von geschichteten Bäumen ist die Existenz der Funktion leftof mit Laufzeit $O(1)$ klar, weil die Folge B immer eine geordnete Folge von Schlüsseln sein wird und leftof durch Vergleich zweier Schlüssel berechnet werden kann. Der allgemeine Fall wird in Übung 23 behandelt.

```
function find(k : Knoten) : Knoten;
co Eingabe:   Objekt k der Folge B
   Ausgabe:   nächster markierter Nachfolger von k in B oder nil
   Laufzeit:  O(1), wenn die Ausgabe nil ist; O(log log |B|) andernfalls
oc
begin
r ← k.rep;
if r.size ≤ 4
then finde nächstgelegenen markierten Nachfolger
     durch lineare Suche in Zeit O(1)
else if (r.mark ≠ false) and leftof(k, r.max)
     then co find hat einen definierten Wert oc
          if r.max = r.min
          then co genau ein markierter Knoten oc
               gib r.max aus
          else co zwei oder mehr markierte Knoten oc
               x ← find(k.low);
               if x = nil
               then co Der Aufruf find(k.low) verbrauchte Zeit O(1) oc
                    x ← find(k.low.rep);
                    gib x.min.high aus
               else gib x.high aus
               fi
```

```
            fi
      else  co find hat den Wert nil co
            gib nil aus
      fi
fi
end.
```

Prog. 40

Lemma 2. *Die Prozedur find aus Programm 40 findet den nächstgelegenen Nachfolger in Zeit* $O(\log\log N)$.

Beweis: Die Korrektheit von Programm 40 ist leicht zu zeigen. Wenn der Repräsentant r von k nicht markiert oder k nicht links von $r.max$ ist, dann gibt *find* nil aus. Andernfalls suchen wir nach einem markierten Nachfolger der Kopie $k.low$ in seiner Teilfolge. Wenn es einen solchen Nachfolger gibt, dann geben wir ihn aus. (Genauer gesagt, geben wir die Kopie ein Niveau höher in der Hierarchie aus.) Wenn es keinen solchen Nachfolger gibt, dann finden wir den markierten Nachfolger des Repräsentanten der Kopie $k.low$ und geben das Ziel seines *min*-Zeigers aus. Also berechnen wir in beiden Fällen korrekt den nächstgelegenen markierten Nachfolger.

Die Laufzeitschranke ist ebenfalls leicht zu verifizieren. Sei $r.size > 4$. Beachten Sie zunächst, daß der then-Fall immer einen definierten Wert ausgibt und daß der else-Fall konstante Zeitkomplexität hat und nil ausgibt. Also ist die Laufzeit $O(1)$, wenn die Ausgabe nil ist. Wenn die Ausgabe ungleich nil ist, dann machen wir entweder einen oder zwei rekursive Aufrufe von *find*. Wenn wir zwei von ihnen machen, dann gibt der erste Aufruf nil aus, und somit ist die Laufzeit $O(1)$. Also ist die Gesamtlaufzeit $O(g(N))$, wobei g wie in Lemma 1 definiert ist. ∎

Wir kommen zur Operation Split.

```
procedure split(k : Knoten);
co vorher:   k ist ein unmarkiertes Objekt in der Folge B, T ist ein gültiger
             (d.h., erfüllt Definitionen 1 und 2) geschichteter Baum für B
   nachher:  k.mark = true und T ist gültig
   Laufzeit: O(1), wenn es kein markiertes Objekt in B vor split gibt;
             O(log log |B|) andernfalls
oc
begin
k.mark ← true;
r ← k.rep;
if r.mark = false
then co Struktur war zuvor leer oc
        r.mark ← true;
        r.min ← k; r.max ← k
```

```
else  if r.min = r.max
      then co ein markiertes Objekt vor dem Split co
           x ← r.min;
           if leftof(k, r.min)
           then r.min ← k
           else  r.max ← k
           fi;
           co B enthält die zwei markierten Objekte x und k; die Unter-
              strukturen müssen gemäß Eigenschaft 3 von Definition 2
              initialisiert werden
           oc
           if r.size > 4
           then co es gibt Unterstrukturen oc
                split(x.low);       co Zeit O(1) oc
                split(x.low.rep);   co Zeit O(1) oc
                if x.low.rep = k.low.rep
                then split(k.low)       co ein nichttrivialer Aufruf oc
                else  split(k.low);     co Zeit O(1) oc
                      split(k.low.rep)  co ein nichttrivialer Aufruf oc
                fi
           fi
      else co zwei oder mehr markierte Objekte oc
           if leftof(r.max, k) then r.max ← k fi;
           if leftof(k, r.min) then r.min ← k fi;
           if k.low.rep.mark = false
           then split(k.low);       co Zeit O(1) oc
                split(k.low.rep)    co ein nichttrivialer Aufruf oc
           else split(k.low);       co ein nichttrivialer Aufruf oc
           fi
      fi
fi
end.
```

Prog. 41

Lemma 3. *Programm 41 realisiert die Operation Split und hat die Zeitkomplexität* $O(\log\log N)$.

Beweis: Zum Korrektheitsbeweis müssen wir zeigen, daß die Bedingungen von Definition 2 erfüllt sind. Das ist offensichtlich, wenn B vor dem Split keine oder mindestens zwei markierte Objekte enthält. Wenn B vor dem Split genau ein markiertes Element enthält, dann waren alle Unterstrukturen von B vor dem Split trivial und die Unterstrukturen T_0 und die Unterstrukturen die $x.low$ und $k.low$ enthalten sind es nicht nach dem Split. Das ist genau der Effekt der rekursiven Aufrufe.

Wenden wir uns der Zeitkomplexiät zu. Die wesentliche Beobachtung (vgl. die Kommentare im Programm) ist, daß höchstens ein rekursiver Aufruf eine Unterstruktur, die ein markiertes Objekt enthält, spaltet, und daß ein Split auf einer Unterstruktur, die kein markiertes Objekt enthält, Kosten $O(1)$ hat. Also ist die Laufzeit $O(g(N)) = O(\log\log N)$. ∎

```
procedure union(k: Knoten, var newmin, newmax: Knoten);
co    vorher:    k ist ein markiertes Objekt der Folge B,
                 T ist ein gültiger geschichteter Baum für B
      nachher:   k.mark = false, T ist weiterhin gültig und newmin bzw. newmax
                 ist das neue linkeste bzw. rechteste markierte Objekt in B
      Laufzeit   O(1), wenn k vor dem Union das einzige markierte Objekt
                 in B ist; O(log log |B|) andernfalls
oc
begin
k.mark ← false;
r ← k.rep;
if r.min = r.max
then co gerade ein markierter Knoten k = r.min = r.max vor dem Union oc
     r.min ← nil;
     r.max ← nil;
     r.mark ← false
else co r.min ≠ r.max oc
     if r.size ≤ 4
     then die offensichtlichen Operationen auf der linearen Liste B
     else co es gibt nichttriviale Unterstrukturen; zuerst
             löschen wir rekursiv die Markierung von k.low und
             berechnen die neuen min- und max-Zeiger oc
          union(k.low, x, y);
          if x = nil
          then co k.low war der einzige markierte Knoten in der
                  Unterstruktur und deshalb verbrauchte der
                  rekursive Aufruf Zeit O(1) oc
                  union(k.low.rep, x1, y1);
                  x ← x1.min;
                  y ← y1.max
          fi;
          if k = r.min then r.min ← x.high fi;
          if k = r.max then r.max ← y.high fi;
          if r.min = r.max
          then co jetzt nur ein markiertes Objekt;
                      wir müssen die Unterstrukturen trivialisieren oc
```

```
                union(r.min.low, , );          co Zeit O(1) oc
                union(r.min.low.rep, , )       co Zeit O(1) oc
            fi
        fi
fi;
newmin ← r.min;
newmax ← r.max
end.
```

Prog. 42

Lemma 4. *Programm 42 realisiert die Operation Union in Zeit* $O(\log\log N)$.

Beweis: Dies ist offensichtlich aus den Kommentaren im Programm. ∎

Die Operationen Add und Erase modifizieren die lineare Liste B durch Hinzufügen oder Löschen eines Objektes. Wir führen Erase(x) aus durch Löschen von x und aller seiner Kopien aus der Zeigerstruktur. Dies kann zu einer Verletzung des Gewichtungskriteriums aus Definition 1 führen. Deshalb speichern wir die (in der Hierarchie) äußerste Struktur, die zu leicht wird, in einer Variablen *outbal* und rufen später eine Prozedur *rebal* auf, die die Balance wiederherstellt. Bei Ausführung von Add(x, y) führen wir auf ähnliche Art y und seine Kopien zu der Zeigerstruktur hinzu, indem wir ihnen die gleichen Repräsentanten wie den entsprechenden Kopien von x geben, speichern die äußerste Struktur, die zu schwer wird, in einer Varablen *outbal* und rufen dann *rebal* auf, um die Balance wiederherzustellen. Die Details stehen in den zwei folgenden Programmen.

```
procedure add1(y, x);
co vorher:   x ∈ B und T ist ein gültiger geschichteter Baum für B
   Effekt:   fügt unmarkiertes Objekt y unmittelbar vor x zu B hinzu und
             speichert den Repräsentanten der ersten angetroffenen
             Unterstruktur, die zu schwer ist, in einer Variablen outbal
             und die Größe ihrer Oberstruktur in w.
   Laufzeit: O(log log |B|)
oc
begin
r ← x.rep;
y.rep ← r;
füge y vor x in der doppelt verketteten Liste r.list ein;
r.size ← r.size + 1;
```

```
if y.high ≠ nil
then co Oberstruktur existiert oc
        r' ← y.high.rep;
        if (r.size > 2√(r'.size)) and (outbal = nil)
        then co Overflow oc
                outbal ← r;
                w ← r'.size
        fi
fi;
if r.size > 4
then co Unterstruktur oc
        z ← neuer Knoten;
        z.mark ← false;
        z.high ← y;
        y.low ← z;
        add1(z, x.low)
fi
end.
```

Prog. 43

```
procedure erase1(x);
co vorher:    x ist ein unmarkiertes Objekt in B und T ist ein gültiger
              geschichteter Baum für B.
   Effekt:    entfernt x aus B und speichert den Repräsentanten der ersten
              angetroffenen Unterstruktur, die zu leicht ist in einer Variablen
              outbal und das Gewicht ihrer Oberstruktur in Variable w;
   Laufzeit:  O(log log |B|)
oc
begin
outbal ← nil;
r ← y.rep;
x.rep ← r;
lösche x aus der doppelt verketteten Liste r.list;
r.size ← r.size − 1;
if x.high ≠ nil
then co Oberstruktur existiert oc
        r' ← x.high.rep;
        if (r.size < ½√(r'.size)) and (outbal = nil)
        then co Underflow oc
```

```
            outbal ← v;
            w ← r'.size
      fi
fi;
if r.size > 4
then co Unterstruktur oc
      erase1(x.low)
fi
end.
```

Prog. 44

Beide Prozeduren haben offensichtlich die Laufzeit $O(\log\log|B|)$ und führen die spezifizierte Aufgabe aus. Wir haben noch die Prozedur *rebal* zu beschreiben, die aufgerufen wird, wenn $outbal \neq$ nil nach den Aufrufen von *add1* bzw. *erase1*.

```
procedure rebal(r, w);
co vorher:   r ist ein Repräsentant einer Unterstruktur, etwa S;
             die Oberstruktur hat die Größe w;
   Effekt:   vereinigt S mit einer Bruderstruktur und stellt das
             Gewichtskriterium von Definition 1 wieder her;
   Laufzeit: O(log log |C|), wobei C die durch S dargestellte lineare Liste ist.
oc
begin
if r.succ = nil
then r' ← r.pred
else r' ← r.succ
fi;
C ← r'.list ∪ r.list
R ← r.rep.list;
teile C in Folgen B_1, B_2, ..., B_c der Längen zwischen √w und (3/2)√w auf;
for i = 1 to c
do buildstructure(B_i, false, x);
   füge x vor r in R ein
od;
entferne r und r' aus R;
buildstructure(R, false, r.rep)
end.
```

Prog. 45

Lemma 5. *Sei B eine Folge von N Objekten. buildstructure(B, r) gefolgt von N Add- und Erase-Operationen hat die Gesamtkosten* $O(N \cdot (\log\log N)^2)$.

Beweis: Sei S_0 der durch *buildstructure*(B, r) erzeugte geschichtete Baum und sei

$$S_0 \xrightarrow{Op_1} S_0' \xrightarrow{rebal} S_1 \xrightarrow{Op_2} S_1' \xrightarrow{rebal} S_2 \xrightarrow{Op_3} \cdots \xrightarrow{rebal} S_{N-1}$$

eine Folge von N Update-Operationen, die jeweils gefolgt werden durch einen Aufruf von *rebal*, wobei $Op_i \in \{add1, erase1\}$ für $1 \leq i \leq N-1$. Wir schätzen die Gesamtkosten der N Aufrufe der Prozedur *rebal* ab. Das tun wir durch Benutzung des Bankkonto-Paradigmas. Wir definieren für einen geschichteten Baum S

$$bal(S) = 2 \log\log N \cdot \sum_{\substack{r \text{ Repräsentant} \\ w \text{ Größe der Oberstruktur}}} \max(0, r.size - \frac{3}{2}\sqrt{w}, \sqrt{w} - r.size).$$

Dann ist $bal(S_0) = 0$, weil S_0 durch einen Aufruf von *buildstructure* konstruiert wurde, und somit ist $\sqrt{w} \leq r.size \leq \frac{3}{2}\sqrt{w}$ für alle Repräsentanten r in S. Beachten Sie weiter, daß ein Aufruf von *add1* oder *erase1* die *size*-Komponenten von $O(\log\log N)$ Repräsentanten ändert und daher $bal(S_i') \leq bal(S_i) + O((\log\log N)^2)$ für $0 \leq i \leq N-1$.

Betrachten wir noch den Übergang von S_i' zu S_{i+1}. Wenn $S_i' = S_{i+1}$, d.h., kein Aufruf von *rebal* war erforderlich, dann ist $bal(S_i') = bal(S_{i+1})$ und der Übergang hat die Kosten 0. Nehmen wir nun an, daß ein Aufruf von *rebal*$(outbal_i, w_i)$ erforderlich war. Dieser Aufruf hat die Kosten $O(outbal_i.size \cdot \log\log N)$. Ferner ist $bal(S_{i+1}) \leq bal(S_i') - outbal_i.size \cdot \log\log N$. Wir folgern, daß die Kosten des Übergangs durch das Sinken der Balance abgedeckt sind. Damit ist Lemma 5 bewiesen. ∎

Nun wollen wir die Hauptaussage dieses Abschnitts formulieren.

Satz 1. *Find, Union, Split, Add und Erase können in Zeit $O(\log\log N)$ pro Operation und Platz $O(N)$ unterstützt werden. Die Zeitschranke gilt bei Find, Union und Split für den schlechtesten Fall und amortisiert bei Add und Erase.*

Beweis: Zuerst beschreiben wir eine Verbesserung der Zeitschranke aus Lemma 5 auf $O(N \log\log N)$. Sei B eine lineare Liste von N Objekten. Wir teilen B in Gruppen der Größe zwischen $\log\log N$ und $4\log\log N$ Elementen. Jede Gruppe wird realisiert durch eine doppelt verkettete Liste. Die $O(N/\log\log N)$ Listenköpfe werden in einem geschichteten Baum abgespeichert. Dieser Baum braucht Platz $O(N)$. Die Kosten der Operationen Find, Union und Split werden nur um einen additiven Faktor $O(\log\log N)$ erhöht und bleiben somit $O(\log\log N)$. Die Operationen Add und Erase werden normalerweise auf linearen Listen ausgeführt; nur jede $O(\log\log N)$-te Update-Operation erfordert eine "wirkliche" Richtigstellung im geschichteten Baum [Wenn eine lineare Liste zu lang wird, d.h., Länge $1 + 4\log\log N$ hat, dann spalten wir sie in zwei Listen der Längen ungefähr $2\log\log N$. Wenn eine Liste zu kurz wird, d.h., Länge $-1 + \log\log N$ hat, dann verschmelzen wir sie entweder mit ihrer Bruderliste [wenn die Bruderliste die Länge höchstens $2\log\log N$

hat] oder wir nehmen $(\log\log N)/2$ Objekte von der Bruderliste weg [wenn die Bruderliste länger als $2\log\log N$ ist]], und somit sinken die amortisierten Kosten einer Add- oder Erase-Operation auf $O(\log\log N)$.

Jetzt ist es einfach, den Beweis zu vervollständigen. Wir benutzen die obige Strategie für eine Folge von N Update-Operationen und bauen dann die ganze Struktur neu auf. Das hat Kosten $O(N \log\log N)$. ∎

Wir beenden diesen Abschnitt mit einer kurzen Bemerkung über die Bezeichnung "geschichteter Baum". Betrachten Sie eine Folge von N Elementen und einen vollständigen binären Baum darüber. Nehmen Sie dann an, daß wir alle Pfade von markierten Blättern zur Wurzel markieren. Wir könnten dann die Operation Find realisieren, indem wir den Baum hinaufmarschieren, bis wir von links auf einen markierten Pfad stoßen, und dann diesem Pfad zur Antwort des Finds hinab folgen. Eine ökonomischere Methode ist, den Baum halb (mit Hilfe der *rep*-Zeiger) zu einem Knoten der Tiefe $\frac{1}{2}\log N$ hochzuspringen und dort (mit Hilfe der *max*-Zeiger) zu bestimmen, ob wir schon auf einen markierten Pfad gestoßen sind. Dann wiederholen wir diesen Prozess entweder in der oberen oder in der unteren Hälfte des Baums. Dies entspricht im wesentlichen einer binären Suche auf den Pfaden des Baums. Der Name "geschichteter Baum" betont diese geschickte Benutzung der Schichtenstruktur von Bäumen.

III.8.3. Das Union-Find-Problem

In diesem Abschnitt behandeln wir das Problem, eine Partition der Menge $U = \{0, \ldots, N-1\}$ unter den nachfolgenden Operationen zu verwalten. Sei dazu $x \in U$ und seien A und B Namen von Blöcken der Partition:

Find(x): Gib den Namen des Blockes aus, der x enthält.

Union(A, B, C): Nimm die Blöcke mit Namen A und B und fasse sie zusammen zu einem Block mit Namen C.

Nach den Namen der Operationen ist dieses Problem als **Union-Find-Problem** bekannt. Wir treffen für das Folgende die Annahmen, daß wir immer mit der Partition starten, die aus N einelementigen Mengen (d.h. Blöcken) besteht, und daß der Name der Menge $\{i\}$ anfangs i ist.

Das Union-Find-Problem hat zahlreiche Anwendungen, darunter die Abarbeitung von EQUIVALENCE- und COMMON-Anweisungen in FORTRAN, das Finden minimaler aufspannender Bäume, das Berechnen von Dominatoren in gerichteten Graphen, das Überprüfen von Flußgraphen auf Reduzierbarkeit, das Abschätzen von Tiefen in Bäumen, das Berechnen von niedrigsten gemeinsamen Vorgängern in Bäumen und das Lösen eines off-line Minimumproblems (vgl. Übung 48).

Eine erste Lösung für das Union-Find-Problem ist, ein Feld *ist_in*$[0\,..\,N-1]$ zu benutzen. *ist_in*$[i]$ enthält den Namen der Menge, die i enthält. Dann reduziert sich die Ausführung von *Find*(x) auf das Nachschlagen in einer Tabelle und ist deshalb in konstanter Zeit möglich. *Union*(A, B, C) ist einfach, aber zu langsam: Wir laufen über das Feld *ist_in* und ändern in Zeit $O(N)$ alle A's und B's zu C's.

Eine geringfügige Erweiterung der Datenstruktur ermöglicht es uns, die Zeit für die Operation *Union* zu reduzieren. Wir ordnen jedem Partitionsblock eine lineare Liste zu, die Liste seiner Mitglieder. Dann müssen wir lediglich durch die Elemente von $A \cup B$ laufen, um die Anweisung *Union*(A, B, C) abzuarbeiten. Nach einer nochmaligen Erweiterung der Datenstruktur müssen wir nur noch entweder durch die Elemente von A oder die Elemente von B laufen, z.B. durchlaufen wir die Elemente von A und ändern alle A's zu B's. Zusätzlich merken wir uns, daß die B's im Feld *ist_in* in Wirklichkeit C's sind. Das tun wir, indem wir zwischen dem internen Namen (dem Namen, der im Feld *ist_in* erscheint) und dem externen Namen (dem Namen, der in den *Union*-Operationen erscheint) einer Menge unterscheiden und hierzu zwei Felder *mapout* und *mapin* benutzen: *mapout*[j] ist der externe Name der Menge mit dem internen Namen j, und *mapin*[A] ist der interne Name der Menge mit dem externen Namen A.

Dies führt uns zu einer wichtigen Idee für schnellere Union-Find-Algorithmen: Wenn wir *Union*(A, B, C) ausführen, durchlaufen wir die kleinere der Mengen A und B. Programm 46 gibt den vollständigen Algorithmus für *Union*(A, B, C) an. Wir benutzen die Variable *groesse*[A], um die Anzahl der Elemente der Menge A abzuspeichern.

---

(1) **if** *groesse*[A] $\leq$ *groesse*[B]
    then $X \leftarrow A$; $Y \leftarrow B$ **else** $X \leftarrow B$; $Y \leftarrow A$ **fi**;
(2) $j \leftarrow$ *mapin*[Y];
(3) **for** all $x \in X$ **do** *ist_in*[x] $\leftarrow j$ **od**;
(4) *groesse*[C] $\leftarrow$ *groesse*[A] + *groesse*[B];
(5) konkateniere die Listen *mapin*[X] und j
    und nenne die entstehende Liste j;
(6) *mapout*[j] $\leftarrow C$;
(7) *mapin*[C] $\leftarrow j$.

Prog. 46

Satz 2. *Mit dem in Programm 46 beschriebenen Algorithmus kann man eine Folge von $n - 1$ Unions und m Finds in Zeit $O(m + n \log n)$ abarbeiten.*

Beweis: Ein Find hat Laufzeit $O(1)$. Die Kosten einer Operation *Union*(A, B, C) sind $O(\min(groesse[A], groesse[B]))$ und damit $\leq c \cdot \min(groesse[A], groesse[B])$ für eine Konstante c. Beachten Sie dazu, daß die Zeilen (1), (2), (4), (5), (6) und (7) konstante Zeitkomplexität haben und die Laufzeit von Zeile (3) proportional zu der Größe von X ist, der kleineren der beiden Mengen A und B. Wir benutzen die folgende Abrechnungstechnik: Bei Ausführung der Operation *Union*(A, B, C) ordnen wir jedem Element von X genau c Zeiteinheiten zu.

Lemma 6. *Sei $x \in U$ beliebig. Dann werden x höchstens $c \log n$ Zeiteinheiten zugeordnet.*

Beweis: Wenn x für die Teilnahme an einer Union-Operation etwas zugeordnet wird, dann befindet es sich nach dem Union immer in einer Menge, die mindestens doppelt so groß ist wie die Menge, in der x vor dem Union war. Da wir nach Annahme mit einelementigen Mengen begonnen haben, können $n-1$ Unions Mengen der Größe höchstens n aufbauen. Deshalb werden x höchstens $(\log n)$-mal die c Zeiteinheiten zugeordnet. ∎

Nach Lemma 6 werden einem beliebigen Element von U, das an einem Union teilnimmt, höchstens $c \log n$ Zeiteinheiten zugeordnet. Weiterhin nehmen höchstens $2(n-1)$ Elemente von U an den $n-1$ Unions teil. Also betragen die Gesamtkosten aller Union-Operationen $O(n \log n)$. ∎

Unsere erste Lösung für das Union-Find-Problem begünstigt die Finds. Ein Find kostet $O(1)$ Zeiteinheiten, während die (amortisierten) Kosten eines Unions $O(\log n)$ sind. Als nächstes beschreiben wir eine Lösung, die die Unions begünstigt: Jede Menge wird durch einen Baum dargestellt. Die Knoten und Blätter des Baumes sind die Elemente der Menge, und die Wurzel ist zusätzlich markiert mit dem (internen) Namen der Menge. Die Unions sind besonders einfach. Um A und B zu vereinigen, brauchen wir nur die Wurzel des mit A markierten Baumes zu einem Sohn der Wurzel des mit B markierten Baumes zu machen, oder umgekehrt. Weiterhin müssen wir, wie oben beschrieben, die externen und internen Namen verwalten, was wir im folgenden nicht mehr explizit erwähnen. Also hat ein Union konstante Zeitkomplexität. Die Kosten von *Find*(x) sind proportional zu der Tiefe des Knotens x in dem Baum, der x enthält: Greife auf x (über ein Feld) zu, durchlaufe den Pfad zur Wurzel und inspiziere die Markierung der Wurzel. Da die Tiefe eines Knotens höchstens n ist (wieder nehmen wir an, daß $n-1$ Unions ausgeführt werden), betragen die Kosten jedes Finds höchstens $O(n)$ Zeiteinheiten.

Auch hier kann die Laufzeit durch Anwendung der Idee der Gewichtung drastisch reduziert werden: Bei Ausführung von *Union*(A, B, C) machen wir die Wurzel des Baumes für die kleinere Menge zu einem Sohn der Wurzel des Baumes für die größere Menge. Unentschieden beim Größenvergleich werden beliebig aufgelöst. Wir bezeichnen diese Regel als die **gewichtete Vereinigungsregel**. Vor der Analyse des Algorithmus benötigen wir einige Notationen.

Definition: Angenommen, wir starten mit einelementigen Mengen und führen $n-1$ Unions aus. Sei T der resultierende Baum. Für ein beliebiges $x \in U$ sei *Rang*(x) die Höhe von x in T und *Gewicht*(x) die Anzahl der Nachkommen von x in T. ∎

Lemma 7. *Wenn die gewichtete Vereinigungsregel benutzt wird, dann ist*

$$Gewicht(x) \geq 2^{Rang(x)}$$

für alle $x \in U$. Insbesondere ist $Rang(x) \leq \log n$.

Beweis: (Induktion über $Rang(x)$). Wenn $Rang(x) = 0$, dann ist die Behauptung klar, weil jeder Knoten Nachkomme von sich selbst ist und deshalb $Gewicht(x) \geq 1$ für alle x gilt. Nehmen wir also an, daß $Rang(x) \geq 1$. Dann muß ein Sohn y von x existieren mit $Rang(y) = Rang(x) - 1$. Als y zu einem Sohn von x gemacht wurde, war die Anzahl der Nachkommen von x zumindest so groß wie die Anzahl der Nachkommen von y (aufgrund der gewichteten Vereinigungsregel), und somit war nach dem Union, das y zu einem Sohn von x machte, die Anzahl der Nachkommen von x mindestens zweimal so groß wie die Anzahl der Nachkommen von y. Spätere Unions konnten y keine zusätzlichen Nachkommen geben, aber die Anzahl der Nachkommen von x erhöhen. Also gilt

$$\begin{aligned} Gewicht(x) &\geq 2 \cdot Gewicht(y) \\ &\geq 2 \cdot 2^{Rang(y)} \quad \text{(nach Induktionsannahme)} \\ &= 2^{Rang(x)}. \end{aligned}$$

Schließlich können $n-1$ Unions Mengen der Größe höchstens n aufbauen und somit ist $Gewicht(x) \leq n$ für alle n. ∎

Satz 3. *Wenn Bäume und die gewichtete Vereinigungsregel benutzt werden, hat eine Folge von $n-1$ Unions und m Finds die Zeitkomplexität $O(n + m \log n)$.*

Beweis: Ein Union hat konstante Zeitkomplexität $O(1)$. Darüberhinaus ist nach Lemma 7 die Höhe eines durch die $n-1$ Unions aufgebauten Baumes $\leq \log n$. Also verbraucht ein Find höchstens $O(\log n)$ Zeiteinheiten. ∎

Eine weitere Idee reduziert die (amortisierten) Kosten eines Finds nochmals. Es ist die **Pfadkomprimierung**. Angenommen, wir führen $Find(x)$ aus. Dann durchlaufen wir den Pfad $v_0, v_1, \ldots, v_l$ vom Knoten $x = v_0$ zur Wurzel $r = v_l$ des x enthaltenden Baumes. Wir können diesen Pfad komprimieren, indem wir die Knoten v_i, $0 \leq i < l$, zu direkten Nachfolgern der Wurzel $v_l = r$ machen. Obwohl das die Kosten dieses Finds nicht reduziert (tatsächlich erhöht es seine Kosten um einen konstanten Faktor), werden zukünftige Finds für Nachfolger von v_i, $0 \leq i < l$, billiger.

Die Details des Algorithmus für Find stehen in Programm 47. Dort nehmen wir an, daß ein Feld $vater[0\,..\,N-1]$ benutzt wird, um Sohn-zu-Vater-Zeiger abzuspeichern. Wenn $vater[x] \neq x$, dann ist $vater[x]$ der Vater von x. Wenn $vater[x] = x$, dann ist x die Wurzel.

```
procedure Find(x);
begin
r ← x;
while r ≠ vater[r] do r ← vater[r] od;
co r ist jetzt die Wurzel des Baumes, der x enthält oc
while x ≠ r do y ← x; x ← vater[x]; vater[y] ← r od;
gib die Markierung von r aus
end.
```

Prog. 47

Pfadkomprimierung ohne die gewichtete Vereinigungsregel führt zu einem effizienten Union-Find-Algorithmus (s. Übung 53). Pfadkomprimierung kombiniert mit gewichteter Vereinigung ergibt einen sehr effizienten Algorithmus, dessen Laufzeit fast-linear ist.

Definition:

a) Sei $A : \mathbb{N}_0 \times \mathbb{N}_0 \mapsto \mathbb{N}_0$ definiert durch

$$\begin{aligned} A(i,0) &= 1 && \text{für alle } i \geq 1; \\ A(0,x) &= 2x && \text{für alle } x \geq 0; \\ A(i+1,x+1) &= A(i,A(i+1,x)) && \text{für alle } i,x \geq 0. \end{aligned}$$

b) $\alpha(m,n) = \min\{z \geq 1;\ A(z, 4\lceil m/n \rceil) > \log n\}$. ∎

Satz 4. *Wenn Pfadkomprimierung und die gewichtete Vereinigungsregel benutzt werden, dann hat eine Folge von $n-1$ Unions und $m \geq n$ Finds die Zeitkomplexität $O(m \cdot \alpha(m,n))$.*

Bevor wir Satz 4 beweisen, wollen wir die Funktionen A und α genauer betrachten. A ist eine Variante der Ackermann-Funktion. Sie ist nicht primitiv rekursiv. Die Tabelle aus Abbildung 106 zeigt die Werte von $A(i,x)$ für kleine Werte von i und x.

x	0	1	2	3	4	5	...	x
$i=0$	0	2	4	6	8	10	...	$2x$
$i=1$	1	2	4	8	16	32	...	2^x
$i=2$	1	2	4	16	65536	2^{65536}	...	$2^{\cdot^{\cdot^{2}}}\}$ x-mal
$i=3$	1	2	4	65536	$2^{\cdot^{\cdot^{2}}}\}$ 65536-mal			

Abb. 106. Tabelle für $A(i,x)$

Insbesondere ist $\alpha(m,n) \leq 3$, wenn $\log n < A(3,4) = 2^{\cdot^{\cdot^{2}}} \Big\}$ 65536-mal. Somit ist also $\alpha(m,n) \leq 3$ für alle praktischen Werte von m und n. Das bedeutet, daß der Union-Find-Algorithmus fast-lineare Laufzeit hat.

Beweis: (von Satz 4). Wir formulieren das Problem um: Sei T ein beliebiger Baum, der durch $n-1$ Unions bei Verwendung der gewichteten Vereinigungsregel entstehen kann. Wir erlauben nun, daß T durch partielle Finds abgeändert wird. Ein partielles Find der Kosten k in einem Baum durchquert einen Pfad $v_0, v_1, \ldots, v_k$ von einem Knoten v_0 zu einem Vorfahr v_k von v_0. Dabei muß v_k nicht die Wurzel sein. Nachfolgende Pfadkomprimierung macht alle v_i, $0 \leq i < k$, zu Söhnen von v_k.

Man sieht leicht, daß eine beliebige Folge von $n-1$ Unions und m Finds durch $n-1$ Unions gefolgt von m partiellen Finds mit den gleichen Kosten nachvollzogen werden kann. Die $n-1$ Unions sind gerade die Unions in der Ausgangsfolge. Ein Find wird durch ein partielles Find mit genau den gleichen Anfangs- und Endknoten simuliert. Also kann eine beliebige Folge von Unions und Finds durch die Unions gefolgt von den partiellen Finds mit den gleichen Kosten simuliert werden. Es genügt deshalb, die Schranke für die Gesamtkosten von $n-1$ Unions gefolgt von $m \geq n$ partiellen Finds zu beweisen.

Sei T der durch die $n-1$ Unions entstandene Baum und sei $Rang(x)$ die Höhe des Knotens x im Baum T. Wenn (x,y) eine Kante von T ist (im folgenden nehmen wir immer an, daß Kanten zur Wurzel hin zeigen), dann ist $Rang(x) < Rang(y)$. Die Gesamtkosten aller partiellen Finds sind proportional zur Gesamtzahl der während aller partiellen Finds durchquerten Kanten. Sei F die Menge dieser Kanten. Wir zeigen, daß $|F| = O(m \cdot \alpha(m,n))$, indem wir die Kanten von F in Gruppen unterteilen und dann die Anzahl der Kanten in jeder Gruppe nach oben abschätzen. Kanten werden ihren Gruppen nach dem Rang ihrer Endpunkte zugeteilt. Wir definieren deshalb für $0 \leq i \leq z$, $0 \leq j$, wobei z ein später zu bestimmender Parameter ist,

$$G_{ij} = \{x;\ A(i,j) \leq Rang(x) < A(i,j+1)\}.$$

Die Menge F wird unterteilt in Gruppen N_k, $0 \leq k \leq z+1$, wobei

$$N_k = \{(x,y) \in F;\ k = \min\{i;\ \exists j : x, y \in G_{ij}\}\}$$

für $0 \leq k \leq z$ und

$$N_{z+1} = F - \bigcup_{0 \leq k \leq z} N_k.$$

Wir definieren weiter für $0 \leq k \leq z+1$

$$L_k = \{(x,y) \in N_k;\ \text{auf dem partiellen Find-Pfad, der } (x,y) \text{ enthält, ist } (x,y) \text{ die letzte Kante in } N_k\}.$$

Lemma 8.

a) $|L_k| \le m$ *für* $0 \le k \le z+1$;

b) $|N_0 - L_0| \le n$;

c) $|N_k - L_k| \le 5n/8$ *für* $1 \le k \le z$;

d) $|N_{z+1} - L_{z+1}| \le n \cdot a(z,n)$, *wobei* $a(z,n) = \min\{i;\ A(z,i) > \log n\}$.

Beweis: a) Für jedes partielle Find gibt es höchstens eine Kante in L_k.

b) Sei $(x,y) \in N_0 - L_0$. Dann muß es ein j geben mit $2j = A(0,j) \le Rang(x) < Rang(y) < A(0,j+1) = 2(j+1)$. Weiterhin muß es eine Kante $(s,t) \in N_0$ geben, die auf demselben partiellen Find-Pfad der Kante (x,y) folgt. Also ist $Rang(y) \le Rang(s) < Rang(t)$. Nach der Pfadkomprimierung ist der Vater von x, das sei u, ein Vorfahr von t (evtl. t selbst); insbesondere ist $Rang(u) \ge Rang(t) \ge A(0,j+1)$. Also kann kein späteres partielles Find eine Kante $(x,y') \in N_0$ beinhalten. Also ist $|N_0 - L_0| \le n$.

c) und d) Wir betrachten einen beliebigen Knoten x. Sei $x \in G_{kj}$, d.h., $A(k,j) \le Rang(x) < A(k,j+1)$. Angenommen, es gibt q Kanten $(x,y_1),\ldots,(x,y_q) \in N_k - L_k$, wobei $Rang(y_1) \le Rang(y_2) \le \cdots \le Rang(y_q)$. Für alle i, $1 \le i \le q$, muß es eine Kante $(s_i,t_i) \in N_k$ geben, die (x,y_i) auf demselben partiellen Find-Pfad folgt. Also ist $Rang(y_i) \le Rang(s_i) < Rang(t_i)$. Weiter ist nach der Pfadkomprimierung der Vater von x ein Vorfahr von t_i (evtl. t_i selbst). Insbesondere ist $Rang(t_i) \le Rang(y_{i+1})$. Weil $(x,y_i) \notin N_{k-1}$ und $(s_i,t_i) \notin N_{k-1}$, muß es j' und j'' geben, so daß

$$Rang(x) < A(k-1,j') \le Rang(y_i) \le Rang(s_i) < A(k-1,j'') \le Rang(t_i)$$

und somit $Rang(y_i) < A(k-1,j'') \le Rang(y_{i+1})$. Also gibt es ein j''' mit

$$Rang(y_1) < A(k-1,j''') \le A(k-1,j'''+q-2) \le Rang(y_q).$$

Jetzt teilen sich die Beweise für die Teile c) und d).

c) (Fortführung). Weil $(x,y_q) \in N_k$ und $x \in G_{kj}$, ist $y_q \in G_{kj}$ und somit $Rang(y_q) < A(k,j+1) = A(k-1,A(k,j))$. Also ist $A(k-1,j'''+q-2) < A(k-1,A(k,j))$ und somit $j'''+q-2 < A(k,j)$ und daher $q \le A(k,j)$; beachten Sie dazu, daß aus $1 \le Rang(y_1) < A(k-1,j''')$ folgt $j''' \ge 1$. Weiter ist $G_{00} \supseteq G_{k0}$ und $G_{01} = G_{k1}$ für alle k und somit $j \ge 2$.

Wir haben also gezeigt, daß es für ein beliebiges $x \in G_{kj}$, $k \ge 1$, $j \ge 2$, höchstens $A(k,j)$ Kanten $(x,y) \in N_k - L_k$ gibt. Also ist

$$|N_k - L_k| \le \sum_{j\ge 2} |G_{kj}| \cdot A(k,j).$$

Lemma 9. $|G_{kj}| \leq 2n/2^{A(k,j)}$.

Beweis: Wir betrachten ein beliebiges l mit $A(k,j) \leq l < A(k,j+1)$. Wir zählen die Knoten $x \in G_{kj}$ mit $Rang(x) = l$. Zwei beliebige solche Knoten haben disjunkte Mengen von Nachfolgern in T. Weiter hat ein beliebiger solcher Knoten nach Lemma 7 mindestens 2^l Nachfolger, und somit gibt es höchstens $n/2^l$ Knoten vom Rang l. Also ist

$$|G_{kj}| \leq \sum_{A(k,j) \leq l < A(k,j+1)} n/2^l \leq 2n/2^{A(k,j)}.$$ ∎

Durch Einsetzen in die Schranke für $|N_k - L_k|$ erhalten wir

$$\begin{aligned} |N_k - L_k| &\leq \sum_{j \geq 2} 2n \cdot A(k,j)/2^{A(k,j)} \\ &\leq \sum_{j \geq 2} 2n \cdot 2^j/2^{2^j} \qquad \text{(weil } A(k,j) \geq 2^j\text{)} \\ &\leq 5n/8. \end{aligned}$$

d) (Fortführung). Nach Lemma 6 ist $Rang(y_q) \leq \log n$, und somit $A(z, j''' + q - 2) \leq \log n$. Beachten Sie, daß in Fall d) gilt $k - 1 = z$. Also ist $j''' + q - 2 < a(z,n)$ oder $q \leq a(z,n)$. Deshalb gibt es höchstens $a(z,n)$ Kanten $(x,y) \in N_{z+1} - L_{z+1}$ für beliebiges x. ∎

Wir folgern aus Lemma 7, daß

$$\begin{aligned} |F| &= \sum_{k=0}^{z+1} |L_k| + \sum_{k=0}^{z+1} |N_k - L_k| \\ &\leq m \cdot (z+2) + n + \frac{5n}{8} \cdot z + n \cdot a(z,n) \\ &\leq (m + 5n/8) \cdot \alpha(m,n) + 10m + n \\ &= O(m \cdot \alpha(m,n)). \end{aligned}$$

Dabei folgt die vorletzte Zeile, indem wir $z = \min\{i \geq 1;\ A(i, 4\lceil m/n \rceil) > \log n\} = \alpha(m,n)$ wählen und die Beobachtung machen, daß $a(z,n) = a(\alpha(m,n),n) = \min\{x;\ A(\alpha(m,n),x) > \log n\} \leq 4\lceil m/n \rceil \leq 8m/n$. Weil $m \geq n$, können wir die Abschätzung für $|F|$ dann abschließen. ∎

Die Laufzeit des Union-Find-Algorithmus mit Pfadkomprimierung und der gewichteten Vereinigungsregel ist fast-linear, ohne die Linearität aber zu erreichen. Tarjan hat gezeigt, daß fast jeder denkbare Union-Find-Algorithmus Zeit $\Omega(m \cdot \alpha(m,n))$ benötigt, um eine Folge von $n-1$ Unions und $m \geq n$ Finds abzuarbeiten. Weitere Gesichtspunkte zum Union-Find-Problem werden in den Übungen 48–53 diskutiert.

III.9. Übungen

1) Schreiben Sie PASCAL-Programme für die Operationen Zugriff, Streiche und Einfüge in komprimierten TRIES.

2) Schreiben Sie ein PASCAL-Programm für die Operation Zugriff in TRIES, die gemäß der in III.1.2 vorgestellten Overlay-Technik komprimiert sind. Stellen Sie sicher, daß Ihr Programm bei nicht-erfolgreichen Suchen korrekt arbeitet.

3) Zeigen Sie, daß die mittleren Kosten des schlechtesten Falls von Hashing mit Verkettung $\Theta((\log n)/\log\log n)$ sind, wenn $0.5 \leq \beta \leq 1$. Beachten Sie, daß uns Satz 3 aus III.2.1 nur eine obere Schranke gibt.

4) In III.2.4 haben wir universelles Hashing für Hashing mit Verkettung vorgestellt. Können wir das Konzept von universellem Hashing auch auf Hashing mit offener Adressierung anwenden?

5) Sei $m = 10$ und $S = \{2, 19, 31, 64, 93, 103, 111, 115, 7, 9\}$. Konstruieren Sie eine perfekte Hashfunktion. Wiederholen Sie die Übung für $m = 15$.

6) Sei $H \subseteq \{h;\ h : [0\,..\,N-1] \mapsto [0\,..\,m-1]\}$ c-universell. Beweisen Sie, daß dann $c \geq 1 - m/N$ ist. [Hinweis: Zeigen Sie, daß $\sum_{x,y \in U} \delta_h(x,y) \geq N(N-1)/m$ ist für jede Funktion $h : [0\,..\,N-1] \mapsto [0\,..\,m-1]$.]

7) Für $s \in \mathbb{N}$ sei $rep_s : \{0,1\}^s \mapsto [0\,..\,2^s - 1]$ definiert durch $rep_s(a_{s-1}, \ldots, a_0) = \sum_{i=0}^{s-1} a_i \cdot 2^i$ wobei $a_i \in \{0,1\}$. Sei $N = 2^r$, $m = 2^s$ und B die Menge der $(s \times r)$-Matrizen über $\{0,1\}$. Sei $H = \{h_A;\ A \in B\}$, wobei $h_A : [0\,..\,N-1] \mapsto [0\,..\,m-1]$ definiert ist als $h_A(x) = rep_s(A \cdot rep_r^{-1}(x))$. Hierbei geschieht die Matrizenmultiplikation $A \cdot rep_r^{-1}(x)$ über $\mathbb{Z}_2$, dem Körper mit zwei Elementen.

- **a)** Zeigen Sie, daß H 1-universell ist. [Hinweis: Seien $x, y \in [0\,..\,N-1]$, $x \neq y$. Dann ist $h_A(x) = h_A(y)$ g.d.w. $A(\vec{x} - \vec{y}) = 0$, wobei $\vec{x} = rep_r^{-1}(x)$ und $\vec{y} = rep_r^{-1}(y)$. Da die Menge der Vektoren der Dimension r einen Vektorraum über $\mathbb{Z}_2$ bildet, folgern wir aus $A(\vec{x} - \vec{y}) = 0$, daß alle Zeilen von A orthogonal zu $\vec{x} - \vec{y}$ sind.]
- **b)** Sei $S \subseteq [0\,..\,N-1]$, $|S| = n$ und $x \in [0\,..\,N-1]$. Benutzen Sie Teil a), um $\mu = \left(\sum_{h \in H} \delta_h(x,S)\right)/|H|$ zu berechnen.
- **c)** Berechnen Sie die Varianz $\sigma^2 = \left(\sum_{h \in H} \delta_h(x,S)^2\right)/|H| - \mu^2$ der Zufallsvariablen $\delta_h(x,S)$.
- **d)** Benutzen Sie Teil c) und die Tschebyscheff'sche Ungleichung, um zu zeigen, daß $\text{prob}(\delta_h(x,S) \geq t \cdot \mu) \leq (2 + m/n)/(t-1)^2$.

8) Sei U die Menge der reellen Zahlen zwischen 0 und 1. Diskutieren Sie die Benutzung der Hashfunktion $h : x \mapsto \lfloor x \cdot m \rfloor$, wobei m die Größe der Hashtafel ist.

9) Sei π eine Permutation von $1, 2, \ldots, n$. Sei $T[\pi]$ der Baum, den man durch Einfügen von $\pi(1), \ldots, \pi(n)$ in dieser Reihenfolge in einen anfangs leeren Baum erhält. Der Einfüge-Algorithmus ist in III.3.1 beschrieben.

a) Sei $P(T[\pi])$ die externe Pfadlänge von $T[\pi]$, d.h., $P(T[\pi]) = \sum\{d(v);\ v$ Blatt von $T[\pi]\}$, wobei $d(v)$ die Tiefe des Blattes v ist. Zeigen Sie, daß $\sum_\pi P(T[\pi])/n! = O(n \log n)$, d.h., die mittlere externe Pfadlänge eines zufällig gewachsenen Baumes ist $O(\log n)$. [Hinweis: Lesen Sie nochmals die Analyse von Quicksort.]

b) Sei $d(T[\pi])$ die Tiefe von $T[\pi]$. Zeigen Sie, daß $\sum_\pi d(T[\pi])/n! = O(\log n)$, d.h., die mittlere Tiefe eines zufällig gewachsenen Baumes ist $O(\log n)$. Beachten Sie, daß Teil b) *nicht* aus Teil a) folgt.

10) Sei A_i, $1 \le i \le n$, eine $(n_i \times n_{i+1})$-Matrix. Wir wollen das Matrizenprodukt $A_1 A_2 \cdots A_n$ berechnen. Wir nehmen dazu an, daß es $O(p \cdot q \cdot r)$ Zeiteinheiten kostet, um eine $(p \times q)$-Matrix mit einer $(q \times r)$-Matrix zu multiplizieren. Benutzen Sie dynamische Programmierung, um eine optimale Auswertungsreihenfolge zu finden. Beachten Sie dabei, daß $(A_1 \cdot A_2) \cdot A_3$ Kosten $n_1 n_2 n_3 + n_1 n_3 n_4$ und $A_1(A_2 A_3)$ Kosten $n_1 n_2 n_4 + n_2 n_3 n_4$ hat.

11) Seien $L_1, \ldots, L_n$ Mengen von Wörtern. Wir wollen das Produkt (Konkatenation) $L_1 L_2 \cdots L_n$ berechnen. Nehmen Sie dazu an, daß es $p \cdot q$ Zeiteinheiten kostet, eine Menge der Größe p mit einer Menge der Größe q zu multiplizieren, und daß die Resultatsmenge die Größe $p \cdot q$ hat. Finden Sie die optimale Auswertungsreihenfolge.

12) Finden Sie für gegebene Zahlen $a_1, a_2, \ldots, a_n \in \mathbb{N}$ eine Menge $S \subseteq \{1, 2, \ldots, n\}$, so daß $\max(\sum_{i \in S} a_i, \sum_{i \notin S} a_i)$ minimal ist. Benutzen Sie dynamische Programmierung.

13) Konstruieren Sie einen 2DPDA, der auf einigen Eingaben exponentiell viele Schritte läuft.

14) Sei $L = \{a_1 \ldots a_n;\ a_i \in \{0,1\}$ und es gebe ein $j \ge 2$, so daß $a_1 \ldots a_j = a_j a_{j-1} \ldots a_1\}$, d.h., L besteht aus allen Strings, die mit einem nichttrivialen Palindrom starten. Zeigen Sie, daß L von einem 2DPDA erkannt werden kann.

15) Gegeben seien Strings $a_0 \ldots a_{n-1}$ und $b_0 \ldots b_{n-1}$. Finden Sie einen $O(n)$ Algorithmus, der bestimmt, ob es ein k gibt, $0 \le k \le n-1$, so daß $a_i = b_{(k+i) \bmod n}$ für $0 \le i < n$.

16) Sei $S = \{p_1, \ldots, p_m\}$ eine Menge von Mustern. Entwerfen Sie einen Algorithmus, um alle Vorkommen der Strings von S in einem Text x zu bestimmen. Wie hoch ist die Laufzeit?

17) Ein String $x = a_1 \ldots a_n$ ist eine Teilfolge des Strings $y = b_1 \ldots b_m$, wenn es $i_1 < i_2 < \cdots < i_n$ gibt, so daß $a_j = b_{i_j}$ für $1 \leq j \leq n$. Entwerfen Sie einen $O(n \cdot m)$ Algorithmus, der entscheidet, ob x eine Teilfolge von y ist.

18) In Lemma 6 aus III.4.1 starten wir mit einem binären Baum T und leiten daraus eine Wahrscheinlichkeitsverteilung her. Zeigen Sie, daß T für diese Verteilung optimal ist. [Hinweis: *baue_baum* aus III.4.2 konstruiert T, wenn man diese Prozedur auf die hergeleitete Verteilung anwendet. Folgern Sie, daß die in Satz 5 angegebene untere Schranke existentiell scharf ist, d.h., es gibt eine Verteilung, für die die Abschätzung zur Gleichung wird.]

19) Zeigen Sie, daß die oberen Schranken aus III.4.2, Sätze 7 und 8, existentiell scharf sind.

20) Analysieren Sie Methode 1 zum Konstruieren nahezu optimaler binärer Suchbäume. Methode 1 ist am Anfang von III.4.2 beschrieben. Wie gut sind die erzeugten Bäume? Wie groß ist die Laufzeit des Algorithmus?

21) Analysieren Sie die Zeitkomplexität der Prozedur *baue_baum* aus III.4.2, wenn k durch eine lineare, simultan an beiden Enden startende Suche bestimmt wird? Antwort: $O(n \log n)$.

22) Entwerfen Sie ein Schema für balancierte Bäume, bei dem die Rebalancierungskosten nach einer Einfüge- oder Streiche-Operation im schlechtesten Fall $O(\log \log n)$ sind. [Hinweis: Benutzen Sie gewichtete balancierte Bäume. Wenn n Elemente abgespeichert sind, dann rebalancieren Sie bis zur Höhe $O(\log \log n)$, wie wir es beschrieben haben. Ordnen Sie jedem Knoten v der Höhe $\log \log n$ einen Zeiger zu, der auf einen Vorfahr $p(v)$ von v im Baum verweist. Wenn eine Transaktion durch v geht, dann rebalancieren wir auch $p(v)$, falls notwendig, und bringen p einen Schritt weiter zur Wurzel hoch. Zeigen Sie, daß sich die Wurzelbalance der Knoten der Höhe $\log \log n$ oder mehr nicht allzusehr verschlechtern kann.]

23) Sei L eine Liste von n Elementen. Wenn x und y Zeiger in die Liste L sind, dann füge die Operation Einfüge(x) ein neues Element unmittelbar rechts von x ein, Streiche(x) entferne das Element, auf das x zeigt, und Order(x, y) ergebe true, wenn x vor y in der Liste steht.

a) Zeigen Sie, wie man alle drei Operationen mit Laufzeit $O(\log n)$ im schlechtesten Fall implementieren kann.

b) Eine Beschriftung Num : $L \mapsto [1 \,..\, n^k]$ für ein kleines k ist eine gute Beschriftung, wenn Order(x, y) = true g.d.w. Num(x) < Num(y). Zeigen Sie, daß eine gute Beschriftung in amortisierter Zeit $O(\log n)$ pro Einfüge- oder Streiche-Operation verwaltet werden kann, d.h., die Gesamtkosten einer Folge von n Einfüge- und Streiche-Operationen sind $O(n \log n)$. [Hinweis: Benutzen Sie Lemma 2 aus III.5.1.]

c) Unterteilen Sie L in $n/\log n$ Stücke, von denen jedes Länge $\log n$ hat. Realisieren Sie jedes Stück als herkömmliche verzeigerte Liste und verwalten Sie die Stücke in einem balancierten Baum wie in Teil b). Entwerfen Sie einen Algorithmus, der alle drei Operationen in amortisierter Zeit $O(1)$ realisiert.

24) Betrachten Sie die folgenden Operationen auf Bäumen: Einfüge(x) gibt einem Knoten x einen zusätzlichen (rechtesten) Sohn, Streiche(x) streicht Knoten x und macht alle Söhne von x zu direkten Söhnen von Vater(x). Vorfahr(x, y) ergibt true g.d.w. x ein Vorfahr von y ist.

a) Ordnen Sie jedem Knoten x des Baumes die Marken x_1 und x_2 zu. Für den Baum T mit der Wurzel x und den Unterbäumen $T_1, \ldots, T_k$ sei $\text{Pre}(T) = x_1 \, \text{Pre}(T_1) \ldots \text{Pre}(T_k) \, x_2$ und $\text{Post}(T) = x_1 \, \text{Post}(T_k) \ldots \text{Post}(T_1) \, x_2$. Zeigen Sie: x ist ein Vorfahr von y in T g.d.w. x_1 in Pre(T) und Post(T) vor y_1 steht.

b) Benutzen Sie a) und Übung 23, um eine Datenstruktur zu entwerfen, die Einfüge, Streiche und Vorfahr in amortisierter Zeit $O(1)$ unterstützt.

25) Sei T ein binärer Baum. Die Höhe $h(v)$ des Knotens v ist die Länge des längsten Pfades von v zu einem Blatt. Die Höhenbalance $hb(v)$ von v ist die Höhendifferenz der beiden Söhne von v, d.h., $hb(v) = h(x) - h(y)$, wobei x bzw. y der linke bzw. rechte Sohn von v ist. Der Baum T ist ein **AVL-Baum**, wenn $hb(v) \in \{-1, 0, +1\}$ für alle Knoten von T gilt.

a) Sind die Bäume aus Abbildung 107 AVL-Bäume?

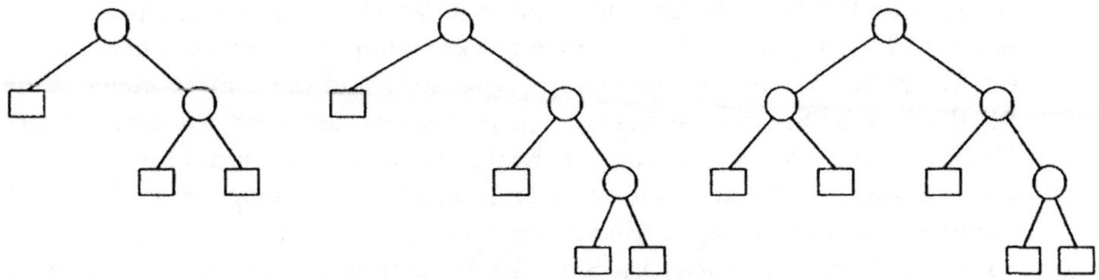

Abb. 107. AVL-Bäume?

b) Sei T ein AVL-Baum der Höhe h mit n Blättern. Beweisen Sie, daß dann $\log n \leq h \leq 1.44 \log(n+1)$. [Hinweis: Zeigen Sie, daß $n \leq 2^h$ und $n \geq Fib(h+1)$, wobei $Fib(0) = Fib(1) = 1$ und $Fib(h+2) = Fib(h+1) + Fib(h)$ für $h \geq 0$ durch Induktion über h definiert ist. Fib ist die Folge der **Fibonacci-Zahlen**.]

c) Zeigen Sie, wie man AVL-Bäume nach Einfüge- und Streiche-Operationen rebalanciert. [Hinweis: Das Hinzufügen oder Streichen einen Blattes kann die Höhenbalance einiger Knoten um ± 2 ändern. Benutzen Sie Rotationen und Doppelrotationen, um diesen Schaden zu beheben. Im Fall von Einfüge-Operationen genügt eine Operation, im Fall von Streiche-Operationen können viele Rotationen/Doppelrotationen erforderlich sein.]

26) Sei T ein binärer Baum und v ein Knoten von T. Sei $s(v)$ die Länge eines kürzesten Pfades von v zu einem Blatt, und sei $h(v)$ die Länge eines längsten Pfades zu einem Blatt; $h(v)$ ist die Höhe von v. T ist **halb-balanciert**, wenn $h(v) \leq 2s(v)$ für jeden Knoten v von T.

a) Sei T ein halb-balancierter Baum mit Höhe h und n Blättern. Beweisen Sie, daß $h \leq 2\log(n+2)+2$. [Hinweis: Zeigen Sie, daß

$$n \geq \begin{cases} 2^{h/2+1}-2 & \text{wenn } h \text{ gerade ist;} \\ 3 \cdot 2^{(h-1)/2}-2 & \text{wenn } h \text{ ungerade ist} \end{cases}$$

durch Induktion über h.]

b) Zeigen Sie, wie man halb-balancierte Bäume nach Hinzufügen oder Streichen eines Blattes rebalanciert. [Hinweis: Benutzen Sie Rotationen, Doppelrotationen und dreifache Rotationen.] Zeigen Sie weiter, daß höchstens *eine* einfache, doppelte oder dreifache Rotation notwendig ist, um den Baum nach Hinzufügen oder Streichen eines Blattes zu rebalancieren.

27) Diese Übung vertieft Rot-Schwarz-Bäume (vgl. Ende von III.4):

a) Entwerfen Sie einen Algorithmus zum Streichen eines Blattes aus einem Rot-Schwarz-Baum.

b) Rot-Schwarz-Bäume benutzen blattorientierte Speicherung, d.h., die Menge S wird in den Blättern abgespeichert und Knoten werden nur als Hinweisschilder benutzt. Entwickeln Sie Algorithmen zur knotenorientierten Speicherung, d.h., die Menge S wird in den Knoten abgespeichert und die Blätter haben keinen Inhalt. Um die Speicherausnutzung zu verbessern, benutzen wir einen *einzigen* Verbund vom Knotentyp, um *alle* Bätter darzustellen. Abbildung 108 zeigt einen knotenorientierten Rot-Schwarz-Baum für die Menge $S = \{2,4,7,8\}$. Benutzen Sie das "einzelne Blatt" als Stopper in den Suchen, d.h., wenn Sie nach x suchen, dann speichern Sie zunächst x in dem Stopper, um jede Suche erfolgreich zu machen.

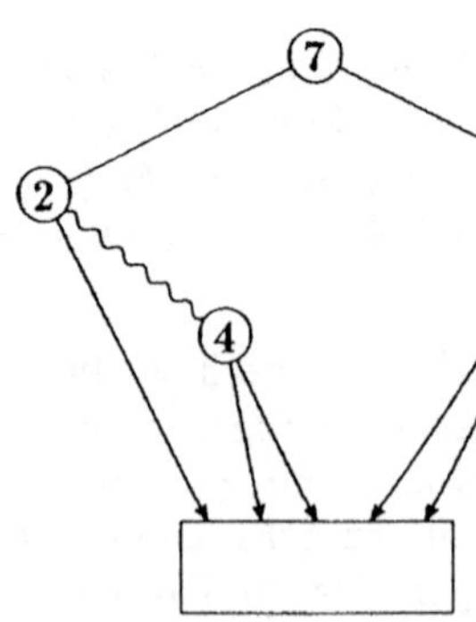

Abb. 108. Knotenorientierter Rot-Schwarz-Baum mit Stopper

c) Diskutieren Sie die Operationen Zerlege und Konkateniere für Rot-Schwarz-Bäume. Benutzen Sie dabei beide Speicherorganisationsformen.

d) Zeigen Sie, wie man (a,b)-Bäume für beliebige a und b, $b \geq 2a-1$, durch gefärbte Bäume implementiert. [Hinweis: Alle Blätter haben eine identische Schwarztiefe und hängen an schwarzen Kanten. Wenn wir alle schwarzen Kanten streichen, dann enthalten alle Komponenten (diese hängen jetzt durch rote Kanten zusammen — außer der Komponente, die die Wurzel enthält) mindestens $a-1$ und höchstens $b-1$ Knoten.]

28) Zeigen Sie, daß die folgende Behauptung falsch ist: Es gibt ein $c > 1$, so daß wir für jeden (2,4)-Baum mit n Blättern und einem Knoten v der Tiefe d wissen: Die Anzahl der Blätter im Unterbaum mit Wurzel v ist durch n/c^d beschränkt. Beachten Sie, daß die Behauptung für BB[α]-Bäume stimmt.

29) Zeigen Sie, wie man (a,b)-Bäume für $a \geq 2$ und $b \geq 2a$ von oben nach unten (top-down) rebalanciert. [Hinweis: Folgen Sie dem Pfad den Baum hinunter wie gewohnt. Stellen Sie sicher, daß der Vater des aktuellen Knotens im Falle einer Einfüge-Operation Grad $\leq b-1$ und im Fall einer Streiche-Operation Grad $\geq a+1$ hat. Das ermöglicht es uns, den aktuellen Knoten zu spalten bzw. zu verschmelzen oder von seinem Nachbarn einen Schlüssel zu stehlen, wenn sein Grad b bzw. a ist, ohne auf dem Pfad zur Wurzel hin zurückzugehen.]

30) Formulieren und beweisen Sie ein Analogon zu Satz 8 aus Abschnitt III.5.3.1 für $(a, 2a-1)$-Bäume und Folgen, die nur aus Einfüge-Operationen bestehen. [Hinweis: Benutzen Sie das Konto $b(v) = 2a-1-\rho(v)$, wobei $\rho(v)$ der Grad von v ist.]

31) Wiederholen Sie Übung 30, aber für Satz 10 statt für Satz 8.

32) In Übung 29 haben wir skizziert, wie man (a,b)-Bäume von oben nach unten rebalanciert. Formulieren und beweisen Sie ein Analogon zu Satz 9 aus III.5.3.2 für Folgen von Einfüge- und Streiche-Operationen unter der Voraussetzung, daß $b \geq 2a+2$. Stimmt eine ähnliche Behauptung, wenn $b = 2a$ oder $b = 2a+1$?

33) In III.5.3.1 wurde die Operation Konkateniere definiert. Für diese Übung nehmen wir an, daß Konkateniere wie folgt implementiert ist. Wenn die Bäume T_1 und T_2 konkateniert werden, dann wandern wir gleichzeitig das linke Rückgrat von T_1 und das rechte Rückgrat von T_2 hinauf, bis wir auf eine der Wurzeln treffen. Dann machen wir weiter wie in 5.3.1 beschrieben.

a) Zeigen Sie, daß die Kosten, um T_1 und T_2 zu konkatenieren, $O(s+\min(h_1,h_2))$ sind, wobei s die Anzahl der notwendigen Spaltungen und h_i die Höhe von T_i ist.

b) Starten Sie mit n vorgegebenen (a,b)-Bäumen, von denen jeder genau ein Blatt hat. Führen Sie eine Folge von n Konkateniere-Operationen aus: Zeigen Sie, daß die Gesamtkosten in $O(n)$ liegen. [Hinweis: Benutzen Sie zusätzlich zu dem im Beweis von Satz 8 aus III.5.3.2 benutzten Konto das folgende Konto: die Summe der Höhen aller Bäume. Diese Größe ist anfangs n und nimmt durch Konkatenieren von T_1 und T_2 um mindestens $\min(h_1, h_2) - 1$ ab.]

c) Benutzen Sie Teil b), um Satz 11 aus Abschnitt III.5.3.3 so zu erweitern, daß Konkateniere-Operationen erlaubt sind.

34) Zeigen Sie, daß Satz 14 aus III.5.3.3 auch stimmt, wenn man normale (2,4)-Bäume statt niveauverbundener (2,4)-Bäume benutzt.

35) Starten Sie mit n einelementigen Mengen, und führen Sie eine beliebige Folge von Mengenvereinigungen aus, um eine einzige geordnete Menge mit n Elementen aufzubauen. Zeigen Sie, daß die Gesamtkosten in $O(n \log n)$ liegen, wenn die Mengen als niveauverbundene (2,4)-Bäume dargestellt werden. [Hinweis: Benutzen Sie Satz 14b) aus III.5.3.3.]

36) Benutzen Sie Randanalyse, um Satz 8 aus III.5.3.2 für Folgen von zufälligen Einfüge-Operationen zu verbessern. [Hinweis: Verbessern Sie Faktum 4 im Beweis von Satz 8.]

37) Benutzen Sie Randanalyse, um die mittlere Anzahl von balancierten Knoten, d.h. Knoten v mit $hb(v) = 0$, in einem zufälligen AVL-Baum zu approximieren. In Übung 25 steht die Definition von AVL-Bäumen.

38) Wie führt man die Operationen Konkateniere und Zerlege auf BB[α]-Bäumen aus? Zeigen Sie, daß die Kosten von Konkateniere $O(\log((n+m)/\min(n,m)))$ sind, wenn die zu konkatenierenden Bäume n bzw. m Blätter haben. Vergleichen Sie diese Schranke mit der in 5.3.1 hergeleiteten Schranke für (a,b)-Bäume. Beachten Sie Übung 28.

39) Erweitern Sie Satz 7 aus III.6 auf gewichtete Mengen.

40) Erweitern Sie Satz 7 aus III.6 auf die Operationen Konkateniere und Zerlege, so daß sie Zeitkomplexität $O(d + \log |S|)$ haben.

41) Erörtern Sie das amortisierte Verhalten der folgenden Variante der Nach-Vorne-Schieben (NVS)-Regel aus III.6.1.1: Wenn auf ein Element zugegriffen wird, wird es die halbe Strecke zum Anfang der Liste hinbewegt. Dies ist die Halbe-Strecke-Regel (HSR). Zeigen Sie, daß $C_{HSR}(s) \leq 4C_A(s) + 2X_A(s)$ für jeden beliebigen Algorithmus A und jede beliebige Folge s.

42) Schreiben Sie ein RAM-Programm für die Nach-Vorne-Schieben-Regel (nur Operation Zugriff), das die lineare Liste einmal als ein Feld und dann als eine verzeigerte Liste realisiert. Wenn die lineare Liste als Feld realisiert wird, dann macht das Bewegen eines Elementes von der i-ten Position an den Anfang es auch notwendig, die Elemente auf den Positionen $1, \ldots, i-1$ physisch um eine Position nach hinten zu schieben. Das kann gleichzeitig mit der Suche geschehen. Berechnen Sie die mittlere Laufzeit und vergleichen Sie sie mit der Laufzeit für die optimale Anordnung.

43) Sei $S = \{x_1, \ldots, x_n\}$, sei β_i die Wahrscheinlichkeit des Zugriffs auf x_i und L_i die Kosten des Vergleichs mit x_i. Wenn die x_i's auf Magnetband abgespeichert sind, dann kann L_i etwa die Länge von x_i sein. Die mittleren Suchkosten sind $\sum_i L_i \sum_{\pi(j) \geq \pi(i)} \beta_j$, wenn x in der $\pi(i)$-ten Position abgespeichert ist. Zeigen Sie, daß die mittleren Suchkosten minimiert werden, wenn aus $\beta_i/L_i < \beta_j/L_j$ folgt, daß $\pi(i) < \pi(j)$. Können Sie selbstorganisierende lineare Suche auf diese Situation verallgemeinern?

44) Sei $S = \{x_1, \ldots, x_n\}$ und β_i die Wahrscheinlichkeit des Zugriffs auf x_i. Nehmen Sie an, daß $\beta_1 \geq \beta_2 \geq \cdots \geq \beta_n$.

a) Zeigen Sie, daß die stationäre Wahrscheinlichkeit γ_π der Anordnung π unter der Vertauschungsregel aus Abschnitt III.6.1.1 gleich $c \cdot \prod_{i=1}^{n} \beta_i^{n-\pi(i)}$ ist, wobei c so gewählt ist, daß $\sum_\pi \gamma_\pi = 1$.

b) Sei π eine Anordnung, in der x_i vor x_j, $j > i$, steht, und sei $\overline{\pi}$ die Anordnung nach Vertauschen von x_j und x_i. Dann ist $\gamma_{\overline{\pi}} \leq (\beta_j/\beta_i)\gamma_\pi$. Folgern Sie daraus, daß $\delta_{\mathrm{VR}}(j,i) \leq (\beta_j/\beta_i) \cdot (1 - \delta_{\mathrm{VR}}(j,i))$, wobei $\delta_{\mathrm{VR}}(j,i)$ die asymptotische Wahrscheinlichkeit ist, daß x_j vor x_i steht. Folgern Sie weiter, daß $\delta_{\mathrm{VR}}(j,i) \leq \gamma_j/(\gamma_i + \gamma_j) = \delta_{\mathrm{NVSR}}(j,i)$ für $j > i$.

c) Benutzen Sie b), um zu beweisen, daß $P_{\mathrm{VR}} \leq P_{\mathrm{NVSR}}$ für alle Verteilungen $(\beta_1, \ldots, \beta_n)$. [Hinweis: Lemma 2a) zeigt, wie man P_{XYZ} in den $\delta_{XYZ}(j,i)$ auszudrücken kann, wobei $XYZ \in \{\mathrm{VR}, \mathrm{NVSR}\}$.]

45) Benutzen Sie den für P_{NVSR} in Satz 1 angegebenen expliziten Ausdruck, um P_{NVSR} und $P_{\mathrm{NVSR}}/P_{opt}$ für die folgenden Verteilungen zu berechnen.

a) Zipf'sches Gesetz: $\beta_i = 1/(i \cdot H_n)$, wobei $H_n = \sum\limits_{1 \leq i \leq n} 1/i$

b) Exponentialverteilung: $\beta_i = c \cdot a^i$, wobei $c = 1/\sum\limits_{1 \leq i \leq n} a^i$

c) Lotka'sches Gesetz: $\beta_i = c/i^2$, wobei $c = 1/\sum_{1 \leq i \leq n} i^{-2}$

46) Sei $k \geq 1$ eine ganze Zahl. Sammeln Sie Zugriffe in Gruppen zu k Stück. Rufen Sie die Nach-Vorne-Schieben-Regel (Vertauschungsregel) nur auf, wenn sich alle k Zugriffe in einer Gruppe auf dasselbe Element beziehen. Berechnen Sie $P_{\text{NVSR}}(k)$, die mittleren Suchkosten unter der Nach-Vorne-Schieben-Regel, wenn die Zugriffe zu Gruppen von k Zugriffen gesammelt sind.

47) Sei $N \in \mathbb{N}$. Zeigen Sie: Die Liste der Primzahlen $\leq N$ kann in Zeit $O(N \log N)$ bestimmt werden. [Hinweis: Eine Zahl $p \leq N$ ist prim, wenn es keine Zahl $q \leq \sqrt{N}$ gibt, die p teilt. Wir brauchen also nur sämtliche Zahlen $q \leq \sqrt{N}$ zu durchlaufen und alle Vielfachen von q als nicht-prim zu markieren. Für festes q dauert das N/q Rechenschritte.]

48) Sei N eine ganze Zahl. Betrachten Sie die Operationen Einfüge(x, S) und Streichemin(S), wobei $x \in [0..N-1]$ und $S \subseteq [0..N-1]$. Betrachten Sie eine Folge $Op_1 \ldots Op_m$, und erörtern Sie die folgenden Varianten des Problems.

a) On-line: Die Antwort auf Operation Op_i muß gegeben werden, bevor die Operation Op_{i+1} bekannt ist. [Hinweis: Benutzen Sie die $O(\log\log N)$ Warteschlange von Abschnitt III.8.2.]

b) Off-line: Die Operationen $Op_1, \ldots, Op_m$ sind bekannt, bevor eine Antwort gegeben werden muß. [Hinweis: Führen Sie das Problem auf Union-Find zurück. Sei $Op_1 \ldots Op_m = \alpha_1 D \alpha_2 D \alpha_3 D \ldots \alpha_k D$, wobei α_i eine Folge von Einfüge-Operationen und D eine Streichemin-Operation darstellt. Nehmen Sie ohne Beschränkung der Allgemeinheit (wieso ist das gerechtfertigt?) an, daß die Argumente sämtlicher Einfüge-Operationen verschieden sind. Erzeugen Sie m disjunkte Mengen $A_1, \ldots, A_k$ mit $i \in A_j$, wenn Einfüge(i) in α_j vorkommt. Wenn $1 \in A_j$, dann ist 1 die Ausgabe der j-ten Streichemin-Operation usw.]

49) Diskutieren Sie die folgende gewichtete Vereinigungsregel für das Union-Find-Problem: Wenn die Bäume T_1 und T_2 vereinigt werden sollen, dann machen Sie den Baum kleinerer Höhe zu einem Unterbaum des Baumes größerer Höhe. Unentschieden werden beliebig aufgelöst. Zeigen Sie, daß dann die Kosten einer Folge von $n-1$ Unions und m Finds $O(n + m \log n)$ sind.

50) Zeigen Sie, daß Satz 2 aus III.8.3 das beste zu erreichende Resultat ist. Beschreiben Sie also eine Folge von n Unions und m Finds, die den Algorithmus zu $\Omega(n \log n + m)$ Rechenschritten zwingt.

51) Betrachten Sie einen Wald von disjunkten Bäumen über der Knotenmenge $0, \ldots, n-1$. *Link*(r, v) macht r, die Wurzel eines der Bäume, zu einem Sohn von v, der ein Knoten eines anderen Baumes ist. *Depth*(v) gibt die aktuelle Tiefe von v aus. Zeigen Sie, wie man die Union-Find-Datenstruktur benutzen kann, um dieses Problem zu lösen. [Hinweis: Wenn T einer der Bäume im Wald ist, dann bilden die Knoten von T eine der Mengen im Union-Find-Problem. Diese Mengen wurden als Bäume abgespeichert. Verwalten Sie eine Funktion *help* auf den Knoten der

Union-Find-Bäume, so daß $Depth(v) = \sum help(w)$, wobei die Summation über alle Vorgänger von v in dem Union-Find-Baum, der v enthält, erfolgt.]

52) Entwerfen Sie einen Union-Find-Algorithmus mit Laufzeit $O(\log n)$ im schlechtesten Fall. Können Sie das noch unterbieten?

53) Analysieren Sie den folgenden Union-Find-Algorithmus: Pfadkomprimierung wird benutzt, nicht aber die gewichtete Vereinigungsregel.

III.10. Bibliographische Anmerkungen

TRIES wurden von Fredkin (60) eingeführt. Die Komprimierungstechnik für dünn besetzte Tafeln stammt von Ziegler (unveröffentlicht), die Analyse (Sätze 3, 4 und 5) ist aus Tarjan/Yao (79) übernommen.

Eine sehr ausführliche Erörterung von Hashing steht in Knuth (73). Die Analyse der mittleren Kosten im schlechtesten Fall (Satz 3) geht auf Gonnet (81) zurück. Die Analyse von offener Adressierung ist von Peterson (57). Perfektes Hashing wurde zuerst von Sprugnoli (77) untersucht; er beschreibt heuristische Methoden, um perfekte Hashfunktionen zu konstruieren. Abschnitt III.2.3 über perfektes Hashing folgt Fredman/Komlós/Szemeredi (84) (Lemma 1, Sätze 10, 11 und 12) und Mehlhorn (82) (Sätze 6, 7, 8 und 12). Satz 13 ist bisher noch nicht veröffentlicht worden. Universelles Hashing wurde zuerst von Carter/Wegman beschrieben (77). Übung 7 stammt von Markowsky, Carter und Wegman (78). Satz 17 ist aus Mehlhorn (82) übernommen. Erweiterbares Hashing wurde diskutiert in Larson (78), Litwin (78), Fagin et al. (79), A. Yao (80), Flajolet/Steyaert (82).

Eine detaillierte Analyse von Interpolationssuche steht in Perl/Itai/Avni (78). Die Ausführungen im Text folgen Perl/Reingold (77). Willard (85) erweiterte Interpolationssuche auf nicht-uniforme Wahrscheinlichkeitsverteilungen, Mehlhorn/Tsakalidis (85) dynamisierten sie.

Der $O(n^2)$ Algorithmus zur dynamischen Programmierung für binäre Suchbäume stammt von Knuth (71); Satz 2 über Vierecksungleichungen ist von F. Yao (80). Wenn $\beta_i = 0$ für alle i, dann kann ein optimaler Baum in Zeit $O(n \log n)$ konstruiert werden, vgl. Hu/Tucker (71) oder Garsia/Wachs (77). Die Simulation in linearer Zeit von 2DPDA's auf RAM's stammt von Cook (71); unser Beweis folgt Jones (77). Der Mustererkennungsalgorithmus mit linearer Zeitkomplexität ist von Knuth/Morris/Pratt (74). Eine allgemeine Diskussion von Tabellierung steht in Bird (80).

Der Abschnitt über nahezu optimale Bäume beruht auf P. Bayer (75) (Satz 5), Güttler/Mehlhorn/Schneider (80) (Satz 6), Fredman (75) (Satz 11), Mehlhorn (75) (Übung 21) und Mehlhorn (77) (Sätze 7 und 8). Vielwegbäume werden eingehend in Altenkamp/Mehlhorn (80) und Mehlhorn (80) behandelt.

Gewichtsbalancierte Bäume (Sätze 2 und 3) wurden erstmals von Nievergelt/Reingold (73) vorgestellt. Die Sätze 4 und 5 sind aus Blum/Mehlhorn (80) und Willard/Lueker (85). (a, b)-Bäume wurden von Bayer/McCreight (72) eingeführt (Satz 5). Die Erweiterungen auf mischbare Warteschlangen sind von Hopcroft; vgl. Aho et al. (74). Die Sätze 8, 10, 11, 12, 13 und 14 sind von Huddleston/Mehlhorn (82), die eine Arbeit von Brown/Tarjan (78) erweitern. Satz 9 wurde zuerst von Guibas et al. (77) bewiesen; der hier angegebene Beweis ist von Brown/Tarjan (78) und Mehlhorn (79). Randanalyse wurde von A. Yao (78) eingeführt, Satz 15 ist aus dieser Arbeit. Satz 16 ist von Eisenbarth et al. (82). Eine Analyse von (a, b)-Bäumen unter zufälligen Einfüge- und Streiche-Operationen kann in Mehlhorn (82) gefunden werden. AVL-Bäume (Übung 25) wurden von Adel'son-Velskii, Landis (62) eingeführt, halb-balancierte Bäume von Olivié (82) und rotschwarz Bäume (Übung 27) von Guibas/Sedgewick (78). Die Übungen 23 und 24 sind von A. Tsakalidis (83).

Die Nach-Vorne-Schieben-Regel für selbstorganisierende lineare Listen wurde zuerst von McCabe (65) analysiert. Die Übungen 44, 45 und 46 sind von Rivest (76), Hendricks (76) und Gonnet/Munro/Suwanda (79). Eine verbesserte Analyse findet der Leser in Chung et al. (85). Die amortisierte Analyse der Nach-Vorne-Schieben Regel wurde von Bentley/Mc Geoch (82) begonnen und dann von Sleator/Tarjan (83) verfeinert.

Splay-Bäume wurden von Sleator/Tarjan (83) eingeführt, siehe auch Tarjan (83). D-Bäume stammen von Mehlhorn (81). Die Anwendung von gewichteten dynamischen Bäumen auf mehrdimensionales Suchen ist von Mehlhorn (79). Weitere Lösungen für das gewichtete Wörterbuchproblem findet der Leser in Bent/Sleator/Tarjan (80) und Gütting/Kriegel (82).

Die $O(\log\log N)$ Lösung des statischen Intervallzerlegungsproblems ist von v. Emde Boas/Kaas/Zijlstra (77) und v. Emde Boas (77); die Darstellung in Abschnitt III.8.2 folgt Mehlhorn/Näher (86). Sind nur die Operationen Find, Split und Add bzw. Find, Union und Erase zugelassen, so gibt es eine Lösung von Imai/Asano (85) mit Laufzeit $O(1)$ pro Operation. Sie baut auf einer $O(1)$ Lösung für einen Spezialfall des Union-Find-Problems von Gabow/Tarjan (83) auf. Die Analyse des Union-Find-Algorithmus mit Pfadkomprimierung und gewichteter Vereinigungsregel ist von R.E. Tarjan (75). Die Übungen 48 und 51 sind von Aho/Hopcroft/Ullman (74). Eine Lösung für Übung 52 findet man in Blum (85).

Anhang: Mathematische Zeichen und Abkürzungen

$f\|_A$	Funktion f eingeschränkt auf den Definitionsbereich A
log	Logarithmus zur Basis 2
#	Anzahl
g.d.w.	genau dann wenn
o.B.d.A.	ohne Beschränkung der Allgemeinheit
i.Z.	in Zeichen
prob	Wahrscheinlichkeit (engl. probability)
exp	Exponentialfunktion e
$\mathbb{N}$	Menge der natürlichen Zahlen
$\mathbb{Z}$	Menge der ganzen Zahlen
$\mathbb{R}$	Menge der reellen Zahlen
$O(.)$	s. Abschnitt I.6
$\Theta(.)$	s. Abschnitt I.6
$\Omega(.)$	s. Abschnitt I.6
$\lceil x \rceil$	die kleinste ganze Zahl $\geq x$
$\lfloor x \rfloor$	die größte ganze Zahl $\leq x$
∞	unendlich
$\sum$	Summe
$\{a, b\}^k$	die Menge aller Worte der Länge k über den Buchstaben a und b
$\{a, b\}^*$	die Menge aller Worte über den Buchstaben a und b

Anhang: Mathematische Formeln

In diesem Anhang sind einige häufig auftretende Gleichungen und Ungleichungen zusammengefaßt. Er ist in drei Teile gegliedert. Der erste Teil enthält einige Aussagen über die Entropiefunktion, der zweite einige Summationsformeln und der dritte einige Ungleichungen.

Sei $\gamma_1, \ldots, \gamma_n$ eine Wahrscheinlichkeitsverteilung, d.h., $\gamma_i \in \mathbb{R}_0^+$ und $\sum_i \gamma_i = 1$. Dann ist die **Entropie** dieser Verteilung definiert als

$$H(\gamma_1, \ldots, \gamma_n) = -\sum_{i=1}^{n} \gamma_i \log \gamma_i,$$

wobei $0 \cdot \log 0 = 0$.

E1) Sei $\delta_1, \ldots, \delta_n$ eine weitere Wahrscheinlichkeitsverteilung. Dann gilt die Ungleichung $H(\gamma_1, \ldots, \gamma_n) \leq -\sum_{i=1}^{n} \gamma_i \log \delta_i$. Sie ist mit Gleichheit erfüllt g.d.w. $\gamma_i = \delta_i$ für alle i.

Beweis: Aus $\log x = (\ln x)/(\ln 2)$ und $\ln x \leq x - 1$ folgt

$$\begin{aligned} H(\gamma_1, \ldots, \gamma_n) + \sum_{i=1}^{n} \gamma_i \log \delta_i &= (1/\ln 2) \cdot \sum_{i=1}^{n} \gamma_i \ln(\delta_i/\gamma_i) \\ &\leq (1/\ln 2) \cdot \sum_{i=1}^{n} \gamma_i(\delta_i/\gamma_i - 1) \\ &= 0. \end{aligned}$$

∎

E2) $0 \leq H(\gamma_1, \ldots, \gamma_n) \leq \log n$.

Beweis: Aus $0 \leq \gamma_i \leq 1$ folgt $-\gamma_i \log \gamma_i \geq 0$ und somit $H(\gamma_1, \ldots, \gamma_n) \geq 0$. Die zweite Ungleichung folgt aus E1) mit $\delta_i = 1/n$ für $1 \leq i \leq n$. ∎

E3) Gruppierungseigenschaft:

$H(\gamma_1, \ldots, \gamma_n) = H(\gamma_1 + \gamma_2, \gamma_3, \ldots, \gamma_n) + (\gamma_1 + \gamma_2) \cdot H(\gamma_1/(\gamma_1 + \gamma_2), \gamma_2/(\gamma_1 + \gamma_2))$.

Beweis: Durch Einsetzen der Definition von H und einfache Rechnung. ∎

Im zweiten Teil führen wir einige häufig benutzte Summen und Integrale auf.

S1) $\sum_{i=1}^{k} i \cdot 2^i = (k-1)2^{k+1} + 2$ für $k \geq 1$.

Beweis: Ein elementarer Beweis benutzt Induktion über k. Wir gehen allgemeiner vor. Wir betrachten

$$\begin{aligned} f(x) &= \sum_{i=1}^{k} i \cdot x^i = x \sum_{i=1}^{k} i \cdot x^{i-1} = x \sum_{i=1}^{k} \frac{d}{dx} x^i \\ &= x \frac{d}{dx}\left(\sum_{i=1}^{k} x^i\right) = x \frac{d}{dx}\left(\sum_{i=0}^{k} x^i - 1\right) \\ &= x \frac{d}{dx}((x^{k+1}-1)/(x-1) - 1) = (x + x^{k+1} \cdot (k \cdot x - k - 1))/(x-1)^2. \end{aligned}$$

Also ist $f(2) = 2 + (k-1)2^{k+1}$. ∎

S2) $H_k = \sum_{i=1}^{k} 1/i$ heißt k-te harmonische Zahl. Es gilt

$$\ln k \leq H_k \leq 1 + \ln k.$$

Beweis: Aus

$$\int_k^{k+1} (1/x)\, dx \leq 1/k \leq \int_{k-1}^{k} (1/x)\, dx$$

schließen wir, daß

$$H_k \geq \int_1^{k+1} (1/x)\, dx = \ln(k+1) \geq \ln k$$

und

$$H_k = 1 + \sum_{i=2}^{k} 1/i \leq 1 + \int_1^k (1/x)\, dx = 1 + \ln k.$$ ∎

S3) $\sum_{i=1}^{n} H_k = (n+1)H_n - n$ für alle $n \geq 1$.

Beweis: $\sum_{k=1}^{n} H_k = \sum_{k=1}^{n}\sum_{i=1}^{k} 1/i = \sum_{i=1}^{n}(n-i+1)/i = (n+1)H_n - n.$ ∎

Im dritten Teil listen wir einige oft benutzte Ungleichungen auf.

I1) $\ln(1+x) \leq x$.

I2) $\ln(1+x) \geq x/(1+x)$ für $x \leq 0$.

Beweis: Betrachten Sie die Gerade durch den Punkt $(1,0)$ und mit der Steigung $\frac{d}{dy}\ln(1+y)\Big|_{y=x} = 1/(1+x)$. Sie verläuft bei Punkt x unterhalb von $\ln(1+x)$. ∎

I3) $\ln(1+x) \geq x/(1-\delta)$ für $-\delta \leq x \leq 0$.

Beweis: Unmittelbar aus I2). ∎

I4) $e^x \geq 1+x$.

I5) $e^x - 1 \leq x \cdot e^{x_0}$ für $0 \leq x \leq x_0$.

Anhang: Bibliographie

Wir benutzen die folgenden Abkürzungen für Zeitschriften und Tagungsbände:

ACTA	Acta Informatica
CACM	Communications of the ACM
EIK	Elektronische Informationsverarbeitung und Kybernetik
FCT	Foundations of Computing Theory
FOCS	IEEE Symposium on Foundations of Computer Science
ICALP	Intern. Colloquium on Automata, Languages and Programming
Inf & Control	Information and Control
IPL	Information Processing Letters
JACM	Journal of the ACM
JCSS	Journal of Computer and System Sciences
LNCS	Springer Lecture Notes in Computer Science
MFCS	Mathematical Foundations of Computer Science
SICOMP	SIAM Journal of Computing
STOC	ACM Symposium on Theory of Computing
TCS	Theoretical Computer Science

Adel'son-Velskii, G.M., Landis, Y.M. (1962): "An algorithm for the organization of information", Soviet Math. Dokl. 3, 1259–1262

Adleman, L. (1978): "Two Theorems on random polynomial Time", 19th FOCS, 75–83

Aho, A.V., Hopcroft, J.E., Ullman, J.D. (1974): "The Design and Analysis of Computer Algorithms", Addison Wesley

Altenkamp, D., Mehlhorn, K. (1980): "Codes: Unequal Letter Costs, Unequal Probabilities", JACM 27, 412–427

Bayer, P.J. (1975): "Improved Bounds on the Cost of Optimal and Balanced Binary Search Trees", Technical Report, Dept. of Computer Science, MIT

Bayer, R., McCreight, E. (1972): "Organization and Maintenance of Large Ordered Indizes", ACTA INFORMATICA 1, 173–189

Bayer, R., Schkolnik, M. (1977): "Concurrency of Operations on B-Trees", ACTA INFORMATICA 9, 1–22

Ben-Or, M. (1983): "Lower Bounds for Algebraic Decision Trees", 15th STOC, 80–86

Bent, S.W., Sleator, D.D., Tarjan, R.E. (1980): "Biased 2-3 Trees", 21st STOC, 248–254

Bentley, J.L., Haken, D., Saxe, J.B. (1980): "A General Method for Solving Divide-and-Conquer Recurrences", SIGACT Newsletter 12, 36–44

Bentley, J.L., McGeoch, C. (1982): "Worst-case analysis of selforganizing sequential search heuristics", Proc. of the 20th Allerton Conference on Communication, Control, and Computing

Bird, R.S. (1980): "Tabulation Techniques for Recursive Programs", ACM Computing Surveys 12, 403–384

Blum, N. (1985): "On the single-operation worst case time complexity of the disjoint set union problem", 2nd STACS, LNCS 182, 32–38

Blum, N., Mehlhorn, K. (1980): "On the Average Number of Rebalancing Operations in Weight-Balanced Trees", Theoretical Computer Science 11, 303–320

Blum, M., Floyd, R.W., Pratt, V.R., Rivest, R.L., Tarjan, R.E. (1972): "Time Bounds for Selection", JCSS 7, 448–461

Brown, M.R., Tarjan, R.E. (1978): "A Representation for Linear Lists with Movable Fingers", 10th STOC, 19–29

Carter, J.L., Wegman, M.N. (1977): "Universal Classes of Hash Functions", 9th STOC, 106–112

Chung, F.R.K., Hajela, D.J., Seymour, P.D. (1985): "Self-Organizing sequential search and Hilbert's Inequalities", 15th STOC 1985, 217–223

Cook, S.A. (1971): "Linear Time Simulation of two-way deterministic pushdown automata", IFIP Congress, 172–179

Cook, S.A., Reckhow, R.A. (1973): "Time bounded random access machines", JCSS 7

Eisenbarth, B., Ziviani, N., Gonnet, G.H., Mehlhorn, K., Wood, D. (1982): "The Theory of Fringe Analysis and its Application to $2-3$ Trees and B-trees", Information & Control 55, 125–174

Elgot, C.C., Robinson, A. (1964): "Random Access Stored Program Machines", JACM 11, 365–399

Emde Boas, P.v. (1977): "Preserving order in a forest in less than logarithmic time and linear space", IPL 6, 80–82

Emde Boas, P.v., Kaas, R., Zijlstra, E. (1977): "Design and Implementation of an efficient priority queue", Math. Systems Theory 10, 99–127

Fagin, R., Nievergelt, J., Pippenger, N., Strong, H.R. (1979): "Extendible Hashing–A Fast Method for Dynamic Files", ACM Trans. of Database Systems 4, 315–344

Flajolet, Ph., Steyaert, J.M. (1982): "A branching process arising in dynamic hashing, trie searching and polynomial factorization", 9th ICALP, LNCS 140, 239–251

Floyd, F.W. (1964): "Algorithm 245: treesort 3", CACM 7, 701

Fredkin, E. (1960): "Trie Memory", CACM 3, 490–499

Fredman, M.L. (1975): "Two Applications of a Probabilistic Search Technique: Sorting $X + Y$ and Building Balanced Search Trees", 7th STOC, 240–244

Fredman, M.L., Komlós, J., Szemeredi, E. (1984): "Storing a Sparse Table with $O(1)$ Worst Case Access Time", JACM 31, 538–544

Gabow, H.N., Tarjan, R.E. (1983): "A Linear Time Algorithm for a Special Case of Disjoint Set Union", 15th STOC, 246–251

Garsia, A.M., Wachs, M.L. (1977): "A new algorithm for minimum cost binary trees", SICOMP 4, 622–642

Gonnet, G.H. (1981): "Expected Length of the longest probe sequence in hash code searching", JACM 28, 289–304

Gonnet, G.H., Munro, J.I., Suwanda, H. (1979): "Toward Self-Organizing Linear Search", 20th FOCS, 169–174

Gotlieb, C.C., Walker, W.A. (1972): "A Top-Down Algorithm for Constructing Nearly Optimal Lexicographical Trees", Graph Theory and Computing, Academic Press

Gries, D. (1971): "Compiler Construction for digital computers", John Wiley & Sons, New York

Guibas, L.J., McCreight, E.M., Plass, M.F., Roberts, J.R. (1977): "A new representation for linear lists", 9th STOC, 49–60

Guibas, L.J., Sedgewick, R. (1978): "A dichromatic framework for balanced trees", 19th FOCS, 8–21

Güttler, R., Mehlhorn, K., Schneider, W. (1980): "Binary Search Trees: Average and Worst Case Behavior", EIK 16, 41–61

Hendricks, W.J. (1976): "An Account of Self-Organizing Systems", SICOMP 5, 715–723

Hoare, C.A.R. (1962): "Quicksort", Computer Journal 5, 10–15

Hong, J.W. (1979): "On Lower Bounds on Time Complexity of Some Algorithms", Scientia Sinica 22, 890–900

Hopcroft, J.E., Ullmann, J.D. (1969): "Formal languages and their relation to automata", Addison Wesley Publishing Company

Hotz, G. (1972): "Rechenanlagen", Teubner-Studienbücher, Teubner-Verlag, Stuttgart

Hu, T.C., Tucker, A. (1971): "Optimum Computer Search Trees", SIAM J. of Applied Math. 21, 514–532

Huddleston, S., Mehlhorn, K. (1982): "A new data structure for representing sorted lists", ACTA INFORMATICA 17, 157–184

Huffmann, D.A. (1952): "A method for the construction of minimum-redundancy codes", Proc. I.R.E. 40, 1098–1101

Imai, H., Asano, T. (1984): "Dynamic Segment Intersection Search with Applications", 25th FOCS, 393–402

Jones, N.D. (1977): "A note on linear time simulation of deterministic two-way pushdown automata", IPL 6, 110–112

Karazuba, A., Ofman, Y. (1962): "Multiplication of Multidigit Numbers on Automata", Doklady Akademija Nauk SSSR 145, 293–294

Karp, R.M., Lipton, R.J. (1980): "Some connections between non-uniform and uniform complexity classes", 12th STOC, 302–309

Knuth, D.E. (1968): "The Art of Computer Programming", Vol. 1: "Fundamental Algorithms", Addison-Wesley

Knuth, D.E. (1971): "Optimum Binary Search Trees", ACTA INFORMATICA 1, 14–25, 270

Knuth, D.E. (1973): "The Art of Computer Programming", Vol. 3: "Sorting and Searching", Addison-Wesley

Knuth, D.E., Morris, J., Pratt, V. (1974): "Fast Pattern Matching in Strings", Stanford Technical Report, 74–440

Larson, P.A. (1978): "Dynamic Hashing", BIT 18, 184–201

van Leeuwen, J. (1976): "On the construction of Huffmann Trees", 3rd ICALP, 382–410, Edinburgh University Press

Litwin, W. (1978): "Virtual Hashing: A Dynamically Changing Hashing", Proc. Very Large Data Base Conf., 517–523

Lueker, G.S. (1978): "A Data Structure for Orthogonal Range Queries", 19th FOCS, 28–34

Lum, V.Y., Yuen, P.S.T., Dodd, M. (1971): "Key to address transformation techniques", CACM 14, 228–239

Markowsky, G., Carter, J.L., Wegman, M. (1978): "Analysis of a universal class of hash functions", MFCS 78, LNCS 64, 345–354

Martin, T.H. (1971): "Sorting", ACM Computing Surveys 3, 147–173

Maurer, H. (1974): "Datenstrukturen und Programmierverfahren", Teubner Verlag, Stuttgart

McCabe, J. (1965): "On Serial Files with Relocatable Records", Operations Research 12, 609–618

Mehlhorn, K. (1975): "Nearly Optimum Binary Search Trees", ACTA INFORMATICA 5, 287–295

Mehlhorn, K. (1977): "Best Possible Bounds on the Weighted Path Length of Optimum Binary Search Trees", SICOMP 6, 235–239

Mehlhorn, K. (1979): "Dynamic Binary Search", SICOMP 8, 175–198

Mehlhorn, K. (1979): "Sorting Presorted Files", 4th GI-Conference on Theoretical Computer Science, LNCS 67, 199–212

Mehlhorn, K. (1980): "An Efficient Algorithm for the Construction of Nearly Optimal Prefix Codes", IEEE Transactions on Information Theory, IT-26, 513–517

Mehlhorn, K. (1981): "Arbitrary Weight Changes in Dynamic Trees", RAIRO Theoretical Informatics 15, 183–211

Mehlhorn, K. (1982): "On the Program Size of Perfect and Universal Hash Functions", 23rd FOCS, 170–175

Mehlhorn, K. (1982): "A partial analysis of height-balanced trees under random insertions and deletions", SICOMP 11, 748–760

Mehlhorn, K., Näher, St. (1986): "Dynamic Fractional Cascading", Techn. Bericht, Univ. des Saarlandes

Mehlhorn, K., Tsakalidis, A. (1982): "AVL-trees, Refined Analysis and Application to sorting Presorted Files", Technical Report A 82/05, FB 10, Universität des Saarlandes

Mehlhorn, K., Tsakalidis, A. (1985): "Dynamic Interpolation Search", ICALP 1985, LNCS Vol. 195, 424–434

Meijer, H., Akl, S.G. (1980): "The Design and Analysis of a New Hybrid Sorting Algorithm", IPL 10, 213–218

Nievergelt, I., Reingold, E.M. (1973): "Binary Search Trees of Bounded Balance", SICOMP 2, 33–43

Olivié, H.J. (1982): "Half-balanced binary search trees", RAIRO Theoretical Informatics 16, 1, 51–71

Paul, W. (1978): "Komplexitätstheorie", Teubner-Studienbücher Informatik, Teubner Verlag, Stuttgart

Paul, W.J., Simon, J. (1980): "Decision Trees and Random Access Machines", Symposium über Logik und Algorithmik Zürich

Perl, Y., Itai, A., Avni, H. (1978): "Interpolation Search - A $\log\log N$ Search", CACM 21, 550–553

Perl, Y., Reingold, E. (1977): "Understanding the Complexity of Interpolation Search", IPL 6, 219–222

Peterson, W.W. (1957): "Uniform Hashing", IBM Journal of Research and Development 1, 135–136

Reif, J.W. (1982): "On the Power of Probabilistic choice in synchronous parallel computation", 9th ICALP, LNCS 140, 442–450

Rivest, R.L. (1976): "On Self-Organizing Sequential Search Heuristics", CACM 19, 63–68

Rivest, R.L., Knuth, D.E. (1972): "Computer Sorting", Computing Reviews 13, 283–289

Schmidt, A. (1981): "On the Number of relational operators necessary to compute certain functions of real variables", Int. Report, TU Karlsruhe

Schönhage, A., Strassen, V. (1971): "Schnelle Multiplikation großer Zahlen", Computing 7, 281–292

Schwarz, J.T. (1980): "Fast probabilistic algorithms for verification of polynomial identities", JACM 27, 701–717

Sedgewick, R. (1977): "The Analysis of Quicksort Programs", ACTA INFORMATICA 7, 327–355

Shepherdson, J.C., Sturgis, H.E. (1963): "Computability of Recursive Functions", JACM 10, 217–255

Sipser, M. (1983): "A Complexity Theoretic Approach to Randomness", 15th STOC, 330–335

Sleator, D.D., Tarjan, R.E. (1983): "Self-Adjusting Binary Trees", 15th STOC, 235–245

Sleator, D.D., Tarjan, R.E. (1983): "Amortized Efficiency of List Update and Paging Rules", Bell Laboratories, Internal Report

Sprugnoli, R. (1977): "Perfect hash Functions: A single probe retrieval method for static sets", CACM 20, 841–850

Strassen, V. (1973): "Die Berechnungskomplexität von elementarsymmetrischen Funktionen und von Interpolationskoeffizienten", Num., Math. 20, 238–251

Tarjan, R.E. (1975): "Efficiency of a good but not linear set union algorithm", JACM 22, 215–225

Tarjan, R.E. (1983): "Data Structures and Network Algorithms", SIAM

Tarjan, R.E., Yao, A.C.-C. (1979): "Storing a Sparse Table", CACM 22, 606–611

Tsakalidis, A. (1983): "Einige Resultate für das Wörterbuchproblem", Ph.D. thesis, Universität des Saarlandes

Willard, D.E. (1985): "Searching Unindexed and Nonuniformly Generated Files in $\log\log N$ time", SICOMP, 1985, 1013–1029

Willard, D.E., Lueker, G.S. (1985): "Adding Range Restriction Capability to Dynamic Data Structures", JACM, Vol. 32, 597–617

Williams, J.W.J. (1964): "Algorithm 232: Heapsort", CACM 7, 347–348

Yao, A.C. (1977): "Probabilistic Computation - Toward a Unified Measure of Complexity", 18th FOCS, 222-227

Yao, A.C.-C. (1978): "On Random 2-3 Trees", ACTA INFORMATICA 9, 159–170

Yao, A.C.-C. (1980): "A note on the Analysis of Extendible Hashing", IPL 11, 84–86

Yao, A.C.-C. (1982): "Theory and Applications of Trapdoor Functions", 23rd FOCS, 80–91

Yao, F.F. (1980): "Efficient Dynamic Programming using Quadrangle Inequalities", 12th STOC, 429–435

Anhang: Index

Leitfäden und Monographien der Informatik

Brauer: **Automatentheorie**
493 Seiten. Geb. DM 58,–

Engeler/Läuchli: **Berechnungstheorie für Informatiker**
120 Seiten. DM 24,–

Loeckx/Mehlhorn/Wilhelm: **Grundlagen der Programmiersprachen**
448 Seiten. Kart. DM 42,–

Mehlhorn: **Datenstrukturen und effiziente Algorithmen**
Band 1: Sortieren und Suchen
2. Aufl. 317 Seiten. Geb. DM 48,–

Messerschmidt: **Linguistische Datenverarbeitung mit Comskee**
207 Seiten. Kart. DM 36,–

Niemann/Bunke: **Künstliche Intelligenz in Bild- und Sprachanalyse**
256 Seiten. Kart. DM 38,–

Pflug: **Stochastische Modelle in der Informatik**
272 Seiten. Kart. DM 36,–

Richter: **Betriebssysteme**
2. Aufl. 303 Seiten. Kart. DM 36,–

Wirth: **Algorithmen und Datenstrukturen**
Pascal-Version
3. Aufl. 320 Seiten. Kart. DM 38,–

Wirth: **Algorithmen und Datenstrukturen mit Modula - 2**
4. Aufl. 299 Seiten. Kart. DM 38,–

Preisänderungen vorbehalten

B. G. Teubner Stuttgart

GPSR Compliance

The European Union's (EU) General Product Safety Regulation (GPSR) is a set of rules that requires consumer products to be safe and our obligations to ensure this.

If you have any concerns about our products, you can contact us on ProductSafety@springernature.com

In case Publisher is established outside the EU, the EU authorized representative is:

Springer Nature Customer Service Center GmbH
Europaplatz 3
69115 Heidelberg, Germany

Batch number: 08575565

Printed by Printforce, the Netherlands